U0429470

中国茶学彩图馆

郝媛 编著

中侨彩图馆

刘凤珍 主编

中国华侨出版社

图书在版编目（CIP）数据

中国茶学彩图馆 / 郝媛编著. — 北京 : 中国华侨出版社，2015.12
（中侨彩图馆 / 刘凤珍主编）
ISBN 978-7-5113-5874-5

Ⅰ. ①中… Ⅱ. ①郝… Ⅲ. ①茶叶－文化－中国－通俗读物 Ⅳ. ① TS971-49

中国版本图书馆 CIP 数据核字 (2015) 第 302781 号

中国茶学彩图馆

编　　著 / 郝　媛
丛书主编 / 刘凤珍
总 审 定 / 江　冰

出 版 人 / 方　鸣
责任编辑 / 文　卿
装帧设计 / 贾惠茹
经　　销 / 新华书店
开　　本 /720mm×1020mm　1/16　印张：27.5　字数：638 千字
印　　刷 / 北京鑫国彩印刷制版有限公司
版　　次 /2016 年 3 月第 1 版　2016 年 3 月第 1 次印刷
书　　号 /ISBN 978-7-5113-5874-5
定　　价 /39.80 元

中国华侨出版社　北京市朝阳区静安里 26 号通成达大厦 3 层　邮编：100028
法律顾问：陈鹰律师事务所
发行部：（010）64443051　　传真：（010）64439708
网　址：www.oveaschin.com
E-mail: oveaschin@sina.com

前言

从神农尝百草起，茶历经了无数个朝代，也见证了历代的荣辱兴衰，因而具有悠远深邃的底蕴和内涵。茶不仅仅是人们用来解渴的饮品，同时还包含了中国人细腻含蓄的思维与情感，因此茶在人们的生活中是不可或缺的。于是，研究茶，学会识茶、泡茶、品茶，感悟茶艺和茶道的魅力，成了爱茶之人的享受。

一般说来，对茶的研究包含三方面内容，即识茶、泡茶、品茶。识茶的主要目的在于看清楚茶，包括其源流、种类、功效、保存方法以及世界不同地域的茶俗。对茶种类的了解十分重要，我国有着上千种茶叶类型，如红茶、黄茶、绿茶、青茶、白茶、黑茶和花茶，其中又包含西湖龙井、洞庭碧螺春、信阳毛尖、君山银针、祁门红茶、安溪铁观音、武夷岩茶等，每种都有其独特的品质与特点，只有了解这些，接下来才能更好地冲泡及品饮；每种茶还有好坏高低之分，可以从外形、叶底、汤色和滋味等方面来鉴别其品质，在了解茶的特性之后，就可以鉴别出每一种好茶；茶叶好坏不仅要从其本身鉴别，而且茶因人而异，不同体质的人需要饮用不同种类的茶，而不同的茶又带来不同的功效，切不可将其混淆弄错，否则会影响健康。

泡茶是中国人的发明，也是中国茶文化发展的重要转折点之一。中国人由最开始的以茶为食、以茶为药材，到最后一步步发展成冲泡茶叶，其中经历了无数摸索的过程。同时，泡茶带动了茶具、茶道和茶艺的发展。泡茶讲求茶叶、器具、水、冲泡方法等内容。不同的茶叶有着不同的甄别方法，在众多优劣不一的茶叶中择取品质最好的，这样冲泡出的茶才具有极致的味道；好茶配好器，若泡茶的器具太过简陋或是对这些器具使用方法错误，那么得到的茶汤也自然算不得极品；除了茶叶与茶器具，对水的认识也是必不可少的，并不是所有的水都适合泡茶，并且不同茶叶所需要的水温也各不相同。只有对水的认识足够深刻，才能让茶与水相得益彰；当一切材料准备得当的时候，还讲究一定的冲泡方法，在每个环节以及步骤都做到准确无误，以确保得到最优质的茶汤。

品茶不仅是品茶汤的味道，同时也是一种极优雅的艺术享受，因为喝茶对人体有很多好处，同时品茶本身就能给人们带来无穷的乐趣。品茶首先讲求的是观茶色、闻茶香、品茶味、悟茶韵。这四个方面都是针对茶叶茶汤本身而言，也是品茶的基础；其次，品茶的环境也是不可忽视的。自古以来的名人雅士都追求静谧的品茗环境，从而达到最佳的饮茶效果；另外，品茶还重视心境的要求，它需要人们平心、清净、禅定，在茶香袅袅中，在唇齿回甘中，人们一定会获得从未有过的精神享受。

通过这三方面的研究，就可以对茶的品性有更深层次的了解与掌握。本书是一本为想学茶或正在学茶的爱茶人士提供的入门图书，也是一本集识茶、鉴茶、泡茶、品茶、茶道与茶艺于一体的精品茶书。书中分为“初见芳茗露英华——识茶篇”、“省识茗心赏灵芽——鉴茶篇”、“悬壶高冲清香起——泡茶篇”、“一瓯甘饮惬余暇——品茶篇”、“从来佳茗似佳人——茶道与茶艺篇”和“君不可一日无茶——茶生活篇”六部分，将与茶相关的细节一一展现在众人面前，就像是带大家走进了一个有关茶的清净世界，不仅如此，书中还介绍了诸多防病祛病、强身健体的茶疗方，为大家的健康生活增添一道靓丽的茶韵风景。全书图文并茂，可以让您在边品读文字的同时，也欣赏到精美的图片，既能感受到茶的无穷魅力，同时又获得精神的愉悦与满足，从而找到清净平和的心境。

希望本书能让不了解茶的朋友开始认识茶、了解茶，更希望广大茶友因茶结缘，使茶文化发扬光大。

Contents 目录

壹 初见芳茗露英华——识茶篇

贰 省识茗心赏灵芽——鉴茶篇

叁 悬壶高冲清香起——泡茶篇

肆 一瓯甘饮惬余暇——品茶篇

伍 从来佳茗似佳人——茶道与茶艺篇

陆　君不可一日无茶——茶生活篇

附录

壹 初见芳茗露英华

识茶篇

从传说中的神农尝百草开始，茶就成为我国悠久历史的一部分，任何一个朝代都有其高雅清幽的香气存留。从古至今，茶在我们的生活中一直占据着极其重要的位置。随着时代的发展，我们对茶的认识也越来越完善，包括其源流、种类、功效、保存方法以及习俗等等。本篇详细介绍了茶的特点，可以使大家对茶进一步地了解，从而发现茶的魅力所在。

第一章 茶之源

我国是茶的故乡，也是世界茶文化的源头。穿越了千年历史，从最初的神农尝百草到越来越多的人将饮茶作为居家必备、待客首选的饮品，茶已经渐渐地融进我们的生活，成为生活中不可缺少的一部分。那么，要想更多地了解茶，就从茶的渊源开始吧。

茶的渊源与盛行

从远古时代的神农尝百草，及至今日，现代人对茶的需求越来越广泛，“以茶敬客”也成为生活中最常见的待客礼仪。饮茶习俗，在中国各民族传承已久。

取茶叶作为饮料，古人传说始于黄帝时代。《神农本草经》中说：“神农尝百草，日遇七十二毒，得荼（茶）而解之。”

神农就是炎帝，我们的祖先之一。一日，他尝了一种有剧毒的草，当时他正在烧水，水还没有烧开就晕倒了。不知道过了多久，神农在一种沁人心脾的清香中醒了，他艰难地在锅中舀水喝，却发现沸腾的水已经变成了黄绿色，里面还飘着几片绿色的叶子，那清香就从锅里飘来。几个小时后，他身上的剧毒居然解了！神农细心查找之后发现锅的正上方有一棵植物，研究之后又发现了它更多的作用，最后将它取名为“茶”。这则关于茶的传说，可信性有多大，尚不可知。但有一点是明确的，即茶最早是一种药用植物，它的药用功能是解毒。

两汉时到三国时期，茶已经从巴蜀传到长江中下游。到了两晋南北朝时期，茶叶已被广泛种植，它渐渐地在人们日常生活中居于显著地位，甚至有些地方还出现了以茶为祭的文化风俗。茶已经从普通百姓中进入上层社会，不仅僧人与道家借此修行养生，在当时的文化人中，茶也成为他们的“新宠”。

茶有着悠久的历史

“茶兴于唐、盛于宋”。到了唐代，出现了一位名叫陆羽的茶圣。他总结了历代制茶和饮茶的经验，写了《茶经》一书。陆羽在书中对茶的起源、种类、特征、制法、烹蒸、茶具、水的品第、饮茶风俗等作了全面论述。当时他还曾被召进宫，得到皇帝赞赏。唐朝当时注重对外交往，经济开放，因而从各种层面上对茶文化的兴盛起了推波助澜的作用。于是唐代茶道大兴，同时也在我国茶文化发展史中开辟了划时代的意义。

再到宋代，中国饮茶习俗达到更高地步，茶已经成为“家不可一日无也”的日常饮品之一。上至皇帝，下至士大夫，都有关于茶饮的专著。这时民间还出现了茶户、茶市、茶坊等交易、制作场所。其习俗中，最有特色的是斗茶。斗茶，不仅是饮茶方式，也是一种精神文化享受，把饮茶的美学价值提升到一个新的高度。与此同时，茶叶产品不再只是单一的团茶、饼茶形式，先后出现了散茶、末茶。此时，茶文化已然呈现出一派繁荣的景象，并传播到世界各国。

明清时期，茶叶的加工制作和饮用习俗有了很大改进。尤其进入清代以后，茶叶出口已经成为正式的贸易途径，在各国间的销售数量也开始增加。此时，炒青制茶法得到普遍推广，于是“冲饮法”代替了以往的“煎饮法”，这就是我们今天所使用的饮茶方法。明朝时还涌现出大量关于茶的诗画、文艺作品和专著，茶与戏剧、曲艺、灯谜等民间文化活动融合起来，茶文化也有了更深层次的发展。

发展至近代，随着品种越来越丰富，饮用方式越来越多样，茶已成为风行全世界的健康饮品之一，各种以茶为主题的文化交流活动也在世界范围内广泛开展，茶及茶文化的重要性也因此日趋显著。品茶已经成为美好的休闲方式之一，为人们的生活增添了更多的诗情画意，深受各阶层人们喜爱。

穿越千年墨香的茶历史

作为中国最古老的饮品，茶已经成为国人生活中不可分割的一部分。它不受地域限制，也没有民族差别，几千年来一直流传下来。

1. 古老的药材

我国最早发现茶和利用茶的时间，大约可以追溯到原始社会时期。当时，人们直接食用茶树的新鲜叶片，从中汲取茶汁。据《淮南子·修务训》中记载：“神农尝百草之滋味，水泉之甘苦，令民知所避就。”由这一传说可以得知，我国大约在五千年以前就开始食用茶了。

茶具有药用价值

那时，人们将含嚼茶叶作为一种习惯，时间久了之后，生嚼茶叶变成了煮熟服用。人们将新鲜的茶叶洗净之后，用水煮熟，连着汤汁一同服下。不过煮出来的茶叶味道苦涩，当时人们主要将它当作药或药引。如果有人生病了，人们就从茶树上采摘下新鲜的芽叶，取其茶汁，或是配合其他中药让病人一同服用，虽然煮出来的茶水非常苦，但确实有着消炎解毒的作用。这可以说是茶作为药用的开端。

2. 以茶为食

慢慢地，茶在人们生活中的作用开始了改变。以茶作为食物，并不是近现代才发明的新创意。《诗疏》说：“椒树、茱萸，蜀人作茶，吴人作茗，皆合煮其中以为食。”早在汉代

茶不仅可以喝，还可以吃

之前，人们就以茶当菜，茶叶煮熟了之后，与饭菜一同食用。那时，茶的目的不仅作为食物解毒，同时也为了增加营养。三国时，魏朝已出现了茶叶的简单加工，采来的叶子先做成饼，晒干或烘干，这是制茶工艺的萌芽。

到了唐宋时期，皇宫、寺院以及文人雅士之间还盛行茶宴。不过寻常百姓是没有机会参加茶宴的，它主要是为那些有权势的人准备的。茶宴的大致过程是：先由主人亲自调茶或指挥、监督，以表示对客人的敬意，接着献茶、接茶、闻茶香、观察色、品茶味。客人接下来需要评论茶的品第，称颂主人道德，赏景做诗等。整个茶宴的气氛庄重雅致，礼节严格，所用茶叶必须用贡茶或是高级茶叶，茶具必为名贵茶具，所选取的水也一定要取自名泉、清泉，其奢侈程度实在令人咂舌。

3. 饼茶、串茶、茶膏的出现

饼茶又称团茶，就是把茶叶加工成饼。它始于隋唐，盛于宋代。隋唐时，为改善茶叶苦涩的味道，人们开始在饼茶中掺合薄荷、盐、红枣等。欧阳修《归田录》中写道："茶之品，莫贵于龙凤，谓之团茶，凡八饼重一斤。"初步加工的饼茶仍有很浓的青草味，经反复实践，人们发明了蒸青制茶，即通过洗涤鲜叶，蒸青压榨，去汁制饼，使茶叶苦涩味大大降低。

《梦溪笔谈·杂志二》中提到："古人论茶，惟言阳羡顾渚天柱蒙顶之类，都未言建溪。然唐人重串茶黏黑者，则已近乎建饼矣。"唐朝人将饼茶用黑茶叶包裹住，在中间打一个洞，用绳子串起来，称其为串茶。

茶膏现如今很少被人提及，只有在过去宫廷中才会被饮用。饮茶时先将茶膏敲碎，再经过仔细研磨、碾细、筛选，最后置于杯中，然后冲入沸水，由此看来，其整个制作过程和饮用都非常烦琐。

饼茶　串茶　茶膏

4. 散茶的出现

最早的砖茶、团茶被称为块状茶，饮茶方式也不像现在一样对茶叶进行冲泡，而是采用“煮”的方式。直到宋朝中后期，茶叶生产才由先前的以团茶为主，逐渐转向以散茶为主。到了明代，明太祖朱元璋发布诏令，废团茶，兴叶茶，才出现散茶。从此人们不再将茶叶制作成饼茶，而是直接在壶或盏中沏泡条形散茶，人类的泡茶、饮茶方式发生了重大的变革。饮茶方法也由“点”茶演变成“泡”茶。我们现在通行的“泡茶”的说法是明代才出现的，清代才开始广为流行。

散茶

5. 七大茶系产生

茶文化发展到清朝时，奢侈的团茶和饼茶虽然已经被散茶所取代，但我国的茶文化却在清朝完成了由鼎盛到顶级的转化。清朝的茶饮最突出的特点就是出现了七大茶系，即绿茶、红茶、黄茶、黑茶、白茶、花茶和青茶。

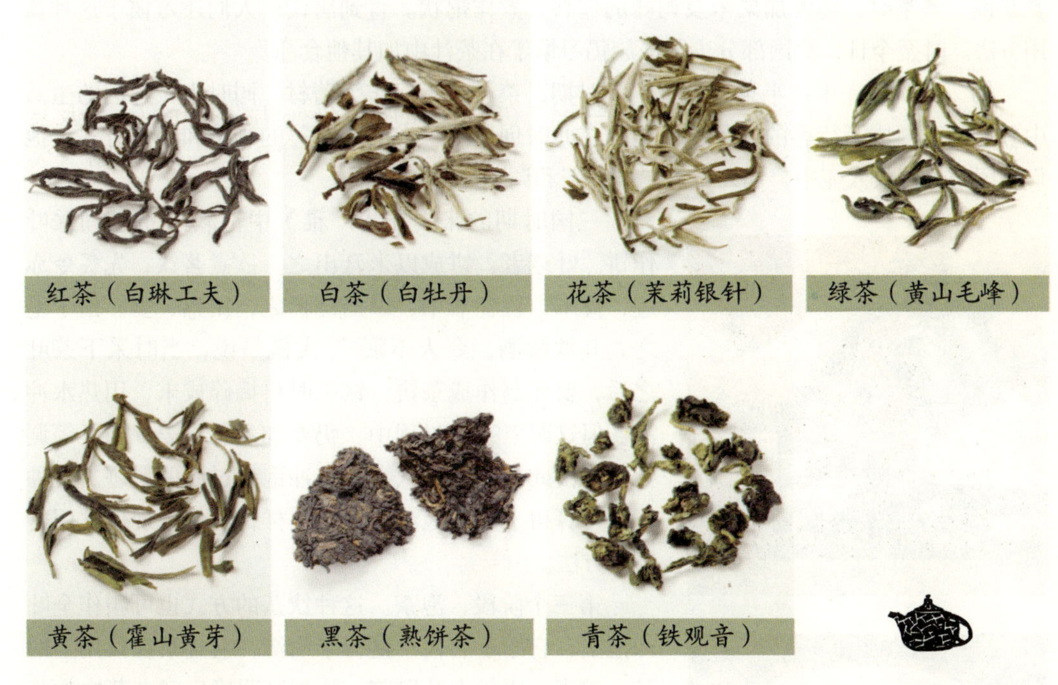

红茶（白琳工夫） 白茶（白牡丹） 花茶（茉莉银针） 绿茶（黄山毛峰）

黄茶（霍山黄芽） 黑茶（熟饼茶） 青茶（铁观音）

6. 现代茶的发展

时至今日，茶文化已经融入了各家各户的生活中。除了茶叶品种越来越丰富，饮用方式也趋于多样化。除了七大茶系之外，人们还逐步发明出各式各样的茶饮，例如花草茶、果茶和保健茶等。这些茶饮的形式也开始多样化：液体茶、速溶茶、袋泡茶……这些缤纷的茶饮充分满足了人们的日常需要，其独特的魅力也让各类人群越来越热衷。

液体茶

速溶茶

袋泡茶

饮茶方式的演变

茶叶被人类发现以后，人类的饮茶方式经过了三个阶段的发展演变过程。

第一个阶段，煮茶。无论是神农用水煮茶，还是陆羽在《茶经》中提到的煎茶、煮茶理论，人类最开始都是将茶叶煮后服用。郭璞在《尔雅》注中提到：茶“可煮作羹饮”。也就是说，煮茶时，还要加粟米及调味的作料，煮作粥状。直到唐代，人们还习惯于这种饮用方法。时至今日，我国部分少数民族仍习惯于在茶汁中加其他食品。

第二个阶段，半饮半茶。到了秦汉时期，茶已经不仅作为药材，同时也在人们的生活中登场，逐渐成了待客的饮品。人们也在此时创造出“半茶半饮”的制茶和用茶方式。他们将团茶捣碎放入壶中，加入开水，并加工和调味。

沏茶

三国时期的张揖在《广雅》中记载：“荆巴间采叶作饼。叶老者，饼成以米膏出之。欲煮茗饮，先炙令赤迹，捣末，置瓷器中，以汤浇覆之，用葱、姜、桔子笔之。其饮醒酒，令人不眠。”大概是说，当时采下茶叶之后，要先制作成茶饼，饮茶时再捣碎成末，用热水冲泡。但这时煮茶的过程中，仍要加入葱、姜、桔子等调味料，由此可以看出从煮茶向冲泡茶过渡的痕迹。这种方法可算得上是冲泡法的初始模样，类似于现代饮用砖茶的方法。

茶食

第三个阶段，泡茶。这种饮茶的方式也可叫作全叶冲泡法，它始于唐代，盛行于明清，它是茶在饮用上的又一进步。唐代中叶以前，陆羽已明确反对在茶中加其他香料、调料，强调品茶应品茶的本味，说明当时的饮茶方法也正处在变革之中。纯用茶叶冲泡，便被唐人称为“清茗”。饮过清茗，再咀嚼茶叶，细品其味，能获得极大的享受。从此开始，人们煮茶时只放茶叶。唐代发明的蒸青制茶法，专采春天的嫩芽，经过蒸焙之后加工成散茶，饮用时用全叶冲泡。这种散茶的品质极佳，能够引起饮者的极大兴趣，而且饮用方法也与现代基本一致，以全叶冲泡为主。

茶字的演变和形成

我国是最早发现和利用茶的国家。世界各种语言中的“茶”字，都是从中国对外贸易港口所在的地区通过“茶”的方言音译而来。我国古代的许多史料中，都有关于茶的记载：《神农本草经》中，称茶为“荼草”；司马相如的《凡将篇》中提到的“荈诧”就是指茶；扬雄的《方言》中，称茶为“蔎”……此外，还有“槚”、“茗”等称谓，均认为是茶的异名同义字。

1. 唐前的主要称谓：荼

“荼”字是“茶”字的古体字之一。《诗·豳风·七月》中有记载：“采荼、薪樗，食我农夫。”在《诗·邶风·谷风》中也记有：“谁谓荼苦？其甘如荠。”但对《诗经》中的荼，有人认为指的是茶，也有人认为指的是苦菜，至今也没有达到统一。我国最早的一部字书《尔雅》中有记载表明，当时茶的生产和饮用已经从巴蜀传播到了长江下游沿海一带。此书写于公元前2世纪秦汉时期，我国茶叶生产和饮用中心正是当时的巴蜀，这时荼已经明确表示有茶字的意义了。

陆羽在《茶经》“七之事”章，辑录了中唐以前几乎全部的茶资料，经统计，荼（含苦荼）25则，荼茗3则，荼荈4则，茗11则，槚2则，荈诧3则，蔎1则。荼、苦荼、荼茗、荼荈共32则，约占总茶事的70%。槚、设都是偶见，茗、荈也较荼为少见。况茗是荼芽，荈是荼老叶，荼、茗、荈，其实是一种东西。由此看来，荼是中唐以前对茶的最主要称谓。

2. 茶的其他称谓

《茶经·一之源》中有记载，“其字，或从草，或从木，或草木并。其名，一曰茶，二曰槚，三曰蔎，四曰茗，五曰荈。”

有关茶的著作

（1）槚

《尔雅·释木第十四》有记载，“槚，苦荼”。《说文解字》也提到，“槚，楸也。”“楸，梓也。”也就是说，槚即是楸即是梓。由此看来，槚、楸、梓皆是茶的意思。

（2）蔎

《说文解字》中提到：“蔎，香草也，从草设声。”蔎的本来意义是指香草或草香。因为茶具有香味，所以后用蔎借指茶。

段玉裁注云：“香草当作草香。”蔎本义是指香草或草香。因茶具香味，故用设借指茶。西汉杨雄在《方言论》有言：“蜀西南人谓茶曰蔎。”

（3）茗

茗，古通萌。《说文解字》中记载，“萌，草木芽也，从草明声。”“芽，萌也，从草牙声。”茗与萌的本义都是指草木的嫩芽。“茗”字由“艹”和“名”组成，“名”字意为“众口皆碑”、“广为人知”的意思，因而，“茗”字组合起来的意思表示为“众口皆碑的茶”，“广为人知的茶”。唐前饮茶往往是生煮羹饮，年初正、二月采的是上年生的老叶，三、四月采的才是当年的新茶，所以晚采的反而是“茗”。以茗专指茶芽，当在汉晋之时。茗由专指茶芽进一步又泛指茶，一直沿用至尽。

（4）荈

《茶经》“七之事”引司马相如《凡将篇》中有“荈诧”。荈不像槚、荼等字是借指茶，它只有茶一种含义，所以，《凡将篇》中的“荈”指茶是很有可能的。《三国志·吴书·韦曜传》中提到“曜饮酒不过二升，皓初礼异，密赐茶荈以代酒”，茶荈代酒，荈应是茶饮料。这也是荈为茶的可靠记载。

茶的主要分布区域

我国幅员辽阔、气候多样，自古就是产茶大国。由于我国茶区面积辽阔，按照国家茶区划分标准，故将全国产茶地划分为三个级别的茶区，即一、二、三级茶区。一级茶区，是全国性的划分，用来进行宏观指导；二级茶区，是由各产茶省（区）划分，用来进行省区内生产指导；三级茶区，是由各地、县划分，用以具体指挥茶叶生产。

我国一级茶区分为四个，即江北茶区、华南茶区、西南茶区和江南茶区。

1. 江北茶区

江北茶区是我国最靠北的茶区，它南起长江，北至秦岭、淮河，西起大巴山，东至山东半岛，包括河南、陕西、甘肃、山东等省和安徽、江苏、湖北北部等地。

江北茶区的地形比较复杂，土壤多为黄棕壤，少数为棕壤，为我国南北土壤的过渡类型，很多地方的土壤酸碱度略偏高。这里的茶区，年平均气温为15℃～16℃，冬季绝对最低气温一般为-10℃左右。年降水量较少，约为700～1000毫米，分布不均，常使茶树受旱。不过该茶区中虽只有少部分有良好的气候，种植的茶树大多为灌木型中叶和小叶种，但所产出的茶叶质量不次于其他茶区。

2. 华南茶区

华南茶区位于中国南部，在连江、红水河、南盘江、保山以南，包括广东、广西、福建、台湾、海南等省（自治区）。

华南茶区大多地方为赤红壤，少部分为黄壤。华南茶区具有丰富的水热资源，茶园在森林的覆盖下，土壤非常肥沃，有机物质含量非常丰富，这里的平均气温高达19℃～22℃，最低月平均气温为7℃～14℃，年降水量为中国茶区之最，一般为1200～2000毫米。其中台湾省雨量最为充沛，年降水量常超过2000毫米。茶区土层深厚，有机质含量丰富，为中国最适宜茶树生长的地区。该区品种资源丰富，有乔木、小乔木、灌木等各种类型的茶树品种，生产红茶、乌龙茶、花茶和六堡茶等在国内外都比较有名。

3. 西南茶区

西南茶区是我国最古老的茶区。它地处米仓山、红水河、神农架、巫山、武陵山以西，大渡河以东，包括云南、贵州、西藏东南部和四川省。

西南茶区是中国最古老的茶区。这里地形十分复杂，以盆地、高原为主，有些同纬度地区海拔高低悬殊，气候差别很大，大部分地区均属于热带季风气候，冬季不冷，夏季不热，云南主要为赤红壤和山地红壤，四川、贵州和西藏东南部以黄壤为主，有少量棕壤。土壤有机质含量一般比其他茶区丰富。西南茶区生长的茶树种类很多，主要是灌木型和小乔木型茶树，一些地区还有乔木型茶树。本区茶树品种资源丰富，生产红茶、绿茶、沱茶、紧压茶和普洱茶等，是中国发展大叶种茶的主要基地之一。出产的红茶有滇红工夫红茶、云南红碎茶，绿茶有蒙山甘露、蒙顶茶、都匀毛尖、蒙山春露、竹叶青、蛾眉毛峰，黑茶有普洱茶、云南沱茶等。

4. 江南茶区

江南茶区位于长江以南，梅江、连江、雁石溪以北，包括浙江、湖南、江西等省和皖南、苏南、鄂南等地。江南茶区主要分布在丘陵地带，少数在海拔较高的山区，如浙江的天目山、福建的武夷山、江西的庐山、安徽的黄山等。这里是中国茶叶的主要产区，年产量约占总产量的 2/3。

武夷山茶园

江南茶区的土壤主要是红壤，部分为黄壤或棕黄壤，少数是冲积土。该区气候四季分明，年平均气温在 15℃ ~ 18℃，冬季的绝对最低气温一般在 -8℃左右，年平均降水量在 1400 ~ 1600 毫米，春夏两季雨水最多，约为全年降水量的 60% ~ 80%，秋季干旱。该区所种植的茶树大多为灌木型中叶种和小叶种以及少量小乔木型中叶种和大叶种。主要出产绿茶、红茶、黑茶、花茶以及各种品质的特种名茶，诸如西湖龙井、洞庭碧螺春、君山银针、庐山云雾、九曲红梅、修水宁红等。

茶的海外流传路径

中国是茶的故乡，是世界茶文化起源和传播的中心，“茶叶之路”成为中外经济文化沟通交流的桥梁和纽带。世界各国的种茶和饮茶习俗，最早都是直接或间接从中国传播去的。时至今日，全世界五大洲有 50 多个国家种植茶，有 120 多个国家的 20 亿人有饮茶习惯，中国在世界茶文化的发展上起到了至关重要的作用。

早在公元六、七世纪，朝鲜半岛上的大批新罗僧人为求佛法来到中国，他们中的大部分是在中国经过 10 年左右的专心修学，然后回国传教的。他们在唐朝时，当然会接触到饮茶，并在回国时将茶和茶籽带回新罗。

后来，据《日吉神道密记》记载，公元 805 年，从中国学佛归来的最澄和尚带回了茶籽，种在了日吉神社的旁边，成为日本最古老的茶园。至今在京都比睿山的东麓还立有《日吉茶园之碑》，其周围仍生长着一些茶树。这是中国茶种向外传播的最早记载，后又经日僧南浦昭明在径山寺学得径山茶宴，斗茶等饮茶习俗，并带回日本，在此基础上逐渐形

悠悠茶风

成了日本自己的茶道。

约在公元六、七世纪，饮茶的习俗传入了朝鲜民间。不久，朝鲜派往中国的使者金大廉，还从中国带去了茶籽，在本国栽植。在欧洲的文献中，最早记载饮茶的是《马可·波罗游记》和由马可·波罗所著的《中国茶》。

而后，荷兰人从海上来澳门，将中国茶叶贩运到印度尼西亚。到了1610年，荷兰直接从中国贩运茶叶，转销欧洲。到了1780年，英国和荷兰人才开始从中国输入茶籽在印度种茶，英国起先从中国输入茶叶，并由此产生了英国的红茶文化。后来，一个名叫罗伯特·福琼的植树采集家，将茶树种子放入一个用特殊玻璃制成的便携式保温箱里，带上了开住印度的轮船。在航海过程中，茶树种子发了芽。船到了加尔各答，这些茶苗就落到了东印度殖民统治集团的手中。不久，印度便培育了十万株以上的茶树苗木，在印度高地形成了大规模的茶园。

17世纪，茶叶先后传到荷兰、英国、法国，以后又相继传到德国、瑞典、丹麦、西班牙等国。18世纪，饮茶之风已经风靡整个欧洲。欧洲殖民者又将饮茶习俗传入美洲的美国、加拿大以及大洋洲的澳大利亚等英、法殖民地。到19世纪，中国茶叶的传播几乎遍及全球。茶叶一传入外国，立即受到国外人士的珍视和欣赏，广为宣传。从此中国茶叶的功能和饮用方法，先后为世界各国所了解，饮茶风逐渐在全球掀起。

茶从中国南部传到全国，再由国内通过内路交通或海上航运传播到国外。可以说，中国给了世界茶的名字、茶的知识、茶的栽培加工技术。世界各国的茶叶，直接或间接地与我国茶叶有着千丝万缕的联系，我国茶文化也在世界掀起了广泛的流行风潮。

现代人与茶的不解之缘

对文化而言，饮茶是一种传统；对个人而言，饮茶是一种习惯，一种流行。中国的饮茶历史流传至今，不仅蕴含了丰富的人文精神，同时还带给人们愉悦的精神享受，因此，在现今社会，茶已经成为人们生活中不可缺少的必备品。

大家都知道我国有这样一句话，开门七件事：柴米油盐酱醋茶。《膳夫经手录》中记载了茶对普通百姓的重要性："今关西、山东、闾阎村落皆吃之，累日不食犹得，不得一日无茶。"由此可见茶的重要地位。

在贵州省西部的普定县，有一位年过百岁的老人。她90多年前从纳雍逃荒来到该县的一个小村子，从那时起与茶结下了不解之缘。开始老人只是喜欢喝茶，可慢慢地，老人甚至开始用茶当菜泡饭吃，只要一天不喝茶，她就觉得胸口热乎乎的难受，也没有胃口。当地人都说，老人之所以长寿，与喝茶有着极大的关系。

以茶泡饭不仅仅是老人特别的地方，她泡茶的方式也与平常人不太一样。她用瓦罐架在火上慢慢熬，等到茶叶熬得熟烂，茶水也变黄了之后，老人就连茶叶也一起"喝掉"。老人说，家里穷，没有菜不要紧，但不能没有茶。茶可是个好东西，只要有了茶喝，她从不会口干舌燥，而且口也不会苦。

老人爱茶，而茶也带给她许多好处。她虽然年纪过百，但牙齿尚在，记忆力也很好。更令人觉得诧异的是，老人的头发大部分都是黑亮的，实在与这个年龄的老人不同，看来茶真有一番妙用。

以茶养生

当地人说，老人生活的化处镇，其实是朵贝茶的故乡。而当地的百姓祖祖辈辈都有饮茶的习惯，用茶泡饭也不仅仅是老人特有的习惯。当地人但凡累了的时候，都喜欢熬煮茶叶泡饭吃，甚至还喜欢用茶叶当菜吃火锅，用他们的话说就是“这样很爽口”。

专家分析，茶叶有着保健、养生、药用和美容等功效，不仅会延年益寿，还能让人静心宁神，陶冶情趣。看起来茶的确有让人们深深喜爱的理由。当然，世界上从来就没有什么神仙，茶叶也不是什么仙药。不过，茶叶中含有大量营养和药用价值较高的成分，不失为一种对人体健康有益的饮品。

我国茶叶种类繁多，在世界上可算是首屈一指。而我国茶馆亦不少，恐怕也是其他国家难以超越的。中国人喜欢在茶馆中与好友、同事叙旧谈心，沏一壶好茶，边喝边聊，茶水喝到一半，再续上水，其乐趣也是其他饮品无法企及的。除此之外，国人无论是饭后、休息或者招待客人，茶都是不可缺少的。以茶待客已经成为我国标准的礼仪之一。在结婚大喜的日子里，男女双方也要给长辈和亲友们敬茶，以表示对对方的尊重。不仅如此，在许多重大的仪式上，茶亦是必不可少的。由此看来，现代人与茶真是系上了难解的缘分。

茶马古道

所谓茶马古道，实际上就是一条地道的马帮之路。茶马古道最早起源于唐宋时期的“茶马互市”。古代战争主力多是骑兵，马就成了战场上决定胜负的条件，而我国西南地区的少数民族，将茶与粮食看成重要的生活必需品，这样，西藏和川、滇边地出产的骡马、毛皮、药材和川滇及内地出产的茶叶、布匹、盐和日用器皿等等，在横断山区的高山深谷间南来北往，川流不息，并随着社会经济的发展而日趋繁荣。因此，“茶马互市”一直是历

茶是文化交流的媒介

代统治者所采取的重要措施之一。

茶马古道的主要干线为青藏线、滇藏线和川藏线。其中青藏线发展最早，开始于唐朝时期；滇藏线经过西双版纳、丽江、大理等地，又经过喜马拉雅山运往印度等国，甚至更远，是路线最远的一条线路；而三条线路中，川藏线对后来的影响最大，也最为著名。

茶马古道随着茶马互市制度的兴起而繁荣，盛于明清。从明朝开始，川藏茶道正式形成。早在宋元时期官府就与吐蕃等族开展茶马贸易，但数量较少，所卖茶叶只能供应当地少数民族食用。到了明朝以后，政府规定于四川、陕西两省分别接待杂甘思及西藏的入贡使团，而明朝使臣亦分别由四川、陕西入藏，其余大部川茶，则由黎雅输入西藏。

到了清朝，川藏茶道得到了进一步繁荣和发展。川藏线道路崎岖难行，开拓十分艰巨，当时运输茶叶少量靠骡马驼运，大部分靠人力搬运。有一段民间谚语正描述了行路的艰难程度："正二三，雪封山；四五六，淋得哭；七八九，稍好走；十冬腊，学狗爬。"川茶就是在这种艰苦的条件下运至各地的。

茶马古道的主要干线除了这三种之外，还包括若干支线，如由川藏线北部支线经原邓柯县（今四川德格县境）通向青海玉树、西宁乃至旁通洮州（临潭）的支线；由昌都向北经类乌齐、丁青通往藏北地区的支线；由雅安通向松潘乃至连通甘南的支线；等等。

《茶马古道研究模式以及意义》一文中提到：茶马古道是当今世界上地势最高的贸易通道，也是民族融合与和谐之道。它见证了中国乃至亚洲各民族间因茶而缔结的血肉情感，在世界文明传播史上作出了卓越的贡献。

茶马古道不仅对世界各国各民族的贡献巨大，对我们每个人来说，也具有显著的作用。历史已经证明，茶马古道原本就是一条人文精神的超越之路。马帮每次踏上征程，就是一次生与死的体验之旅。茶马古道的艰险超乎寻常，然而沿途壮丽的自然景观却可以激发人潜在的勇气、力量和忍耐，使人的灵魂得到升华，从而衬托出人性的真义和伟大。

现如今，几千年前古人开创的茶马古道上，成群结队的马帮身影不见了，远古飘来的茶香也消失得无影无踪，那清脆悦耳的驼铃声也早已消散，但千百年来茶马古道上的先人足迹与远古留下的万千记忆却深刻地印刻下来。它幻化成中华民族生生不息的拼搏精神与崇高的民族创业精神，为中国乃至世界的历史添加了浓墨重彩的一笔。

中国十大名茶

我国茶叶种类数量繁多，名茶更是茶叶中的珍品。那么，何谓名茶？究竟什么样的茶叶算得上名茶呢？尽管人们对名茶的概念并不统一，但综合各类情况来看，名茶必须在色、香、味、形四个方面具有独特的风格和特色。

1959年，全国"十大名茶"评比会评出了中国的"十大名茶"，它们分别是西湖龙井、洞庭碧螺春、黄山毛峰、庐山云雾、六安瓜片、君山银针、信阳毛尖、武夷岩茶、安溪铁观音和祁门红茶。后来这一标准几经变迁。如今，于2012年7月6日～10日在大连星海会展中心召开的第八届大连国际茶文化博览会又评出了最新的“中国十大名茶”。新出炉的“十大名茶”的名单大体延续了1959年评选的结果，只是顺序上有所变化，庐山云雾被都匀毛尖取代而已。

1. 西湖龙井

居于中国名茶之冠的西湖龙井，是产于浙江省杭州市西湖周围的群山之中的绿茶。它以“色绿、香郁、味醇、形美”四绝著称于世。西湖群山的产茶历史已有千百年，在唐代时就享有盛名。龙井茶叶为扁形，外形挺直削尖，叶细嫩，条形整齐，宽度一致，色泽为绿中显黄，手感光滑匀齐，一芽一叶或二叶；芽长于叶，芽叶均匀成朵，不带夹蒂、碎片，小巧玲珑，栩栩如生。龙井茶味道清香，沁人心脾。假冒龙井茶则多是清草味，夹蒂较多，手感不光滑。

2. 洞庭碧螺春

产于江苏苏州太湖的洞庭山碧螺峰的碧螺春，是中国著名绿茶之一。洞庭山气候温和，空气清新，冬暖夏凉，为茶树的生长提供了得天独厚的环境，也使碧螺春茶形成了别具特色的品质特点。碧螺春茶条索纤细，银芽显露，一芽一叶，芽为白豪卷曲形，叶为卷曲清绿色，披满茸毛。叶底幼嫩细匀，色泽碧绿。假的为一芽二叶，芽叶长度不齐，呈黄色。民间对碧螺春是这样判断的：“钢丝条，螺旋形，浑身毛，一嫩三鲜自古少。”

高级碧螺春可以先冲水再放茶叶，茶叶依然会徐徐下沉，展开叶片释放香味，这是茶叶芽头壮实的表现，也是其他茶叶所不能比拟的。

3. 信阳毛尖

信阳毛尖是河南省著名土特产之一，素来以“细、圆、光、直、多白毫、香高、味浓、汤色绿”的独特风格享誉中外。唐代茶圣陆羽所著的《茶经》，将信阳列为了全国八大产茶区之一，而信阳毛尖也成为河南省优质绿茶的代表。

信阳毛尖其外形条索紧细、圆、光、直，银绿隐翠，色泽鲜亮，内质香气新鲜，浓爽而鲜活，白毫明显。叶底嫩绿匀整，清黑色，一般一芽一叶或一芽二叶。假的为卷曲形，叶片发黄，并无茶香。

4. 君山银针

君山银针为我国著名黄茶之一。君山茶始于唐代，清代纳入贡茶。其生长的环境土壤肥沃，多为砂质土壤，年降水量约为1340毫米，相对湿度较大，这正是茶树生长的适宜环境。君山银针芽头肥壮挺直、匀齐，满披茸毛，色泽金黄光亮，香气清鲜，茶色浅黄，味甜爽，冲泡起来芽尖冲向水面，悬空竖立，然后徐徐下沉，再升再沉，三起三落，形如群

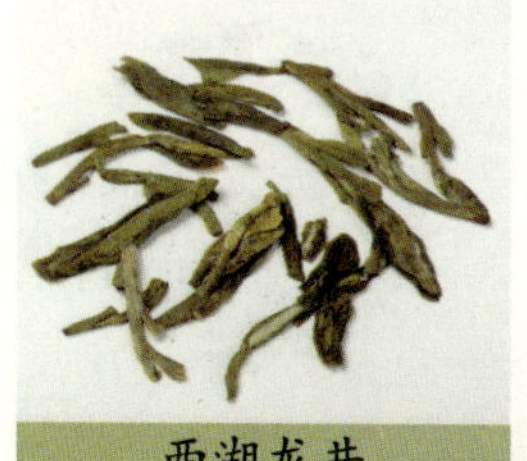
西湖龙井

洞庭碧螺春

信阳毛尖

君山银针

笋出土，又像银刀直立。假银针为清草味，泡后银针不能竖立。

5. 六安瓜片

六安瓜片又称片茶，产于安徽六安和金寨两地的齐云山，为绿茶特种茶类，是国家级历史名茶。六安瓜片驰名古今中外，不仅因为其品质的优势，更得惠于其独特的产地和工艺。当地高山环抱，气候温和，云雾缭绕，为茶树的生长提供了良好的环境。其外形平展，形似瓜子的片形茶叶，每一片不带芽和茎梗，叶呈绿色光润，微向上重叠，内质香气清高，水色碧绿，滋味回甜，叶底厚实明亮，肉质醇厚。假的则味道较苦，色比较黄。

6. 黄山毛峰

黄山是我国景色绮丽的自然风景区之一，那里终年云雾弥漫，山峰露出云上，像坐落于云中的岛屿一样，故称为云海。著名绿茶黄山毛峰就生长与这片迷离的山中，因而也沾染了其神秘的特点。

黄山毛峰，其外形细嫩稍卷曲，茶芽格外肥壮、匀齐，柔软细嫩，有锋毫，形状有点像雀舌。叶片肥厚，呈金黄色；叶底芽叶成朵，厚实鲜艳，色泽嫩绿油润，香气清鲜，经久耐泡。水色清澈、杏黄、明亮，味醇厚、回甘，是茶中的上品。假茶则呈土黄，味苦，叶底不成朵。

7. 祁门红茶

祁门红茶简称祁红，是红茶中的精品。祁门红茶产于安徽省西南部，当地气候温和、日照适度、雨水充足，土壤肥沃，十分适宜茶树生长。因而，祁门红茶向来以“香高、味醇、形美、色艳”四绝驰名于世。

祁门红茶颜色为棕红色，外形条索紧细匀整，内质清芳并带有蜜糖香味，味道浓厚，甘鲜醇和，即使添加鲜奶亦不失其香醇。而假茶一般带有人工色素，味苦涩、淡薄，条叶形状不齐。

8. 都匀毛尖

都匀毛尖又名“白毛尖”、“鱼钩茶”、“雀舌茶”，是贵州特产绿茶。它产于贵州省都匀市，主产地在团山、哨脚、大槽一带。这里冬无严寒，夏无酷暑，土层深厚，土壤疏松湿润，且土质呈现酸性或微酸性。特殊的自然条件不仅为茶树的生长繁衍带来了福音，而且还帮助都匀毛尖形成了自己独特的风格。

都匀毛尖外形条索紧细卷曲，毫毛显露，色泽绿润，整张叶片细小短薄，一芽一叶初展，形似雀舌。不仅如此，它的内质也颇具风韵，其汤色清澈，滋味新鲜回甘，香气清嫩，叶底嫩绿匀齐。而假茶则滋味苦涩，叶底不匀。

六安瓜片

黄山毛峰

祁门红茶

都匀毛尖

9. 安溪铁观音

安溪铁观音历史悠久，素有茶王之称，是我国著名青茶之一。品质优异的铁观音，叶体厚实如铁，形美如观音，多呈螺旋形，芙蓉沙绿明显，光润，绿蒂，具有天然兰花香，汤色清澈金黄，味醇厚甜美，入口微苦，立即转甜，冲泡多次后仍有余香，叶底肥厚柔软，青绿红边，艳亮均匀，每颗茶都带茶枝。

安溪铁观音

铁观音的制作工序与一般乌龙茶的制法基本相同，一般在傍晚晒青，通宵摇青、凉青，次日清晨完成发酵，再经过烘焙，历时一昼夜。这种精细的制作工序也让安溪铁观音有了更显著的优势。假茶叶形长而薄，条索较粗，无青翠红边，叶泡三遍后便无香味。

10. 武夷岩茶

武夷岩茶产于闽北的名山武夷，茶树生长在岩缝之中。其外形条索肥壮、紧结、匀整，带扭曲条形，俗称“蜻蜓头”，叶背起蛙皮状砂粒，俗称“蛤蟆背”，内质香气馥郁、隽永，滋味醇厚回苦，润滑爽口，汤色橙黄，清澈艳丽，叶底匀亮，边缘朱红或起红点，中央叶肉黄绿色，叶脉浅黄色，耐泡 6 ~ 8 次以上。

武夷岩茶

武夷岩茶具有绿茶之清香，红茶之甘醇，是青茶中之极品。其主要品种有“大红袍”、“水仙”、“肉桂”等。假茶味淡，欠韵味，色泽枯暗。

茶的雅号别称

由古至今，人们逐渐意识到了茶的妙用，不仅利用其制药，更让其成为日常必需品。人们对茶深情厚爱的程度，完全可以从为茶取的高雅名号看出。

酪奴：出自《洛阳伽蓝记》。书中记载，南北朝时，北魏人不习惯饮茶，而是喜爱奶酪，戏称茶为酪奴，也就是奶酪的奴婢。

消毒臣：出自唐朝《中朝故事》。诗人曹邺饮茶诗云：“消毒岂称臣，德真功亦真。”唐武宗时期李德裕说天柱峰茶可以消减酒肉的毒性，曾派人煮茶浇在肉食上，并用银盒密封起来，过了一段时间打开之后，肉已经化成了水，因而人们称茶为消毒臣。

苦口师：相传，晚唐著名诗人皮日休之子皮光业在一次品赏新柑的宴席上，一进门，对新鲜甘美的橙子视而不见，急呼要茶喝。于是，侍者只好捧上一大瓯茶汤，皮光业手拿着茶碗，即兴吟诵道：“未见甘心氏，先迎苦口师。”从此以后，茶就有了一个苦口师的雅号。

余甘氏：宋朝学者李郛在《纬文琐语》中写道：“世称橄榄为余甘子，亦称茶为余甘子。因易一字，改称茶为余甘氏，免含混故也。”五代诗人胡峤在饮茶诗中，也说：“沾牙旧姓余甘氏。”于是，茶又被成为余甘氏。

茶的别号雅称

叶嘉：这是苏轼为茶取的昵称与专名。因《茶经》首句言："茶者，南方之嘉木也。"又因人们常常利用茶的叶片，所以取茶别名为"叶嘉"。《苏轼文集》载此文，并作《叶嘉传》，文中所言："风味恬淡，清白可爱，颇负盛名。有济世之才，虽羽知犹未评也。为社稷黎民，虽粉身碎骨亦不辞也。"此传中用拟人手法刻画了一位貌如削铁，志图挺立的清白自守之士，一心为民，一尘不染，为古来颂茶散文名篇，这也是茶别名中的最佳名号。

清友：宋朝文学家苏易简在《文房四谱》中记载有"叶嘉，字清友，号玉川先生。清友，谓茶也"。唐朝姚合品茶诗云："竹里延清友，迎风坐夕阳。"

水厄：灾难之意，出自《世说新语》，里面记载了这样的故事：晋代司徒长史王蒙，喜欢饮茶。他常常请来客人，陪他一同饮茶。但那些人并不习惯喝茶，每次去拜访王蒙的时候都会说："今天有水厄了。"

清风使：唐朝诗人卢仝的《茶歌》中有饮到七碗茶后，"惟觉两腋习习清风生，蓬莱山，在何处，玉川子，乘此清风欲归去"之句。据史籍《清异录》记载，五代时期，也有人称茶为清风使。

涤烦子：唐朝诗人施肩吾诗云："茶为涤烦子，酒为忘忧君。"饮茶，可洗去心中的烦闷，历来备受赞咏。唐朝史籍《唐国史补》中记载："常鲁公（即常伯熊，唐朝煮茶名士）随使西番，烹茶帐中。赞普问：'何物？'曰：'涤烦疗渴，所谓茶也。'因呼茶为涤烦子。"因此，茶又被称为涤烦子。

森伯：出自《森伯颂》。书中提到，饮茶之后会感觉体内生成了一股清气，令浑身舒坦，因此称赞茶为"森伯"。

玉川子：唐代诗人卢仝，自号玉川子，平素极其喜爱饮茶，后被世人尊称为"茶仙"。他写了许多有关茶的诗歌，并著有《茶谱》，因此，有人以"玉川子"代称茶叶。

不夜侯：晋朝学者张华在《博物志》中说："饮真茶令人少睡，故茶别称不夜侯，美其功也。"唐朝诗人白居易在诗中写道："破睡见茶功。"宋朝大文豪苏东坡也有诗赞茶有解除睡意之功："建茶三十片，不审味如何，奉赠包居士，僧房战睡魔。"五代胡峤在饮茶诗中赞道："破睡须封不夜侯。"因而，茶又被称为不夜侯。

除此之外，人们还为茶取了不少高雅的名号。如唐宋时的团饼茶称"月团"、"金饼"；唐代陆羽《茶经》把茶誉为"嘉木 "、"甘露"；杜牧《题茶山》赞誉茶为"瑞草魁"；宋代陶穀著的《清异录》对茶有"水豹囊"、"清人树"、"冷面草 "等多种称谓；宋代杨伯岩《臆乘·茶名》喻称茶为"酪苍头"；五代郑遨《茶诗》称赞其为"草中英"；元代杨维桢《煮茶梦记 》称呼茶为"凌霄芽"；清代阮福《普洱茶记》所记载的"女儿茶"；等等。

后世，随着各种名茶的出现，往往以名茶的名字来代称"茶"字，如"铁罗汉"、"大红袍""白牡丹"、"雨前""黄金桂"、"紫鹃"，"肉桂"等。时至今日，随着人们对茶的喜爱程度越来越高，茶的种类与别称也随之增多。

中国的茶文化研究

我国是一个拥有五千年历史的文明古国。中国人最早懂得喝茶，也最会喝茶，喝茶已有数千年的历史。自从神农遍尝百草开始，中国人就懂得喝茶了。在两汉、三国、两晋时期，家家户户无不以茶待客，表示敬意，各地各族人民也开始形成饮茶礼俗，茶文化应运而生。从广义上讲，茶文化分自然科学和人文科学两方面，是指人类社会历史实践过程中所创造的与茶有关的物质财富和精神财富的总和。从狭义上讲，茶文化着重于茶的人文科学，主要指茶对精神和社会的功能。

茶文化历史悠久

中国茶文化博大精深，它包含作为载体的茶和使用茶的人类因茶而形成的各种事实和观念，是一个内容丰富、结构复杂的体系。它的内容涉及科技教育、文化艺术、医学保健等许多学科与行业，包括诗词、美术、小说、祭祀、禅教、婚礼、歌舞、茶事旅游、茶事博览和茶食茶疗等多个方面，具有历史性、地区性、民族性和社会性等特点。

中华茶文化包含物质文化、精神文化与行为文化三个层次。

物质文化。茶文化的物质层次是指人们从事茶叶生产的活动方式及其成果的总和。例如：茶叶的种植与栽培、加工制造、保存与收藏以及饮茶时所用的茶具、水、茶室等有形的过程、产品、物品、建筑物等。

精神文化。茶文化的精神层次是指人们在长期进行茶叶生产、经营、品饮及茶艺活动的过程中，逐渐形成的价值观念、审美情趣、思维方式等主观因素的总和，例如茶叶生产、饮茶情趣以及有关茶的诗词歌赋等文艺作品，该层次也是茶文化的核心部分。人们在品茶的过程中感悟人生，将品茶与人生哲学有机结合起来，将饮茶上升到哲理的高度，追求精神上的愉悦，也就是茶文化中的茶道、茶德等。

行为文化。茶文化的行为层次是指人们在茶叶生产、经营、

茶可作为物质食粮

茶也是精神食粮

消费过程中逐渐形成的行为模式的总和，常常以茶艺、茶礼、茶俗等形式表现出来。我国各民族、各地区在长期饮茶的过程中，结合地域特点及民族习惯，形成了各具特色的饮茶方式和茶艺程式。中国旧时曾以茶为礼，称为“茶礼”，送茶礼叫“下茶”，“一女不吃两家茶”，也是说一旦女家受了茶礼，便不再接受别家的聘礼。除此之外，客来敬茶是我国的传统礼节，表明了主人的热情好客；千里寄茶表现出对亲人、对故乡的思念，体现了浓浓的亲情。

茶最开始被我们的祖先发现，只是用来解毒、煮食而已。慢慢地，它发展到饮用。今天的茶不仅仅是生津止渴、醒脑提神的饮品，同时人们通过茶获得了精神的需要，表现了我们的人生信仰以及追求人生的崇高境界。茶经过几千年的发展，如今已经成为风靡世界的三大无酒精饮料之一。茶文化源远流长，博大精深。它是人类对茶的认识以及在此基础上的应用和创造等过程，它以茶为载体来传播各种文化，是茶与文化的有机融合。

不同时代、不同民族、不同社会阶层、不同的社会环境和自然环境使茶文化呈现出了不同形态，构成了中国茶文化的历史长链。在历史的进程中，茶文化的内容得到不断丰富和发展，不断汲取具有鲜明时代特色的营养，并与社会生活的各个时期、各个层面密切结合，对中国社会的发展产生了深远的影响。

茶美学的发展历程

茶的世界是一个色彩斑斓的世界，红茶、绿茶、黄茶、青茶、白茶、黑茶、花茶，每种都具有其独特的风格。几千年来，中国人种茶、制茶、品茶，并用茶作画、赋诗，不仅从物质角度发展了堪称世界最发达的茶业，同时也发展出博大精深的茶文化，积淀了丰富的美学思想。

众所周知，梅、兰、竹、菊是花中四君子，因品格清雅高贵，为国人所倾倒赞许。然心仪观赏梅兰竹菊，终归是圣人贤达心怡之志趣，寻常百姓又岂能品出其中之美？而茶则不然。茶居深山则春色满园，置杯中则飘逸如仙；入眼尽清媚，启唇皆香醇；味虽苦，却含香；虽质朴，却不俗。如此贤德清逸之茶，可观、可品、可饮，兼具原始生态之美。它虽为平常之物，但无论高雅低俗，也不论富贵贫贱，是人人都可以品评玩味的。

茶所具有的深蕴内涵，不仅包括了高洁、高雅、虚心、坚贞等美德，同时还具有“平和、俭朴”的本质特征，啜之使人“涤尘、清心”等更为深远和广泛的美学意义。茶是道，贵生而脱俗；茶是儒，文明又礼雅；茶是佛，空灵又至善。

唐诗宋词中提到的茶也美不可言。唐人吕岩在《大云寺茶诗》中这样写道：

玉蕊一枪称绝品，僧家造法极功夫。
兔毛瓯浅香云白，虾眼汤翻细浪俱。
断送睡魔离几席，增添清气入肌肤。
幽丛自落溪岩外，不肯移根入上都。

一首诗中，洋洋洒洒地记录了茶的风姿，茶的香气，茶的品性，读完此诗，茶的风情韵味之美感已经悠然入口。

茶诗、茶画、茶联、茶艺……无一不以茶喻人、喻物、喻情、喻心，匠心剪裁，浓笔淡抹，鲜活地描绘出茶之美韵，让平常茶香添了几分清新，脱去不少俗气。

茶给人们带来感官和精神上的愉悦，增进身心健康

茶是如此平凡，却又有着如此超凡脱俗的美感。在时代发展的今天，茶的美学功效得到充分的发挥：琳琅满目的茶包装、茶食品、茶生活用品，不仅美化了生活，同时还丰富了人文底蕴。茶美学丰富了人类的精神世界，让人们获得诗意栖居的理想家园。“落日平台上，春风啜茗时。”饮茶健身、品茶怡情，这是多么朴实而美好的时刻。“故人气味茶样清，故人风骨茶样明。”这是对茶的赞歌，也是从茶之美生发对真、善、美人生境界的追求。

“美”与“文化”一样，已经被人们广泛地应用。茶文化之所以传承不衰，并且逐渐发展，其中一个很重要的原因是茶及茶事活动中包含很丰富的美学内涵，给人们带来感官和精神上的愉悦，增进身心健康。

20世纪以来，美学研究已经不只注重于艺术美、自然美，还随着科学技术的进步扩展到人类生活的各个方面。因而，雅俗共赏的茶美学自然被越来越多的学者所关注。其至真、至善、至美的特点影响着我们的生活。相信不久之后，茶美学将被越来越多的人认可，也将以特有的方式为人类美好前景作出重要的贡献。

第二章 茶之类

初次走入茶叶店，我们总会被里面五花八门、绚丽缤纷的茶叶名称所吸引，眼花缭乱。其实茶叶的名称也是有讲究的，有的根据茶叶产地而命名，例如西湖龙井、普陀佛茶等等；有的根据茶叶形状不同而命名，例如银针、珠茶等等；有的更是以历史故事命名，如铁观音、大红袍等等。总之，分类方法花样百出，这样才使茶显得更具神秘感。

传统七大茶系分类法

中国的茶叶种类很多，分类也自然很多，但被大家熟知和广泛认同的就是按照茶的色泽与加工方法分类，即传统七大茶系分类法：红茶、绿茶、黄茶、青茶、白茶、黑茶和花茶七大茶系。

1. 红茶

红茶是我国最大的出口茶，出口量占我国茶叶总产量的50%左右，属于全发酵茶类。它因干茶色泽、冲泡后的茶汤和叶底以红色为主调而得名。但红茶开始创制时被称为“乌茶”，因此，英语称其为“Black Tea”，而并非“Red Tea”。

红茶以适宜制作本品的茶树新芽叶为原料，经萎凋、揉捻、发酵、干燥等典型工艺过程精制而成。香气最为浓郁高长，滋味香甜醇和，饮用方式多样，是全世界饮用国家和人数最多的茶类。

红茶中的名茶主要有以下几种：祁门红茶，政和工夫，闽红工夫，坦洋工夫，白琳工夫，滇红工夫，九曲红梅，宁红工夫，宜红工夫，等等。

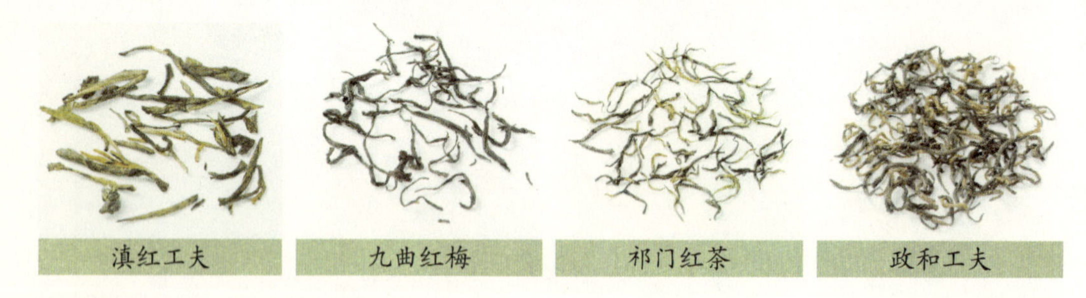

滇红工夫　九曲红梅　祁门红茶　政和工夫

2. 绿茶

绿茶是我国产量最大的茶类，其制作过程并没有经过发酵，成品茶的色泽、冲泡后的茶汤和叶底均以绿色为主调，较多地保留了鲜叶内的天然物质。其中茶多酚咖啡碱保留鲜叶的85%以上，叶绿素保留50%左右，维生素损失也较少，从而形成了绿茶“清汤绿叶，滋味收敛性强”的特点。由于营养物质损失少，绿茶也对人体健康更为有益，对防衰老、防癌、抗癌、杀菌、消炎等均有特殊效果。

绿茶是历史最早的茶类，距今至少有三千多年。古代人类采集野生茶树芽叶晒干收藏，可以看作是广义上的绿茶加工的开始。但真正意义上的绿茶加工，是从公元8世纪发明蒸青制法开始，到12世纪又发明炒青制法，绿茶加工技术已比较成熟，一直沿用至今，并不断完善。

绿茶中的名茶主要有以下几种：西湖龙井，洞庭碧螺春，黄山毛峰，信阳毛尖，庐山云雾，六安瓜片，太平猴魁，等等。

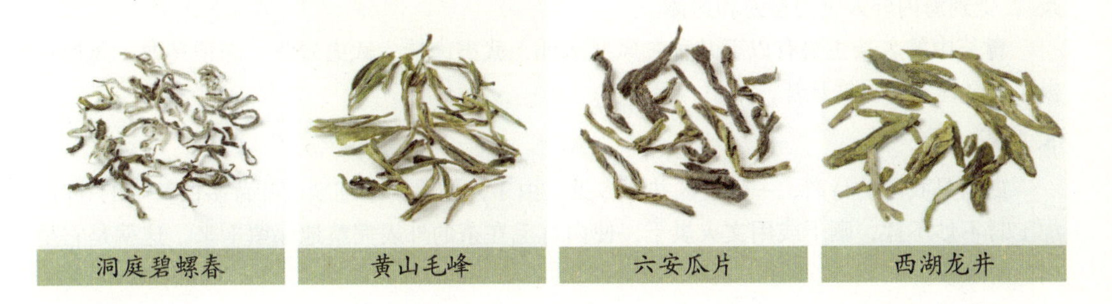

洞庭碧螺春　黄山毛峰　六安瓜片　西湖龙井

3. 黄茶

由于杀青、揉捻后干燥不足或不及时，叶色变为黄色，于是人们发现了茶的新品种——黄茶。黄茶具有绿茶的清香、红茶的香醇、白茶的愉悦以及黑茶的厚重，是各阶层人群都喜爱的茶类。其品质特点是“黄叶黄汤”，这种黄色是制茶过程中进行闷堆渥黄的结果。

由于品种的不同，黄茶在茶片选择、加工工艺上有相当大的区别。比如，湖南省岳阳洞庭湖君山的君山银针，采用的全是肥壮的芽头，制茶工艺精细，分杀青、摊放、初烘、复摊、初包、复烘、再摊放、复包、干燥、分级等十道工序。加工后的君山银针外表披毛，色泽金黄光亮。

黄茶中的名茶主要有以下几种：君山银针，蒙顶黄芽，霍山黄芽，海马宫茶，北港毛尖，鹿苑毛尖，广东大叶青，等等。

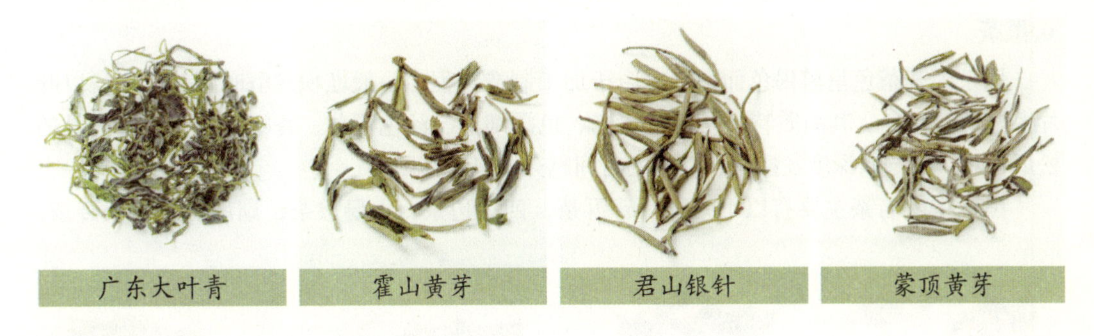

广东大叶青　霍山黄芽　君山银针　蒙顶黄芽

4. 青茶

青茶，主要指乌龙茶，属于半发酵茶，在中国几大茶类中，具有鲜明的特色。它融合了红茶和绿茶的清新与甘鲜，品尝后齿颊留香，回味无穷。

青茶因其在分解脂肪、减肥健美等方面有着显著功效，又被称为“美容茶”、“健美

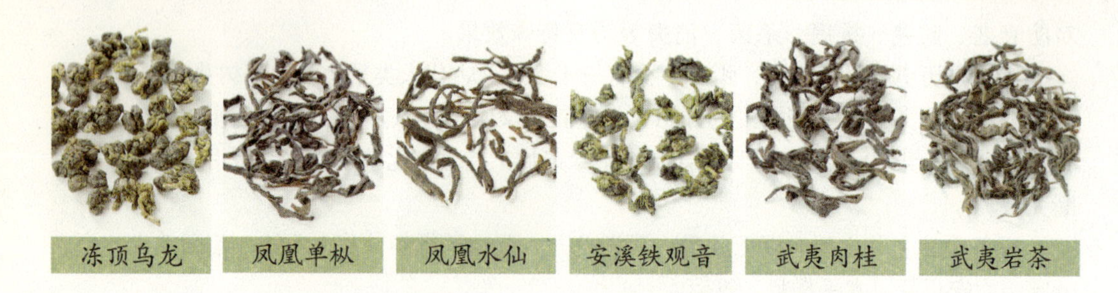

冻顶乌龙　凤凰单枞　凤凰水仙　安溪铁观音　武夷肉桂　武夷岩茶

茶”，受到海内外人士的喜爱和追捧。

青茶中的名茶主要有以下几种：凤凰水仙，武夷肉桂，武夷岩茶，冻顶乌龙，凤凰单枞，黄金桂，安溪铁观音，本山，等等。

5. 白茶

白茶是我国的特产，一般地区并不多见。由于人们采摘了细嫩、叶背多白茸毛的芽叶，加工时不炒不揉，晒干或用文火烘干，使白茸毛在茶的外表完整地保留下来，这就是它呈白色的缘故。

优质成品茶毫色银白闪亮，素有“绿妆素裹”之美感，且芽头肥壮，汤色黄亮，滋味鲜醇，叶底嫩匀。冲泡后品尝，滋味鲜醇可口，还能起到药理作用。中医药理证明，白茶性清凉，具有退热降火之功效，海外侨胞往往将白茶视为不可多得的珍品。

白茶中的名茶主要有以下几种：白牡丹，贡眉，白毫银针，寿眉，福鼎白茶，等等。

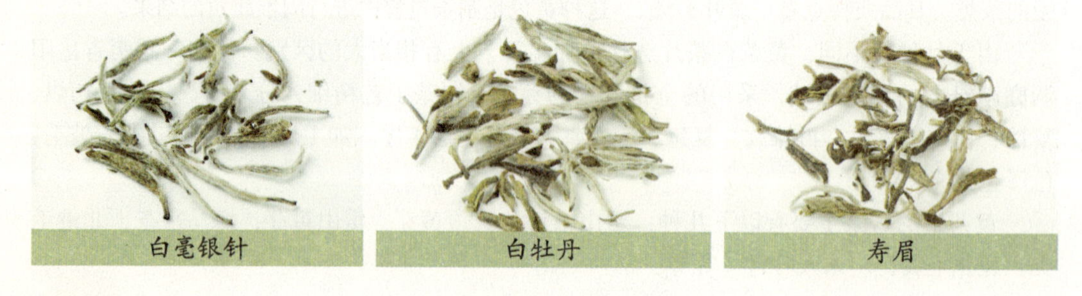

白毫银针　白牡丹　寿眉

6. 黑茶

黑茶因其茶色呈黑褐色而得名。由于加工制造过程中一般堆积发酵时间较长，所以叶片多呈现暗褐色。其品质特征是茶叶粗老、色泽细黑、汤色橙黄、香味醇厚，具有扑鼻的松烟香味。黑茶属深度发酵茶，存放的时间越久，其味越醇厚。

黑茶中的名茶主要有以下几种：普洱茶，四川边茶，六堡散茶，湖南黑茶，茯砖茶，

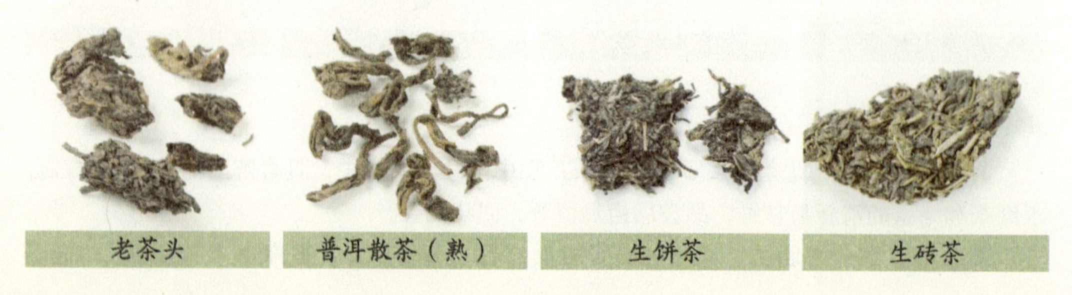

老茶头　普洱散茶（熟）　生饼茶　生砖茶

老青茶，老茶头，黑砖茶，等等。

7. 花茶

花茶又称熏花茶、香花茶、香片，属于再加工茶，是中国独特的一个茶叶品种。花茶由精致茶胚和具有香气的鲜花混合，使花香和茶味相得益彰，受到很多人尤其是偏好重口味的北方朋友青睐。

花茶具有清热解毒、美容保健等功效，适合各类人群饮用。随着人们生活水平提高，时尚生活越来越丰富，花茶也增添了许多品种，例如保健茶、工艺茶，花草茶，等等。

常见的花茶主要有：茉莉花茶，玉兰花茶，珠兰花茶，玫瑰花茶，菊花茶，千日红，女儿环，碧潭飘雪，等等。

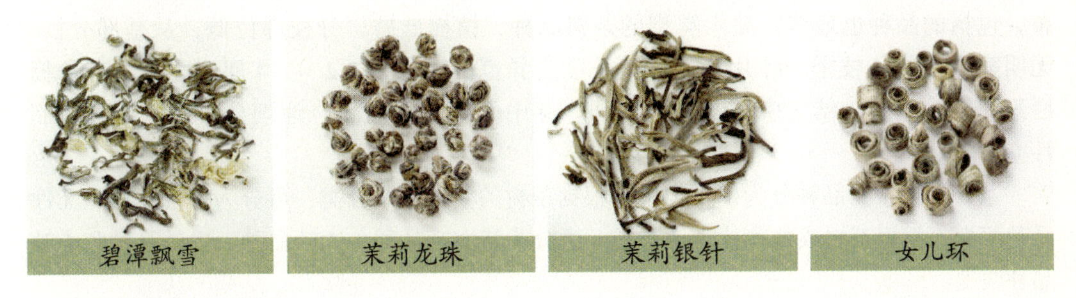

碧潭飘雪　茉莉龙珠　茉莉银针　女儿环

按茶树品种分类

我国是世界上最早种茶、制茶、饮茶的国家，已经有几千年的茶树栽培历史。植物学家通过分析得出的结论是，茶树从起源到现在已经6000万～7000万年的漫长历史了。

茶树是一种多年生的常绿灌木或小乔木的植物，高度在1～6米，而在热带地区生长的茶树有的为乔木型，树高可达15～30米，基部树围可达1.5米以上，树龄在数百年甚至上千年。花开在叶子中间，为白色、五瓣，有芳香。茶树叶互生，具有短柄，树叶的形状有披针状、椭圆形、卵形和倒披针形等。树叶的边缘有细锯齿。茶树的果实扁圆，呈三角形，果实成熟开裂后会露出种子。果实为扁球形，外长有三纵棱。茶树的种子呈卵圆形、棕褐色。

茶树同其他物种一样，需要有一定的生长环境才能存活。茶树由于在某种环境中长期生长，受到特定环境条件的影响，通过新陈代谢，形成了对某些生态因素的特定需要，从而形成了茶树的生存条件。这种生存条件主要包括地形、土壤、阳光、温度、雨水等。

根据自然情况下茶树的高度和分枝习性，茶树可分为乔木型、小乔木型和灌木型。

1. 乔木型

乔木型的茶树是较原始的茶树类型，分布于和茶树原产地自然条件较接近的自然区域，即我国热带或亚热带地区。植株高大，分枝部位高，主干明显，分枝稀疏。叶片大，叶片长度的变异范围为10～26厘米，多数品种叶长在14厘米以上。结实率低，抗逆性弱，特别是抗寒性极差。芽头粗大，芽叶中多酚类物质含量高。这类品种分布于温暖湿润的地区，适宜制红茶，品质上具有滋味浓强的特点。

2. 小乔木型

小乔木型茶树属于进化类型，分布于亚热带或热带茶区，抗逆性相比于乔木类型要强。植株较高大，从植株基部至中部主干明显，植株上部主干则不明显。分枝较稀，大多数品种叶片长度在 10 ~ 14 厘米之间，叶片栅栏组织多为两层。

小乔木类型的茶树品种介乎灌木乔木类型之间，区域适应性和茶类适制性亦较广。栽培茶树的目的是采摘其幼嫩新梢，作为制茶原料。因此，茶树的长相、叶和芽的性状、芽的萌发和生长特性以及新梢的性状，也就成为研究茶树品种的重要经济性状。

3. 灌木型

灌木型茶树也属于进化类型，主要分布于亚热带茶区，我国大多数茶区均有其分布，包括的品种也最多。灌木类型的茶树品种，植株低矮，分枝部位低，从基部分枝，无明显主干，分枝密。叶片小，叶片长度变异范围大。为 2.2 ~ 14 厘米之间。叶片栅栏组织 2 ~ 3 层。结实率高，抗逆性强。芽中氨基氮含量高。地理分布广，茶类适制性亦较广。

茶叶可按茶树品种分为以下类别：根据茶树的繁殖方式分类，可分为有性品种和无性品种两类；根据茶树成熟叶片大小分类，可分为特大叶品种、大叶品种、中叶品种和小叶品种四类。

以下介绍几种我国台湾地区按茶树品种分类的茶叶：

1. 青心乌龙

属于小叶种，适合制造部分发酵的晚生种，由于本品种是一个极有历史并且被广泛种植的品种，因此有种仔，种茶，软枝乌龙等别名。树型较小，属于开张型，枝叶较密，幼芽成紫色，叶片呈狭长椭圆形，叶肉稍厚柔软富弹性，叶色呈浓绿富光泽。本品种所制成的包种茶不但品质优良，且广受消费者喜好，故成为本省栽植面积最广的品种，可惜树势较弱，易患枯枝病且产量低。

2. 硬枝红心

别名大广红心，是从福建引进的本省四大名种之一。属于早生种，适合制造包种茶之品种，树型大且直立，枝叶稍疏，幼芽肥大且密生浑毛，呈紫红色，叶片锯齿较锐利，树势强健，产量中等。制造铁观音茶泽外观优异且滋味良好，品质与市场需求有直追铁观音种茶树所制造产品的趋势。本品种大部分分布在新北市淡水茶区，目前以石门乡居多，所制成的条型或半球型包种茶，具有特殊香味，但因成茶色泽较差而售价较低。

茶树

3. 大叶乌龙

台湾地区四大名种之一。属于早生

种，适合制造绿茶及包种茶品种，树型高大直立，枝叶较疏，芽肥大洱毛多呈淡红色，叶片大且呈椭圆形，叶色暗绿，叶肉厚树势强，但收成量中等。本品种目前零星散布于新北市汐止、深坑、石门等地区，面积逐年减少中。

按产地取名分类

我国的许多省份都出产茶叶，但主要集中在南部各省，基本分布在东经 94 ~ 122 度、北纬 18 ~ 37 度的广阔范围内，有浙、苏、闽、湘、鄂、皖、川、渝、贵、滇、藏、粤、桂、赣、琼、台、陕、豫、鲁、甘等省、自治区、直辖市的上千个县市。

由于茶树是热带、亚热带多年生常绿树种，要求温暖多雨的气候环境，酸性土壤的土地条件。南方地区多山云雾大，散射光多，日照短，昼夜温差大，气候阴凉，对形成茶叶优良品种非常有利，因而可以高产。

茶树最高种植在海拔 2600 米高地上，而最低仅距海平面几十米。在不同地区，生长着不同类型和不同品种的茶树，从而决定着茶叶的品质及其适制性和适应性，形成了一定的、颇为丰富的茶类结构。

根据产地取名的茶叶品种很多，以下列举几种精品茶叶：

1. 西湖龙井

中国十大名茶之一，因产于中国杭州西湖的龙井茶区而得名。龙井既是地名，又是泉名和茶名。“欲把西湖比西子，从来佳茗似佳人。”这优美的句子如诗如画，泡一杯龙井茶，喝出的却是世所罕见的独特而骄人的龙井茶文化。

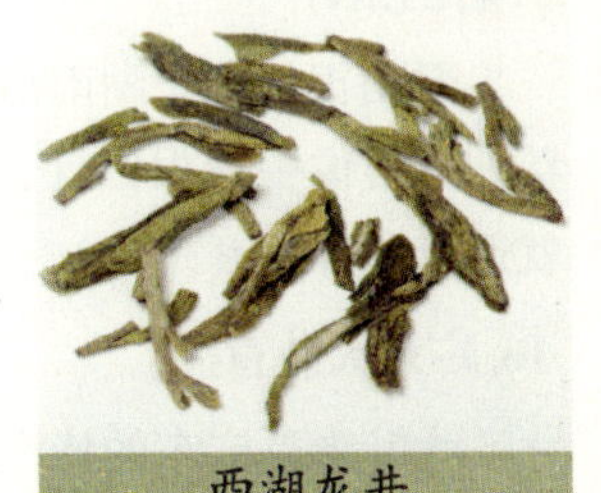
西湖龙井

2. 洞庭碧螺春

中国十大名茶之一，因产于江苏省苏州市太湖洞庭山而得名。太湖地区水气升腾，雾气悠悠，空气湿润，极宜于茶树生长。碧螺春茶叶早在隋唐时期即负盛名，有千余年历史。喝一杯碧螺春，仿如品赏传说中的江南美女。

3. 安溪铁观音

1725 ~ 1735 年间，由福建安溪人发明，是中国十大名茶之一。铁观音独具“观音韵”，清香雅韵，“七泡余香溪月露，满心喜乐岭云涛。”以其独特的韵味和超群的品质备受人们青睐。

4. 祁门红茶

因产于安徽省祁门一带而得名。“祁红特绝群芳最，清誉高香不二门。”祁门红茶是红茶中的极品，享有盛誉，高香美誉，香名远播，素有“群芳最”、“红茶皇后”等美称，深受不同国家人群的喜爱。

祁门红茶

5. 黄山毛峰

产于安徽省黄山，是我国历史名茶之一。特级黄山毛峰的主要特征：形似雀嘴，芽壮多毫，色如象芽、清香高长、汤色清沏，滋味鲜醇，叶底黄嫩。由于新制茶叶白毫披身，芽尖峰芒，且鲜叶采自黄山高峰，于是将该茶取名为黄山毛峰。

黄山毛峰

6. 冻顶乌龙

冻顶乌龙产自台湾地区鹿谷附近冻顶山，山中多雾，山路又陡又滑，上山采茶都要将脚尖“冻”起来，避免滑下去。山顶被称为冻顶、山脚被称为叫冻脚。冻顶乌龙茶因此得名。

7. 庐山云雾

因产自中国江西的庐山而得名。素来以“味醇、色秀、香馨、汤清”享有盛名。茶汤清淡，宛若碧玉，味似龙井而更为醇香。

冻顶乌龙

8. 阿里山乌龙茶

阿里山实际上并不是一座山，只是特定范围的统称，正确说法应是“阿里山区”。这里不仅是著名的旅游风景区，也是著名的茶叶产区，阿里山乌龙茶可以算得上是台湾地区高山茶代表。

9. 君山银针

君山银针产于湖南岳阳洞庭湖中的君山，故称君山银针。茶芽外形很像一根根银针，雅称“金镶玉”。据说文成公主出嫁时就选带了君山银针。

君山银针

10. 广东大叶青

大叶青是广东的特产，是黄茶的代表品种之一。

11. 花果山云雾茶

因产于江苏省连云港市花果山而得名。花果山云雾茶生于高山云雾之中，纤维素较少，茶内氨基酸、儿茶多酚类和咖啡碱含量都比较高。

广东大叶青

12. 南京雨花茶

雨花茶因产自南京雨花台而得名，此茶以其优良的品质备受各类人群喜爱。

13. 婺源绿茶

江西婺源县地势高峻，土壤肥沃，气候温和，雨量充沛，极其适宜茶树生长。“绿丛遍山野，户户有香茶”，是中国著名的绿茶产区，婺源绿茶因此得名。

14. 安吉白茶

安吉县位于浙江省北部，山川隽秀，绿水长流。安吉白茶是用绿茶加工工艺制成，属绿茶类，白色是因为它的加工原料为一种嫩叶全为白色的茶树。

安吉白茶

15. 普陀佛茶

普陀佛茶又称为普陀山云雾茶，是中国绿茶类古茶品种之一。普陀山是中国四大佛教名山之一，属于温带海洋性气候，冬暖夏凉，四季湿润，土壤肥沃，为茶树的生长提供了十分优越的自然环境，普陀佛茶也因此而闻名。

16. 安化黑茶

中国古代名茶之一，因产自中国湖南安化县而得名。上个世纪50年代曾一度绝产，直到2010年，湖南黑茶进入中国世博会，安化黑茶才再一次走进茶人的视野，成为茶人的新宠。

安化黑茶

17. 桐城小花茶

因盛产于安徽桐城而得名，是徽茶中的名品。桐城小花茶除了具备花茶的各种特征，另有如兰花一样的美好香氛，因茶叶尖头细小，故为小花茶。

18. 广西六堡茶

六堡茶生产已有二百多年的历史，因产于广西苍梧县六堡乡而得名。其汤色红浓，香气陈厚，滋味甘醇，备受海内外人士赏识。

除以上这些种类之外，还有许多以产地取名的茶叶，例如福鼎白茶、正安白茶、湖北老青茶、黄山贡菊等等。

按采收季节分类

茶叶的生长和采制是有季节性的，随着自然条件的变化也会有差异。如水分过多，茶质自然较淡；孕育时间较长，接受天地赐予自然丰腴。因而，按照不同的季节，可以将茶叶划分为春、夏、秋、冬四季茶。

1. 春茶

春茶俗称春仔茶或头水茶，为3月上旬～5月上旬之间采制的茶，采茶时间在每年春天，惊蛰、春分、清明、谷雨4个节气。依时日又可分早春、晚春、（清）明前、（清）明后、（谷）雨前、（谷）雨后等茶（孕育与采摘期：冬茶采摘结束后至5月上旬，所占总产量比例为35%），采摘期为20～40天，随各地气候而异。

春茶

由于春季温度适中，雨量充沛，无病虫危害，加上茶树经半年冬季的休养生息，使得春梢芽叶肥硕，色泽翠绿，叶质柔软鲜嫩，特别是氨基酸及相应的全氮量和多种维生素，使春茶滋味鲜活，香气馥郁，品质极佳。

夏茶

2. 夏茶

夏茶的采摘时间在每年夏天，一般为5月中下旬～6

月，是春茶采摘一段时间后所新发的茶叶，集中在立夏、小满、芒种、夏至、小暑、大暑等6个节气之间。其中又分为第一次夏茶和第二次夏茶。

第一次夏茶为头水夏仔或二水茶（孕育与采摘期：5月中下旬～6月下旬，所占总产量为17%）。

第二次夏茶俗称六月白、大小暑茶、二水夏仔（孕育与采摘期：7月上旬～8月中旬，所占总产量为18%）。

由于夏季天气炎热，茶树新梢芽叶生长迅速，使得能溶解茶汤的水浸出物含量相对减少，特别是氨基酸及全氮量的减少。由于受高温影响，夏茶很容易老化，使得茶汤滋味比较苦涩，香气多不如春茶强烈。

3. 秋茶

秋茶为秋分之后所采制之茶，采摘时间在每年立秋、处暑、白露、秋分4个节气之间。其中又分为第一次秋茶与第二次秋茶。

第一次秋茶称为秋茶（孕育与采摘期：8月下旬～9月中旬，所占总产量为15%）。

第二次秋茶称为白露笋（孕育与采摘期：9月下旬～10月下旬，所占总产量为10%）。

秋茶

由于秋季气候条件介于春夏之间，秋高气爽，有利于茶叶芳香物质的合成与积累。茶树经春夏二季生长、采摘，新梢芽内含物质相对减少，叶片大小不一，叶底发脆，叶色发黄，滋味、香气显得比较平和。

4. 冬茶

冬茶的采摘时间在每年冬天，集中在寒露、霜降、立冬、小雪4个节气之间（孕育与采摘期：11月下旬至12月上旬，所占总产量为5%）。

由于气候逐渐转凉，冬茶新梢芽生长缓慢，内含物质逐渐堆积，滋味醇厚，香气比较浓烈。

人们多喜爱春茶，但并不是每种茶中都是春茶最佳。例如乌龙茶就以夏茶为优。因为夏季气温较高，茶芽生长得比较肥大，白毫浓厚，茶叶中所含的儿茶素等也较多。总之，不同的季节，茶叶有着不同的特质，要因茶而异。

按茶叶的形态分类

我国不但拥有齐全的茶类，还拥有众多的精品茶叶。茶叶除了具有各种优雅别致的名称，还有不同的外形，可谓千姿百态。茶叶按其形态可分为以下类别：

1. 长条形茶

外形为长条状的茶叶，这种外形的茶叶比较多，例如：红茶中的金骏眉、

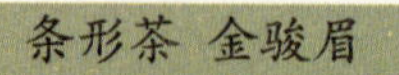

条形茶　金骏眉

螺钉形茶　毛蟹（一种铁观音）

条形红毛茶、工夫红茶、小种红茶及红碎茶中的叶茶等；绿茶中的炒青、烘青、特珍、珍眉、特针、雨茶、信阳毛尖、庐山云雾等；黑茶中的黑毛茶、湘尖茶、六堡茶等；青茶中的水仙、岩茶等。

2. 螺钉形茶

茶条顶端扭转成螺丝钉形的茶叶，例如青茶中的铁观音、色种、乌龙等。

3. 卷曲条形茶

外形为条索紧细卷曲的茶叶，如绿茶中的洞庭碧螺春、都匀毛尖、高桥银峰等。

4. 针形茶

外形类似针状的茶叶，如黄茶中的君山银针；白茶中的白毫银针；绿茶中的南京雨花茶、安化松针等。

5. 扁形茶

外形扁平挺直的茶叶，如绿茶中的西湖龙井、旗枪、大方等。

6. 尖形茶

外形两端略尖的茶叶，如绿茶中的太平猴魁等。

7. 团块形茶

毛茶复制后经蒸压造型呈团块状的茶，其中又可分为砖形、枕形、碗形、饼形等。砖形茶形如砖块，如红茶中的米砖茶等；黑茶中的黑砖茶、花砖茶、茯砖茶、青砖茶等。枕形茶形如枕头，如黑茶中的金尖茶。碗形茶形如碗臼，如绿茶中的沱茶。饼形茶形如圆饼，如黑茶中的七子饼茶等。

卷曲条形茶 洞庭碧螺春

针形茶 白毫银针

扁形茶 西湖龙井

尖形茶 太平猴魁

团块形茶 茯砖茶

束形茶

花朵形茶

颗粒形茶

圆形茶 茉莉龙珠

片形茶 六安瓜片

8. 束形茶

束形茶是用结实的消毒细线把理顺的茶叶捆扎成的茶，如绿茶中的绿牡丹等。

9. 花朵形茶

即芽叶相连似花朵的茶叶，如绿茶中的舒城小兰花；白茶中的白牡丹等。

10. 颗粒形茶

形状似小颗粒的茶叶，如红茶中的碎茶；用冷冻方法制成的速溶茶等。

11. 圆形茶

外形像圆珠形的茶叶，亦称珠茶，如绿茶中的平水珠茶；花茶中的茉莉龙珠等。

12. 片形茶

有整片形和碎片形两种。整片形茶如绿茶中的六安瓜片；碎片形茶如绿茶中的秀眉等。

“中华茶苑多奇葩，色香味形惊天下”，不同形态的茶叶构成了多姿多彩的茶文化，为这个悠久文明的古国带来旖旎的风姿与风情。

按萎凋程度分

所谓萎凋就是茶叶在杀青之前消散水分的过程。新鲜的茶青丧失一部分水分，水分丧失的过程中，叶孔充分地打开，空气中的氧趁机进入到叶孔之中：在一定的温度条件下，氧与叶子细胞中的成分发生化学反应，也就是发酵。萎凋是发酵的必要前提条件。

刚采摘下来的鲜叶水分含量高达 75% ~ 80%，当新鲜叶片采摘后，应立即摊开晾置，避免堆置。有些云南普洱茶制作，时常可见叶底红变的现象，这与不当堆置有关。如果想要避免类似情况发生，可以让新鲜的叶片保持适当温湿度，根据当时当地气候调整，静置萎凋时间最好在 8 ~ 10 小时之间。

萎凋时间与方式依采摘时间、季节、气候、鲜叶嫩度、厂家设施与观念来决定。根据方法和先后的顺序，传统的萎凋方法有日光萎凋（日晒）、室内自然萎凋（摊晾）以及兼用上述两种方法的复式萎凋，现在也采用人工控制的半机械化萎凋设备——萎凋槽。

日光萎凋是以太阳的热能加速生叶水分的消散，而室内萎凋不仅在室内静置萎凋，使生叶水分缓慢持续消散，还配以搅拌促使茶叶进行发酵，因此萎凋前期主要目的是使茶青的水分迅速消散具有引发茶叶发酵的作用，萎凋后期的主要目的是借搅拌作用调节茶叶发酵程度，发挥茶叶的香气与滋味。

因此，茶叶可按萎凋与不萎凋分类，可分为萎凋茶和不萎凋茶。一般地，绿茶不萎凋、不发酵；黄茶不萎凋、不发酵，但杀青后渥黄再补足发酵；黑茶不萎凋、后发酵；白茶为重萎凋、不发酵；青茶为萎凋部分发酵。

萎凋后的茶

萎凋主要目的在于减少鲜叶与枝梗的含水量，促进酵素产生复杂的化学变化。萎凋及发酵过程所产生的化学作用牵涉范围甚广，与茶叶香气、滋味、汤色有绝对关系。正常而有效的萎凋，可以使鲜叶的青草气消退并产生清香的气味，同时还具有水果香或花香，成茶滋味香醇却不苦涩。萎凋需要适宜的温度、湿度和空气流通等条件。我国白茶、红茶、青茶等茶类制作中的第一道工序都是萎凋，但程度各不相同。青茶萎凋程度最轻，要求含水量在68%～70%之间；红茶萎凋程度次重，含水量降至60%左右；白茶萎凋程度最重，鲜叶含水量要求降至40%以下。

按发酵程度分类

茶叶的发酵，就是将茶叶破坏，使茶叶中的化学物质与空气产生氧化作用，产生一定的颜色、滋味与香味的过程，只要将茶青放在空气中即可。就茶青的每个细胞而言，要先萎凋才能引起发酵，但就整片叶子而言，是随萎凋而逐步进行的，只是在萎凋的后段，加强搅拌与堆厚后才快速地进行。

根据制茶过程中是否有发酵以及不同工艺划分，可将茶叶分为不发酵茶、半发酵茶、全发酵茶和后发酵茶四大类别。

1. 不发酵茶

不发酵茶又名绿茶，它是指茶树芽叶经过杀青，揉捻，干燥等典型工艺过程制成的茶。例如龙井、碧螺春、珠茶、明前虾目、眉茶等。

2. 半发酵茶

（1）轻发酵茶，是指不经过发酵过程的茶。因为制作过程不经过发酵，所以气味天然、清香爽口、茶色翠绿。例如白茶、武夷、水仙、文山包种茶、冻顶茶、松柏长青茶、铁观音、宜兰包种、南港包种、明德茶、香片、茉莉花茶等。

（2）重发酵茶，指乌龙茶。真正的“乌龙茶”是东方美人茶，即白毫乌龙茶，然而俗称的乌龙茶已经混淆。

3. 全发酵茶

全发酵茶是指100%发酵的茶叶，因冲泡后茶色呈现出鲜明的红色或深红色。其中可按品种和形状分为下列两类：

（1）按品种分：小叶种红茶、阿萨姆红茶。

（2）按形状分：条状红茶、碎形红茶和一般红茶。

4. 后发酵茶

后发酵茶中，最有名最被人熟知的就是黑茶。以黑茶中的普洱茶为例，它的前加工是属于不发酵茶类的做法，再经渥堆后发酵而制成。

茶叶中发酵程度会有小幅度的误差，其高低并不是绝对的，按照发酵程度，大致上红茶为95%发酵，制作时萎凋的程度最高、最完全，鲜茶内原有的一些多酚类化合物氧化聚合生成茶黄质和茶红质等有色物质，其干茶色泽和冲泡的茶汤以红黄色为主调；黄茶为85%发酵，为半发酵茶；黑茶为80%发酵，为后发酵茶；青茶为60%～70%发酵，为半发酵茶，制造时较之绿茶多了萎凋和发酵的步骤，鲜叶中一部分天然成分会因酵素作用而发生变化，产生特殊的香气及滋味，冲泡后的茶汤色泽呈金黄色或琥珀色；白茶为5%～10%发酵，为轻发酵茶；绿茶是完全不发酵的，在制作过程中没有发酵工序，茶树

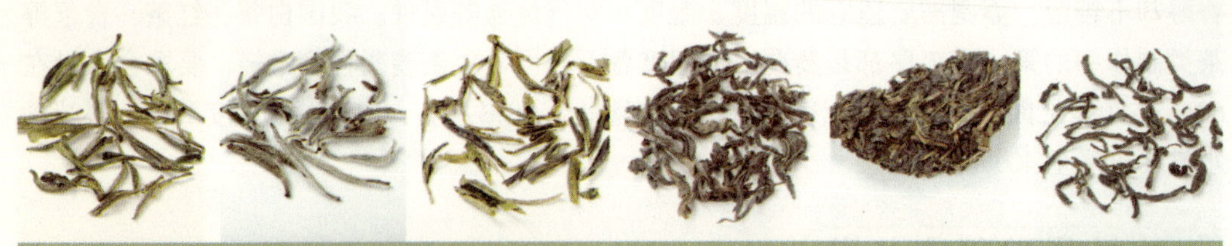

根据发酵程度不同，由轻到重依次为绿茶、白茶、黄茶、青茶、黑茶、红茶

按照汤色不同，由浅到深依次为绿茶、白茶、黄茶、青茶、黑茶、红茶

的鲜叶采摘后经过高温杀青，去除其中的氧化酶，然后经过揉捻、干燥制成。成品干茶保持了鲜叶内的天然物质成分，茶汤青翠碧绿。

按烘焙温度分类

香气不足的茶，或存储一段时间之后茶味走样的茶，人们经常会借用火的力量改变茶的色、香、味、形，以便于迎合市场的需要和客户的口味，这种过程就是烘焙。

我们如果想让制成的茶有股火香味，可以用火来烘焙。焙火是决定茶汤品质的关键步骤，也会造成茶叶不同的风味。焙火轻的茶叶喝起来感觉比较生，在口感上像是吃口味清淡的菜一样；焙火重的茶叶喝起来感觉比较熟，在口感上犹如吃红烧的菜一样。

而焙火的程度不同，茶叶也不同，对人体的效应也有所不同。茶本是性寒的食物，焙火可以让它温度升高，不再那么寒，但也不至于产生热的效果。喝不焙火的茶比较寒，喝焙火的茶比较温。

我们可以通过外观看出焙火的轻重程度：焙火轻的茶，颜色较为明亮，焙火越轻，明度越高；焙火重的茶，颜色较为暗沉，焙火越重，明度越低。焙火影响的是茶颜色的深浅，这颜色包括干茶的颜色与冲泡后茶汤的颜色。因此，人们根据焙火的程度将茶分为生茶、半熟茶和熟茶三种：

生茶：轻焙火，只将水分焙干到5%以下的茶。

半熟茶：焙火程度较高，时间较长。

熟茶：高温长时间焙火的茶。

所谓的生茶与熟茶，主要都是指焙火的程度。但茶青采得越嫩，揉捻得越轻，发酵越少，茶就会越加偏生；反之，茶青采得越成熟，揉捻得越重，发酵得越多，茶就会越加偏熟。

茶叶焙火的目的主要有4个：

生茶饼（左）、熟茶饼（右）

（1）蒸发水分，降低茶叶中的含水量，延长保质期。茶叶由于本身结构疏松，并且许多内含成分多带有羟基等亲水基团，因而茶叶具有较强的吸湿性。茶叶水分达到一定程度后，霉菌开始出现，茶叶会逐渐发霉变质，进而失去饮用价值。焙火可以减缓茶叶品质变低的速度，确保存放期间的质量。

（2）改变品质，改善或调整茶叶的香气滋味以及茶汤水色。初制茶中常常伴有臭青味、苦味以及储藏不当带来的异杂味和陈味，通过一定温度的焙火，能使茶叶滋味变得纯正，增加新鲜感，恢复火香。

（3）增进香色和熟感，用来弥补制作过程中的缺陷，满足不同口味，制成迎合市场需求的品质。

（4）杀菌。茶叶中存有微生物包括霉菌、蘑菇菌和酵母菌等。霉菌是茶叶霉变的标志。一般在160℃以上可杀灭霉菌，因此，用焙火的方式可以清除细菌。除此之外，含有农药残留的茶叶，也可通过高温促使其降解和挥发，减少残留。

其实，并不是所有茶类都需要焙火，例如红茶。因为红茶的脂肪酸在发酵过程中已经被转换掉，已没有脂肪酸可以酸化，所以不需要焙火。

按薰花种类分

茶叶按是否薰花，可分为花茶与素茶两种。所有茶叶中，仅绿茶、红茶和包种茶有薰花品种，其余各种茶叶，很少有薰茶。这种茶除茶名外，都冠以花的名称，以下为几种花茶：

1. 茉莉花茶

茉莉花茶

又称茉莉香片。它是将茶叶和茉莉鲜花进行拼合，用茉莉花薰制而成的品种。茶叶充分吸收了茉莉花的香气，使得茶香与花香交互融合。茉莉花茶使用的茶叶以绿茶为多，少数也有红茶和乌龙茶。

茶胚吸收花香的过程被称为窨制，茉莉花茶的窨制是很讲究的。有“三窨一提，五窨一提，七窨一提”之说，意思是说制作花茶时需要窨制3 ~ 7遍才能让毛茶充分吸收茉莉花的香味。每次毛茶吸收完鲜花的香气之后，都需要筛出废花，接着再窨花，再筛废花，再窨花，如此进行数次。因此，只要是按照正常步骤加工并无偷工减料的花茶，无论档次高低，冲泡数次之后仍应香气犹存。

2. 桂花茶

桂花茶是由精制茶胚与鲜桂花窨制而成的一种名贵花茶，香味馥郁持久，茶色绿而明亮。茶叶用鲜桂花窨制后，既不失茶原有的香，又带有浓郁的桂花香气。饮用之后有通气和胃的作用，桂花茶是普遍适合各类人群饮用的佳品。

桂花茶盛产于四川成都、广西桂林、湖北咸宁、重庆等地。西湖龙井与代表杭州城市形象的桂花窨制而成的桂花龙井、福建安溪的桂花乌龙等，均以桂花的馥郁芬芳衬托茶的醇厚滋味而别具一格，成为茶中之珍品。另外，桂花烘青还远销日本、东南亚，深受各类人群以及国内外消费者的喜爱。

桂花龙井茶

3. 玫瑰红茶

玫瑰红茶是玫瑰茶的一种，是由上等的红茶与玫瑰花混合窨制而成的。它口感醇和，除了具有一般红茶的甜香味，还散发着浓郁的茉莉花香。除此之外，玫瑰红茶还可以帮助人们实现美容养颜，补充人体水分，实现抗皱、降血脂、舒张血管等目标。也正因为如此，玫瑰红茶成为深受广大女性喜爱的佳品。

玫瑰红茶

按制造程序分

茶按照制造程序分类，可分为毛茶与精茶两类。

1. 毛茶

毛茶又称为粗制茶或初制茶，是茶叶经过初制后含有黄片、茶梗的成品。其外形比较粗糙，大小不一。

毛茶

毛茶的加工过程就是筛、切、选、拣、炒的反复操作过程。筛选时可以分出茶叶的轻重，区别品质的优次；接着经过复火，可以使头子茶紧缩干脆，便于切断，提高工效。因为茶胚身骨软硬不同，不仅很难分出茶叶品质的好坏，且容易走料，减少经济收入。所以必须在茶胚含水量一致的情况下，再经筛分、取料、风选、定级，才能达到精选茶胚、分清品质优次、取料定级的目的；拣剔是毛茶加工过程中最费工的作业。为了提高机器拣剔的效率，尽量减轻拣剔任务，达到纯净品质的目的，这样才能充分发挥机器拣剔的效率，减少手工拣剔的工作量，达到拣剔质量的要求。

精茶

从毛茶到精茶，经过整个生产流水作业线的过程，被称为毛茶加工工艺程序。我国目前有的茶厂采用先抖后圆的做法，也有先圆后抖的做法。

由于毛茶的产地、鲜叶老嫩、采制的季节、初制技术等的不同，品质往往差异很大，但却不妨碍人们饮用。

2. 精茶

精茶又称为精制茶、再制茶、成品茶，是毛茶经分筛、拣剔等精制的手续，使其成为形状整齐与品质划一的成品。

按制茶的原材料分

按照制茶所需的原材料，茶叶又可分为叶茶和芽茶两类。不同的茶对原材料的要求各不相同，有的需要新鲜叶片制作，因而要等到枝叶成熟后才可摘取；有的则需要采摘其嫩芽，需要芽越嫩越好。

1. 叶茶

顾名思义，以叶为制造原料的茶类称为“叶茶”。叶茶类以采摘叶为原则，如果外观上有明显的芽尖，则可能是品质较差的夏茶。以下列举两种叶茶：

（1）酸枣叶茶

酸枣产于我国北方地区，属于落叶灌木或小乔木。酸枣全身都是宝，不仅其果实可以食用，根茎叶皆有药用价值，种子也具有镇静、安神的作用。

除此之外，采摘野生酸枣 4 ~ 5 月份的嫩叶，可以制成酸枣叶茶。酸枣叶茶具有镇定、安神、降温、提高免疫力等作用，它对调节神经衰弱、心神不安、失眠多梦都具有良好的作用，对高血压人群的降压效果也很显著。

（2）菩提叶茶

菩提树的花朵为米黄色，因其含有特殊的挥发性油，香味十分清远。在德国，菩提叶茶又称为“母亲茶”，因为它们的香气犹如母亲般的慰藉。

菩提叶中含有丰富的维他命 C，对人体的神经系统、呼吸系统以及新陈代谢作用极大。菩提叶可以让人镇定心情，有助于排出体内的废弃物，降低血压以及清除血脂，防止动脉硬化，消除疲劳，还可以消除黑斑、皱纹等等。

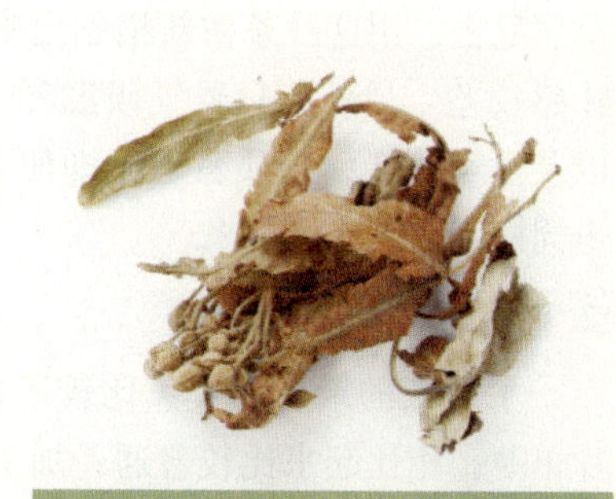
菩提叶茶

2. 芽茶

用芽制作而成的茶类叫作“芽茶”。芽茶以白毫多为特色，茸毛的多少与品种有关，这些茸毛在成茶上体现出来的就是白毫。例如白毫、毛峰或龙井茶等。

市场上，只要看见标有“白毫”或“毛峰”的产品，例如白毫乌龙、白毫银针或黄山毛峰等，这些品种的茶都十分注重白毫，原材料也必须挑选茸毛多的品种。当然，并不是所有的芽茶都注重白毫，有的芽茶在制作过程中就将茸毛压实，俗称“毫隐”。

白毫银针

按茶的生长环境分类

根据茶树生长的地理条件，茶叶可分为高山茶、平地茶和有机茶几个类型，品质也有所不同。

1. 高山茶

我国历代贡茶、传统名茶以及当代新创的名茶，往往多产自高山。因而，相比平地茶，高山茶可谓得天独厚，也就是人们平常所说的“高山出好茶”。

明代陈襄诗曰：“雾芽吸尽香龙脂”，意思是说高山茶的品质之所以好，是因为在云雾中吸收了“龙脂”的缘故。我国名茶以山名加云雾命名的特别多。例如花果山云雾茶、庐山云雾茶，高峰云雾茶，华顶云雾茶，南岳云雾茶，熊洞云雾茶，等等。其实，高山之所以出好茶，是优越的茶树生态环境造就的。

茶树一向喜温湿、喜阴，而海拔比较高的山地正好满足了这样的条件，温润的气温，丰沛的降水量，浓郁的湿度以及略带酸性的土壤，促使高山茶芽肥叶壮，色绿茸多。制成之后的茶叶条索紧结，白毫显露，香气浓郁，耐于冲泡。

而所谓高山出好茶，是与平地相比而言，并非是山越高，茶越好。那些名茶产地的高山，海拔都集中在200 ~ 600米之间。一旦海拔超过800米以上，气温就会偏低，这样往往影响了茶树的生长，且茶树容易受白星病危害，用这种茶树新梢制出来的茶叶，饮起来涩口，味感较差。另外，只要气候温和，云雾较多，雨量充沛以及土壤肥沃，土质良好，即使不是高山，普通的地域也同样可以产出好茶来。

冻顶乌龙（高山茶）

2. 平地茶

平地茶的茶树的生长比较迅速，但是茶叶较小，叶片单薄，相比起来比较普通；加工之后的茶叶条索轻细，香味比较淡，回味短。

西湖龙井（平地茶）

平地茶与高山茶相比，由于生态环境有别，不仅茶叶形态不一，而且茶叶内质也不相同：平地茶的新梢短小，叶色黄绿少光，叶底硬薄，叶张平展。由此加工而成的茶叶，香气稍低，滋味较淡，身骨较轻，条索细瘦。

3. 有机茶

有机茶就是在完全无污染的产地种植生长出来的茶芽，在严格的清洁的生产体系里面生产加工，并遵循着无污染的包装、储存和运输要求，且要经过食品认证机构的审查和认可而成的制品。有机茶是近期出现的一个茶叶新

有机茶

品类，也可以说是一个茶叶的新的鉴定标准。

从外观上来看，有机茶和常规茶很难区分，但就其产品质量的认定来说，两者存在着如下区别：

（1）常规茶在种植过程中通常使用化肥、农药等农用化学品；而有机茶在种植和加工过程中禁止使用任何人工合成的助剂和农用化学品。

（2）常规茶通常只对终端产品进行质量审定，往往很少考虑生产和加工过程中；而有机茶在种植、加工、贮藏和运输过程中，都会进行必要的检测，为保证全过程无污染。因此，消费者在从市场上购买有机茶之后，如果发现有质量问题，完全可以通过有机产品的质量跟踪记录追查到生产过程中的任何一个环节，这也是购买常规茶难以实现的。

茶叶的其他分类方法

除了以上的分类方法，茶叶还有其他的分类：

1. 老茶与熟茶

老茶是指陈放多年的茶。它的特点是茶汤色红。例如安溪铁观音和云南普洱茶等。

熟茶是指高温烘焙的茶，不限老茶或新茶，茶汤也是红褐色，但味道较新，虽然茶汤颜色与老茶很相似，但口味差别却相差很大。

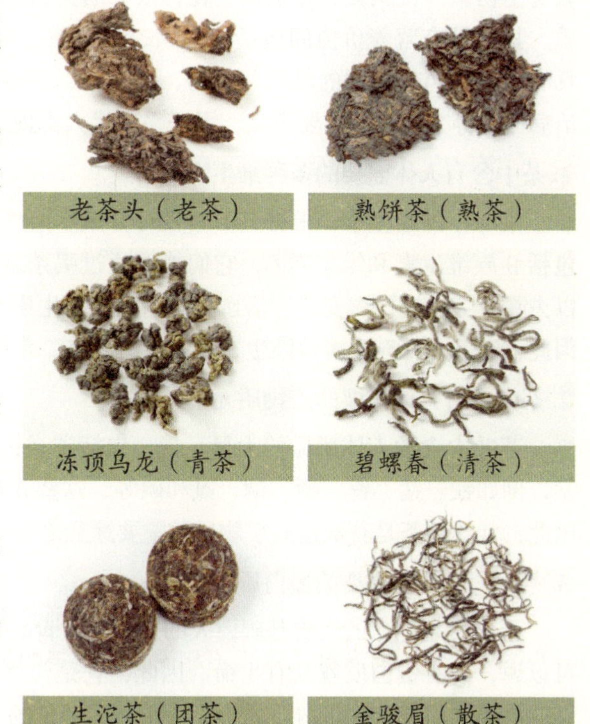

老茶头（老茶） 熟饼茶（熟茶）

冻顶乌龙（青茶） 碧螺春（清茶）

生沱茶（团茶） 金骏眉（散茶）

2. 青茶与清茶

青茶是指半发酵的乌龙茶等。

清茶专指轻发酵、直条形的龙井茶、碧螺春、包种茶、毛峰之类。

3. 团茶与散茶

团茶是指挤压成块的茶，如古代的龙团、凤饼，现代的饼茶、砖茶、沱茶等。

散茶是指一叶一叶散开的茶，一般常饮的绿茶、红茶、乌龙茶等，皆属散茶。

4. 依消费市场分类

中国茶依消费市场分类，可分为内销、外销、侨销、边销等几种。其中侨销指销售到华侨居住的地区，边销指销售到边疆少数民族地区。

此外，茶叶还可以分为露天茶及覆下茶。除日本玉露茶及碾茶外，其余均为露天茶。因覆下茶仅日本有，此种分类方法在日本以外的地区，并无价值可言。

中国是茶叶的兴起之地，拥有的茶叶众多，因而茶叶的分类方法也有许多种。但无论哪一种分法都使每种茶叶更具特点，同时也构成了多姿多彩的茶文化。

第三章 茶之效

从神农尝百草开始，我们的祖先就已经知晓并利用茶的保健治病功效了。世界卫生组织调查了许多国家的饮料优劣情况，最终结果为：茶是中老年人的最佳饮料。其实，除了中老年人，茶对各类人群的作用都极为显著。科学研究证实，茶叶中含有多种人体所必需的成分，例如蛋白质、脂肪、多种维生素等等，它们都能为人体的健康作出重要贡献。

茶富含多种营养元素

茶叶中富含将近500余种人体所必需的营养成分，主要有咖啡碱、茶碱、可可碱、胆碱等生物碱，黄酮类、儿茶素、花青素等酚类衍生物质，还有多种维生素、氨基酸和矿物质。其中具有营养价值的包括维生素、蛋白质、氨基酸、类脂类、糖类及矿物质元素等；具有保健和药效作用的包括茶多酚、咖啡碱、脂多糖等。这些成分共同作用，对人体防病治病保健等方面有着重要意义，无怪乎现代人都说“宁可一日无食，不可一日无茶”。

1. 茶中含有人体需要的多种维生素

茶叶中的维生素，根据其溶解性可分成水溶性维生素和脂溶性维生素。水溶性维生素包括B族维生素和维生素C，它们能够通过喝茶就被人体直接吸收和利用。B族维生素可以去除疲劳、提神、安神、活血和防癌等；维生素C亦称抗坏血酸，可以增强人体免疫力。因此，喝茶是补充水溶性维生素很有效的方法，常喝茶可补充人体需要的多种维生素。

2. 茶中含有人体需要的矿物质元素

茶叶中含的人体所需的大量元素，包括磷、钙、钾、钠、镁、硫等；还有许多微量元素，例如铁、锰、锌、硒、铜、氟和碘等，这些元素都对人体的生理机能有着重要的作用。因此，常饮用茶是获取这些矿物质的重要途径之一。

3. 茶中含有人体需要的蛋白质

蛋白质是生命的物质基础，人的生长、发育、运动、生殖等一切活动都离不开蛋白质，可以说，没有蛋白质就没有生命。因此，它是与生命及各种形式的生命活动紧密联系在一起的物质。而茶叶中蛋白质的含量占茶叶干物量的20%～30%，其中水溶性蛋白质是形成茶汤滋味的主要成分之一。因此，常喝茶的人往往可以及时补充所需的蛋白质。

4. 茶中含有人体需要的氨基酸

茶叶中的氨基酸种类丰富，此外，还有婴儿成长发育必需的组氨酸。虽然这些氨基酸在茶叶中含量并不高，却可作为人体每天需求量缺乏的补充剂。

茶叶中含有氨基酸约28种，其中人体必需的就含有8种，它们是异亮氨酸、亮氨酸、赖氨酸、苯丙氨酸、苏氮酸、缬氨酸、色氨酸和蛋氨酸。

5. 茶中含有人体需要的糖类

茶富含多种营养元素

糖类是自然界中广泛分布的一类重要的有机化合物，也是人体能量的主要来源。茶叶中的糖类有单糖、淀粉、果胶、多聚糖等。由于茶叶中的糖类多是不溶于水的，茶的热量并不高，属于低热量饮料。因此，茶叶中的糖类对于人体生理活性的保持和增强具有显著功效。

除以上几种营养元素，茶叶中还包含多种对人体有益的物质。因此，常喝茶不仅可以带给我们凝神静心的作用，还可以及时让我们补充各类营养元素，对身体极其有益。

茶具有抗衰老功效

《神农食经》曾记载“久服令人有力悦志”,《杂录》也曾记载“苦茶轻身换骨”。中国的古人通过观察和实践知晓茶叶有益于人体健康这一功效。随着人们对茶的认识不断加深，其抗衰延老作用也被人们广泛认识。

那么，喝茶是如何抗衰老的呢？这要从自由基开始说起。自由基是具有不对称电子的原子或分子基团，如氢自由基、超氧离子自由基、羟自由基、过氧化羟自由基、有机自由基等等。这是一些极为活跃，反应能力极强的微粒，除了通过食品、药物在体内产生外，辐射、高温或环境异常因素也能诱发自由基的形成。人的生长代谢固然受遗传因素的支配，但同时还受到内外一些物质的影响。于是，这些物质在人体内便产生了自由基。

自由基对人体造成的危害是巨大的。它能引发脱氧核醣核酸（DNA）破坏，从而促使智力衰退、肌肉萎缩，产生早衰现象；也会对人体内的蛋白质氧化破坏，并能氧化体内的不饱和脂肪酸，使脂肪变质，造成细胞膜、线粒体膜、溶酶膜硬化，产生动脉硬化。由此看来，自由基是加速人体衰老的罪魁祸首。

即便如此，自由基却并不可怕。它危害人体，而人体也有清除和防御的本能。人体能产生几体酶在水解反应中清除自由基，人的饮食中也往往吸入抗氧化剂，缓解自由基危害，所以通常口服一些非酶性的维生素C和维生素E对人体都很有好处，而茶叶中就含有这些营养成分。

茶具有抗衰老功效

茶叶中除了含有较高含量的维生素C和维生素E，还包含对人体有益的儿茶素类化合物。儿茶素类化合物具有较强的抗氧化性，可以起到很好的抗衰老、延年益寿的效果。此外，茶叶中含有的茶多酚也具有很强的抗氧化性和生理活性，它是人体自由基的清除剂，能有效阻断脂质过氧化反应，清除活性酶，抗衰老效果要比维生素E强18倍。

现今生活中，饮茶不仅是改善饮食结构的一

项内容，而且具有很强的抗氧化活性作用，对延缓衰老的作用已经被越来越多人认可。

科学饮茶改善记忆力

记忆力减退已经不仅仅是老年人才有的表现，现如今生活压力过大，许多年轻人也常常伴有这类状况发生。英国纽卡斯尔大学的研究人员在对阿尔茨海默症的患者进行研究的时候，发现了经常饮茶有助于改善人们的记忆。

科学饮茶改善记忆力

阿尔茨海默症也就是俗称的“老年痴呆症”，它是一种进行性发展的致死性神经退化性疾病，临床表现为认知和记忆功能不断恶化，日常生活能力进行性减退，并有各种精神疾病症状和行为障碍。

阿尔茨海默症的一大特点就是乙酰胆碱水平下降，而纽卡斯尔大学药用植物研究中心的研究人员对绿茶和红茶进行了一系列实验，实验结果表明，绿茶和红茶都能抑制与阿尔茨海默症发生相关的酶的活性，使乙酰胆碱保持在一个合理的水平。

由此看来，茶叶的另一个显著功效就是改善人们的记忆力。因而，我们可以在闲暇时候品一杯香茗，不仅舒缓紧张疲惫的神经，还可以提高记忆力。面对现代社会的高效率、快节奏，上班族的午餐常常吃得不合理或者过于匆忙。一顿营养均衡的下午茶不仅能赶走瞌睡虫，还有助于恢复体力和记忆力。喝下午茶和单纯的吃零食是不同的。零食的热量会储存到体内，而下午茶同其他正餐一样，相当一部分热量用来供肌体消耗，它可以帮助人们保持精力直到黄昏，进而使晚餐比较清淡，养成良好的饮食习惯。

营养学家告诉我们，茶叶中生津润甜的滋味来自于其中特有的游离氨基酸，经研究发现，茶氨酸可以提高脑内多巴胺的生理活性，因此它能使人精神愉悦，同时会增强记忆，提高学习能力。因此，有喝下午茶习惯的人在记忆力和应变力上，比其他人的平均分值高出 15% ~ 20%。我们完全可以用喝茶取代那些毫无营养的零食，这对我们的身体也是极其有益的。

饮茶可强身健体

茶叶中除了含有人体所需要的营养物质，还包含对某些疾病具有特殊疗效的物质。人们每天对茶的摄入量虽然很少，但经常补充这些物质，对人体确实能起到营养保健、强身健体的作用，所以称茶叶为天然保健饮料是名符其实的。

1. 饮茶可以增强人体的免疫力

免疫力是人体自身的防御机制，是人体识别和消灭外来侵入的任何异物（例如细菌、病毒等），处理衰老、损伤、死亡、变性的自身细胞以及识别和处理体内突变细胞和病毒感染细胞的能力。个人的免疫力固然跟自己本身的体质有关，但是通过适当的科学方法也可以增强自己的免疫力。茶叶中含有较高含量的维生素 C，可以有效提高免疫力。同时，也有研究认为茶里含有的氨基酸也能增强身体的抵抗力。总之，饮茶是一种既便捷又健康有效的方式，对于身体免疫力的增强有着明显的效果。

饮茶可强身健体

2. 饮茶可以避免骨质疏松

红茶类品性温和、香味醇厚，有助于强健骨骼。茶叶中含有丰富的黄酮类物质，可减少人们患骨质疏松症的危险。

可见，如果我们想要增强体质、强身健体，多饮茶确实是一条可行的途径。

饮茶可消脂减肥

我国古时的许多文献中都提到茶可以去肥腻，《本草图解》、《食物本草》、《饭有十二合说》等等，也就是现代人所说的减肥功效。例如唐代《本草拾遗》中记载着茶的功效为“久食令人瘦，去人脂”。也就是经常饮茶可以去腻减肥，使人变瘦的意思。

专家表明，茶叶中的咖啡碱和黄烷醇类化合物可以增强消化道蠕动，有助于食物的消化；茶汤中的胆碱和叶酸等物质也具有调节脂肪代谢的功能，增强分解脂肪的能力；茶叶中的类黄酮、芳香物质、生物碱等成分能够降低胆固醇、三酸甘油脂的含量和降低血脂浓度，具有很强的解脂作用；茶叶在助消化的同时，还可以保护胃黏膜防止因胃溃疡而引起的出血，对肠胃有很好的保护作用。由此看来，在各种物质共同作用下，茶的确有着帮助消化，并提高人体对脂肪的分解能力，自然达到了减肥的功效。

大家既然知道了常喝茶可以达到消脂减肥的目的，那么下面就简单介绍一些各类茶的具体功效：

1. 红茶

如果人们想减轻体重，最好喝热的红茶。不加糖、不加奶精，或只加代糖，而且最好不要饭后马上喝，最好隔 1 小时以后再喝。

2. 绿茶

绿茶中含有丰富的维生素 C、维生素 E、氨基酸、食物纤维等，有助于胆固醇降低，也可帮助消化。

3. 乌龙茶

乌龙茶中含有丰富的氨基酸及纤维素，除降低胆固醇、利尿之外，更有助脂肪分解，促进新陈代谢。

左下方起始顺时针：绿茶、红茶、普洱茶

据国内外医学界的一些研究资料显示，

相比于其他茶类，常喝乌龙茶、普洱茶、砖茶、沱茶等紧压茶，更有利于降脂减肥。这些茶对各个年龄段的人都有不同程度的减重效果，尤其对 40 ~ 50 岁的人效果更加明显。临床实验结果表明，70% 以上的人群显著地降低了人体中三酸甘油脂的含量。

乌龙茶等紧压茶中含有丰富的咖啡碱、茶碱、可可碱、挥发油、维生素 C、槲皮素、鞣质等物质，具有明显的分解脂肪的作用。

虽然茶叶中含有的某些物质可以达到消脂的作用，但茶叶并没有直接“减肥”的功效，人们在购买茶叶时，千万不要被不正当的宣传误导。现在越来越多的人都想以最直接的方式减肥，殊不知，肥胖与一个人的日常饮食和运动量都有关。因此，人们不仅需要合理科学饮食，还应该积极锻炼身体，再配以茶类作为辅助，相信一定会达到减肥的效果。

饮茶可防辐射

现今社会发展较快，手机、电脑、电视等强辐射的电器越来越多，人们整日生活在其中，虽然得到它们带来的精神上的享受，同时也深受它们的辐射之害。那么，我们如何能在这样的环境下减少辐射的危害呢？研究发现，有喝茶习惯的人，受辐射损伤较轻，血液病发病率也较低，由辐射所引起的死亡率也较低。

饮茶可防辐射

茶中含有的茶多酚具有很强的抗氧化性和生理活性，是人体自由基的清除剂，可以阻断亚硝酸胺等多种致癌物质在体内合成，对肿瘤患者在放射治疗过程中引起的轻度放射病，治疗有效率可达 90% 以上；除了茶多酚，茶叶中含有脂多糖，人体摄入脂多糖后，会产生非特异性免疫能力，不仅能保护人体的造血功能，还能提高机体的抵抗力，并能减轻辐射对人体的危害；而茶中含有的氨基酸等物质也可以在某种程度上抵抗放射性伤害。

除此之外，茶还可以减轻由于吸烟所引起的辐射污染。据美国马萨诸塞大学医疗中心的约瑟夫·迪法兰赞博士估计，每天吸 30 支烟的人，他的肺部在一年内得到香烟中放射性物质的辐射量相当于他的皮肤在胸腔 X 光机上透视了大约 300 次。而饮茶能有效地阻止放射性物质侵入骨髓。用茶叶片剂治疗由于放射引起的轻度辐射病的临床试验表明，其总有效率可达 90%。因此，那些平时在高放射性环境工作的人可以多喝茶来抵抗辐射，减轻对身体的伤害。

下面介绍的这两类茶都在防辐射上有着显著的效果，以供大家参考：

1. 绿茶

在各种茶类中，绿茶的防辐射效果是最佳的。因为它不用经过发酵就进行杀青工序，所以其中含有的维生素 C 和茶多酚要比其他茶类多许多，能有效阻断人体内亚硝胺的形成，其对抗辐射、抑菌的疗效自然比其他茶类要明显。

2. 菊花茶

花茶一般都以绿茶和鲜花窨制而成，因此也具有与绿茶同等的功效。以菊花茶为例，它是由白菊花和上等绿茶焙制而成，茶中的白菊花具有去毒的作用，对体内积存的暑气、有害的化学和放射性物质，都有抵抗、排除的疗效。因此，它是每天接触电子污染的办公一族必备的一种茶。

绿茶的防辐射效果是最佳的

这两种茶在我们生活中可以轻易地买到，除此之外还有很多。人们经常在各种辐射的环境中生活，不妨经常饮茶，可以达到减轻辐射危害的效果。

饮茶可提神解乏

“白天睡不醒，晚上睡不着”，这是现如今许多人常有的现象。与其在工作时昏昏欲睡，影响工作质量，不如及时泡一杯茶水，即可以提神醒脑，又可以解除疲劳。

茶叶具有提神解乏的作用，其主要原因是茶叶中含有2%～5%的咖啡碱、茶叶碱和可可碱等物质。这些生物碱能刺激肾脏，促使尿液迅速排出体外，提高肾脏的滤出率，缩短有害物质在肾脏中的滞留时间，还可以刺激衰退的大脑中枢神经，促使它由迟缓变为兴奋，集中思考力，从而起到提神益思、潜心静气的效果。咖啡碱还可排除尿液中的过量乳酸，有助于人体尽快消除疲劳。

除了这些生物碱，茶叶中还含有咖啡因，咖啡因可以刺激大脑感觉中枢，从而使其更加敏锐和兴奋，起到安神醒脑、解除疲劳的作用。因此，当人们感觉到疲倦的时候，闻着缕缕的清香，品着茶汤的舒爽，精神自然会慢慢饱满起来，已有的困倦和劳累也会得到很好的缓解，不但思维会变得清晰，反应也会变得敏捷起来。这便是茶带来的安神醒脑的良好功效。

以下推荐两类茶，在提神解乏的功效上有明显作用：

1. 铁观音

铁观音可提神益思，其中所含的咖啡碱能够兴奋中枢神经、增进思维、提高效率的功能。饮茶后能破睡、提神、去烦、解除疲倦、清醒头脑、增进思维，能显著地提高口头答辩能力及数学思维反应能力。同时，由于铁观音中含有多酚类等化合物，抵消了纯咖啡碱对人体产生的不良影响。此外，经常饮用铁观音还可以令人开胃和促进人体的皮肤毛孔出汗散发热量，使人感到凉爽解暑。

2. 茉莉花茶

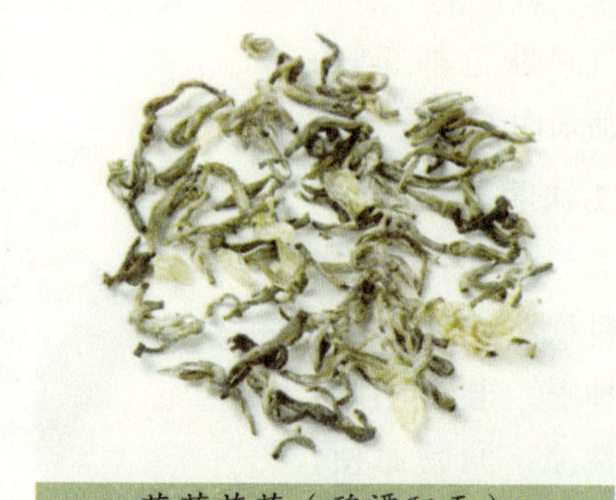
茉莉花茶（碧潭飘雪）

茉莉花茶对安抚情绪很有益，它可以醒脑提神，下午昏昏欲睡时喝一杯效果最好。如果还有心慌乏力、心累的感觉，还可以在花茶中加一点干桂圆肉。

总之，当人们觉得头昏脑涨，提不起精神或是昏昏欲睡时，可以冲一杯馥郁的香茶，用来提神醒脑，一定会有很大的帮助。

饮茶可利尿通便

人的容颜是人体的一面镜子，面部色斑的形成是由多种因素引起的，大体归纳为人体内部原因和外部原因两大因素。内部原因主要是体内毒素不能及时排出，从而让有害物质在肾脏中滞留导致的。而经常饮用茶水则可及时排出这些有害物质，使肠道顺畅，达到利尿通便的作用。

饮茶能利尿通便，其原理很简单。当摄入了一定的茶水，其中的咖啡因、可可因以及芳香油之间综合作用，可刺激肾脏，促进尿液从肾脏中加速过滤出来，并减少有害物质在肾脏中滞留时间。由于乳酸等致疲劳物质伴随尿液排出，体力也会得到恢复，疲劳便得到缓解。但饮过量和饮浓茶，会加重肾脏负担，使人体排尿过多，不利于肾脏功能，也会使体内水分过少。

同时，适量饮茶对于缓解便秘也有很好的效果，茶叶中含有的茶多酚能与细菌蛋白结合，使细菌的蛋白质凝固变性导致细菌死亡，进而达到消除炎症的目的。因此，服用茶多酚对慢性结肠炎、腹胀、单纯性腹泻等病有较好的辅助疗效。但对肠道内的有益菌群，如双歧杆菌却有激活繁荣的作用。茶多酚类物质能增强肠道的收缩和蠕动，促进消化道的蠕动，使得淤积在消化道的废物和有毒有害物质有效地排出，因此，茶多酚还有“人体器官最佳清洁卫士”之称。

以下介绍几种效果比较明显的茶类：

1. 荷叶茶

中国自古以来就把荷叶奉为瘦身的良药。李时珍的《本草纲目》这样记载：莲芯及荷叶具有平肝火、清心火、泻脾火、降肺火以及降压利尿、清热养神、敛液止汗、止血固精等功效。

久居烦嚣城市的人们，饮食油腻、久坐气血不通，身体臃肿，腰腹鼓胀等多种都市病，都可以通过饮用荷叶茶缓解。喝多了伤胃的咖啡浓茶、甜腻的调味汽水，来一点简单、轻松的天然荷叶茶，既可以让肠道健康，又可以达到利尿通便的作用，让身体轻快，气色肤色都变好，何乐而不为呢？

2. 决明子茶

决明子茶是豆科草本植物的成熟种子，味苦、甘而性凉，润肠通便。现代药理研究认

荷叶茶

决明子茶

为，决明子富含大黄酚、大黄素、决明素等成分，具有通便、降压、抗菌和降低胆固醇的作用。将单味炒决明子 15 克，直接泡茶饮用，直至茶水无色。老年人饮用决明子茶不仅有助于大便通畅，还能起到降压、调脂等保健功能。

这几类茶的作用都极其显著，有类似身体问题的人群，不妨尝试一下吧。

饮茶可保护牙齿

茶之所以具有保护牙齿的功效，主要是因为茶中所含的多种物质共同作用而产生的，例如茶中含有氟、茶多酚类化合物以及茶单宁。

1. 氟

我们都知道，含氟牙膏可以使牙齿更加坚固更加耐酸，也就是说，氟对我们的牙齿是非常重要的。其实，茶中也含有这种保护我们牙齿的物质——氟。它来自茶树叶和冲泡过茶叶的水，适量的氟元素是抑制龋齿发生的重要元素，它能够保护牙齿的珐琅质免遭侵蚀。

茶树会将从土壤中吸收到的氟聚集到叶片中，所以茶叶中的氟含量非常丰富。干制的茶叶含有百万分之 400 左右的氟，一杯泡好的茶叶含有 0.3 ~ 0.5 毫克的氟。实验表明，喝茶后 34% 的氟可以被留在口腔中，而且其中有一些会非常牢固地吸附在牙齿表面的牙釉质上。实际上，在经常饮茶的国家，人体内 70% 氟的摄入都来自于茶，也就是说，喝茶能起到更好的牙齿保护作用。

茶中含有的含氟物质可以杀死在齿缝中残留的细菌，起到预防蛀牙的作用，效果要远好于氟化物配合制剂。茶叶还可抑制人体钙质的减少，对预防龋齿，护齿、坚齿，均是有益的。此外，茶还能消除口腔内残留的蛋白质，从而清新口气、除口臭。

2. 茶多酚类化合物

这些化合物可以抑制牙齿细菌的生成和繁殖，进而预防龋齿的发生。红茶和绿茶均含有茶多酚，这是一种抗氧化植物化合物，可防止牙斑附着在牙齿上，从而降低口腔和牙齿的发病机会。另外，因为茶本身呈碱性，而碱性物质可以防止牙齿钙质的减少和流失，因此，饮茶可以起到坚固牙齿的作用。

饮茶可保护牙齿

3. 茶单宁

茶是最好的自然单宁酸的来源。研究表明，一杯茶中的茶单宁能抑制细菌和生龋菌的生长，而这些菌正是牙菌斑生长的主要因素。单宁酸除了对牙菌斑的作用以外，还能与茶汤中其他的一些物质，如儿茶素、咖啡因、维生素 E 相互作用，以增强牙釉质的抗酸能力。而且在氟的参与下，牙齿抗酸能力会大大加强。

由此看来，喝茶并配合好的饮食结构能有效地预防蛀牙，帮助我们建立和维护一个健康的口腔内环境。因而，近年来越来越多的人群开始以喝茶的方式保持口腔健康。

饮茶可消炎杀菌

从我国古代开始，人们就发现了茶的药用价值。那时，人们常用茶叶为伤口消毒。时至今日，人们发现了茶越来越多的药用功效，其中较为重要的就是消炎杀菌。我国民间常用浓茶治疗细菌性痢疾，或用来敷涂伤口，消炎解毒，促使伤口愈合。现在以茶为原料制成的治疗痢疾、感冒的成药，疗效也比较好。

茶之所以具有此类作用，主要是因为其含有的儿茶素类化合物、黄烷醇类和多酚类化合物。茶叶中的儿茶素类化合物对伤寒杆菌、副伤寒杆菌、黄色溶血性葡萄球菌、金黄色链球菌和痢疾等多种病原细菌具有明显的抑制作用；黄烷醇类相当于激素药物，能够促进肾上腺的活动，具有直接的消炎作用；茶叶中多酚类化合物还具有较强的收敛作用，对消炎止泻有明显效果。茶多酚与单细胞的细菌结合，能凝固蛋白质，将细菌杀死。如危害严重的霍乱菌、伤寒杆菌、大肠杆菌等，放在浓茶中冲泡几分钟，多数就会失去活力。

除此之外，茶叶中还包含有多种杀菌成分，现代研究发现，茶叶中包含的醇类、醛类、酯类等有机化合物均有杀菌作用，但杀菌的作用机理不完全相同。有些使细菌体内蛋白质变性，有些则干扰细菌代谢。另外，茶叶中的硫、碘、氯和氯化物等为水溶性物质，能冲泡到茶汤中，也有杀菌消炎的功效。茶叶杀菌作用，有些是单一成分发挥作用，而更多的是集中成分综合作用的结果，对人体并不会带来伤害。

下面以红茶和普洱茶为例，详细解释一下茶的消炎杀菌作用：

1. 红茶

红茶中含有较多的多酚类化合物，其具有消炎的效果；而其中所含的儿茶素类则能与单细胞的细菌结合，使蛋白质凝固沉淀，藉此抑制和消灭病原菌。所以民间常用浓茶涂伤口、褥疮和脚癣。

2. 普洱茶

普洱茶中含有许多生理活性成分，具有杀菌消毒的作用，可用于治疗肠道疾病，如霍乱、伤寒、痢疾、肠炎等。皮肤生疮、溃烂流脓，外伤破皮，用浓茶冲洗患处，能够消炎杀菌。有关专家用普洱茶进行抑制变形球菌附着能力试验，发现普洱茶具有抗菌斑形成的作用，浓度为1%时效果最佳。

饮茶可消炎杀菌

除了饮用之外，我们还可以用普洱茶泡澡。因为普洱茶中含有大量茶多酚等物质，对人体可以起到消炎、抑菌等作用，用它来泡澡有增强体质等功效。

茶叶消炎杀菌的功效对我们每个人极为有益，如果我们不慎摔倒擦破皮或碰撞引起肌肤红肿，又找不到消炎药水时，不妨利用冷凉的茶汤清洗患部，并嚼些茶叶敷在伤处。这样处理之后，不但可防止细菌感染，还可以消炎止痛，这是紧急处理方法之一。

饮茶可抑制心脑血管疾病

所谓心脑血管疾病就是心脏血管和脑血管的疾病统称。现如今，人们生活水平普遍提高，但由于生活节奏的加快和改变，许多人患上“三高症”，即高血压、高血糖和高血脂。尤其以年龄大的人居多，有调查显示，60 岁以上老年人中 40% ~ 45% 患有高血压的同时还患有高血糖或高血脂。为此，抑制心脑血管疾病更需要得到我们的重视。

1. 饮茶可以防治心脏病

专家研究茶的功效时曾分析，茶叶在高温的水中能释放出高浓度的茶色素，不但可将动脉壁上硬化的粥样物质清除，使动脉组织逐渐恢复正常，还能防止胆固醇类物质沉积于动脉壁，从而阻止动脉硬化的发生。由此看来，煮沸的茶水对心脏的许多问题都能起到标本兼治的作用。

2. 饮茶可以降血压

长期服用降血压的药物对人们既有好处，又有不利的一面。而通过茶饮则既可达到降血压的目的，又可以不让身体受到药物伤害。以下介绍几种可以降血压的茶类：

（1）玉米须茶。玉米须具有很好的降血压之功效，泡茶饮用每天数次，每次 25 ~ 30 克。在临床上应用玉米须茶治疗因肾炎引起的浮肿和高血压的疗效尤为明显。

（2）灵芝茶。灵芝茶入五脏，补全身之气，心、肺、肝、脾、肾脏虚弱，均可服之。灵芝茶具有扶正固本，增强免疫，提高机体抵抗力，降血压的作用。

玉米须茶

灵芝茶

3. 饮茶可以降血糖，治疗糖尿病

血液中的糖称为血糖，人体各组织细胞活动所需要的能量大部分来自葡萄糖。血糖对人类虽然不可或缺，但也不能超过标准，必须维持在一定的水平才可。而高血糖人群可以通过喝茶降低血糖，糖尿病患者也可以通过喝茶减缓病症，因为茶叶中含有的茶多酚，能保持微血管的正常韧性，节制微血管的渗透性，所以能使微血管脆弱的糖尿病患者恢复微血管正常，从而治疗糖尿病。

4. 降血脂

乌龙茶

普洱茶

血脂是指血浆中的脂类物质，包括胆固醇、三酸甘油脂、磷脂和游高脂肪酸等。饮茶能降血脂，国内外已有大量报道。我国茶区居民血胆固醇含量和冠心病发病率明显低与其他地区。

国外科学家曾用乌龙茶对成年女子进行降血脂实验：每天饮 7 杯常规浓度的乌龙茶，持续 6 周后，饮用乌龙茶的人血浆中三酸甘油脂和磷脂的含量水平有明显下降，这说明茶的确具有降血脂的功效。

除了乌龙茶之外，普洱茶也同样拥有保护心血管健康的功能。苦丁茶软化血管、降血脂的功能较其他茶叶更好，最适合血压偏高、体形发胖的体质燥热者长饮养生；而普洱茶的性质温和，适合体质虚寒的人饮用。

饮茶可美容护肤

茶叶中蕴含着许多自然养生的概念，美容护肤就是其中重要的功效之一。茶叶中的维生素、矿物质等营养元素可以调节皮肤机能，促使皮肤更有活力；茶多酚可抗氧化、抗衰老、抗菌、防肥胖；咖啡碱提神醒脑、有紧肤收敛作用；单宁酸吸收并排除人体黑色素，使皮肤更白皙；糖类可增强肌肤免疫力；叶绿素促进组织、血液再生……由此看来，只要每天坚持不懈饮茶、用茶，那么必然会产生美容护肤的效果。

以下是利用茶叶美容护肤的具体功效与方法：

1. 美白嫩肤

绿茶能深层清洁肌肤污垢和油脂，具有软化角质层、使肌肤细嫩美白的功效。而且茶浴能从里到外温和身体，患有虚寒体质者尤为适用。

我们可以利用富含维他命 C 的绿茶茶末自制面膜。它与同样富含维 C 的柠檬相比，不含酸性，不会刺激皮肤。茶末中所含的单宁酸成分还可增加肌肤弹性，有助于润肤养颜。除了美白皮肤，茶末还具有杀菌作用，对粉刺、化脓也很有疗效。我们也可以将薏仁、杏仁粉搭配茉莉花茶涂敷脸上，稍作按摩，这样做可以去除角质，使皮肤光润有弹性。

饮茶可美容护肤

2. 收缩毛孔

茶叶还具有嫩肤的作用。皮肤黯淡时，用少许玫瑰花粉加上温红茶，敷在额头及双颊，可以焕发皮肤红润及活力；没喝完的凉绿茶也可以当洁肤水使用，浸湿棉片后擦拭皮肤，其中的儿茶素能收缩毛孔、增加皮肤弹性。

3. 祛痘

从古时开始，就有以茶叶为药膏治疗皮肤疾病的民间方子。因此，如果脸上长了痘或者炎性暗疮，可用少量黄连粉配凉绿茶研成细末，敷在患处，每日1次，即可祛除恼人痘痘。

4. 消除黑眼圈和水肿

睡眠不足、用眼过度等多会引发黑眼圈，因此要根据不同的情况加以防治。除了正常的作息以及充足的睡眠之外，用茶来消除黑眼圈及水肿也是一条妙方。

我们可以用隔夜或稍冰后的茶包敷在眼睛上，可以有效地缓解因熬夜、水肿等原因引起的暂时性黑眼圈、疲惫和眼部浮肿问题，加速眼部血液循环，更好地吸收眼膜营养，加强保养效果，令双眼焕发神采。并且，经常以绿茶包热敷，还能有效减轻眼袋。

饮茶可以美容历来被人们所公认。一方面茶叶中富含的美容营养素价值非常高，对皮肤也具有良好的滋润效果；另一方面，通过饮茶可以使人体排除毒素，这样会令皮肤看起来更健康，使人精神焕发。因此，爱美的你一定不能错过这样一种有效而便捷的美容好方法！

饮茶可清心明目

冲泡一壶清茶，任由其间馥郁的香气扑面而来，茶叶的轻柔以及与水的交融会安抚人们的心灵。“心清可茶，茶可清心；若要清心，唯有香茗”，的确如此。当人感到忧愁时，茶可以冲淡人的烦恼；当人感到困惑时，茶可以让人减少烦躁；当人郁闷时，又可以在茶的慰藉下舒缓心情。因而，茶自古以来一直备受人的喜爱。

茶不仅能清心降火，同时也能明目。加拿大科学家发现，多饮茶可以防止白内障。他们认为，白内障是由于人体内氧化反应产生的自由基作用于眼球的晶状体所致，而茶叶中的茶多酚分解产生的具有抗氧化作用的代谢物可以阻止体内产生自由基的氧化反应。美国农业部营养与衰老研究中心的科学家们最近发现，白内障的发病率与人体血浆中胡萝卜素含量高低及浓度大小关系密切。凡是白内障患者，其血浆中胡萝卜素浓度往往很低，且发病率比正常人高3～4倍。因此，这些患者需要及时补充胡萝卜素，除了从饮食中进补，茶叶中也含有比一般蔬菜和水果都高得多的胡萝卜素。人们在喝茶的同时，茶中包含的这些健康元素便悄然进入人体，发挥其特效。由此看来，不仅患了白内障的人群需要适当地饮茶，普通人群常饮茶也可以起到保护眼睛的作用。

除此之外，眼睛还需要维生素C的滋润，而通过饮茶可以有效摄入维生素C，因此经常饮茶可以很好地预防夜盲症等眼病的发生，进而起到明目的作用。

以下提供几种对眼睛有好处的茶，仅供大家参考：

1. 绿茶

绿茶中含有强效的抗氧化剂、维生素C以及儿茶酚，不但可以清除体内的自由基，还能缓解人们的紧张

绿茶（竹叶青）

情绪，有效地舒缓视神经的疲劳。

枸杞子

2. 枸杞茶

枸杞子中含有丰富的胡萝卜素和维生素，这些都对保护眼睛起到了至关重要的作用。枸杞本身具有甜味，用来泡茶更能增加茶的滋味，实在是一种既美味又营养的饮品。

除了以上两种对眼睛具有显著功效的茶，还有许多，人们可根据自己的需要，酌情选用。

饮茶可消渴解暑

饮茶可消渴解暑

茶作为现代人极为喜爱的饮品，消渴作用自不必说。当茶水划过干渴的喉咙，柔滑的感受也就传到了心底，浸润着五脏六腑。内心深处那些焦渴的感觉也会随着茶水的流过而慢慢消失，带给人们舒服惬意的感受。尤其是在炎热的夏季，灼热的空气以及炽烈的阳光很容易使人干渴或中暑，此时如果在庭院中摆上小桌，与三五位友人一同品茶聊天，自有一番说不出的享受。

茶是绝佳的解渴和消暑饮品，茶所含的营养素很高，其中维生素 A 和维生素 C 都可以提高人体对夏季高温的耐受。饮热茶能出汗散热，使体内的热量散发，还可以及时补充体内水分。茶叶中还含有糖类、果胶、氨基酸等成分，能与唾液作用，解热生津。有研究显示，喝热茶 9 分钟后，皮肤温度下降 1℃ ~ 2℃。因此，喝茶可以使人感到凉爽。

在所有茶类中，红茶和白茶在消渴解暑方面的作用更大。据实验表明，红茶中含有较多的多酚类、醣类、氨基酸和果胶等，它们与口涎产生化学反应，且刺激唾液分泌，导致口腔滋润，产生清凉感；同时红茶中的某些元素控制人体内的的体温中枢，因此，常饮红茶也可以调节体温，维持体内的生理平衡。

荷叶茶

决明子茶

白茶在清热败火、平衡血糖等方面功效显著。尤其是 20 年的陈韵老白茶，可冲泡 15 次以上，并且茶汤 36 小时不变质，特别适合人们在炽热的夏季饮用。

除了以上两种茶，决明子茶、荷叶茶都可以起到消暑解渴的作用，还可以补充人体内的水分，人们可以按照自己的口味做出不同选择。

在赤日炎炎的午后，坐在阴凉处手捧一杯茶，轻饮慢品，不仅达到了解渴的目的，同时也让身心获得凉爽与惬意。

饮茶可助戒烟

烟草中的尼古丁是一种具有毒性的生物碱，人们连续吸烟，尼古丁随着烟雾进入人体，当含量达到一定程度时，便产生中毒现象：头晕脑胀，全身不适。从健康角度考虑，戒烟势在必行。而对那些一时还难以戒掉烟瘾的吸烟者来说，饮茶则是减轻吸烟危害的最好方法。

饮茶可助戒烟

有试验表明，茶叶具有戒烟作用。目前市场上供应的戒烟茶，戒烟糖，就是以茶叶为主要原料，经过特殊工艺制成的。因为茶叶中的茶多酚、维生素 C 等成分对香烟中所含有的各种有害物质有降解作用，因此，经常吸烟的人如果常饮用浓茶，就可依靠茶中物质的抗制作用解除体内毒素，甚至可以使人减少对烟的依赖，从而达到戒烟的目的。

神农尝百草“日遇七十二毒，得茶而解之”，具有强大解毒功效的茶就是绿茶。绿茶最大限度地保留了鲜叶内的天然物质，其中茶多酚保留了鲜叶的 85% 以上，叶绿素和维生素损失得也较少，是所有茶叶中下火解毒最好的，在戒烟方面也起到了较大的作用。绿茶最好空腹喝，晨起空腹时、午睡后、晚饭前，是三个绿茶发挥解毒去火功效的黄金时段。

随着生活压力的逐渐增大，人们常常以吸烟喝酒的方式减轻压力，麻痹神经，这对身体往往有害。而喝茶可以减轻人们对烟的依赖，还可以解酒醒酒，大家不妨尝试一下。

饮茶可暖胃护肝

肝脏是身体内以代谢功能为主的一个器官，其作用之一就是解毒。肝解毒时由于血液在流动的关系，解毒的同时身体的其他部位正常运转中还会继续产生代谢产物。所以血液里一直都会存在一些毒素，它只能保持我们身体正常运转，对于那些强加进来的毒素则很难缓解。如果人们经常熬夜、酗酒或服药等等，只会对肝脏增加很大的负担，让肝脏解毒的功能受损，因而导致其他的脏器细胞也会加快老化，使体内毒素大大增加，对人体百害而无一利。

饮茶可暖胃护肝（红茶）

而茶中含有丰富的维生素 C，维生素 C 能使肝脏的解毒功能增强，因此时常饮茶可以减少人们体内含有的毒素，可以起到保护肝脏的作用。

除了护肝，茶的另一个作用就是暖胃，但并不是所有类型的茶都有这个功效。例如，人在没吃饭的时候饮用绿茶会感到胃部不舒服，这是因为茶叶中所含的重要物质——茶多酚具有收敛性，对胃有一定的刺激作用，在空腹的情况下刺激性更强。所以，绿茶并不能起到暖胃的效果。

也许有人会说，红茶与绿茶中不是都含有茶多酚吗？那么为什么红茶就能起到暖胃的作用？因为红茶是经过发酵烘制而成的，茶多酚在氧化酶的作用下发生酶促氧化反应，含量减少，对胃部的刺激性也自然减少，而这些茶多酚的氧化产物还能促进人体消化。因此与绿茶相比，红茶更能调理肠胃。有些人喜欢在红茶中添加牛奶和糖，这样也可以达到养胃暖胃的效果。

即便如此，饮用红茶也有几点注意事项：

（1）红茶不适合放凉饮用。因为红茶放置时间过长，其中所含的营养含量就会降低，这样自然会影响到暖胃的效果。

（2）保持红茶的温度和适宜的浓度。饮用红茶时不要等杯中的茶水都喝完再续水，最好在水剩下 1/3 左右的时候添加热水。这样不但可以让茶保持一定的温度，还可以控制在一定的浓度范围内。

（3）红茶最好在饭后喝。在红茶中加些炒米做成的糊米茶，也能增加养胃的功效。另外炒过的大麦配上红茶做成大麦茶、加上陈皮的陈皮茶也都很好。

人们在选择茶的种类时，一定要根据自身的体质，切勿一味地追求其某些功效而忽略了自己的健康。

饮茶可防癌抗癌

茶叶中含有多种化学成分，其中仅氨基酸就有 20 多种。而茶叶中茶氨酸的含量约占其氨基酸总量的 50%，茶氨酸在人体内的分解产物能够促进 T 淋巴细胞对外界病原微生物的侵袭产生免疫反应，同时还能促进干扰素的分泌。干扰素是一种蛋白质，在人体内具有广谱的抗病毒作用。因而，茶叶的另一个功效就是防癌抗癌。

饮茶可抗癌防癌

我们已经了解，人体内的自由基对人本身存在着巨大的危害，是人体在呼吸代谢过程中，在消耗氧的同时产生的一组有害“垃圾”。它几乎存在于人体的每一个细胞之中，是人体的一大隐患和“定时炸弹”。研究表明，自由基也是造成基因变异、致癌的重要原因。一般情况下人的机体是处于自由基不断产生和不断消除的动态平衡之中。自由基一旦产生过多，人体致癌的可能性也就加大了。

茶叶中茶多酚的主体儿茶素类物质是一种抗氧化剂，也是一种自由基强抑制剂。茶多酚进入人体后，这种物质与致癌物结合，使其分解，降低致癌物活性，从而抑制致癌细胞的生长，进而阻断亚硝酸铵等多种致癌物质在体内合成，控制癌细胞的增殖，并能直接杀伤癌细胞，提高肌体免疫能力。据有关资料显示，喝茶对胃癌、肠癌等多种癌症的预防和辅助治疗均有裨益。

美国泊杜大学从事食品与营养研究的多罗西·莫尔说："我们的研究表明，绿茶的叶子富含抗癌物质，其浓度相当高，足以在体内产生抗癌作用。"同时，美国健康基金会名誉会长约翰·韦斯柏格博士也表示："我的研究结果表明，如果你每天喝 6 杯茶，就可以不得癌症"。其实，不仅是绿茶，多喝红茶也有助于预防癌症的发生。

印度科学家们曾做过这样一个实验：选取 15 位患有口腔白斑症的患者，对他们进行了为期一年的观察。这些患者舌头和口腔黏膜会出现白色斑块，一般而言，50% 的白斑会转变为口腔癌。但是，通过每天喝 3 次红茶，患者的白斑症明显得到缓解，有的白斑甚至消失了。因而，科学家得出结论：多喝红茶很可能有助于预防口腔癌。

另据英国科学家研究后发现，茶叶在壶中煮沸 5 分钟，可以吸收癌症中有害物质的抗氧化剂的浓度达到最高峰，饮用在壶中煮制 5 分钟的茶水 1 小时后，血液中的抗氧化剂水平上升了 45%。也就是说，相比于用沸水泡茶，用茶壶煮茶可以让茶叶释放出更多的抗癌物质，抗癌效果也更好。除此之外，茶叶在壶中泡制更长时间并不会产生更多的有益成分，反而会减少，所以茶还是尽快饮用为好。有人喜欢向茶水中添加牛奶，这并不会影响茶的抗氧化剂成分，因此，大家可以放心添加。

第四章 茶之存

苏东坡曾说："从来佳茗似佳人。"佳茗同佳人一样娇贵无比，只有居住在合适、舒适的地方，才会保持她独有的气质与韵味。茶叶这种至洁之物，一旦潮湿、霉变或是吸收了周围的异味，无论再用什么办法都难以使其复原。因而，茶叶需要妥善存储。

贮茶的注意事项

茶叶是一种比较娇贵的消费品，温度、湿度、光线等诸多因素都会影响其品质。如果保存不当，就会造成其颜色发暗，香气散失，味道不佳，甚至发霉，使茶叶提前过期，影响到其作为商品的经济价值和饮用口感，甚至还会影响到饮茶者的健康。

以下是贮茶时的 4 个注意事项：

1. 低温

温度能加快茶叶的自动氧化，使得茶叶的香气、汤色、滋味等发生很大的变化；温度太高会加速茶叶的氧化或陈化变质，使茶叶中一些原可溶于水的物质变得难溶或不溶于水，芳香物质也遭到破坏。而且温度越高，变质越快，茶叶外观色泽越容易变深变暗。尤其是在南方，一到夏季，气温便会升到 40℃以上，即使茶叶已经放在阴凉干燥处保存了，也会很快变质，使得绿茶不绿，红茶不鲜，花茶不香。因此要维持或延长茶叶的保质期，茶叶需要低温保存。

低温保存可降低茶叶中各种成分的氧化过程，有效减缓茶叶变褐及陈化。储藏茶叶的适宜温度为 5℃以下。当然，低温保存茶叶并不是说温度越低越好。一般来讲，茶叶保存的适宜冷藏温度在 0℃ ~ 5℃之间。

2. 避光

光线照射也会对茶叶产生不良的影响，光照会加速茶叶中各种化学反应的进行。茶叶中含有叶绿素等物，经光线照射后易退色，与光接触会发生光合作用，引起茶叶氧化变质，使茶叶的色泽变暗沉。另外，茶叶中还含有少量的类胡萝卜素，是光合作用的辅助成分，具有吸收光能的性质，在强烈光线的作用下很容易被氧化。氧化后的类胡萝卜素储藏后产生的气味，使茶汤味道变质。因此，茶叶必须遮光保存，以防止叶绿素和其他成分发生光合作用，日常包装材料也要选用能遮光者。

3. 干燥

茶能够轻易地吸收空气中的水分，具有很强的吸湿性。在温度较高、微生物活动频繁的月份，一旦茶叶含水量超过 10%，茶叶便会发霉，色香味俱失，不再适宜饮用，此时饮用对人体有一定的伤害。如果把干燥的茶叶放在室内，且直接接触空气，很短的时间其含水量就会增加许多；如果在阴雨潮湿的天气里，每露置一小时，其含水量就可增加1%。如果茶叶不慎吸水受潮，轻者失去香味，重者发生霉变。这时不可以将受潮茶叶放在阳光下直接曝晒，而应该把受潮的茶叶放在干净的铁锅或烘箱中用微火低温烘烤，同时要不停地翻动茶叶，直至茶叶干燥散发出香味。

因此茶叶从一开始必须在干燥的环境下保存，不能受水分侵袭。干燥有两层含义，一是贮存的环境要相对干燥，二是茶叶贮存前含水量要控制在一定程度。精品茶叶的含水量一般都不会超过3%～5%，如果茶叶的含水量较高，就需要进行干燥处理后再贮藏。同样地，干燥后的茶叶也要放在干燥通风处，以减缓茶叶陈化、劣变的速度。家庭买回的小包装茶，无论是复合薄膜袋装茶或是听罐包装茶，都必须放在干燥的地方。如果是散装茶，可用干净白纸包好，置于有干燥剂的罐、坛中，口盖密封。

4. 隔绝空气

茶叶不仅容易吸水，空气中的氧气也很容易和茶叶进行氧化反应，使茶叶在短时间内发生陈化。除此之外，茶叶具有很强的吸附性，因此，保存茶叶还要做到隔绝空气。

茶叶极易吸附外界的异味，使茶叶的香味受到沾染。因此，保存茶叶最好有专门的冷藏库，如果必须和其他物品放在一起，也应该注意完全密封，严禁茶叶周围放有化妆品、药品、樟脑球等类似的具有强烈气味的物品，以免茶叶吸附异味，影响茶质。

无论茶叶以哪种方式存储，都需要注意以上四个事项。这样才可以有效地保证茶叶质量，减缓茶叶的变质速度，使人们更安心地体会品茶乐趣。

储存茶叶的各种各样的坛坛罐罐

茶叶罐贮存法

因茶叶极易吸收空气中的湿气或是异味，如密封不严，香气又极易挥发。所以，存储茶叶时用什么容器，用什么方法便成了古往今来人们一直特别注意的事，于是，各种茶叶罐应运而生。

用茶叶罐存储茶叶，是最常用的贮茶方法，也是最简单可行的方法。即便如此，茶叶在其中存放的时间也不宜太长，茶叶罐也不易太大，因为它不能做到完全密闭。一般家庭中少量用茶，用锡罐、铁罐、有色玻璃瓶等贮存都可以。保存的方法很简单，把买回的茶叶立即分成若干小包，装于事先准备好的茶叶罐或筒里。注意不要装半盒，尽量一次装满盖上盖。而且不用茶叶的时候不要打开盖子，用完要马上把盖子盖严。

装有茶叶的茶叶罐必须放置在干燥阴凉处，不要放在阳光直设、有异味、潮湿、有热源的地方，以免加速茶叶氧化、劣变或陈化，而且这样保存铁罐才不容易生锈。有条件也可以在器皿筒内适当放些用布袋装好的生石灰，以起到吸潮和保鲜作用。

下面介绍两种市场上常见的茶叶罐类型和储存方法：

1. 铁罐

购买前，先检查罐身与罐盖密闭性能是否良好。储存时，将干燥的茶叶装罐，罐要装得很严实，还可以轻轻摇晃一下试试里面是否装满。用这种方法储存茶叶，取用方便，但不宜长期储存。

铁质茶叶罐

有的人也喜欢购买哪种有双层盖的铁罐，更有助于较长时间保存茶叶。可以装好茶叶后，盖上双层盖，盖口缝要用胶带纸封紧，还可套上两层塑料袋，扎紧袋口。

2. 锡罐

从古时开始，人们就喜欢用锡来净化水质使味道更加清甜。清人刘献庭在《广阳杂记》中记载："惠山泉清甘于二浙者，以有锡也。余谓水与茶之性最相宜，锡瓶贮茶叶，香气不散。"周亮工《闽小纪》中也提到："闽人以粗瓷胆瓶贮茶，近鼓山支提新茗出，一时学新安，制为方圆锡具，遂觉神采奕奕。"可见明代后期已采用锡具贮茶。

锡质茶叶罐

锡是一种金属元素，对人体无毒无害。一般来说，很多金属都会带有自身的金属味，而锡却没有任何味道。正因为如此，现代人才会利用它的这个特点保存茶叶。

除了没有异味这个特点，用锡制成的茶叶罐因为自身的材质，密封性相对其他来说也更强。因为锡罐本身比较厚实，罐颈高，温度恒定，保鲜的功能也就更胜一筹。

目前市场上的锡罐多杂入铅锌等金属，久用是否有碍健康，尚未见有关论述。新近流行的不锈钢大口双盖茶罐，洁净轻巧，又有各种不同规格，使用方便。但是不管用什么茶叶罐存储茶叶，我们都需要了解以下两个注意事项：

（1）好茶叶需要用好的茶叶罐来储存，尤其是娇嫩的绿茶，对保鲜的要求更高。若是用不好的茶叶罐，营养和味道都会流失，也容易变质，对于好茶，不得不说是个浪费，这也是爱茶之人所不能容忍的事情。因此，有条件一定要选择一款好的茶叶罐，这也是一个较为明智的投资。

（2）对于留有其他味道的罐子，不可以直接用来盛放茶叶。我们可先用少许茶末置于罐内，盖上盖子，上下左右摇晃轻擦罐壁后倒掉，这样做可以去除罐子中的异味。市面上有贩售两层盖子的不锈钢茶罐，简便而实用。我们可以配合清洁无味的塑料袋装茶后，再放入罐内盖上盖子，用胶带黏封盖口，这样保存茶叶也不失为一个好办法。

总之，茶叶罐多种多样，只要注意温度、湿度、光线和异味等几个问题，茶叶自然能够长期保存妥当。

冰箱贮存法

由于茶叶在温度较高的地方容易加快其氧化或陈化变质的速度，因此，茶叶适宜存放在通风阴凉处，这样的保存方法可以减缓其自动氧化的速度。经研究发现，如果温度控制在5℃以下，保存茶叶质量的效果较好。因此，冰箱贮存就成为普通家庭常用的贮存茶方法之一。

冰箱贮存茶叶

冰箱具有优良的隔热性，可以保持恒定低温的状态，因此满足了茶叶贮存需要低温的这一特点，所以将茶叶放置其中不失为一个很好的选择。首先我们可以将茶叶采用小包装形式，装入铁质、锡质容器或冰瓶内密封好，然后套上一个塑料袋防潮，再放入冰箱内贮存。如果将温度控制在5℃以下，茶叶保存一年以上也不会变质。如果春天存放，到冬天取出时，茶的色、香、味同存放时基本不变，此方法简便易行。注意贮茶用专用的冷藏库最好，避免与其他食物一起，以免茶叶吸附异味。

冰箱贮存法简单可行，但也有需要注意的情况：

（1）由于茶叶容易吸附潮气和异味，且冰箱内部潮湿，其中放置的各种食品都会影响到茶的味道，为防止茶叶变成冰箱的“除臭剂”，在茶叶放入冰箱前一定做好密封工作，并在包装袋内装入足量的专用保鲜剂。

（2）从冰箱中取出茶叶后，不能立即将包装打开，而是要让茶叶慢慢升温，待温度升到常温后打开包装袋，然后进行冲泡饮用。并且从冰箱中取出之后，最好能在半个月内喝完。

（3）在所有茶类中，绿茶最好放在冰箱里储存。而其他茶类，例如红茶、乌龙茶、普洱茶、花茶均不必放在冰箱内保存。因为红茶和乌龙茶中多酚类物质的含量比较低，陈化变质的速度较慢，容易贮藏；普洱茶是发酵茶，里面含有益菌种和酶，这些酶能让普洱的口味更好，越陈越香。而酶要发挥作用，就需要通风、阴凉、干燥的环境，但放在冰箱里满足不了酶的需要，因此只需普通的存储方法就好；花茶具有馥郁的香气，如果低温存储，往往其中的香气会被抑制，降低茶叶本身的鲜灵度和浓度。所以这些类茶只要放在避光、干燥、密封、没有异味的容器中保存就好。

由于科技越来越发达，现在市场上出现了专门存储茶叶的冰箱和冷柜，有的还包含0℃冰温区，这对茶友们来说无疑是最好的消息。

暖水瓶贮存法

暖水瓶是我们生活中常见的用品，由于其瓶胆由双层玻璃制成，夹层中的两面又镀上银等金属，中间抽成真空，瓶口有塞子，密闭性比较好。因此，保温性能良好的暖水瓶、保温瓶均可用来贮存茶叶，其效果良好，一般可保持茶叶的色香味长达1年。

暖水瓶贮存茶叶

储存时的方法很简单。首先，选择一个保温性能良好的暖水瓶，为了节省，也可以用瓶胆隔层无破损的废弃暖水瓶，即使内壁有垢迹或断了底部的真空气孔的热水器也可用；接着，将热水倒干净，擦干，一定要彻底消除里面的水分，保持干燥的环境；将干燥的茶叶装入瓶内，要切记将茶叶压得紧实一些，而且要装足，可以适当晃一晃，减小茶叶之间的空隙，这样才能避免里面存有太多氧气与茶叶发生氧化反应；暖水瓶被茶叶装满了之后，瓶口需要用软木塞盖紧，并用白蜡封口，外面用透明胶带或保鲜膜缠紧，这样可以有效地阻止外面空气进入。

暖水瓶贮存也需要注意以下两点：

（1）暖水瓶虽然可以用旧的，但为了避免空气流入，隔层一定不能破损。这样的环境对于茶叶来说才相对密闭，才能减缓茶叶的氧化质变速度。

（2）暖水瓶中的水分一定要彻底去除之后才可装入茶叶，并且装茶叶的时候一定要装足装实，软木塞一定要盖紧瓶口，减少瓶中空气的残留。

由于暖水瓶中空气少，温度稳定，且外面的空气不容易进来，这种方法可以使茶叶储存得长久一些，保质效果也比较好。而且对于普通家庭来说，材料方便省钱，操作方法也简单易行。因此，它是许多家庭常采用的方法之一。

干燥剂贮存法

干燥剂也叫吸附剂，可以用在防潮、防霉等方面，起干燥作用。正因为它的这个特点满足了茶叶的存储条件，因此人们常常利用干燥剂作为存茶的方法之一。使用干燥剂，可使茶叶的贮存时间延长到一年左右。

可以用来储存茶叶的干燥剂有以下几类：

1. 木炭干燥剂

利用木炭储藏茶叶的方法很简单，主要是利用其良好的吸湿、吸味的特性。首先，将木炭烧燃，随后用火盆或铁锅覆盖，等到木炭熄灭冷却后再用干净的布将木炭包裹起来，放在盛放茶叶的容器中，例如瓦缸等。需要注意的是，里面的木炭要根据吸潮情况，及时更换，以便于缸内时刻保持干燥的环境。

2. 生石灰干燥剂

用生石灰保存茶叶，需要先将散装茶用薄质牛皮纸包严实，放在干燥密封的坛子或铁桶里面，沿着内边缘放好，中间的位置放袋装未风化的生石灰。装满了之后，上面用棉花垫塞封口处，再盖严盖子。将整个容器放到干燥处储藏，另外要根据容器内的潮湿情况，经常更换石灰，大概 1 ~ 2 个月换一次即可。

3. 变色硅胶干燥剂

变色硅胶干燥剂的贮藏方法与木炭法、生石灰法相似，但这种方法对茶叶的保存效果更好。一般贮存半年后，茶叶仍然保持其新鲜度。变色硅胶未吸潮前是蓝色的，当干燥剂颗粒由蓝色变成半透明粉红色时，表示吸收的水分已达到饱和状态，这时需要将它取出来，放在火上烘焙或放在阳光下晒，直到恢复原来的颜色时，就可以继续放入使用。变色硅胶可以循环使用，性价比比较高。

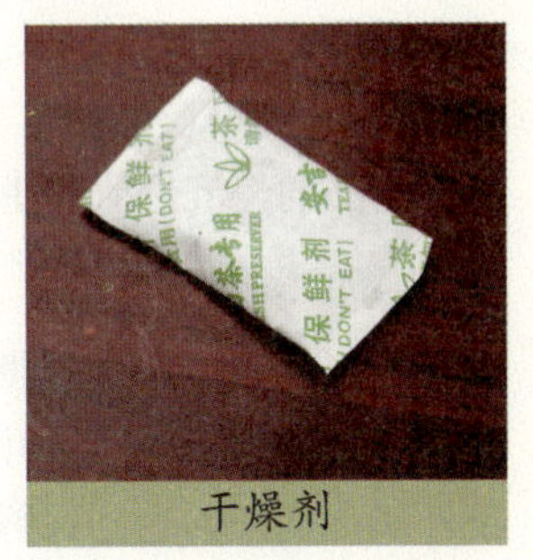

干燥剂

不同的茶需要选用不同类型的干燥剂，例如贮存红茶和花茶，可用干燥的木炭；贮存绿茶可用块状未潮解的石灰。若有条件者，也可用变色硅胶。总之，要按照贮茶的注意事项保存茶叶。

食品袋贮存法

食品袋储藏茶叶利用的材料就是常见的塑料袋，这种保存茶叶的方法是目前家庭贮茶最简易、最经济实用的方法之一。

贮存方法很简单。首先，选择两个全新的，无毒无味无空隙的塑料食品袋，这样的袋子不会进入空气，也能有效隔开其他物质的味道，避免茶叶吸附异味。将干燥的茶叶用防潮纸或软白纸包好后装入其中一个塑料袋中，轻轻挤压，将里面残留的空气尽量都排出来，然后用一根细绳扎紧袋子口。

食品袋贮存茶叶

接下来，将另一个塑料袋反方向套在先前的包装袋上，同样挤出里面的空气，并用绳子扎紧。如果有条件，还可以在袋子中装入茶叶专用保鲜剂，然后密闭封口。最后将两层除去空气的塑料袋装入干燥、阴凉、密闭、无异味的锡罐或铁罐中即可。

用食品袋贮存茶叶需要注意以下两点：

（1）食品袋虽然随处可见，但选择上也有一点要求。一定要选用适合包装食品用的食品袋或是密度高的低压材料，要求手感厚实、耐磨耐用，这样才会使用长久。另外，袋子不能有孔洞、异味，否则茶叶很容易受潮或吸收周围的异味。

（2）将茶叶装入食品袋中后，一定不要忘了挤压出里面的空气，这样才会避免茶叶与氧气发生反应，影响质量。

食品袋储藏法可以减少茶叶香气散失，减慢茶叶氧化速度，因而长久地保持茶叶质量。与其他方式相比，用食品袋保存茶叶的方法即简单又实用，其保鲜效果十分显著，与真空保存或冰箱冷藏不相上下，而且持续时间也会很长。

其他贮藏茶叶的方法

除了以上几种方法，人们还发现了其他几种贮藏茶叶的方法，其中比较常用的就是真空包装法与抽气充氮法。这两种方法都可以避免茶香味低淡、色泽枯暗、品质下降，从而降低商品的经济价值和使用价值。

1. 真空包装法

为了让茶叶与氧气彻底地隔离，人们常常采用真空包装法贮存茶叶。真空包装贮藏是采用真空包装机，将茶叶袋内空气抽出后立即封口，使包装袋内形成真空装态，从而阻滞茶叶氧化变质，达到保鲜的目的。真空包装时，选用的包装袋必须是阻气性能好的铝箔或其他多层的复合膜材料，此外复合袋也可以选用。铁质、锡质拉罐等作为容器。

2. 充氮储藏

充氮保存即是利用气泵把容器内的空气吸出来，然后充入稀有气体、二氧化碳或者氮气。经测试，如果绿茶采用铝箔包装袋充氮包装的形式，5 个月后，其维生素 C 的含量可保持在 96%以上。因此，用这种方法可以转换茶叶包装袋内的活性很强的氧气等气体，阻滞茶叶化学成分与氧的反应，达到防止茶叶陈化和劣变的过程。

真空贮存茶叶

惰性气体本身也具有抑制微生物生长繁殖的作用，而充入惰性气体之后，茶袋呈气囊型膨胀，除了防止茶叶变质，还可以保护茶叶不被压碎。

这两种方法采用的都是隔绝空气，减少茶叶与氧气反应的方法。类似的方法还有很多，只要能保证茶叶存储的几个注意事项即可。

不同类型茶叶的贮存方式

不同类型的茶叶有着不同的贮存方式，要想了解如何存储茶叶，首先要了解茶叶的特性。只有了解了不同茶叶的特性，才能因茶的不同而选择不同的存放方式。

根据茶叶的不同种类，可分为全发酵类，半发酵类和不发酵类三种茶类。这三种茶类的素质有些许差异，详细情况如下：

1. 全发酵类

全发酵类的茶包括红茶和黑茶。这类茶经过完整的发酵过程，其味道正是发酵之后的特有味道，而且越久越醇，价值越高。因而，这类茶不需要防潮、防晒，也不需要放入冷库、冰箱中存储，只需密封起来，免得吸收周围异味，放在室温状态下即可。

以黑茶中的普洱茶为例，可以这样存储：

如果保存得当，普洱茶会越陈越香。目前广为采用的是“陶缸堆陈法”。方法为：取一个广口陶缸，将老茶与新茶掺杂置入缸内，以利于两者陈化。对于即将饮用的茶饼，可将其整片拆为散茶，放入透气的陶罐中，静置半个月后即可取用。这是因为一般的茶饼往往外围松透，中央气强。经过上述“茶气调和法”处置后，即可让内外互补，享受到较高品质的茶汤。

2. 半发酵类

半发酵类茶主要是指青茶，即乌龙茶。它既包含全发酵茶的特性，又有不发酵茶的特性，因此，储存这类茶需要做到：防潮、防晒、防异味。但由于青茶介于两类茶之间，所以在一般情况下，青茶的存储时间要比不发酵类的绿茶多一些。假如不用冰箱储存，绿茶大约能保存一年，而青茶大约能保存 2 ~ 3 年。

青茶有轻焙、重焙；轻发酵、重发酵之分。一般说来，轻焙、轻发酵的茶，其特性与绿茶较为相似。如果想要持久收藏，需要放在冰箱等低温的地方。例如高山乌龙茶就属于轻焙、轻发酵，其特性与绿茶很像，因而贮存方法也极为相似。

3. 不发酵类

不发酵类的茶包含绿茶、白茶和黄茶类。这些茶中含有较多的维生素及活性营养素，很容易受到光晒、潮气以及气味的影响，因而极容易变质，所以相比其他两类茶来说，它的贮存要求特别高。

不同类型茶叶应选用不同的贮存方式

贮存这类茶必须做到防晒、防潮、防异味。由于茶叶极为敏感，切不可随便乱放，否则必然会加快其变质速度，茶叶还会吸收周围的气味，破坏自身的味道。

如果茶叶数量不多，会在几个月内用完，只需将其置于荫凉通风之处便可。当然，储存容器必须密封，以免受异味熏染。储存容器最好是锡罐，以免受日晒。市面上出售高档茶叶时附带的纸皮质茶罐、茶盒也可用，但是茶罐里面包茶叶的锡纸包必须保留，这样茶叶才会更经得起收藏。

根据茶的以上三种类型，我们可以得到不同的存储方式。这样就能有效地将它们区分开来，做到不同茶叶不同对待。

第五章 茶之俗

我国地域辽阔，人口众多。饮茶习惯虽然一代代地传下来，可饮茶的习俗却因不同地域而千姿百态，各有各的风采与特色。茶俗是我国传统文化的沉淀，也是人们内心世界的折射，它贯穿在人们的生活中，为人们的物质与精神世界添加了浓墨重彩的一笔，同时也涂抹出中国茶文化最靓丽的色彩。

潮汕啜乌龙

潮汕盛产乌龙茶，与福建、台湾地区并称为中国乌龙茶三大产区之一。主要产地是潮安、饶平、揭西、潮阳和位于普宁境内的石牌华侨农场等。潮汕常年气候温和，背山面海，热量丰富，有着极优越的地势以及环境，有利于茶树生育成长。

潮汕乌龙茶制作工艺精细，干茶外形紧结，色泽乌油，汤色清沏明亮，叶底红边绿腹，成茶品质优良，风味独特，具有花香、醇和、回甘、润喉四个特点。因而，潮汕乌龙茶受到各类人群喜爱。在闽南及广东的潮州、汕头一带，几乎家家户户，男女老少，钟情于用小杯细啜乌龙。啜茶用的小杯，称之若琛瓯，只有半个乒乓球大。用如此小杯啜茶，这也是“潮汕啜乌龙”名字的由来。

啜乌龙茶的过程包括温壶、置茶、冲泡、斟茶入杯、品茶几个步骤，每个步骤都有其不同的特点。例如，泡茶所用的水尽可能选择甘冽的山泉水，并且一定要做到用沸水冲泡。啜茶的时候要先举杯将茶汤送入鼻端闻香，吸入茶的浓香，接着用拇指和食指按住杯沿，中指托住杯底，举杯倾茶汤入口，含汤在口中迴旋品味。这个过程中，人们会觉得口中留有回甘，而一旦茶汤入肚，就会觉得口鼻生香，咽喉生津，这也正是鉴赏乌龙茶香味和滋味的过程。除了在泡茶饮茶上的方法之外，潮汕乌龙在茶具上也颇为讲究，啜乌龙茶时应选择与之配套的茶具。由此看来，啜饮乌龙茶，目的不仅在于解渴，更多的则是使人们注重在物质和精神上的享受。

乌龙茶对人体有很大的益处，可清热止渴，提神醒脑，帮助消化，轻身明目，祛痰化咳。除此之外，乌龙茶还可以提升人的自律神经、副交感神经的活动，能预防因压力过大造成的暴饮暴食以及因为想抑制焦躁而拼命吃东西的窘境。

还有许多年轻的女性喜欢用潮汕乌龙茶美容减肥，延缓衰老。潮汕乌龙茶对血清中脂肪及胆固醇有降低作用；延缓衰老的临床实验又提示，乌龙茶能提高SOD酶活性，并且与普通的红茶绿茶相比，除了能够刺激胰脏脂肪分解酵素的活性，减少糖类和脂肪类食物被吸收以外，还能够加速身体的产热量增加，促进脂肪燃烧，尤其是减少腹部脂肪的堆积。因而，它成为爱美女性的减肥美容方法之一。

因此，百姓啜饮乌龙之风日盛，遍布城乡千家万户，成为日常不可缺少的生活必需品。潮汕乌龙也畅销东南亚，远销日本、欧美，成为重要的出口商品。

北京大碗茶

由于北方人豪爽、粗犷，在饮茶方面也带有这种性格的烙印。喝大碗茶的风尚，在北方地区是随处可见的，特别是在大道两旁、车船码头，甚至田间劳作都少不了它的身影。摆上一张简陋的木桌和几把小凳，茶亭主人用大碗卖茶，价钱便宜，便于过往的行人就地饮用。因为从前在北京前门大街多有这样的茶摊，就被人们称作北京大碗茶。

早年间的北京大碗茶都是挑挑做生意。在各个城门脸儿附近、什刹海边儿上或街头巷尾处，经常有挑挑卖大碗茶的人。挑子前面装着大瓦壶，后面装着几个粗瓷碗，随身还会带着几个小板凳。这些人边走边吆喝，遇见买家就停下来，摆上板凳卖茶。

时间久了，这种卖茶的方式发生了变化。他们改成了茶摊，一般在树荫下或是固定的街边，支张小桌，再摆几个小凳。提前泡好茶水，带客人来了，就能喝到温热的茶了。大碗茶多用大壶冲泡，大桶装茶，大碗畅饮，处处都透着粗犷的“野味”。也正是如此，它的布局摆设也颇为随意，不需要多精致的茶具，也不需要多华丽的楼、堂、馆，摆设简单，目的也很简单，主要为过往客人解渴小憩而已。

北京大碗茶主要是为普通百姓解渴的饮品，它具有平民化和大众化的特点。首先，大碗茶使用的茶叶是北方人喜欢的花茶，且价格低廉；其次，茶摊的摆设很简单，带给人的感觉也是随意的，亲近的。

北京大碗茶有以下两个特点：

1. 解渴

无论你是北京人，还是去北京旅游，在逛街逛得口干舌燥的时候，如果能碰见卖大碗茶的小摊子就猛灌一气。这种喝法只是为了解渴，不在乎茶叶和水的品质好不好，更不在乎茶具的精细程度。因而，喝得多、喝得快也就达到最初的目的了。在这种状态下，你一定会感受到北京大碗茶最本质的特色。

2. 讲究

随着时代进步，北京已经出现了许多具

有特色的茶馆。茶叶也比摊子上讲究，花茶、红茶、绿茶、乌龙茶，茶叶五花八门，种类繁多，相信一定会有你喜欢的一种。闲暇时候，邀几位茶友，在茶馆中边品茶，边欣赏茶艺表演，这样的方式不仅有范儿，而且也是一种高档的文化享受。

其实大多数的人喝北京大碗茶，既不那么讲究，也不光为了解渴，而是似乎成了一种习惯。不管经济条件如何，清早儿起来闷上一壶北京大碗茶，一直等到喝满足了，这才能吃了早点，出门上班去。这样一种完全适合每个人的品茶方式，实在可以称作一种地域的茶文化，也令北京大碗茶的魅力扬名国内外。

羊城早市茶

羊城是广州的别称，早市茶，又称早茶，多见于中国大中城市，其中历史最久，影响最深的是羊城广州。

广东人喜欢饮茶，尤其喜欢去茶馆饮早茶。早在清代同治、光绪年间，就有“二厘馆”卖早茶。广东人无论在早晨上班前，还是在下班后，总爱去茶楼泡上一壶茶，要上两件点心，围桌而坐，饮茶品点，畅谈国事、家事、身边事，其乐融融。亲朋之间，在茶楼上谈心叙谊，沟通心灵，也会备觉亲近。所以许多人喜欢在茶楼交换意见，或者洽谈业务、协调工作，就连年轻男女谈情说爱，也大多选择在茶楼。

广州有早茶、午茶和夜茶三市，当地人品茶大都早、中、晚三次，但早茶最为讲究，饮早茶的风气也最盛。由于饮早茶是喝茶佐点，因此当地称饮早茶谓吃早茶。茶楼的早市清晨四点左右开门。当茶客坐定时，服务员前来请茶客点茶和糕点，廉价的谓“一盅二件”，一盅指茶，二件指点心。配茶的点心除广东人爱吃的干蒸马蹄糕、糯米鸡等外，近年还增加了西式糕点。人们可以根据自己的需要，当场点茶，品味传统香茗；又可按自己的口味，要上几款精美清淡小点，如此吃来，更加津津有味，既润喉充饥，又风味横生。

当地较为奢华高贵的茶馆被称为茶楼。一般三层楼高，不仅有单间，还有雅座，中厅；房间甚至分成中式、西式、日式和东南亚式的，总之都是舒适清雅，极具特色。而当地人品早茶，常常是把它当作早餐的。有些人喝完早茶后直接去上班，有些人则是以此为消闲。更有许多人全家上下围在一起吃早茶，共享天伦之乐。所以这类茶客不去豪华酒家、高档茶楼，而到就近街边经济实惠的小茶馆。不仅实惠，还包含了当地浓浓的风情与特色。

羊城早市茶已经成为了广州的一大特色之一，除了当地人，不少外地游客甚至连国外

友人到了这里，都会去领略其特点。一直以来，这种吃茶的方式都被看作是充实生活和联谊社交的一种手段，这种风俗之所以如此流传而长盛不衰，甚至更加延伸扩展，想来也是一定的了。

成都盖碗茶

在汉民族居住的大部分地区都有喝盖碗茶的习俗，而以我国西南地区的一些大、中城市最盛，而在成都，盖碗茶几乎成为了当地茶馆的“代言人”，无论是家庭待客，还是在茶楼中，人们通常习惯用此法饮茶。

盖碗是由茶盖、茶碗、茶托三部分组合而成的茶具。它既有茶壶的功能，又有茶碗的用处。也就是说，它既能保持茶水的温度，又可以通过开闭盖儿，调节茶叶的溶解程度。如口渴急于喝茶，只消用茶盖刮刮茶水，让茶叶上下翻滚，便能立即饮上一口口香喷喷、热腾腾的浓郁香茶。如要慢慢品尝，可隔着盖儿细细啜饮，免得茶叶入口，而浓如蜜、香沁鼻的茶水则缓缓入口，更令人爽心惬意。盖碗茶的扬名，便由此而来。

在茶楼中，盖碗茶的冲泡过程十分有趣：堂倌边唱喏边流星般转走，右手握长嘴铜茶壶，左手卡住锡托垫和白瓷碗，左手一扬，“哗”的一声，一串茶垫脱手飞出，茶垫刚停稳，“咔咔咔”，碗碗放在了茶垫上，捡起茶壶，蜻蜓点水，一圈茶碗，碗碗鲜水倒得冒尖，却无半点溅出碗外。这种冲泡盖碗茶的绝招，往往使人又惊又喜，成为一种美的艺术享受。

在茶楼中，盖碗茶还具有“说话”的功能：例如，茶客示意堂倌掺水，无需吆喝，茶盖揭起摆放一边，堂倌就会来续上水；茶客暂时要离开茶馆，但又想保留座位，便在茶盖儿上放一个信物，或把茶盖儿反搁在茶碗上，大家都心知肚明，是决不会来抢座位的；茶客喝够不喝了，茶盖朝天沉人茶碗，堂倌会意拣碗抹桌子；茶客今天喝茶对茶馆极不满意，茶盖、茶碗、茶托拆散一字摆开，不止堂倌，连老板都要立马上前问原因陪不是。行业帮派商谈机密事用茶碗摆出的“茶阵”，只有“道”上人才知晓要表何意、说何事。

除了盖碗茶本身有趣，成都的茶楼也别具特色。茶楼的座椅多是高档藤木，并不像过去的茶铺坐的都是竹椅和木凳，那些座椅看起来虽然平实，有过去的遗风旧俗，却没有档次，没有奢侈，不能高消费。而现代的新茶楼正好满足了人们的这种心理。所以，高档文化茶楼颇受一些人士的追捧。除此之外，高档茶楼和低消费茶馆相处得很融洽，让来到成都的外地游客能亲切地感受到这个城市的两种特质。而在茶馆内，所有人都可以自然而平等地享受着生活，享受着这个城市带给他们的舒适和安逸。

提起安逸闲适，成都盖碗茶倒是有着这样几个故事：相传李白年轻时云游天下，他从四川出

发，途中经过成都时，住在青莲街的几个月间，天天在“青莲茶馆”喝盖碗茶，并对其赞赏有加。于是盖碗茶不仅滋润了李白那种“济苍生”、“安社稷”的隐逸求仙的思想，同时还让其优哉游哉的生活态度继续发扬，最终成了他最突出的性格特点之一。

除了李白之外，杜甫也曾与盖碗茶结下不解之缘。据杜甫初来成都之时，极尽穷愁潦倒，后经过友人的帮助，喝了几碗盖碗茶，忽然神清气爽起来。在接下来的日子中，杜甫也如李白一样，生活得优哉游哉。先不论这两个故事是否属实，单就成都盖碗茶来说，其特点就离不开闲适从容，轻松自如这些字眼。

时至今日，盖碗茶俨然成了成都市的“正宗川味”特产。在那里生活的人清晨早起清肺润喉一碗茶，酒后饭余除腻消食一碗茶，劳心劳力解乏提神一碗茶，亲朋好友聚会聊天一碗茶，邻里纠纷消释前嫌一碗茶……这已经成为古往今来成都城乡人民的传统习俗。而越来越多来自外地与国外的游客，也融入到盖碗茶的魅力之中，在幽香宁静中体会那种闲适从容、智慧幽默的艺术美感。

潮汕工夫茶

中国功夫在世界享有很大声誉，而中国的茶艺中也有一套工夫茶艺。所谓工夫茶，并非一种茶叶或茶类的名字，而是一种泡茶的技法。之所以叫工夫茶，是因为这种泡茶的方式极为讲究，操作起来需要一定的工夫。

工夫茶起源于宋代，在广东的潮州府（今潮汕地区）及福建的漳州、泉州一带最为盛行，乃唐、宋以来品茶艺术的承袭和深入发展。工夫茶以浓度高著称，初喝时可能会觉得味道很苦，而一旦人们习惯后就会嫌其他茶滋味不够了。工夫茶采用的是青茶，例如铁观音、凤凰和水仙茶。它们介乎红、绿茶之间，为半发酵茶，只有这类茶才能冲出工夫茶所要求的色香味。

潮汕工夫茶是广东潮汕地区独特的饮茶习惯，去过潮汕的人，往往都会去领略当地工夫茶的美名。据茶学家介绍，工夫茶无论是从选茶、泡茶到茶具配备，都必须狠下一番工夫。潮汕工夫茶对茶具、茶叶、水质、沏茶、斟茶、饮茶都十分讲究。工夫茶茶壶很小，只有拳头那么大，薄胎瓷，半透明，隐约能见壶内茶叶。杯子只有半个乒乓球大小。放茶叶要把壶里塞满，并用手指压实，因为压得越实茶越醇。冲泡工夫茶的水也有讲究，最好是要经过沉淀的。沏茶时将刚烧沸的水马上灌进壶里，出于卫生的考虑，前两次要倒掉。斟茶时，几个茶杯放在一起，要轮流不停地来回斟，不能斟满了这杯再斟那杯，以免出现前浓后淡的情况。

品工夫茶是潮汕地区很出名的风俗之一，饮时是用舌头舔着慢慢地品，一边品着茶一边谈天说地。工夫茶茶汁浓，碱性大，刚饮几杯时，会微感苦涩，但饮到后来，会愈饮愈觉苦香甜润，使人神清气爽，特别是大宴后下油最好。在潮汕本地，家家户户都有工夫茶具，每天必定要喝上几轮。即使是乔居外地或移民海外的潮汕人，也仍然保存着品工夫茶这个风俗。可以说，有潮汕人的地方，便有工夫茶的影子。

潮汕工夫茶已经成了当地的一大特色，也在众多茶俗中占有相当重要的位置，潮汕地区知名的潮剧大师张华云先生还曾作过一首《潮汕工夫茶歌》："闽粤地相接，姻亚不断绝。五娘适陈三，荔枝为作伐。闽茶显粤东，溪茗铁观音，嫩芽化齑粉，条索窈窕褐。一斤四十泡，三杯无余缺。潮人无贵贱，嗜茶辄成癖。和、爱、精、洁、思，茶道无与敌。水、火、器、烹、饮，茶气极精辟。薄锅沸清泉，泥炉炽榄核。罐推孟臣小，杯取若琛瓯。西湖处女泉，桑浦龙泉液。四指动飞轮，涤器净且热。柔条围细末，首冲去浮沫。关羽巡城流，韩信点兵滴。罐干茶云熟，饮尽不见屑。一冲号为皮，流香四座溢。二三冲为肉，芬芳留齿颊。四冲已云极，清风生两腋。脑海骋奇思，胃肠清宿食。匪独疗干渴，夏兴冬不息。不可一日无，百邪俱辟易。潮人多远游，四海留踪迹。偶逢故乡人，同作他乡客。共品三两杯，互通乡消息。乡思起芒鲈，乡情如胶漆。因知工夫茶，最具凝聚力。昔人开其端，历代有增益。乃成茶文化，世世沐膏泽。"

潮汕工夫茶，是融精神、礼仪、沏泡技艺、巡茶艺术、评品质量为一体的完整的茶道形式。它就像大碗茶一样，有着自己文化的传承。虽然操作手法有些繁文缛节，但它也来自民间，同样表达一种平等、互相尊重的精神，为我国的茶饮风情涂上重重的一笔。

昆明九道茶

昆明九道茶是云南昆明一带的一种饮茶方式，也被人们称为迎客茶。中国茶道自陆羽《茶经》始，便主张边饮茶边讲茶事，看茶画，昆明九道茶继承了这种优良传统。肃客入室，九道茶便开始了。

据相关资料记载，昆明九道茶并不是新生事物，其实是我国西南地区多年来常见的一种饮茶方式。泡九道茶一般以普洱茶最为常见，因饮茶有九道程序，故名"九道茶"，它的九道程序分别为：评茶、净具、投茶、冲泡、沦茶、匀茶、斟茶、敬茶、品茶。详细步骤如下：

1. 评茶

首先将普洱茶放在小盘中，请宾客观其形、察其色、闻其香，并对大家简单介绍普洱茶的特色，增加宾客的品茶乐趣。

2. 净具

九道茶最好选用紫砂茶具，茶

壶、茶杯、茶盘最好配套。冲洗茶具的时候最好选择开水，这样不但可以清洁茶具，还可以提高茶具的温度，有利于让茶汁浸出。

3. 投茶

投茶就是将茶叶投入壶中，这个过程一般看壶的大小而决定，按 1 克茶泡 50 ~ 60 毫升开水比例将茶叶投入壶中，等待冲泡。

4. 冲泡

应取用滚烫的开水，要注意这个过程一定要迅速，冲入的水让茶壶保持 3 ~ 4 分满。

5. 沦茶

冲泡之后，需要立即加上盖子，稍稍摇动，再静置 5 分钟左右，使茶中可溶物溶解于水。

6. 匀茶

打开盖子，再向壶内冲入开水，直到茶汤浓淡相宜为止。

7. 斟茶

将壶中的茶汤，分别斟入紧密排列的茶杯中，大概倒 8 分满。斟茶的顺序从一面到另一面，来回斟茶，使各个茶杯中的茶汤浓淡一致。

8. 敬茶

由主人手捧茶盘，按长幼辈分，根据一定的礼节依次敬茶示礼。

9. 品茶

宾客在品茶的过程中，一般是先闻茶香清心，随后将茶汤慢慢送入口中，细细品味，感受茶的独特韵味，以享饮茶之乐。

茶过几巡，热情好客的昆明人总会讲一些有关茶的故事与传说以及云南的湖光山色、秀美风景，让每一个来到昆明的游客都无比惬意。历史悠久的昆明九道茶，将整个茶乡的美韵与主人的情谊尽显无疑。

绍兴四时茶俗

在丰富的物产和灿烂的文化之中，茶叶一直是绍兴的瑰宝之一。绍兴茶以其悠久的历史，深厚的文化底蕴，成为茶界的佼佼者，一直在全国甚至世界范围内占有极为重要的位置。

浙江绍兴一年四时均有精品茶产出。旧时绍兴的茶楼、茶店、茶室分布在各个地区的街头巷尾，可以看出绍兴茶俗盛行的历史之悠久，因而绍兴形成了著名的“四时茶俗”，每一阶段都有其特别的称呼。

1. 元宝茶

每年大年初一这天，绍兴人总会喝上一壶“元宝茶”。所谓“元宝茶”，就是在茶壶中添加一颗“金橘”

或“青橄榄”，象征着“新年到，元宝进门，发财致富”。很多人家甚至在茶杯上贴上红纸元宝，大致是“招财进宝”的意思。

绍兴卖茶的茶楼、茶店、茶室，无论通衢大道还是里巷小街，比比皆是。当地的人们喝的是“茶缸满碗茶”，不求茶叶好歹，只求浓汁浓味，所谓“头开苦，二开补，三开胀胀肚”，意思是头开汁浓味苦，二开最得灵，三开茶味已淡。而大年初一这天，平常喝的“茶末”则换成了“茶梗大叶”，另外还要配上茶食，如花生瓜子、寸金糖、什锦盒装的十色糕点等。

2. 仙茶

清明喝“仙茶”，一直是绍兴人所向往的，被当地人视为福气之事，他们认为只有有福之人才可以享受。

所谓“仙茶”，是指在天时适宜的清明节前，采到的一些头档茶。这些明前茶极为名贵，因而也被称为“明前仙茶”。这种茶在明前刚吐新芽，往往只一芽一叶，如果在产茶区，用溪流之净水，紫铜茶壶煮水，在紫砂壶中泡开，芽叶舒展，香味浓郁，茶色碧绿清莹，连泡六七次，仍能保存良好茶味。所以这种茶的售价很高，数量很少。清明这一天，一些来茶区的贵客，茶农大都会请客品尝“仙茶”。

“仙茶”有着悠久的历史，从明清两朝开始，就作为绍兴的主要贡品之一，号称贡茶。能够品到“明前仙茶”在当地是一种很高的礼遇。如果有机会在清明节前到绍兴，一定不要忘了去品尝一下。

3. 端午茶

端午节又被成为端阳、重午、重五。在那天，绍兴不仅会吃传统的端午粽，还会在餐桌上摆出“五黄”，即黄鱼、黄鳝、黄瓜、黄梅和雄黄酒。对于雄黄酒，杭绍一带民谣有“喝了雄黄酒，百病都远走”的说法。雄黄酒是在白酒中洒上雄黄粉而制成的，但此物性“剧热”，所以饮雄黄酒后必然燥热难当，必须喝浓茶以解之。一般人家总会在饮用雄黄酒之后，泡一壶浓茶饮用，以此缓解体内的燥热。因而，端午茶也由此相沿成习，成为绍兴人在端午节不可缺少的时令茶。

4. 盂兰盆会茶

七月十五俗称鬼节，有的地方有“七月十三，枉死城中的孤魂野鬼放出来了”的说法，称“放光野鬼”任他们“自由活动”五天，至七月十八才收进去。所以当地人会举办盂兰盆会的盛事，专为给鬼过节。

当地人从七月十三夜间到七月十八午夜，在天井设七至九碗茶水，供过往鬼魂饮用。而民间这段时间，多演“目莲戏”，所以戏台旁必置大缸“青蒿茶”供看客饮用。因此，盂兰盆会茶也因此得名。

这四个时节的喝茶习惯正是绍兴人所特有的习俗，如果大家在这些日子去绍兴，千万不要错过。

吴屯“喝”茶

武夷山当地有很多茶俗，这里讲的是吴屯妇女喝茶的习俗。这种茶宴男子一概不可进人，只有女性才有资格入席。而且茶宴的地点也不是固定的，由村里的农家妇女轮流做东。茶宴中会宴请许多女宾客，因而每个做东的人都想要借茶宴的机会展示自己的手艺，做出好菜，捧出好茶，既让村里的姐们们品尝手艺，又想让她们感受到自己的盛情。

茶宴的最大特色不是品茶，也不是饮茶，而是“喝”茶。并且，这种喝法也与许多地区不太一样，它不用精致小巧的茶杯，也不用上好的紫砂茶具，而是用饭碗。这样大口畅饮的感觉，相信一定有一番独特的魅力。茶宴中所用的茶叶也不需要多昂贵，一般人都用当地的山茶。

茶宴中自然不能少了小菜。村里的女人们都会想方设法就地取材，用自家产的食材亲手制作小菜，例如豆渣饼、南瓜干、咸笋干、花生、黄豆等。每一样都经过她们精心挑选，仔细烹饪。茶宴上以茶代酒，女人们互相敬茶，边喝边聊，不仅交流彼此之间的感情，还能使整个村子越来越和睦，实在是一种不可多得的茶宴方式。

吴屯妇女喝茶的习俗沿袭至今已有上千年的历史，相信它一定会将这种和睦友善的淳朴之风一直延续下去。

青海的熬茶

如果你去青海旅游，不管是在饭店中，还是当地人的家里，热情好客的青海人总会为客人端上来一杯暖暖热热的茶水，让你的心也会跟随着它一起变得温暖。这种深红色的茶水喝起来有着咸咸的味道，它就是当地人通常所称的“熬茶”。

熬茶，也就是茯茶，是当地冬天用茯茶来熬制的茶。茯茶是紧压茶，形状似砖块，俗称“砖茶”。这种茶有油脂状感觉，暖融融的，还有点咸，因为在熬茶时，人们一般习惯在茶水里加一些盐，这样会让茶的味道淡咸。因此，当地有句俗话是这样说的：“茶没盐，水一般。”煮茯茶与其他的茶不同，其他茶先烧开水，水开后放入干净的茶叶即可。可煮茯茶不仅要放茯茶叶，还要加入红枣、桂圆、枸杞、核桃、冰糖、盐、花椒等物，有的人还喜欢在其中加入牛奶，然后用文火慢慢地熬煎，待汁浓味甜，诸味俱现时，才能停火。

一般熬好一锅茯茶要数小时，因为熬茶里加入了诸多物品，这种茶就再不像单独的茶水一样清爽了，熬茶的本身就带着一股油味。但是，熬茶又可以解油腻、油脂，是很好的止腻之物，所以它是促进食物消化的好饮料。

这种茶从早年间就被青海人喜爱。过去的青海，气候寒冷，许多蔬菜都很难生长。许多人家都吃不上新鲜蔬菜。当地人常常做泡菜和肉食，但这些东西吃多了总会产生油腻的感觉，也很容易影响肠胃的消化功能，所以当地人就习惯用熬茶来解油腻。虽然现在的青海一年四季蔬菜水果不断，但喝熬茶的习惯却一直保存下来，成为当地的习俗之一。

除了解油腻之外，熬茶还有许多功

效。例如解决肠胃不适，胃寒，胃胀等症状，还可以解渴暖身，缓解高原地区的干燥。

如今的青海，什么样的茶都有的卖，但是，许多老人们不喜欢喝碧青翠绿的绿茶，也不爱饮色红浓艳的红茶，而对于熬茶，却有着一种特殊的偏爱。随着西部大开发的到来，来青海旅游的人们渐渐地多了起来。大家在吃肉的时候，一定不要忘记多喝一点熬茶。一来可以缓解吃肉所带来的油腻感，二来还能控制水土不服，清洗肠道多余的油脂，同时，你还会在那缕独特的茶香中舒展心情。

熬茶代表着青海人的热情好客，也让青海与全国各地的游客结下了深厚的情谊，更为中国的茶文化添上了浓墨重彩的一笔。

吴江三道茶

云南大理白族的三道茶很有名气，而江苏吴江也有三道茶，主要流行于江苏吴江市西南部震泽、桃源、七都等地农村。其品饮特点可归纳为“先甜后咸再淡”，别有一番风味。

三道茶的过程为先吃泡饭，再喝汤，最后饮茶，与我们一般的饮食程序很像。其三个步骤详细情况如下：

1. 头道茶

头道茶又叫锅糍茶，当地的方言叫它“待帝茶”。只听名字，就觉得这道茶所要招待的客人极其尊贵。当地人一般用它来招待贵客，或是招待第一次上门拜访的客人。

锅糍茶听起来是茶，其实却是糯米饭糍干茶，即是用饭糍干加糖冲上开水。做饭糍干的时候，先要用铁铲铲些煮好的糯米饭，将它们放到锅底，用力研磨米饭直到成为一层薄薄的米粉皮子。接着，将这些米粉皮子均匀地贴在锅底四周，等到米粉皮子边缘翘开之后，把它产出来，就成了饭糍干。

饭糍干做起来极其复杂，不仅需要掌铲人的技术，还需要另有专门人在灶下烧火，而且要严格按照掌铲人的要求控制火候。这种活做起来很累人，即使在寒冬腊月，依然会让人累得满头大汗，所以才显示出此茶的礼重。

用开水冲泡饭糍干茶，给人们的感觉就像泡饭一样，但口感却与米饭相差很多，软而不烂，香甜可口，在屋中放置久了还会满屋生香。

2. 熏豆茶

第二道茶是熏豆茶。熏豆茶中只包含少量的茶叶，多数是一种叫“茶里果”的佐料。它是一种混合佐料，一般包含熏豆、芝麻、卜子、橙皮和萝卜干五种。

（1）熏豆

熏豆又名熏青豆，本地人也叫它“毛豆”。人们采摘优良品种的黄豆，经过剥、煮、淘、烘等多种工序，接着放入干燥器中贮藏起来。这种熏豆具有馨香扑鼻、咸淡适宜的特点。

（2）芝麻

就是我们常见的芝麻，但一般要选择那些颗粒饱满的白芝麻炒香即可。

（3）卜子

卜子是民间的叫法，它的学名是“紫苏”。紫苏经过炒制之后，味道芳香浓烈，可以顺气，起到消食和胃的作用。

（4）橙皮

橙皮是产自太湖流域的酸橙之皮，往往由民间自制而成，也可以由蜜饯中的“九制陈皮”取代。人们将橙皮煮后，经过切割、腌制、晒干等多道工序加工而成。

（5）萝卜干

将胡萝卜洗净之后切成丝状，用适量的盐生腌之后晒干即可；或是将胡萝卜煮熟后腌制并晒干。后一种方法制成的萝卜干比较适合牙齿不便的老年人食用。

茶里果正是由这五种原料按一定比例调和而成。除了以上五种原料，当地人还习惯根据自己的喜好和条件，在茶里果中加入青橄榄、咸桂花、腌姜片、笋干等佐料共同制成，放在储存罐中保存。但混合各种佐料一定有个前提，就是这些佐料不可是腥膻油腻之物，也不能使茶汤变得浑浊。

等茶里果投放到茶具之中后，就可以在里面放入嫩绿的茶叶，用沸水冲泡，这样熏豆茶就可以品尝了。

3. 清茶

最后一道是清茶，也就是普通的绿茶。当地人又称它为淡水茶，仅仅含有茶叶和白开水的意思。三道茶中，只有最后一道才是真正的茶。

吴江三道茶以其多色多味的特点，浓郁的乡土气息而名扬四海。不仅作为茶俗传承下来，还使中国的茶文化更有特色。

周庄阿婆茶

周庄是江苏省昆山市和上海交界处的一个典型的江南水乡小镇，是中国历史文化名镇之一。当地有着悠久的历史以及独特的风俗习惯，阿婆茶就是其中的特色茶俗。所谓阿婆茶，就是婆婆、婶婶等妇女们聚集在一起，一边东聊西聊，一边做做针线活儿，渴了的时候喝口茶，然后接着其乐融融地聊着生活中的琐碎小事，拉着家常。

俗话说“未吃阿婆茶，不算到周庄”。来到周庄，如果不去见识一下阿婆茶的魅力，那么自然少了许多旅行的乐趣。而品饮过阿婆茶之后，人们才会真正地品味出这水乡古镇的独特韵味来。

近年来，阿婆茶在周庄的地位不仅丝毫没有消弱，而且极为盛行起来。当地很多茶馆茶楼都有阿婆茶出售，尤其是在中市街上的三毛茶楼，因已故台湾作家三毛女士曾来过周庄，留下她许多的书信笔墨和动人故事，因而三毛茶楼的茶客源源不断，而茶楼主人又是一位乡土作家，也曾与三毛有过书信往来，因而在三毛茶楼喝阿婆茶，真是有滋有味，别有一番情趣在其中。

阿婆茶十分重视水质与茶点。泡茶用的水一定要用河里提起来的活水，水壶往往是祖上传下来的铜吊。炉子是用烂泥稻草和稀后涂成的，叫风炉。用干菜箕柴炖茶，火烧得烈烈的，很旺，铜吊里嗵嗵地热气直冒。一边吃、一边炖，这样的茶才带着独特的风味；而茶点往往是村里的“传统货”：咸菜苋、酥豆、酱瓜、菊红糕……每年春天，田里的油菜开始抽蕊吐蕾时，每家每户便要去摘菜苋、腌菜苋了，往往一腌就是几大缸。有如此优质的水和精致淳朴的小菜，让各地游客对阿婆茶更加赞不绝口。

随着人们生活水平不断提高，阿婆茶也在逐步变化着。泥风炉被各种新型灶具取代了；茶点中也增加了各种糖果、蜜饯等小吃；连人们的谈论话题也发生了翻天覆地的变化，大家喝茶的时候，不再像过去一样只说些居家的琐事，现在往往会谈论到社会、国家乃至世界的新闻趣事。不过即使形式变化再大，阿婆茶所特有的那种浓郁淳朴的风情也依旧不变，它给人们留下的永远是甜蜜温馨和其乐融融的气氛。

阿婆茶由邻里之间的消遣解闷，演变成现在的时尚文化交流，这样的改变引来了全国各地的无数游客，甚至有些外国友人都会慕名前来。如果你有机会来到这个民风淳朴的小镇，不妨到茶楼中感受一下阿婆茶的魅力，领略一下水乡小镇的独特美感吧。

亚洲茶俗

亚洲的许多国家由于临近中国，并受华人饮茶习惯的影响，很久以前就形成了独特的饮茶习俗。现挑选几个有代表性的国家介绍如下：

1. 泰国腌茶

腌茶是一种嚼食菜肴，它的制作方法与我国云南少数民族制作的腌茶一模一样，都是将它和香料拌在一起，放在嘴里细嚼。因为泰国北部地区气候炎热，而腌茶却又香又清凉，因此成为当地世代相传的一道家常菜。

除此之外，当地的人不习惯喝热茶，只有外地客人来时，他们才会倒一杯热茶款待。他们习惯在热气腾腾的茶中添加冰块，以防暑降温。因此，茶水只有半杯，很容易冷却，人们喝完茶之后也会备感清凉。

2. 新加坡肉骨茶

大家去新加坡旅游的时候，一定不要忘了去当地的小店品尝别具特色的肉骨茶。当你落座之后，店主就会端上一大碗热气腾腾的鲜汤，里边有四五块排骨和猪蹄，有的还会放上党参、枸杞等名贵滋补药材，使肉骨变得更加清香味美。除此之外，还有香喷喷的白米饭一碗，和一盘切成一寸长的油条。顾客可根据不同的口味加入胡椒粉、酱油、盐、醋等，在吃肉骨头的同时，必须饮茶，这样才显得别具风味。其中的茶也有讲究，大多数都是福建特产的铁观音、水仙等乌龙茶，而且茶具也都是一套精巧的陶瓷茶壶和小盅。

肉骨茶一直是新加坡人的传统饮料，现如今，它已经成为一种大众化的食品。在新加坡以外的地区，例如中国香港特别行政区等地的一些超市内也有各种口味的肉骨茶配料，以供各类人群选购。

3. 土耳其薄荷茶

薄荷茶是土耳其人最喜欢的一种饮料。由于薄荷的特殊气味，对茶的要求很高，否则薄荷会掩盖住茶的香味，喧宾夺主。因此，制作薄荷茶往往会选择中国出产的眉茶和珠茶两种。它们具有叶底嫩绿泛黄的特点，外形紧秀，色泽也浓得起霜，而且加入薄荷之后，茶本身的味道依旧不减。

薄荷具有驱风、发汗、利尿等功效，是夏天必不可少的清凉剂。茶与薄荷相得益彰，构成了炎炎夏日独特的风景。在绿茶中加入三两片新鲜薄荷叶，再配以冰糖，看着黄绿茶汤上漂浮着的叶片，相信不用品尝，你就会感受到凉爽的气息扑面而来。

4. 印度马萨拉茶

马萨拉茶又被当地人称为舔茶，这个名字是由饮茶方式得来的。当地人的喝茶方式颇为奇特，不是用嘴喝，也不是用吸管吸，而是斟到盘子里，用舌头舔着喝。马萨拉茶虽然喝法奇特，但制作方法却非常简单，只是在红茶中加入姜和小豆蔻而已。

5. 印度尼西亚冰茶

冰茶，又称为凉茶。印度尼西亚人有个习惯，就是无论春夏秋冬，只要吃完中餐之后，就一定要喝一碗冰茶。冰茶的制作方法并不复杂，当地人常常在红茶中加入一些糖和作料，之后放入冰箱，以便于降低温度。

6. 也门嚼茶

嚼茶是也门人特别喜欢的一种茶。它是由当地的一种“卡特树”的叶子制成，并非普通茶叶。嚼茶，听名字就会联想起饮用方法，就是细嚼。而细嚼也并不像普通茶一样，泡好之后细嚼里面的茶叶，而是一开始就直接把茶叶放入嘴里，吸其汁水。但这种茶却不能长期食用，久服容易中毒。

7. 马来西亚拉茶

拉茶的得名很有趣。当茶泡好之后，调茶人用两个杯子将茶倒过来又倒过去，由于两个杯子离得比较远，茶的用料又与奶茶相差不多，因此看上去像是一条白色的粗线被拉长了一样，因此被称为拉茶。据说，拉茶对人体有很多益处，喝下去又十分舒服，因此马来西亚人对它都特别喜欢。

8. 越南玳玳花茶

越南人喜欢将玳玳花晒干之后和茶叶一起冲泡饮用，因而被称为玳玳花茶。这种茶冲泡之后，绿色的茶水上漂浮着洁白的小花，特别漂亮。玳玳花茶不仅喝起来芳香可口，同时还具有祛痰解毒止痛的作用，也成为当地的茶俗之一。

除了以上这些国家的特殊茶俗之外，还有许多亚洲国家都有独特的饮茶习俗。绿茶、红茶、乌龙茶、花茶，无论哪一种茶，在不同国家往往都有别具一格的饮用方法，同时也构成了茶文化的多姿多彩。

非洲茶俗

非洲包括许多国家，它们虽然所处同一洲，可各个国家有着不同的特色习俗，饮茶习俗就是其一。下面以这几个国家为例，简单介绍：

1. 摩洛哥三道茶

摩洛哥人上至尊贵的国王，下至寻常的百姓，无一不喜欢饮茶。逢年过节，摩洛哥人均以甜茶招待外国宾客，其好客之意可见一斑。可以说，茶自从通过丝绸之路来到摩洛哥之后，已经慢慢地成为当地的文化之一。

摩洛哥人除了在生活中喜欢饮茶，在日常的酒会中还有一个特殊的茶俗，即三道茶。这与我国白族的三道茶十分不同，他们所说的三道茶是指敬三杯甜茶。当宾客吃过饭之后，主人就会用茶叶加白糖熬煮出味道甘美的三道茶，一般比例是 1 千克茶叶加 10 千克白糖和清水。当主人向宾客敬过这三道茶之后，礼数才算周全。三道茶品尝起来令人口齿甘醇，由于是在饭后饮用，不仅可以起到提神解酒的作用，还会令人十分舒服。除了甘美的三道茶之外，连喝茶时用的茶具也被奉为珍贵的艺术品，就连摩洛哥国王都以此作为赠送来访国宾的礼物。看起来，三道茶果然在摩洛哥占有极为重要的地位。

2. 埃及糖茶

有的地区喜欢在红茶中加牛奶，这样可以使红茶的味道甜美香醇，可埃及人却不喜欢这样。他们虽然也喜欢喝淳洌的红茶，却往往在里面加白糖，而且是大量的白糖。因而每每喝完茶以后，嘴里都是黏糊糊的感觉，一杯茶的热量甚至超过吃一碗米饭，这也是许多人连续喝上两三杯之后，甜腻得不想吃饭的理由了。

糖茶的制作过程很简单，首先将茶叶放入茶杯中，用沸水冲开。接着，再在杯子里加入许多白糖，大概占杯子的三分之二左右。等到白糖在茶中充分溶解之后，便可以喝了。除了喝这种极其特殊的糖茶，埃及人泡茶的器具也十分讲究，他们一般不用普通的茶具，而是选用玻璃器皿。当如玛瑙般晶莹透明的茶水注入玻璃杯时，那颜色简直比艺术品还漂亮。

埃及人喜欢喝茶，更喜欢喝糖茶，无论是待客，还是与朋友小聚，抑或是社交场合，都不会忘记沏一杯糖茶以表达他们的亲切与友爱。

3. 苏丹薄荷冰糖茶

苏丹人喜欢喝茶，而且特别喜欢在茶中放几片新鲜薄荷叶和一些冰糖。由于当地天气非常炎热而薄荷和茶都可以解暑，不仅如此，薄荷中还包含丰富的维生素，冰糖又可以被看作一种甘美的营养品，因此，茶、薄荷、冰糖三者合在一起，便组成了消暑解渴的天然饮料。

苏丹人的饮茶习俗与我国一些地区很像，常常被用来待客。客人来访时，主人就会敬上三杯茶，当客人把这三杯茶喝完之后，才算有礼貌。

除了以上三个，非洲的许多国家都有着其独特的饮茶方式，例如肯尼亚。当地人由于喝茶深受英国统治时期的影响，主要饮红碎茶，也有喝下午茶的习惯。

总之，不管哪个国家，哪个地区，他们对茶都极其热爱，正因为这样，才让各地的茶文化绚丽多彩起来。

大洋洲茶俗

大洋洲的饮茶历史要追溯到19世纪初，当时各国间经济、文化交流日益加强，茶叶随着一些商船流通到新西兰等地。时间久了，茶叶的销售在大洋洲逐渐兴旺起来，除了新西兰，澳大利亚、斐济、萨摩亚等国也开始接受并喜爱这种饮料，而且当地人还进行了种茶的试验。时至今日，茶已经成为许多国家不可缺少的饮品之一。以新西兰和澳大利亚为例，简单介绍一下大洋洲的独特茶俗：

1. 新西兰

新西兰人普遍喜欢喝茶，除早茶外，他们还常饮午茶和晚茶。在当地人心中，晚餐是一天的主餐，因此，晚餐要比早餐和午餐重要得多，而晚餐中必不可少的一项就是茶。

新西兰把喝茶作为生活中最大的享受之一，因此，当地的茶室遍布各处。无论是学校、厂矿还是各乡镇，到处都可以见到喝茶的地方。在茶室中，随时都会为人们提供茶水。而茶水的种类也有许多种，例如奶茶、糖茶等。但这些茶却在人们用餐完毕之后才会给客人，就餐前一般不提供。

居家会客，朋友聚会，客户洽谈，无论哪一种情况，新西兰人会为对方敬上一杯茶以表客气和友好。正因为对茶的极度喜爱，新西兰人每年每人平均茶叶消费量居世界第三位，由此可看出茶在当地人心目中的地位有多重要。

2. 澳大利亚

澳大利亚居民的饮茶量居世界第五，平均每人每年会喝上1千克的茶叶。澳大利亚的牧民居住在高寒的山区，那里气候寒冷，蔬菜极少，吃肉较多，慢慢地，他们就变成了一个嗜好饮茶的民族。再者，由于澳大利亚的居民多数是欧洲移民的后裔，因此也深受英国饮茶风习的影响。相比于普通红茶，当地人更钟爱茶味浓厚、刺激性强，且汤汁颜色鲜艳的红碎茶。

当地人所喝的红茶制作方法很简单，常常在煮好的茶汤内加入甜酒、柠檬和牛乳，有的还会在里面加入糖作为佐料，总之五花八门。这样经过混合之后，各种味道的茶汤营养会变得极其丰富，解渴暖身的同时，还能增加人体热量，因此在当地极为盛行。

值得大家注意的是，澳大利亚喝茶有个传统，就是他们请人“用茶”，实际上是请人吃晚餐，这个传统是由英格兰过去的北部乡村流传开来的。由此可以发现，茶在澳大利亚人的心目中和晚餐同等重要。

茶是大洋洲居民最喜爱的饮料之一，到了今天，茶在每个家庭中已经必不可少。

欧洲茶俗

17 世纪初期，茶叶第一次流通到了欧洲。从那时起，欧洲的许多国家都将茶奉为美味的饮品。

1. 荷兰

人们一提到西方的茶，往往会想到茶叶的消费王国——英国。其实，最初将茶叶传到欧洲的，是荷兰商船。当时，荷兰商人将中国的绿茶带到爪哇，接着又辗转到了欧洲。最开始，那里的人都是从药材商那里买茶叶，药师会在茶叶中加上珍贵的药材或者糖、香料、姜等。过了不久，茶叶已经成为食品杂货店中的商品，无论有钱没钱的人，都可以买得起、买得到。

饮茶之风迅速在荷兰开始流行，一些富裕的家庭，家里都设有专门的茶室。每当主人会客时，女主人总会打开精致漂亮的茶叶盒，从中取出各种各样的茶叶，以供每位客人选择。等他们挑好茶叶之后，又分别将茶叶放进同样精致的瓷质小茶壶中冲泡。这样不仅显得对客人尊重，还满足了每个人的口味。

据说当时荷兰贵妇人对饮茶极为热衷，她们整日沉迷喝茶，终日陶醉在饮茶的社交活动中，实在令人惊叹。18 世纪初上演的喜剧《茶迷贵妇人》中，描写的就是当时人们对茶的热衷，这个喜剧也在某种程度上推动了茶文化在整个欧洲的发展。

随着时光变换，现代的荷兰人对茶的喜爱程度依旧不减。不但茶室、茶座应运而生，普通家庭也开始兴起饮早茶、午茶和晚茶的风气。他们不仅在茶品质上的要求较高，同时对待茶礼仪也极为讲究，形成了一套极为严谨的礼节。当地人喜爱在茶中加入糖、牛奶或柠檬，有时也会加入薄荷。总之，在荷兰人的饮茶文化之中，即包含了东方的谦逊美德，又包含了西方的浪漫风情，将东西方的文化精神完美地融合在一起。

2. 英国

英国是极其喜爱饮茶的国家，也是喝茶最随意最自由的国家。他们常常把茶当作“锅底”，什么都往茶里面加，例如橘皮、玫瑰、冰糖等等，有时也会加入牛奶。人们还美其名曰为“什锦茶”。这种茶听起来有点难以接受，可对人体却很有益处。因为加入这些物质之后，茶中的茶碱就减少了许多，这样不会伤胃。

英国的几种茶极为知名，现在就简单介绍两种：

（1）下午茶

英国人一天要喝几次茶。早上起床之后，要空着肚子喝一杯，这时的茶叫“床茶”；早饭之后再喝一次茶，叫“早茶”；午饭之后的茶也必不可少，叫作“午后茶”；而最有名的则是下午四点左右的“下午茶”；晚饭之后的茶，自然叫“晚茶”了。

茶可在一天中的任何时饮用，特别是在晚餐后饮用以帮助消化。早在19世纪初，还没有像今天我们所知的“下午茶”概念。下午茶这一真正意义上的英国习俗是由贝德福特公爵的第七位夫人安娜发明的。当时，由于午餐和晚餐之间相隔时间很长，在这段时间里她感觉到疲惫虚弱，为了消除由于饥饿引起的强烈不适，她让仆人拿一壶茶和一些小点心到她房间里，结果她发现这种下午茶安排非常惬意，很快她开始邀请她的朋友和她一起喝下午茶。不久，伦敦所有的上流人士都沉迷于这种活动：聚在一起喝茶，吃着美味的三明治和饼干，天南地北，高谈阔论。时至今日，下午茶依然是英国人的最爱，甚至在其他国家也渐渐流行起来。

（2）奶油茶

19世纪，当奶茶的喝法流传到英国之后，又被当地人改良。他们在冲泡好的茶中加入了朗姆酒，这使茶喝起来风味更加清淡，也使浓郁的红茶更为香醇。除了朗姆酒，最后还要再加一些奶油，晶莹剔透的红茶上，漂浮着洁白的奶油，不仅品饮起来极为醇美，还充满了游牧民族的别样情调。

除了这两种典型茶俗，英国还有许多特别的喝茶方法，但无论哪一种，总会让人感觉到当地人对茶浓浓的喜爱之情。

3. 俄罗斯

俄罗斯人的饮茶历史已经有三百多年了。早在三百多年前，一名俄国大使受命前往蒙古拜见可汗，并带去珍贵的貂皮作为礼物。可汗收下礼物，向沙皇回赠了中国的茶叶。当时俄国那位使者对茶叶一无所知，不愿意接受，后经过可汗一再说明茶叶的功能，使者才勉强收下。他带着这些礼物回到了莫斯科，献给沙皇。沙皇便命仆人沏成茶水，邀请近臣们品尝。意外的是，大臣们品尝后，一致认为此茶入口后齿颊留香，赞赏不已。从此，俄罗斯人便开始了饮茶的历史。

由于俄罗斯地处寒冷的北方，当地人本身也喜欢重口味的饮食，因而他们在饮茶的时候总喜欢加入一些味道很重的糖、蜂蜜、果酱等，这使茶的风味更佳浓郁。

俄罗斯人不仅认为喝茶是为了解渴暖身，更是一种人生的享受，同时也是与外界交流的手段之一。因而，当地人在待客、商业洽谈等时候，往往以茶待客，显示其诚意与热情。

美洲茶俗

美洲包括南美洲和北美洲，那里不仅是盛产咖啡的地方，同时还是世界主要的产茶地之一。阿根廷、巴西、秘鲁等国度都盛产茶叶，此外，美国、加拿大、哥伦比亚等国也都有品茶的习惯。

1. 美国冰茶

17世纪末，茶叶漂洋过海，到达了美洲新大陆。不久之后，茶叶开始在那里流行。到了1784年，美国派遣一艘名为“中国皇后号”的商船，远渡重洋首航到中国来，运回茶叶等物资，在一定程度上推动了饮茶风尚的兴起与茶叶商业、文化的发展。

茶在美国经历了几个世纪，美国人在不同阶段对茶叶的需求也有着不同的倾向。例如

18 世纪，当地的茶叶市场以武夷茶为主；19 世纪以绿茶为主；到了 20 世纪以后，整个茶叶市场又以红茶为主；而近几年，在美国极其有名的星巴克咖啡连锁店中，喝白毫乌龙之风又悄然兴起，可以说，白毫乌龙又成了当地人的新宠。

众所周知的是，美国以生活节奏快著称，而当地的茶饮自然也有这个特点。美国人不像英国人一样喜欢喝热的红茶，而是喜欢冷茶。他们经常在茶中加入冰块，以便于更省时省事。他们除了习惯喝冰茶，还不愿因为冲泡茶叶、倾倒茶渣而浪费时间，因此，他们常常选购速溶茶或是袋泡茶，总之，越方便越好。

实际上，饮用冰茶不仅省时，同时冰茶又是一种低卡路里的饮料，不含酒精，咖啡因含量又比咖啡少，有益于身体健康，消费者还可结合自己的口味，添加糖、柠檬或其他果汁等，茶味混合果香，自然别有一番滋味。冰茶作为运动饮料也备受推崇，既可解渴，又有益于运动员的精力恢复与保持体型健美。人们在紧张、劳累的体力活动之后，喝上一杯冰冷的冰茶，顿觉疲惫尽消，精神为之一振。因此，冰茶成为非常受欢迎的饮料，并成为超越其他果汁、冷饮等饮品自然是有一定道理的。

2. 阿根廷马黛茶

喝马黛茶是拉美国家，尤其是以南美洲国家为主的饮茶文化之一。马黛茶由一种四季常绿的灌木叶子制成，其中富含一百多种活性物质，均是人体所需的营养元素，可以说是一种多功能的健康饮品。

而这些国家中，以阿根廷尤为热爱马黛茶。在当地，每人每天都在喝马黛茶，从小孩到老人，从都市到乡村，阿根廷人宁可食无肉不能居无茶。马黛茶的味道甘冽纯正、香气久长。人们可以直接泡饮、煮饮，也可以根据自己的口味，配上蜂蜜、果汁、咖啡、牛奶等等，随心所欲，想怎么喝就怎么喝，每一种喝法都会让人感受到马黛茶的独特魅力。

阿根廷人的饮茶方式别具一格：先将马黛茶叶放入一个极其精致并刻有民族图案的葫芦形瓢中，然后冲入开水，片刻以后便开始饮用。除了这些，他们的饮茶方法也很独特，既不用嘴直接去喝，也不用舌头去舔，而是用一根银制的吸管插入葫芦瓢内，慢慢地吸饮。

喝马黛茶还蕴含着不同的情意：例如加糖的甜味马黛茶，暗示情笃；加肉桂的，暗示“我想您”；加橘皮的，暗示“我是您的”；在一些城市，还有加柠檬作为冷饮料出售的；至于味苦的马黛茶，一般是不请人喝的。总之，当你喝加入其他材料的马黛茶时，最好要了解其中包含的深刻含义才好。

经医学家分析，马黛茶不仅具有消暑降火、宁神醒脑的功效，使人喝了顿感神清气爽，精神来劲，同时也是帮助消化的良品，甚至颇有减肥的特效。正因为有这么多好处，尽管阿根廷人每天离不开牛羊肉，很少吃蔬菜，可他们的血液品质却几乎是全世界最好的。因此，马黛茶在当地备受人们的喜爱。

美洲的许多国家都有饮茶习惯，即便那里是咖啡的盛产地，人们热爱咖啡的同时也不会减少对茶的青睐。清喷鼻而怡性的茶，与浓喷鼻而刺激的咖啡，给人带来的乐处各有所长，因而茶仍然受到美洲居民的喜爱。

贰 省识茗心赏灵芽 鉴茶篇

茶，自古以来，就被人们称之为“南方嘉木”。千百年来，或浓或淡的茶香飘荡在古老的茶马古道上，散入文人墨客的诗词歌赋里，也源源不断地流入一代又一代爱茶者的心中。“美酒千杯难成知己，清茶一盏也能醉人”。但是，茶究竟都有哪几大类？每类茶都有什么品质特性？我们该如何去鉴别这些茶叶？本篇将详细介绍相关方面的知识，让你在了解茶特性的过程中，鉴出每一种好茶，从而真正地喝出健康，喝出味道。

第一章 红茶品鉴

红茶是一种饮用广泛的全发酵茶。它不仅色泽乌润，汤色红明，还生性温和。人们在日常生活中常以其与砂糖、奶酪、柠檬等不同滋味的物质进行调和，无不相互交融，相得益彰。收敛性弱、广交能容正是红茶最杰出品性的写照。

滇红茶

滇红茶，是云南红茶的统称，主要产于云南西南澜沧江西部。它由各种大叶红茶相拼配而成，主要有滇红工夫茶和滇红碎茶两种，前者是条形茶，后者是颗粒型碎茶。滇红茶一般通过加糖加奶调和饮用。加入糖或奶后的滇红茶香气依然馥郁浓醇，且效果更佳。滇红茶是世界茶叶市场上著名的红茶品种，它不仅畅销于国内市场，还远销欧洲、北美等国家和地区。伊丽莎白女王访问云南时，滇红茶中的特级“滇红工夫茶”被定为外事礼宾茶作为礼物赠送给女王。

1. 茶的鉴赏

（1）从茶叶的外形上来看，滇红工夫茶条索紧结，芽壮叶肥，苗锋完整；滇红碎茶则颗粒重实、紧致匀齐，色泽乌黑光润。

（2）从叶底看，滇红茶色泽鲜亮色润，鲜嫩均匀。滇红工夫茶的特色为茸毫显露，毫色有淡黄、橘黄、金黄之分。

（3）从汤色和滋味来看，滇红茶汤色鲜红明亮，金圈突显，香味浓郁，滇红工夫茶滋味醇和；滇红碎茶滋味浓郁，富有刺激性。

2. 保健功效

（1）滇红茶含有的多酚类化合物，具有消炎杀菌、止渴消暑的作用，但肝火旺盛的人最好少饮滇红茶。

（2）滇红茶含有咖啡碱及茶多碱，具有利尿、提神醒脑、解毒、促进体内新陈代谢、提高机体免疫力的作用。

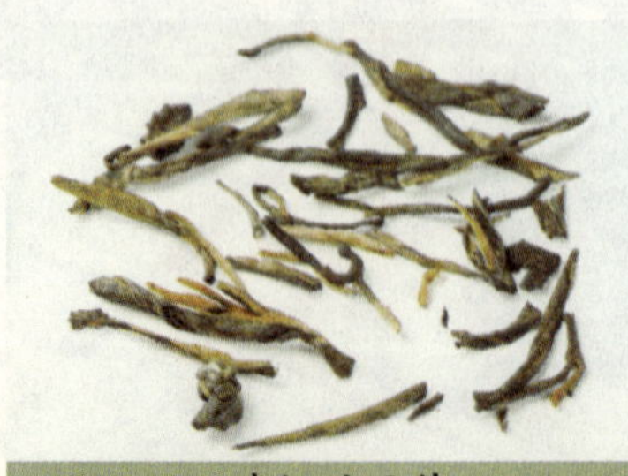

滇红的干茶

滇红叶底

滇红成品茶

（3）滇红茶还具有延缓衰老、健胃消食、抗辐射、养颜排毒的功效。

3. 茶的贮存

滇红茶的贮存一般采用马口铁罐或者铁听，不宜和其他茶叶混合储存，以保持茶味纯正。滇红茶适宜的贮存环境是通风、无异味、干燥，避免阳光直射。

金骏眉

金骏眉，因其茶叶的形状似眉毛，加之“眉”还有寿者、长久的吉祥含意，便取名“金骏眉”。它产于武夷山国家级自然保护区内的高山上，以原生态小种野茶树为原料，采用正山小种红茶的传统工艺，全程手工制作，使得茶叶条形保持完好；并融合新技术制作出兰花香、蜜香、红薯香三种香型，同时，金骏眉茶饮还有牛奶红茶、冰红茶、清红茶三种，满足了消费者的多种需求。

金骏眉因成本高、原料少、产量低，一出世就极为珍贵，目前是中国高端顶级红茶的代表。

1. 茶的鉴赏

（1）从茶叶的外形上来看，金骏眉茶芽身骨较小，条索坚细紧结，卷曲且弧度大，其干茶色泽以金黄、褐、银、黑四色相间，且乌润光泽。

（2）从叶底看，金骏眉的芽头挺拔，叶底呈金针状，均匀完整，以色泽呈鲜活的古铜色为优品；以色泽呈红褐色为次品。

（3）从汤色和滋味来看，金骏眉的茶汤有金圈，以金黄明亮、清澈为优品；以色泽红褐、暗浊为次品。优质的金骏眉有集果香、甜香、花香于一体的综合性香味，蜜香馥郁，滋味醇厚，鲜活甘爽，余味持久，尤其耐高温冲泡。

2. 保健功效

（1）金骏眉茶中的咖啡碱和茶碱具有利尿、强心解痉、止咳化痰、消除疲劳、调节脂肪代谢等作用。

（2）金骏眉茶中含有的茶多酚、维生素和氟等物质，具有活血化瘀、防止动脉硬化、消炎杀菌、防龋齿等功效。

（3）金骏眉中的黄酮类物质具有调节人体酸碱平衡、抑制癌细胞生长，抗癌防癌等作用。

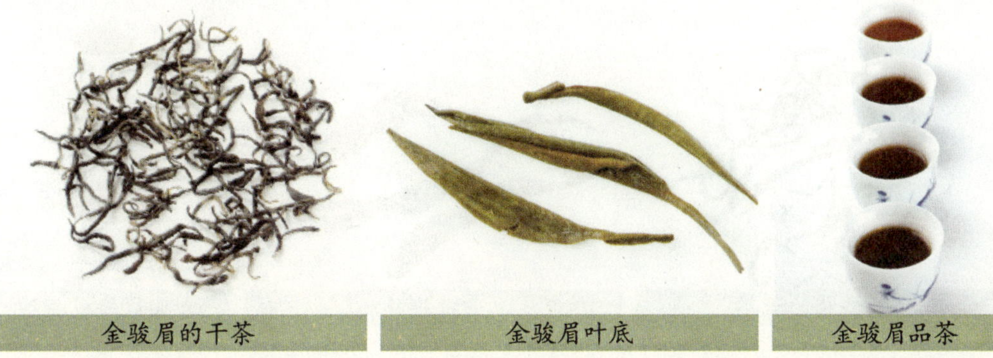

金骏眉的干茶　金骏眉叶底　金骏眉品茶

3. 茶的贮存

金骏眉在家庭储藏时，可用锡罐、陶罐、铝塑复合袋、小松木箱甚至暖水瓶进行存放，其中，使用暖水瓶贮存茶的时候最好用软木塞，并以白蜡封口。另外，金骏眉的贮存环境忌久露受潮和高温，不宜阳光直射，保持干燥、密闭、无异味即可。

九曲红梅

九曲红梅，简称“九曲红”，又称九曲乌龙，是工夫红茶中的一种，因其色泽红润、香气逼人如红梅而得名。它主要产于杭州西南郊区附近，尤以湖埠大坞山者为上品，是西湖区另一闻名产品，被评为杭州市“九绿一红”十大名茶之一。九曲红梅已有二百多年的历史，堪称红茶中的珍品。

九曲红梅主要经过萎凋、揉捻、发酵、干燥这四个制作过程，精湛的加工过程，再加之得天独厚的自然条件，使得它色香味具佳，获得广泛好评。

1. 茶的鉴赏

（1）从茶叶的外形上来看，九曲红梅条索紧细，弯曲匀齐，表面金色茸毫披伏，乌黑油润。

（2）从叶底看，九曲红梅以叶底色泽红亮油润，柔软均匀为优品；以色泽深暗，多乌条为次品。

（3）从汤色和滋味来看，九曲红梅以汤色鲜亮红艳，金圈突显的为优品；以汤色深浊的为次品；以香气馥郁，带有一定刺激性的为优品；以香气不纯、带有青草气的为次品。冲泡之后的九曲红梅鲜爽可口，喉口回甘，韵味悠久。

2. 保健功效

（1）九曲红梅含有的多酚类有抑制破坏骨细胞物质的作用，能够有效防止骨质疏松，还可以消食除腻、解渴养胃、促进食欲、消除水肿、强壮心肌功能等。

（2）九曲红梅具有解酒的功效，可明目提神、消除疲劳、消脂减肥、美容养颜。

（3）九曲红梅还可以搭配柠檬饮用，健壮骨骼效果更佳，是适合经常饮用的健康饮品。

3. 茶的贮存

九曲红梅的贮存一般采用比较传统的茶叶保存方法，可用锡泊纸或者锡罐、陶罐等放置，放置前要确保罐内无异味。在密封好后，将其置于干燥、阴凉的环境中即可。

九曲红梅的干茶

九曲红梅叶底

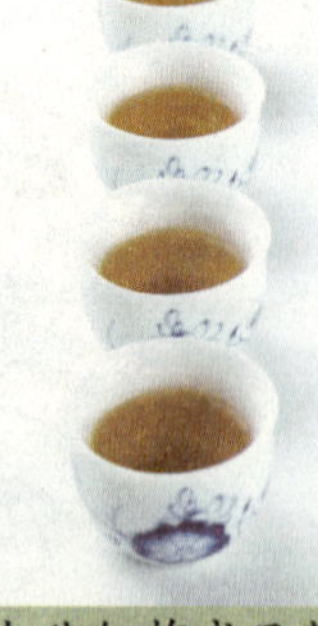

九曲红梅成品茶

祁门红茶

祁门红茶，简称祁红，是我国传统工夫红茶的精品，产于安徽省祁门一带，茶叶的自然品质以祁门的历口、闪里、平里一带最优。它因制作原料为鲜嫩茶芽的一芽二叶、三叶，十分精致，且经过初制、揉捻、发酵等多道工序，使得自身香气持久馥郁，似果香又似兰花香，国际茶市上专门称之为“祁门香”，有“祁红特绝群芳最，清誉高香不二门”之说，祁门红茶更是因此被冠以“群芳最”、“王子香”、“红茶皇后”等美誉。

国际市场把祁门红茶与印度大吉岭茶、斯里兰卡乌伐的季节茶，并列为世界公认的三大高香茶。同时，它还是英国女王和王室的至爱饮品，广受赞誉。

1. 茶的鉴赏

（1）从茶叶的外形上来看，祁门红茶以条索紧结纤秀，乌黑润泽，金毫显露，均匀整齐为优品；以条索粗松，匀齐度差的为次品。

（2）从叶底看，祁门红茶以叶底薄厚均匀，色泽棕红明亮，叶脉清晰紧密，叶质柔软为优品；以叶底色泽暗淡，多乌条，叶质粗糙的为次品。

（3）从汤色和滋味来看，祁门红茶汤色明红油润，金圈突显，浓醇稠和，香气纯正，醇厚持久，鲜活回甘。

2. 保健功效

（1）祁门红茶含有的碱性物质，可利尿、提神醒脑、增强记忆力；它还是极佳的运动饮料，能够增强运动持久力。

（2）祁门红茶中的多酚类化合物具有止渴消暑、消炎杀菌等作用，若加以牛奶或糖饮用，将有效修复胃黏膜，治胃养胃。

（3）祁门红茶还具有预防龋齿、降血糖、血压、血脂、抗癌、舒展血管、提高机体免疫力等功效。

3. 茶的贮存

祁门红茶陈化变质较慢，较易保藏，适宜存放于常温、密闭、干燥、无异味、避免阳光直射的地方。家庭储藏一般采用塑料袋，但应注意选取食品包装袋，袋材厚实且洁净，也可用铁听储存，注意开口密封。

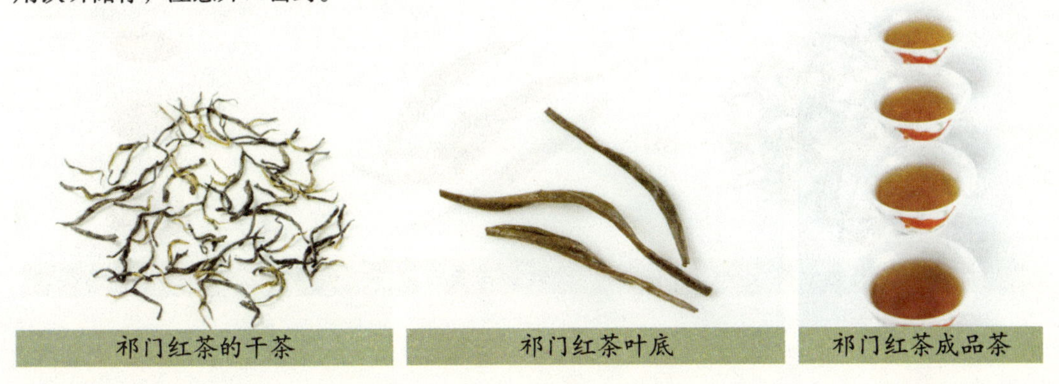

祁门红茶的干茶　祁门红茶叶底　祁门红茶成品茶

政和工夫

政和工夫，产于福建省北部，以政和县为主产区，与坦洋工夫、白琳工夫齐称福建省三大工夫茶。

政和工夫茶是条形茶，按品种可分为大茶和小茶。它的成品茶是以大茶为主体，适当拼配从小叶种茶树群体中选制的具有馥郁花香的小茶。政和工夫的各级工夫茶也是按照二者之间不同比例拼配而成。同时，政和工夫茶还要经过萎凋、揉捻、发酵、烘焙、精制、拼配等多道复杂工序，因此又以制作精细，颇费工夫而得名。

1. 茶的鉴赏

（1）从茶叶的外形上来看，政和工夫大茶条索重实紧结，小茶则条索纤细坚紧。政和工夫的成品茶条索肥壮圆实、均匀整齐，色泽乌润，毫芽金黄突显。

（2）从叶底看，政和工夫大茶叶底肥硕尚红，小茶则叶底红润整齐，大小均匀。

（3）从汤色和滋味来看，政和工夫以茶汤色泽红润，香气浓郁鲜爽，似罗兰香，滋味醇厚为优品；以汤色深红而浑浊，香气浓烈腻人为次品。

2. 保健功效

（1）政和工夫茶具有温胃健脾、升清降浊、消食导滞、提神益思等功用，因此有胃肠虚寒、腹胀便溏症状的人可遵医嘱饮用。

（2）政和工夫茶中含有丰富的茶多酚，有调节机体新陈代谢，抑制脂质过氧化的作用，因而具有显著的抗衰老、美容效果。

（3）政和工夫茶抗菌能力强，用其漱口可防滤过性病毒引起的感冒，预防蛀牙和食物中毒，调节血糖与血压，强壮心脏功能。

3. 茶的贮存

政和工夫以独特的口感和香气取胜，因此要特别注意贮存方式，以防止变味、发霉等情况。它可用陶瓷罐盛装，并用石灰袋来保持罐内空间干燥、无异味；还可用瓦坛或者小口铁箱储存，并用装有木炭的小袋穿插其中，同时均要注意密封开口。至于贮存环境，只要避免阳光直射、干燥、阴凉即可。

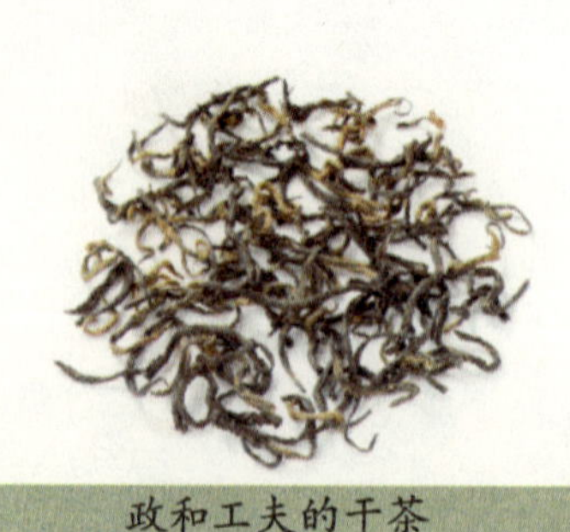

政和工夫的干茶

政和工夫叶底

政和工夫成品茶

第二章 黄茶品鉴

黄茶芽叶细嫩，香气清幽，滋味醇和，具有“黄叶黄汤”的特点。它属于轻发酵茶，由于其富含茶多酚等营养物质，且鲜叶中的天然物质保留程度较高，所以黄茶对于杀菌消炎、防癌抗癌等方面的疗效有着其他茶叶无法比拟的特殊效果。

君山银针

君山银针，又称白鹤茶，产于湖南省岳阳洞庭湖中的君山，是中国十大名茶之一。它形细如针，故得此名。又因其成品茶芽头茁壮，大小均匀，内呈橙黄色，外裹一层白毫，故得雅号“金镶玉”。

君山银针的采制要求很严格，如采摘茶叶的时间只能在清明节前后 7 ~ 10 天内，以春茶首轮嫩芽制作，还规定了 9 种情况下不能采摘，即雨天、风霜天、虫伤、细瘦、弯曲、空心、茶芽开口、茶芽发紫、不合尺寸等。冲泡时，茶叶三落三起，蔚为趣观。

1. 茶的鉴赏

（1）从茶叶的外形上来看，君山银针的优质茶芽头圆实，条索紧结挺直，芽身金黄，满披银毫。

（2）从叶底看，君山银针叶底明亮嫩黄，叶质均匀，以冲泡时银针竖起为优品，以冲泡后银针不能竖立为次品。

（3）从汤色和滋味来看，君山银针汤色橙黄鲜亮，香气清鲜，滋味醇和，甘甜爽滑。

2. 保健功效

（1）君山银针茶性凉，色黄入脾，具有很好的健脾化湿，消滞和中的作用。

（2）君山银针中含有的消化酶和茶多酚对缓解消化不良，食欲不振效果明显，并具有减肥的功效。

（3）君山银针中含有较多的茶多酚、咖啡碱、维生素、可溶糖

君山银针的干茶

君山银针叶底

君山银针成品茶

等营养成分和微生物成分，具有抗癌症、抗衰老、调节机体新陈代谢的作用。

3. 茶的贮存

君山银针如果储存不当，很容易就会失去清香而变质，因此要格外注意。在贮存的时候，可用箱子来封存，在箱底铺上捣碎的热石膏，并于上垫两层纸，将茶叶用皮纸分装，切记封好箱盖。石膏应定期更换，以确保干燥的内部空间，这样就可以保证君山银针的优质品味。

蒙顶黄芽

蒙顶黄芽，属于黄茶中的黄芽茶类，是中国历史上最有名的贡茶之一，产于四川蒙山，有“琴里知闻唯渌水，茶中故旧是蒙山”的说法。

蒙顶黄芽也具有“黄叶黄汤”的品质特征，它的采摘标准很严格，一般采摘于春分时节，通常选圆肥单芽和一芽一叶初展的芽头，采摘时严格做到“五不采”，即紫芽、病虫为害芽、露水芽、瘦芽、空心芽不采，经复杂工艺制作而成。

1. 茶的鉴赏

（1）从茶叶的外形上来看，蒙顶黄芽的成品茶条索匀齐，芽条匀整，芽叶细嫩，芽毫显露，扁平挺直，色泽嫩黄油润。

（2）从叶底看，蒙顶黄芽茶的叶底全芽，色泽明黄鲜活，芽叶均匀整齐，直挺扁平。

（3）从汤色和滋味来看，蒙顶黄芽以汤色嫩黄透澈，润泽明亮为优品；以汤色浑浊、黯淡为次品。蒙顶黄芽有一种独特的甜香，芬芳浓郁，鲜味十足，口感爽滑，滋味醇和。

2. 保健功效

（1）蒙顶黄芽茶茶性温和，擅温胃养胃、消食健脾、生津止渴、明目养神等。

（2）蒙顶黄芽富含茶多酚、氨基酸、可溶糖、维生素等丰富营养物质，对预防食道癌有明显的功效。

（3）蒙顶黄芽茶叶中保有大量天然物质，它们对预防癌症、抵抗癌变、杀菌消炎、降脂减肥有良好功效。

3. 茶的贮存

蒙顶黄芽若正确储存，一年后还可保持纯正的品质。家庭消费中，一般购买的是小包装的茶叶，为最大程度减少饮用过程中的质变，应该将茶叶分批放置，以防止挤压，损坏茶叶外形。储存环境不宜太潮湿，应避免阳光直射、与异味接触。

蒙顶黄芽的干茶

蒙顶黄芽叶底

蒙顶黄芽成品茶

霍山黄芽

霍山黄芽，又称芽茶，主要产于安徽省霍山县，其中以大化坪的金鸡山、金山头；太阳的金竹坪；姚家畈的乌米尖，即“三金一乌”所产的黄芽品质最佳。霍山黄芽是十四品目贡品名茶之一，曾被文成公主带入西藏，是久负盛名的历史名茶，现在的霍山黄芽一般多为散茶。

霍山黄芽鲜叶细嫩，多在清明前后开采，采摘为期一个月，其标准为一芽一叶至二叶初展。采摘要求为“三个一致”和“四不采”，即形状、大小、色泽一致；开口芽不采、虫伤芽不采、霜冻芽不采、紫色芽不采。霍山黄芽的制作过程包括炒茶、初烘、足摊放、复烘、烘割五道工序，工艺精良，品质极佳。此外，霍山黄芽不仅畅销国内，近年还出口德国、美国等地。

1. 茶的鉴赏

（1）从茶叶的外形来看，霍山黄芽条索较直微展，形似雀舌，均匀整齐而成朵，芽叶细嫩，毫毛披伏。

（2）从叶底来看，霍山黄芽叶底呈黄色，鲜嫩明亮，叶质柔软，均匀完整。

（3）从汤色和滋味来看，霍山黄芽汤色黄绿，清澈明亮，香气清新持久，一般有三种香味，即花香、清香和熟板栗香，滋味醇和浓厚，鲜嫩回甘，入口爽滑，耐冲泡。

2. 保健功效

（1）霍山黄芽为不发酵自然茶，富含氨基酸、茶多酚、维生素、脂肪酸等多种有益成分，可以促进人体脂肪代谢和降低血脂，从而达到降脂减肥的功效。

（2）霍山黄芽含有茶多酚类化合物、脂多糖、维生素 C、维生素 E 及部分氨基酸，可抗氧化和清除自由基，补充特异性植物营养素，从而达到抗辐射效果。

（3）霍山黄芽可以提高人体中的白血球和淋巴细胞的数量和活性以及促进脾脏细胞中白细胞间素的形成，增强人体的免疫力，有助于延年益寿。

3. 茶的贮存

霍山黄芽茶叶适宜存储在不透明的锡罐或者铁罐里，不要把它与其他茶叶混装，要远离肥皂、樟脑丸、汽油等散发气味的物品，以免霍山黄芽茶吸附异味，从而变质。同时，为了避免紫外线的照射引发化学反应，而导致霍山黄茶茶叶陈化，它的贮存环境应以干燥、避免阳光直射为宜。

霍山黄芽的干茶

霍山黄芽叶底

霍山黄芽成品茶

广东大叶青

广东大叶青茶，又称大叶青，主要产于广东省韶关、肇庆、湛江等县市，是黄大茶的代表品种之一。

广东大叶青茶以云南大叶种茶树的鲜叶为原料，其采摘标准为一芽二至三叶，它的制造过程分为萎凋、杀青、揉捻、闷黄、干燥五道工序。杀青前的萎凋和揉捻后的闷黄具有消除青气涩味，促进香味醇和纯正的作用，具有黄茶的一般特点，所以归属黄茶类。但在具体制作中是先萎凋后杀青，再揉捻闷堆，这是与其他黄茶所不同的地方。

1. 茶的鉴赏

（1）从茶叶的外形上来看，广东大叶青茶以条索肥壮，紧结重实，均匀鲜嫩，毫毛显露披伏，色泽青润显黄为优品；以条索松散，色泽暗淡不油润为次品。

（2）从叶底看，广东大叶青茶叶张完整，叶底均匀，呈淡黄色，肥厚柔软。

（3）从汤色和滋味来看，广东大叶青茶汤色橙黄，明亮油润，香气纯正，清新持久，滋味浓厚稠和，润滑爽口，喉口回甘。

2. 保健功效

（1）广东大叶青茶性苦、寒，具有败毒抗癌、清热解疫、凉血除斑、消炎退肿的功效。

（2）广东大叶青茶独特的制作工序使其保留了鲜叶中的天然物质，其富含氨基酸、茶多酚、维生素、脂肪酸等多种成分，能促进人体脂肪代谢和降低脂肪沉积体内，有利于降脂减肥，从而达到较好的瘦身效果。

（3）广东大叶青茶中含有丰富的维生素 C，其中的类黄酮可以增加维生素 C 的抗氧化功能。两者的结合，可以更好地维持皮肤白皙、保持年轻，有利于美容养颜。

3. 茶的贮存

为了避免茶叶被氧化，在保存广东大叶青茶的过程中，隔绝氧气是必要的。可用抽氧充氮袋来贮装，一般可保持 3 ~ 5 年不变质；也可以用铁罐、暖水瓶等密封容器保存，并在容器内垫一层无毒塑料膜袋，并且在贮存时尽量减少容器的开启时间。同时，不要把广东大叶青和其他茶叶混装，避免异味侵扰，影响其本身的品质特点。

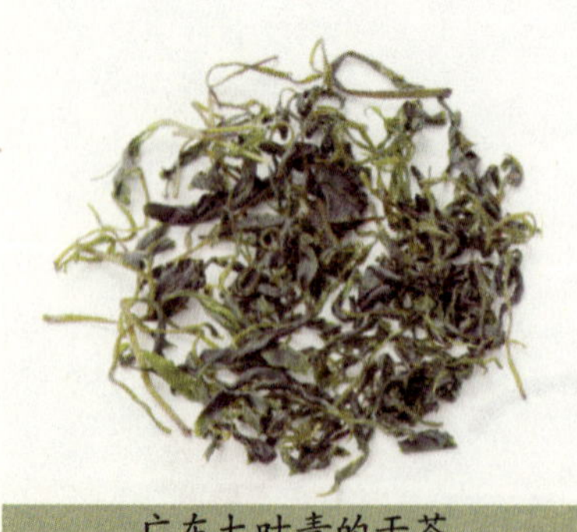

广东大叶青的干茶

广东大叶青叶底

广东大叶青成品茶

第三章 绿茶品鉴

绿茶是我国最主要的茶类，也是最古老的茶类。它属于无发酵茶，色泽嫩绿鲜亮，味道甘醇爽口。如今，古老的绿茶以其出色的抗衰老与抗癌功效成为人们日常生活中养生保健的新宠。

安吉白茶

安吉白茶，产于浙江省北部的安吉县，它的选料是一种嫩叶全为白色的珍贵稀有茶树，在特定的白化期内采摘，茶叶经冲泡后，叶底也呈现玉白色，因此称安吉白茶，但是，需要注意的一点是白色的嫩叶是按照绿茶加工工艺制成，所以，安吉白茶属于绿茶类，这是安吉白茶一大特色。

另外，安吉白茶是根据一芽一叶初展至一芽三叶而划分品级的，优质的安吉白茶芽长于叶，干茶色泽金黄隐翠。

1. 茶的鉴赏

（1）从茶叶的外形上来看，安吉白茶扁直坚挺，“凤形”安吉白茶条直显芽，圆实匀整；“龙形”安吉白茶扁平滑润，纤直尖削，色泽翠绿，白毫显露，叶芽鲜活泛金边。

（2）从叶底看，叶底嫩绿明亮，芽叶明显可辨，脉络突显，叶张透明，茎脉清晰，色泽翠绿。

（3）从汤色和滋味来看，安吉白茶是绿茶中的珍品，具有一种独特香味，且随着茶叶品级的增加，香气也越加清醇。汤色嫩绿润泽，鲜嫩高扬。同时，安吉白茶还鲜爽持久，清润甘爽，回味生津。

2. 保健功效

（1）安吉白茶的茶氨酸含量要比一般茶叶高 1 ~ 2 倍，有利于血液免疫细胞促进干扰素的分泌，提高机体免疫力。

（2）安吉白茶含微量元素、茶多酚类物质及维生素，能增强记忆力，保护神经细胞，

安吉白茶的干茶

安吉白茶叶底

安吉白茶成品茶

缓解脑损伤，降低眼睛晶体混浊度，消除神经紧张，解除疲劳，护眼明目。

（3）安吉白茶可促进脂肪酸化，能除脂解腻，具有瘦身美肤等效果，经常饮用安吉白茶可延年益寿。

3. 茶的贮存

安吉白茶成分较不稳定，应注意贮存环境，可用镀有锡层的不透明塑料包装袋或者瓷质的瓶子。为防止茶叶氧化，影响茶汤品质，一定要进行密封，并存放于温度为0℃～5℃的环境中，家庭一般放在冰箱里，但要防止串味。

碧螺春

碧螺春，又称洞庭碧螺春，主产于江苏省苏州市太湖的洞庭山，是中国十大名茶之一。碧螺春，名若其茶，色泽碧绿，形似螺旋，产于早春。

由于茶树与果树间种，所以碧螺春茶叶具有特殊的花香味，并以“形美、色艳、香浓、味醇”四绝闻名中外。当地茶农将碧螺春描述为：“铜丝条，螺旋形，浑身毛，花香果味，鲜爽生津。”将它轻轻投入水中，茶即沉底，有“春染海底”的美誉。

1. 茶的鉴赏

（1）从茶叶的外形上来看，碧螺春以一芽一叶，银绿隐翠，条索纤细，卷曲成螺旋状，表面茸毛披伏，白毫毕露为真品，以一芽两叶，芽叶长短不一，色泽呈黄色和绿色为假品。

（2）从叶底看，碧螺春叶底柔软，嫩而纤细，叶质整齐均匀。

（3）从汤色和滋味来看，碧螺春以汤色微黄为优品，以汤色碧绿为次品。清香醇和，兼有花朵和水果的清香，鲜爽凉甜，素有“一酌鲜雅幽香，二酌芬芳味醇，三酌香郁回甘”的说法。

2. 保健功效

（1）碧螺春中含有的茶氨酸、儿茶素，可改善血液流动，防止肥胖、脑中风和心脏病。其中，儿茶素有较强的抗自由基作用，对癌症防治有益。

（2）碧螺春中的咖啡碱具有强心、解痉、松弛平滑肌的功效，能解除支气管痉挛，促进血液循环，是治疗支气管哮喘、止咳化痰、心肌梗塞的良好辅助药物。

（3）碧螺春还具有防龋齿、利尿、杀菌抑菌，保健肾肝脏器等多重功效。

碧螺春的干茶

碧螺春叶底

碧螺春成品茶

3. 茶的贮存

碧螺春的贮藏方法十分讲究。传统的贮藏方法是纸包茶叶，以袋装的块状石灰穿插其中用来干燥，并放置缸中，密封贮藏。但近年来有了新的形式，可以采用三层塑料保鲜袋包装，分层紧扎，隔绝空气，放在10℃以下冷藏箱或电冰箱内贮藏，可较长时间保持茶叶品质。

黄山毛尖

黄山毛尖，半烘半炒型绿茶，是我国的名茶之一，产于安徽省黄山区新明乡，是纯天然的高山花香型优品茶，在我国被誉为“国饮”。

黄山毛尖采摘期在清明至谷雨之间。按照采摘初展的一芽一叶至一芽三叶，它可划分为特级到三级不等的品级。主要经过采摘、摊凉、杀青、理条、烘干、贮藏等几道工序，集传统工艺和高科技含量于一体，保持了原有的天然营养成分，更突显特色。

1. 茶的鉴赏

（1）从茶叶的外形上来看，黄山毛尖以嫩绿起霜，条索紧结挺直，圆实有峰为优品；以黄哑暗淡，条索松扁，弯曲轻飘为次品。

（2）从叶底看，经过几巡的冲泡，以叶底细嫩柔软，肥厚明亮为优品；以叶底暗黄粗老、红梗薄硬，甚至出现青菜色为次品。

（3）从汤色和滋味来看，黄山毛尖以汤色黄绿澄明，清香浓郁，经久不衰，醇厚回甘，鲜爽润滑为优品；以汤色深黄浑浊，香气中夹杂晒气、泥土气等异味，滋味粗涩寡淡为次品。

2. 保健功效

（1）黄山毛尖茶中含有的咖啡碱，具有止咳化痰，清热解毒，预防心肌梗塞，提神醒脑的作用。

（2）黄山毛尖中的茶碱有利尿的作用，可以治疗水肿、水滞留等问题。

（3）黄山毛尖中含有的维生素C和茶多酚，具有活血化瘀，防止动脉硬化，消炎止痛，降血压，防止冠心病等功效。

3. 茶的贮存

黄山毛尖通常可封装在铁、木制的茶罐或薄牛皮纸中，注意开口密封。至于贮藏的环境，可放在冰箱内长期冷藏，也可放进干燥、封闭的陶瓷坛里，再把石灰袋放于茶包中间，

黄山毛尖的干茶

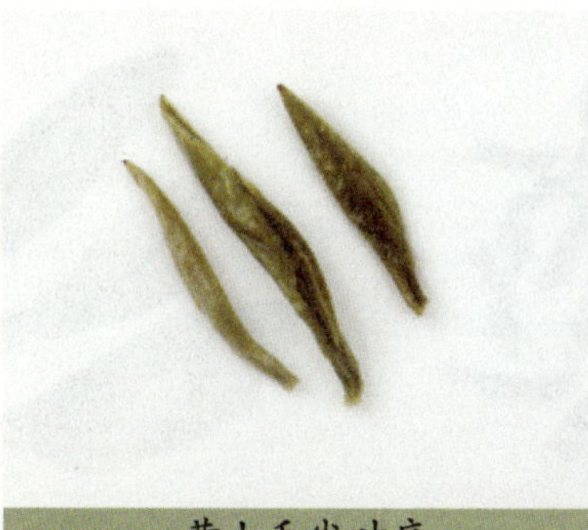
黄山毛尖叶底

黄山毛尖成品茶

石灰袋要定期更换，并置于干燥、阴凉处。适宜的贮存可使黄山毛尖茶的品质和保健功效得到提高。

六安瓜片

六安瓜片，简称瓜片，又称片茶，是国际特种绿茶，被列入国家非物质文化遗产名录，又是中国十大历史名茶之一。它主要产于安徽省六安市裕安区，其中，金寨县齐山、黄石、里冲，裕安区黄巢尖和红石地区的六安瓜片茶品质最好。

六安瓜片采用独特的传统加工工艺制成，是形似葵花籽的片形茶叶，通过原始生锅、芒花帚和栗炭拉火翻烘制成，由人工操作，翻炒共计 81 次，并且还要扳片、剔去嫩芽及茶梗，流程复杂，制作工艺精良。

1. 茶的鉴赏

（1）从茶叶的外形上来看，六安瓜片呈条形，条索紧结，色泽嫩绿，叶披白霜，明亮油润，大小均匀。

（2）从叶底看，六安瓜片叶底嫩黄均匀，叶边背卷，叶质均匀整齐，直挺顺滑。

（3）从汤色和滋味来看，冲泡后，谷雨前采摘的嫩茶色泽淡青，不均匀，有清香味；谷雨后采摘的茶色泽深青，均匀。中期茶有栗香，后期茶则有高火香。滋味微苦清淡，且品级越高味道越淡，不耐冲泡。

2. 保健功效

（1）六安瓜片是所有绿茶当中营养价值最高的茶叶，积蓄的养分多，所含无机矿物质约有 27 种，可有效美白养颜，延缓衰老，提高机体免疫力。

（2）六安瓜片中含有的茶多酚和氟，可提神醒脑，消除疲劳，减小辐射，减少脏器损伤，防止龋齿和牙周炎。

（3）六安瓜片中含有的茶碱和儿茶素，能够有效消除体内多余脂肪，降低胆固醇、血压，清除血液垃圾，促进血液循环。

3. 茶的贮存

六安瓜片的贮存对其品质的优劣有很大的影响，目前，家庭存储普遍采用镀锌的铁皮茶桶，最好是有双层盖的马口铁茶叶罐，用锡焊封。六安瓜片的贮存环境要求干燥、密封、

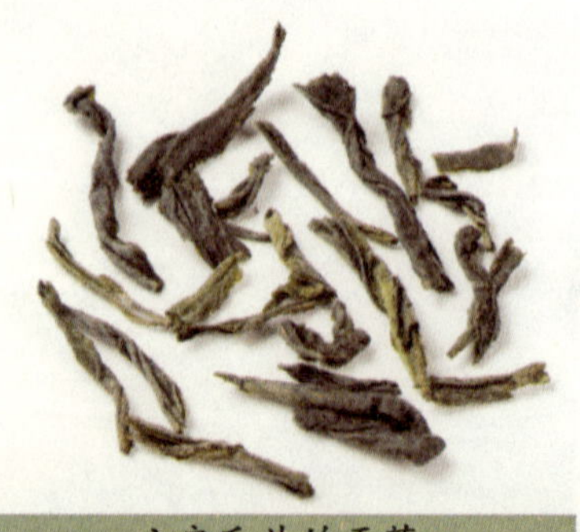

六安瓜片的干茶

六安瓜片叶底

六安瓜片成品茶

避光，避免有异味，不能挤压，温度在0℃～20℃之间。

蒙顶甘露

蒙顶甘露，产于四川省蒙山，在蒙顶茶中品质最佳，是中国最古老的名茶之一，被尊为茶中故旧，名茶先驱。

蒙顶甘露于春分时节开采，标准为单芽或一芽一叶初展，经过高温杀青、三炒三揉、解块整形、精细烘焙等工序，制作精良，工艺精湛，内质优异。蒙顶甘露是高山茶，宜采用上投法冲泡，先在玻璃杯或白瓷杯中注入开水，然后将茶叶投入，茶叶先徐徐下沉，待茶叶伸展开来，先观赏其形，再细细品尝，便能够感受到高山茶的独特风格。

1. 茶的鉴赏

（1）从茶叶的外形上来看，蒙顶甘露纤细嫩绿，油润光泽，紧卷多毫，身披银毫，叶嫩芽壮。

（2）从叶底看，蒙顶甘露叶底的茶芽嫩绿，柔软秀丽，叶质均匀整齐。

（3）从汤色和滋味来看，蒙顶甘露汤色碧清微黄，清澈明亮；香气馥郁，滋味醇和甘甜，滑润鲜爽。

2. 保健功效

（1）蒙顶甘露内含有较多的茶多酚，茶多酚能够抑制细菌，减少细菌的扩散，保护肠胃黏膜，对消除肠道炎症有很好的功效。

（2）茶多酚还能抵消酒内含有的乙醇，醉酒后饮用蒙顶甘露能起到快速解酒的作用，但是饮用的蒙顶甘露不能是浓茶，饮用浓茶解酒，反而会伤心、伤肾。

（3）蒙顶甘露含有的维生素类物质，能够阻断致癌物质亚硝胺的合成，从而起到抗癌症的效果。

（4）蒙顶甘露中的维生素和类黄酮，能够美白肌肤，抗衰老。

3. 茶的贮存

蒙顶甘露应该保存在干燥、避免阳光直射、无异味的环境中，一般对于家庭保存来说，当气温在10℃以上时，可置于冰箱内保存，当取出整袋茶叶后，必须在室内放置一阵，使袋内茶叶自然升温，当茶温与气温相近时才可开袋。此外，还可用硅胶、石灰等干燥剂去湿保

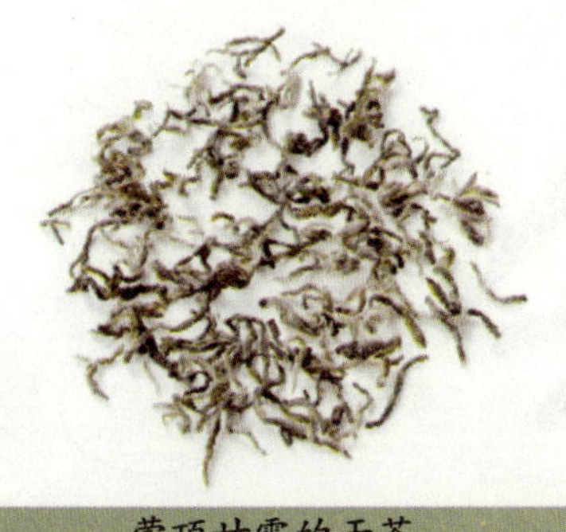
蒙顶甘露的干茶

蒙顶甘露叶底

蒙顶甘露成品茶

鲜，或者用箔复合膜包装，因其具有阻光和高气密性，对茶叶的保色、保香有较好的效果。

西湖龙井

西湖龙井，属于绿茶扁炒青的一种，是中国十大名茶之一，主要产于浙江杭州西湖的狮峰、龙井、五云山、虎跑一带，其中普遍认为产于狮峰的龙井品质最佳。此外，西湖龙井因自身“色绿、香郁、味甘、形美”四绝而著称，素有“绿茶皇后”的美誉。

清明节前采制的龙井茶叫“明前茶”或者“明前龙井”，美称“女儿红”，谷雨前采制的叫“雨前茶”，素有“雨前是上品，明前是珍品”的说法。如果泡饮一杯西湖龙井，你就会发现杯中茶芽根根直立，汤色澄澈，尤以一芽一叶俗称“一旗一枪”者为极品。

1. 茶的鉴赏

（1）从茶叶的外形上来看，西湖龙井以条形整齐，扁平光滑挺直，苗锋尖削，芽长于叶，色泽嫩绿光润为优品；随着品级的下降，茶身由小至大，茶表由滑润到粗糙，色泽由嫩绿到墨绿。

（2）从叶底看，西湖龙井叶底纤细柔嫩，整齐均匀，冲泡过后，芽叶肥硕成朵。

（3）从汤色和滋味来看，西湖龙井的春茶汤色碧绿黄莹，有清香或嫩栗香，滋味鲜爽浓郁，醇和甘甜；夏秋龙井茶汤色黄亮润泽，有清香但较粗糙，滋味浓郁，但略微苦涩。

2. 保健功效

（1）西湖龙井茶未经发酵而制成，因此茶性寒，可清热、利尿、生津止渴，较适合体质强壮、容易上火的人饮用，是夏季的绝佳饮品。

（2）西湖龙井茶含氨基酸、叶绿素、维生素 C 等成分均比其他茶叶多，营养丰富，可减肥养颜、延缓衰老、促进消化吸收。

（3）西湖龙井茶含有的儿茶素、咖啡碱等物质，可抑制血管老化，从而净化血液，抑制癌细胞的生成，促进血液循环。

3. 茶的贮存

西湖龙井是一种细嫩绿茶，很容易受潮变质，因此要注意贮存。家庭保存西湖龙井散茶可以选用铁听、瓷听或竹盒、木盒、纸盒等，如若采用有两层盖的听、盒、罐装茶，贮藏效果会更好，最好用块状石灰干燥。保持较好的龙井茶贮藏一年后仍具有香高、味醇的品质。

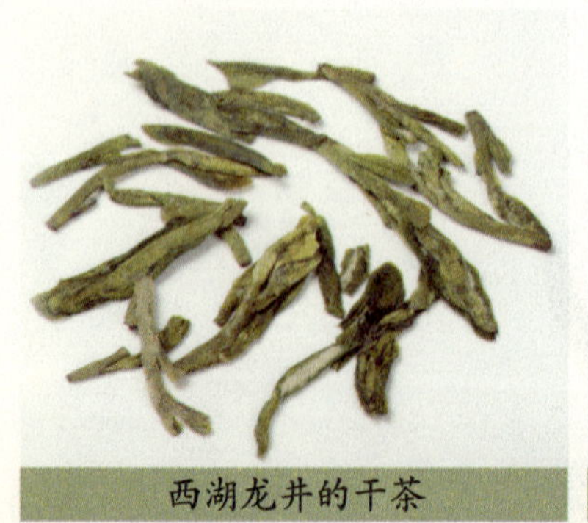

西湖龙井的干茶

西湖龙井叶底

西湖龙井成品茶

第四章 青茶品鉴

青茶又名乌龙茶，是一种介于绿茶与红茶之间的半发酵茶。“绿叶红镶边”是其最大的特点。同时，青茶还集中了绿茶与红茶的优点，保持了醇厚的口感，并有“七泡有余香”之称。不仅如此，它还是人们在日常生活中抗衰防癌的上佳之选。

安溪铁观音

安溪铁观音，又称红心观音、红样观音，主产于福建省安溪。它具有独一无二的“观音韵”，以其香高韵长、醇厚甘鲜、品格超凡的特点而驰名中外，并以此跻身于中国十大名茶和世界十大名茶之列。

安溪铁观音生性娇弱，抗逆性较差，产量较低，有“好喝不好栽”之说。在实际生产过程中，它通常按照“开采适当早，中间刚刚好，后期不粗老”的原则科学采茶。

1. 茶的鉴赏

（1）从茶叶的外形上来看，优质的安溪铁观音茶条卷曲、条索肥壮、圆实紧结，均匀整齐，整体形状似蜻蜓头、螺旋体、青蛙腿，色泽鲜润，砂绿显著，叶表带白霜。

（2）从叶底看，安溪铁观音叶梗红润光泽，叶片肥厚柔软，叶面呈波纹状，称“绸缎面”。

（3）从汤色和滋味来看，安溪铁观音以汤色金黄，香韵显著，带有兰花香或者生花生仁味、椰香等各种清香味，鲜爽回甘为优品；以汤色暗红，香气寡淡为次品。

2. 保健功效

（1）铁观音中含有多酚类化合物，能防止过度氧化，清除自由基，从而达到延缓衰老的目的。

（2）铁观音中的茶多酚类化合物和维生素类可以防止动脉硬化、暑热烦渴、风热上犯、水肿尿少、消化不良、湿热腹泻等。

铁观音的干茶

铁观音叶底

铁观音成品茶

（3）铁观音茶叶经发酵后，咖啡碱的含量增加，具有抗衰老、抗癌症、防治糖尿病、减肥健美、防治龋齿等功效。

3. 茶的贮存

市场上的铁观音茶基本上采用真空压缩包装法，并附有外罐包装，如果短期内就会喝完，一般只需放置在阴凉处，避光保存即可，如果需要长期保存的话，建议在速冻箱里－5℃保鲜，这样可达到最佳效果。但如果要喝出铁观音茶的新鲜味道，建议放置最多不要超过一年，以半年内喝完为佳。

凤凰水仙

凤凰水仙，主要产于广东省潮州市朝安区凤凰山区，在广东潮安、饶平、丰顺、焦岭、平远等区县也有分布。它分单枞、浪菜、水仙三个级别。其中凤凰单枞最具特色，素有“形美，色翠，香郁，味甘”的美誉，主要销往广东、港澳地区，也远销日本、东南亚、美国等地。

凤凰水仙茶既可以用来制成乌龙茶，又可以制成白茶和红茶，它的选料是水仙茶树鲜叶，采摘标准为驻芽后第一叶开展到中开面时最为适宜，经晒青、晾青、炒青、揉捻、烘焙等复杂工艺制作而成。凤凰水仙有天然花香，耐冲泡，且素有“一泡闻其香；二泡尝其味；三泡饮其汤”的说法。

1. 茶的鉴赏

（1）从茶叶的外形上来看，凤凰水仙叶型较大，呈椭圆形，条索紧结，挺直肥大，叶面平展，前端多突尖，叶尖下垂似鸟嘴，故当地称为“鸟嘴茶”。

（2）从叶底看，凤凰水仙叶底均匀整齐，肥厚柔软，带有红色边缘，叶腹黄亮，叶齿钝浅。

（3）从汤色和滋味来看，凤凰水仙的成品茶汤色澄黄，清澈明亮，茶碗内壁显露金圈；制成红茶，汤色红艳润泽。此外，凤凰水仙味道浓醇甘甜，鲜爽滑润，香气馥郁浓烈。

2. 保健功效

（1）凤凰水仙茶抗寒性强，可温胃养胃，提高机体抵抗力，调节机体新陈代谢，综合提升身体素质。

（2）凤凰水仙中含有大量的茶多酚，可以提高脂肪分解酶的作用，降低血液中的胆固

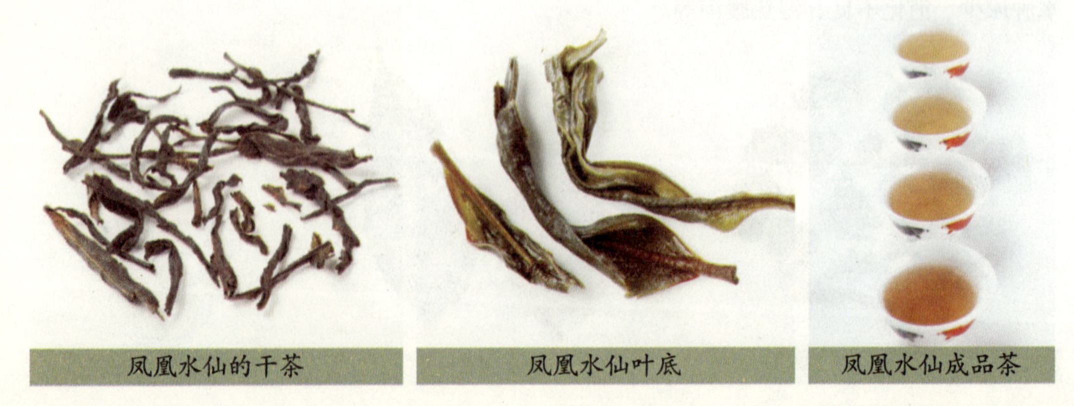

凤凰水仙的干茶　　凤凰水仙叶底　　凤凰水仙成品茶

醇含量，有降血压、血脂，防止血稠度升高，预防心血管疾病，抗氧化、防衰老及防癌等作用。

3. 茶的贮存

凤凰水仙茶叶的贮藏应放置于避光、清洁、干燥、无异味、紧闭的器具里，减少与空气接触，才能保证茶叶不受潮、不串味、不变质。小包装茶叶采用铝塑复合袋，可用抽气充氮技术，保持一年以上不变质。

水金龟

水金龟，因茶树枝条交错，形似龟背上的花纹，茶叶浓密且闪光，模样宛如金色龟而得此名。它是武夷岩茶“四大名枞”之一，产于武夷山区牛栏坑社葛寨峰下的半崖上。

水金龟每年5月中旬采摘，选料以二叶或三叶为主，它既有铁观音之甘醇，又有绿茶之清香，是茶中珍品。同时，水金龟因自身绝佳的保健功效，获得“健康之宝”的美誉，国际茶界评价水金龟是“万物之甘露，神奇之药物”。

1. 茶的鉴赏

（1）从茶叶的外形上来看，水金龟以条索肥硕，弯曲均匀，自然松散，色泽墨绿，油润光亮为优品；以条索紧结，色泽暗淡为次品。

（2）从叶底看，水金龟叶底柔软光泽，肥厚均匀，整齐红边带有朱砂色，称之为绿叶红镶边。

（3）从汤色和滋味来看，水金龟茶汤色泽金黄，润泽澄澈，有淡雅的花果香，清细幽远，滋味醇和甘甜，润滑爽口，岩韵显露，浓饮且不见苦涩。

2. 保健功效

（1）水金龟茶中的茶多酚，有助于清除人体内自由基，延缓衰老，降低血液中胆固醇、甘油三脂含量，减少脂质沉积，并对血液粘度下降、减少血液高凝状态、防止血栓形成均有明显的效果。

（2）水金龟可减少主动脉内膜质斑块和含量，降低毛细血管脆性，增强抗性，从而防治心血管疾病。

（3）水金龟茶中的儿茶素对胃粘膜起收敛作用，适当抑制了胃液的分泌，治胃养胃，

水金龟的干茶

水金龟叶底

水金龟成品茶

增强对消化器官的保健。

（4）水金龟还具有止渴、兴奋神经中枢、消减疲劳、醒酒、沉淀有害离子、消炎杀菌、抑制病毒、抗辐射等功效。

3. 茶的贮存

水金龟新茶的贮藏都要有一个"再干燥"的过程，可先将整袋茶叶在生石灰缸内放置48小时以驱净潮气，确保茶叶干燥，家庭贮存通常可用陶瓷坛或者双层的金属罐，也可用充氮气和冰箱冷藏的方式，它的存储环境宜为避光、防潮、低温。

武夷大红袍

武夷大红袍，主要产于福建省北部的武夷山地区，是武夷山"四大名枞"之首，也是中国十大名茶之一。因既具有绿茶之清香，又蕴含红茶之甘醇，武夷大红袍被誉为"武夷茶王"，且素有"茶中状元"之美誉。

大红袍茶树为灌木型，九龙窠陡峭绝壁上仅存4株，产量稀少，被视为稀世之珍。它以精湛的工艺特制而成，成品茶品质独特，香气浓郁，滋味醇厚，饮后回味无穷，堪称乌龙茶中的明珠，乃岩茶之王。此茶18世纪传入欧洲后，备受当地群众的喜爱，曾有"百病之药"美誉。

1. 茶的鉴赏

（1）从茶叶的外形上来看，武夷大红袍条索紧结，肥壮匀整，略带扭曲条形，俗称"蜻蜓头"，色泽绿褐鲜润。

（2）从叶底看，武夷大红袍叶底均匀光亮，茶叶边缘有朱红或者红点，中央叶肉呈黄绿色，叶脉为浅黄色。

（3）从汤色和滋味来看，武夷大红袍很耐冲泡，汤色橙黄，艳丽澄澈，有独特的兰花香，香气馥郁持久，"岩韵"明显，滋味醇和清爽，喉口回甘。

2. 保健功效

（1）武夷大红袍中的咖啡碱能兴奋中枢神经系统，松弛平滑肌，帮助人们振奋精神、消除疲劳、促进血液循环，可辅助治疗支气管哮喘（需遵医嘱）、止咳化痰等。

（2）武夷大红袍含有的茶碱具有利尿作用，可治疗水肿、水滞留，利用红茶糖水的解毒、利尿作用还能治疗急性黄疸型肝炎（需遵医嘱）。

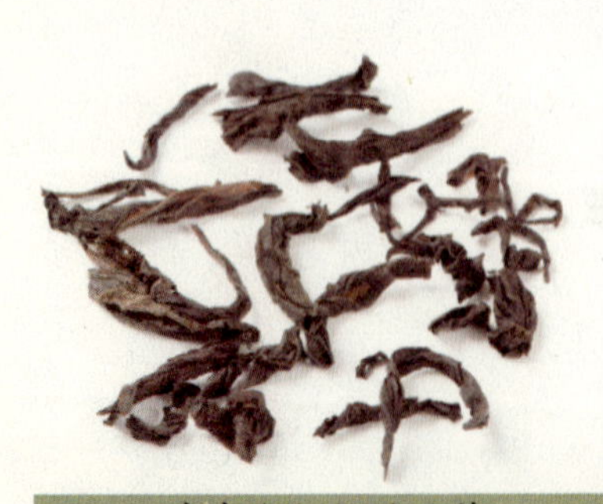

武夷大红袍的干茶

武夷大红袍叶底

武夷大红袍成品茶

（3）武夷大红袍含有的茶多酚类化合物和黄酮类物质，可以抑菌抗菌、消脂减肥、抑制癌细胞等。

3. 茶的贮存

武夷大红袍比较耐储藏，家庭保存时，储藏温度要求一般在20℃以下即可。如果保管得当，密封、干燥、避光，可以储藏三年以上，而且香味的损失不大，储存越久，滋味反而会更加醇厚。但大红袍茶的条索肥壮易碎，不宜使用真空包装，一般采用硬质包装，内袋用铝箔袋或者塑料袋包装比较好。每次取茶后，要将袋口扎紧，避免茶叶的香气受损，或者买些密封性能好的不锈钢茶叶罐存放。

高山乌龙

高山乌龙，又称软枝乌龙、金萱茶，是一种介于绿茶和红茶之间的半发酵茶，主要产于中国台湾南投县、嘉义县等地。

高山乌龙茶在每年清明节前后采摘，其采摘标准为一芽一叶初展或一芽二叶初展，主要经过萎凋、摇青、杀青、重揉捻、团揉等多道工序，最后经文火烘干，由精致复杂的工艺制作而成。高山乌龙茶品种比较多，主要有杉林溪、文山、金萱等种类，其品质与成就向来遥遥领先。高山乌龙茶是世界有名的茶叶，也是我国台湾最具代表性的名茶。同时，它在中国大陆和海内外都有很广阔的市场。

1. 茶的鉴赏

（1）从茶叶的外形上来看，高山乌龙茶以形如半球或者球状，条索肥壮，紧结有致，有一芽二叶为优品；以外形松散，茶条萧索为次品。

（2）从叶底看，在多次冲泡后，高山乌龙以叶芽柔软肥厚，色泽黄中带绿，叶片边缘整齐均匀为优品；以叶底破损不完整，而且伴有混浊现象产生为次品。

（3）从汤色和滋味来看，高山乌龙茶以汤色橙黄中略泛青色，清澈剔透，口感爽滑，有青甜味或青果味，回甘明显，清香持久为优品；以色泽单纯清澈，并没有青色，入口之后会有青涩感，没有回味的余地为次品。

2. 保健功效

（1）高山乌龙茶茶汤中阳离子含量多而阴离子少，是碱性食品，可以帮助体液维持碱性，调节机体平衡，以保持身体健康。

（2）高山乌龙茶可以补充人体所需的营养元素，如茶多酚类、植物碱、蛋白质、氨基酸、维生素、果胶素、有机酸、脂多糖、糖类、酶类等。这些成分在别的茶叶中没有这么高的含量，其对人体的保健功能非常可观。

（3）高山乌龙茶含有丰富的钾、钙、镁、锰等11种矿物质，可防止高血压、蛀牙等。

（4）高山乌龙茶中含有的单宁酸，可以促进脂肪的代谢，降低血液中的胆固醇含量，有效帮助消脂减肥。

3. 茶的贮存

高山乌龙茶的保存除了要具备密封、干燥、避光、防异味等这些常规条件外，还要格外注意贮存的温度。一般情况下，贮存高山乌龙的室温最好不要超过10℃，如果天气比较热，在冰箱内冷藏为宜。但冷藏也要注意不要与有异味的物品放到一起，以免影响高山乌龙茶的品质。

高山乌龙的干茶

高山乌龙叶底

高山乌龙成品茶

铁罗汉

铁罗汉茶，无性系品种，是武夷传统名枞之一，主要产于我国闽北"秀甲东南"的名山武夷。铁罗汉茶在国内外拥有众多的爱好者，近年来也远销东南亚、欧美等国。

武夷铁罗汉具有绿铁罗汉之清香，红铁罗汉之甘醇，是铁罗汉中之极品。成品铁罗汉茶香气浓郁，滋味醇厚，有明显岩韵特征，品饮之后香气常留唇齿之间，经久不退，即使冲泡多次，仍然存有铁罗汉的桂花真味。

1. 茶的鉴赏

（1）从茶叶的外形上来看，铁罗汉茶叶片水平生长，叶呈长椭圆或椭圆形，条索紧结，色泽绿褐鲜润，均匀整齐，叶尖钝，芽叶紫绿色，茸毛较少。

（2）从叶底看，铁罗汉茶叶缘微波，叶质肥厚但脆，叶心淡绿带黄。

（3）从汤色和滋味来看，茶汤橙黄明亮，润泽浓艳，澄澈剔透，有铁罗汉独特香气，冷调的花香，香久益清，滋味浓醇细腻，浓饮而不苦涩，爽口回甘。

2. 保健功效

（1）铁罗汉茶中含有的茶多酚进入人体后能与致癌物结合，令致癌物分解，降低其致癌活性，从而抑制致癌细胞的生长，同时，铁罗汉中的儿茶素类物质和脂多糖物质可减轻辐射对人体的危害，对造血功能有显著的保护作用。

（2）铁罗汉茶可以防治由于吸烟引发的白内障，它含有比一般蔬菜和水果都高得多的胡萝卜素，胡萝卜素不仅有防止白内障、保护眼睛的作用，还能够防癌抗癌。此外，铁罗汉可以补充由于吸烟所消耗掉的维生素C，以保持人体内产生和清除自由基的动态平衡，增强人体的抗病能力。

（3）胃寒的人，不宜过多饮铁罗汉，神经衰弱者和患失眠症的人，睡前不宜饮铁罗汉，更不能饮浓铁罗汉，不然会加重失眠症，正在哺乳的妇女也要少饮铁罗汉，因为铁罗汉对乳汁有收敛作用。

3. 茶的贮存

铁罗汉茶既有不发酵茶的特性，又有全发酵茶的特性，但又不像绿茶那么脆弱，因此除了在存储时要保持避免阳光直射、干燥、无异味的环境外，如若放入冰箱冷藏，不同于绿茶保持1年期，它最久可保持2 ~ 3年。

铁罗汉的干茶

铁罗汉叶底

铁罗汉成品茶

第五章 白茶品鉴

白茶是我国的特产，属于轻微发酵的茶类。优质的白茶布满白毫，外形呈现针状且熠熠发光，汤色与叶底都显得浅淡明净。它生性清凉，具有退热降火的功效。人们熟知的白毫银针、白牡丹均是白茶中的珍品。

白毫银针

白毫银针，简称银针，又称白毫。它是白茶中的珍品，主要产于福建省福鼎、政和两县，有着“茶王”、“茶中美女”的美誉。

白毫银针的采摘非常严格，有“十不采”之称。这“十不采”分别是雨天不采，露水未干不采，紫色芽头不采，细瘦芽不采，虫伤芽不采，风伤芽不采，开心芽不采，人为损伤不采，空心芽不采，病态芽不采。此外，它的制作工艺较为简单，只用萎凋和烘焙两道工序。待茶芽自然地完成缓慢变化之后，白毫银针特有的风味品质就逐渐散发出来。

1. 茶的鉴赏

（1）从干茶的外形品质来看，以毫心肥壮、色泽银白闪亮的干茶为优品，以芽头瘦弱、短小、色彩灰暗的干茶为次品。

（2）从叶底来看，优质的银针茶的叶底主要呈黄绿色，存放一段时间之后会稍稍呈现红褐色。除此之外，均匀整齐也是其重要的特点；而次品的叶底则杂乱无章，颜色也显晦暗。

（3）从汤色和滋味来看，优质银针茶冲泡之后，茶汤略呈杏黄色，其中北路银针味道清鲜爽口，而南路银针则滋味浓厚，香气清鲜。

2. 保健功效

（1）白毫银针味温性凉，“功同犀角”，有祛湿退热、健胃提神的功效，经常饮用能够防疫祛病。

白毫银针的干茶

白毫银针叶底

白毫银针成品茶

（2）白毫银针含有活性酶、维生素 E 等营养物质，可用于风热感冒、牙痛、麻疹等病的治疗，还可以用于降血压、降血脂、抗肿瘤、安神、抗辐射等。

3. 茶的贮存

白毫银针的成分相当不稳定易发生茶变，所以在贮藏之前先要用手轻轻捏一捏茶叶，如果呈粉末状就可以进行贮藏。至于贮藏的环境，适宜选择通风干燥之处，不可放于高温曝晒或潮湿不洁之处，且茶叶周围不宜同时放有樟脑等有强烈气味的物品。特别是到了夏季，最好将白毫银针放入铁罐密封之后再放入冰箱中冷藏。

白牡丹茶

白牡丹茶是我国福建省的名茶，属于轻微发酵的白茶。由于它的芽叶身披白茸毛，形似花朵，冲泡之后更像是一朵朵绽放的牡丹花，故此得名。

白牡丹茶是白茶中的上乘佳品，主要产于福建省的建阳、松溪、政和、福鼎等县。正宗的白牡丹茶主要采用传统工艺制作而成，只需经过萎凋和焙干两道工序，其中萎凋火候的掌握非常重要。另外，它的采摘也极为讲究。除了以春茶为主外，白牡丹茶的采摘还需要遵守“三白”，即芽、一叶、二叶都要求有白色茸毛。

1. 茶的鉴赏

（1）从茶叶的外形上来看，白牡丹茶有着两叶抱一芽的特点。它的芽叶相连，成“抱心形”，毫心肥壮，呈银白色，叶态自然伸展，叶子背面布满了洁白的茸毛。

（2）从叶底看，优质的白牡丹茶的叶底主要呈现浅灰色。它不仅肥嫩，而且均匀完整，叶脉也微微现出红色；次品则叶底破碎暗杂。

（3）从汤色和滋味来看，冲泡过后的白牡丹，茶汤清澈明净，呈现橙黄或是杏黄的颜色。它的滋味更是鲜醇爽口有回甘，特别是还弥散着鲜嫩持久的毫香。

2. 保健功效

（1）白牡丹茶性凉味甘，具有清凉解暑、生津止渴、清肝明目、润肺清热、退热降火的功效，可作为夏季祛暑的上佳饮品。

（2）白牡丹茶中茶多酚和氨基酸的含量较多，能够起到镇静降压、提神醒脑、防辐射、防癌抗癌等功效。

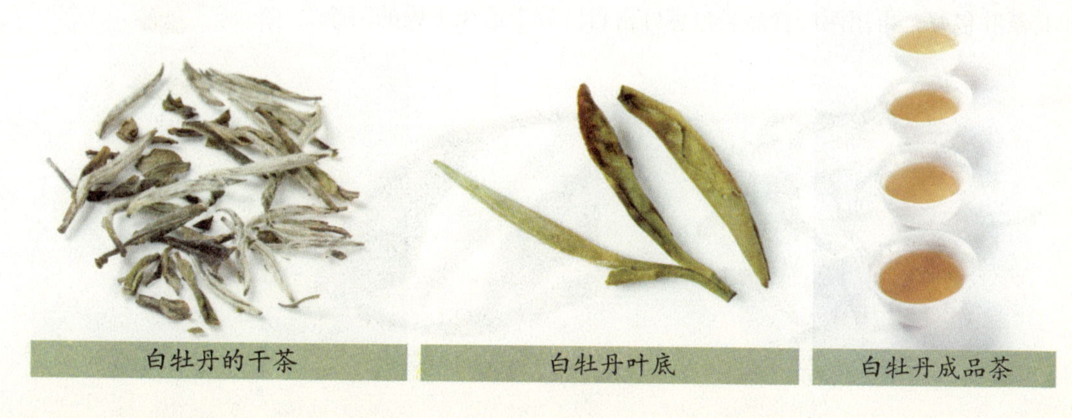

白牡丹的干茶　　白牡丹叶底　　白牡丹成品茶

3. 茶的贮存

白牡丹茶中的成分相当不稳定，因此在贮存时一定要注意将茶叶密封之后放于通风干燥、无异味无污染的阴凉之处。此外，在进行家庭贮藏时，最好将白牡丹放入茶叶罐密封后放入冰箱的冷藏室。白牡丹的品质会随着贮藏期的延长而提高，一般两年左右的白牡丹品质最佳。

寿眉

寿眉，有时又称为贡眉，是以菜茶芽叶制成的“小白”为原料制作而成的白茶。它是白茶中产量最多的品种，主要分布于福建省福鼎、建阳、浦城、建瓯等地，其历史悠久，尤其是福鼎的寿眉有“茶叶活化石”的美誉。寿眉的采摘标准非常严格，通常情况下要求一芽二叶或是一芽三叶，并且要求芽叶必须含有壮芽和嫩芽。另外，近年来，寿眉作为一种上佳茶品的代称逐渐取代寿眉成为此种白茶的唯一称谓。目前，寿眉主要销往我国香港和澳门地区，并在不远的将来有望成为世界茶叶市场中的主流产品。

1. 茶的鉴赏

（1）从茶叶外形上来看，优质的寿眉色泽翠绿，形状好像眉毛，芽叶之间有白毫，而且毫心明显，数量较多。

（2）从叶底来看，寿眉佳品的叶底较为鲜亮均匀，显得非常柔软整齐。迎着阳光看去，寿眉的叶脉会呈现红色。

（3）从汤色和滋味来看，优质寿眉冲泡之后，茶汤会呈现深黄或是橙黄的色彩。饮上一口，醇厚爽口之感便会充满口腔，鲜纯的香气也会萦绕在周围。

2. 保健功效

（1）寿眉茶具有明目降火、清凉解毒、防暑降温的功效，可以治疗“大火症”，是越南治疗小儿高烧的良药（需遵医嘱）。

（2）寿眉茶中含有人体必需的活性酶及多种营养物质，具有很好的抗癌、杀菌作用。除此之外，饮用寿眉茶还能有效地促进脂肪的分解代谢，促进血糖平衡。

3. 茶的贮存

由于寿眉茶叶极易吸收异味，所以在茶叶买回之后需要先用纸将茶叶包好，再用两层食品袋包裹好密封，放于通风干燥的阴凉之

寿眉的干茶

寿眉叶底

寿眉成品茶

处，而不宜与诸如樟脑丸、香皂等有异味的物品放在一起。此外，又由于寿眉在含水量达到 8.8% 以上就可能发霉，所以寿眉的贮藏还要注意避免潮湿的环境。同时，低温、避光保存对于寿眉来说也非常重要。

第六章 黑茶品鉴

黑茶属于完全发酵的茶类。优质的黑茶黑而有光泽，橙黄明亮的汤色，纯正的香气以及醇和甘甜的味道。它的品饮方式与其他几种茶类有着显著的不同，中庸是其精神与气质的最佳注脚。

安化黑茶

安化黑茶，又称边茶，因产自中国湖南益阳市安化县而得名，是 2010 年中国世博会十大名茶之一。

安化黑茶的采摘主要讲究两点，一是要新鲜，二是要有一定的成熟度。其具体的采摘标准如下：一级茶叶以一芽二三叶为主，二级茶叶以一芽四五叶为主，三级茶叶以一芽五六叶为主。此外，安化黑茶还有“三尖四砖”之说。其中三尖又称湘尖，包括天尖、贡尖、生尖，为安化黑茶的上品。四砖则是指花砖、黑砖、茯砖、青砖。而历史悠久的千两茶则是安化黑茶中绝无仅有的花卷茶，被世人冠与“世界茶王”的美名。

1. 茶的鉴赏

（1）从茶叶的外形上来看，安化黑茶条索紧结，呈泥鳅状，砖面端正完整。以色泽发黑且有光泽的为优品，以红色或棕色等杂色掺杂的为次品。

（2）从叶底来看，安化黑茶的每个品种各有不同，天尖叶底呈黄褐色，老嫩匀称，而特质砖茶叶底黑汤尚匀，普通砖茶则叶底黑褐粗老。

（3）从汤色和滋味来看，优质安化黑茶耐冲泡，茶汤有纯正的松烟香气，颜色黑中带亮。而劣质的安化黑茶则茶汤发浑，有杂质，味道苦涩，有异味。

2. 保健功效

安化黑茶富含茶多糖类化合物，可以调节体内糖代谢、降血脂、降血压、降血糖、抗血凝、抗血栓、提高机体免疫力、抑制癌细胞扩散。

安化黑茶是一种低咖啡因健康饮料，与可乐和其他茶类相比，不影响睡眠。

安化黑茶的干茶

安化黑茶叶底

安化黑茶成品茶

3. 茶的贮存

安化黑茶通常可封装在铁、木制的茶罐或薄牛皮纸中。不过，需要注意以下三个条件：第一，需要将茶叶放于通风的地方，且用通透性较好的包装材料进行包装储存。第二，茶叶应放于阴凉之处，切忌日晒。日晒会使茶品急速氧化产生杂味。第三，贮存环境需开阔，并远离有异味的物质。适宜的贮存可使安化黑茶的品质和保健功效得到提高。

茯砖茶

茯砖茶，又称茯茶、砖茶、府茶，是黑茶中最具特色的产品。它所独有的“金花”（冠突散囊菌）对人体有很大益处，而且“金花”越茂盛，品质越佳，有“茶好金花开，花多茶质好”之说。

茯砖茶虽然有特制茯砖和普通茯砖之别，但均不分等级，而且有越陈冲泡后茶汤越香的特点，这得益于其制作过程的复杂多样。

1. 茶的鉴赏

（1）从茶叶的外形上来看，茯砖茶砖面平整，棱角分明，厚薄均匀，菌花茂盛。特制茯砖面为黑褐色，普通茯砖面为黄褐色。

（2）从叶底来看，茯砖茶的色泽随着储藏时间增长而变深。特制茯砖叶底黑汤尚匀，普通茯砖叶底黑褐粗老。

（3）从汤色和滋味来看，茯砖茶的汤色红浓而不浊，特有的菌花香气浓郁，甘甜醇和，口感滑润，耐冲泡。冲泡多次后，茶汤色泽逐渐变淡，但甜味更加纯正。

2. 保健功效

（1）茯砖茶中含有的“金花”具有显著降低人体类脂肪化合物、血脂、血压、血糖、胆固醇等功效。长期饮用，能够调节新陈代谢，增强体质，延缓衰老。

（2）茯砖茶中的茶多糖具有提高免疫力等多重药理功能，具有药理保健和病理预防作用。

（3）茯砖茶中含有的脂多糖、茶多酚，能够减弱长期看电视或操作电脑带来的辐射。

3. 茶的贮存

茯砖茶的成分较为不稳定易发生茶变，因此在茯砖茶拆封之后，适宜存放于阴凉、开

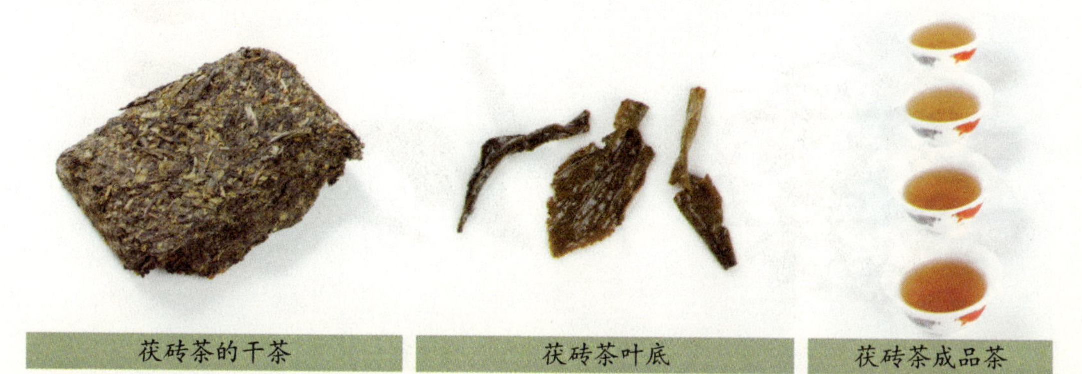

茯砖茶的干茶　茯砖茶叶底　茯砖茶成品茶

阔而通风的环境中，不可与有异味的物质混放在一起。切忌使用塑料袋密封，可使用牛皮纸、皮纸等通透性较好的包装材料进行包装储存。

宫廷普洱茶

宫廷普洱茶，主要产于云南省的西双版纳，是我国特有的地方名茶。它的成品茶以自身上好的品质而蜚声中外，有“中国茶叶中的名门贵族”的美誉。此外，宫廷普洱茶还是“美容新贵”。

宫廷普洱茶采用云南大叶茶树的鲜叶加工而成，其采摘标准为一芽一叶初展，或者一芽二叶初展。同时，它的制作工艺比较复杂，要经过杀青、揉捻、晒干、渥堆、紧压成型等多道工序。

1. 茶的鉴赏

（1）从茶叶的外形上来看，以条索肥壮匀称，断碎茶少为优品，以条索细紧琐碎为次品。

（2）从叶底看，宫廷普洱茶以叶底色泽棕褐或褐红，油润光泽，叶质不易腐败、硬化为上品；以叶底色泽黑褐、枯暗无光或叶质腐败，硬化为次品。

（3）从汤色和滋味来看，茶汤红浓明亮，汤面上有油珠膜。滋味纯正浓郁、顺滑润喉。热嗅时，陈香饱满；冷嗅时，余味悠长。

2. 保健功效

（1）宫廷普洱茶茶性温和，可以生津止渴、消暑、解毒、通便，有助于缓解便秘，调节胃肠功能。

（2）宫廷普洱茶可以疏通血管，促进全身经络通畅，有助于缓解肤色暗沉以及斑点问题。

（3）宫廷普洱茶还可以对人体的皮肤深层排毒，有纤体紧肤的效果。

3. 茶的贮存

宫廷普洱茶加工的独特性使其贮存需要特别注意，它适宜存放于空气流通和具有恒定温度的环境中。如存放数量多，可放置于专门地点保管；如个人存放，可将宫廷普洱散茶直接放入陶瓷瓦缸中，并封好缸口以保证品质纯正。

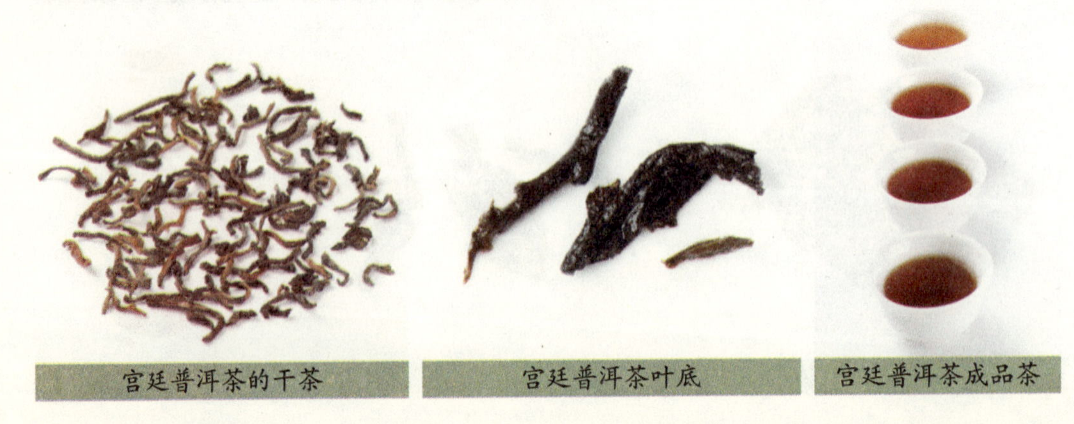

宫廷普洱茶的干茶　　宫廷普洱茶叶底　　宫廷普洱茶成品茶

生沱茶

沱茶，又称谷茶，是普洱茶的一种。它是形状呈碗臼形的紧压茶，酷似窝头，别具一格。沱茶的种类，依原料不同有绿茶沱茶和黑茶沱茶两种。

生沱茶，指的是那些只经过晒青蒸压而制作成的紧压茶，制作过程大致分为炒青、揉捻、干燥三个步骤，成型后的沱茶，规格为外径 8 厘米，高 4.5 厘米。此外，生沱茶分量较小，易于购买。以包装纸上彩印鲜亮、图文清晰的为真品，这种鉴别方式也是生沱茶的特殊之处。

1. 茶的鉴赏

（1）从茶叶的外形上来看，生沱茶的真品外形端正，碗臼形的表面光滑、紧结，内窝深而圆。

（2）从叶底看，优质的生沱茶叶底肥壮鲜嫩，呈绿色至栗色，充满新鲜感；劣质的则叶底粗老瘦硬，颜色黯淡枯老。

（3）从汤色和滋味来看，生沱茶以汤色橙黄明亮，香气馥郁，喉口回甘为优品，以汤色混浊不清，有杂异气味，滋味杂而平淡为次品。

2. 保健功效

（1）生沱茶性寒，可清凉解渴、消暑解毒、提神醒脑、驱除疲劳、延年益寿、祛风解表、清理肠道、去油腻、助消化。

（2）生沱茶可促进新陈代谢，平衡、调节胆固醇，降低三酸甘油酯等，具有降脂减肥效果，而且没有副作用。

（3）生沱茶还具有抗血凝、抗血栓，提高机体免疫力的功效。

3. 茶的贮存

生沱茶成分不稳定易发生茶变，其保存容器以锡瓶、瓷坛、有色玻璃瓶为最佳。保存茶叶的容器要干燥、洁净、不得有异味。生沱茶的存放环境适宜于干燥通风无异味处，应避免潮湿、高温、曝晒。

生沱茶的干茶

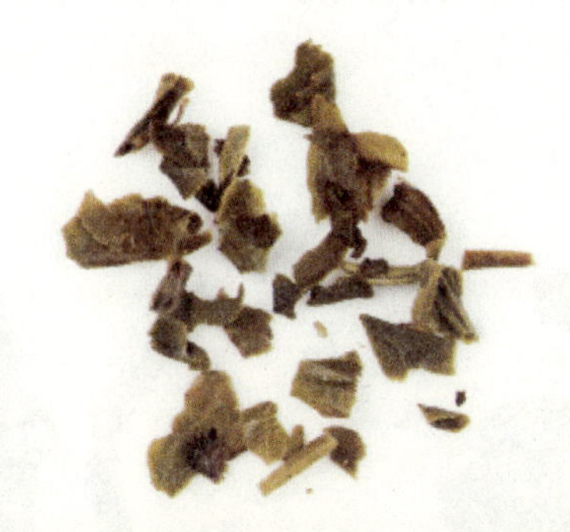

生沱茶叶底

生沱茶成品茶

熟沱茶

熟沱茶是经过高温蒸压精致而成的紧压茶，是沱茶中的一个重要种类。与生沱茶相比，熟沱茶在干茶的颜色、汤色上都更深浓，且滋味更醇和，这主要得益于其制作中独特的渥堆发酵过程。

熟沱茶的成品茶表面褐润洁净，因其包装古典而精致，特色十足，加之独特的保健功效而深受欢迎，除了在国内拥有广阔的市场之外，近年来还远销至西欧、北美以及亚洲各地。

1. 茶的鉴赏

（1）从茶叶的外形上来看，熟沱茶以沱型周正，质地紧结端正为优品，一般规格为外径 8 厘米，高 4.5 厘米；以外形不规则、条索松散为劣质品。

（2）从叶底看，熟沱茶叶底褐红，重度发酵则会有些发黑，叶质肥厚完整。

（3）从汤色和滋味来看，熟沱茶汤色红浓油润，经久耐泡，滋味醇厚，爽滑溢润，喉口回甘。

2. 保健功效

（1）熟沱茶的茶性比较温和，具有解渴利尿，明目清心、除腻消食、提神醒酒、消食暖胃等功效。

（2）熟沱茶能改善肠道微生物环境，可以有效清理肠道，促进脂肪新陈代谢，达到减肥纤体之效。

（3）隔夜的熟沱茶不能饮用，但是可用来煮水泡脚能够促进血液循环，非常利于足部健康。

3. 茶的贮存

熟沱茶在贮存时应避免阳光直射，适宜存放于干燥、通风的地方。熟沱茶有自己的包装纸，所以在保存的时候，不宜在外面再包上一层塑料袋。如果茶叶已经打开，可以将熟沱茶茶叶放入茶瓮中。熟沱茶带酸气，所以放入陶瓮较好，一般用不上釉的陶瓮来贮存新茶，而上了釉的陶瓮一般用来贮存陈茶。

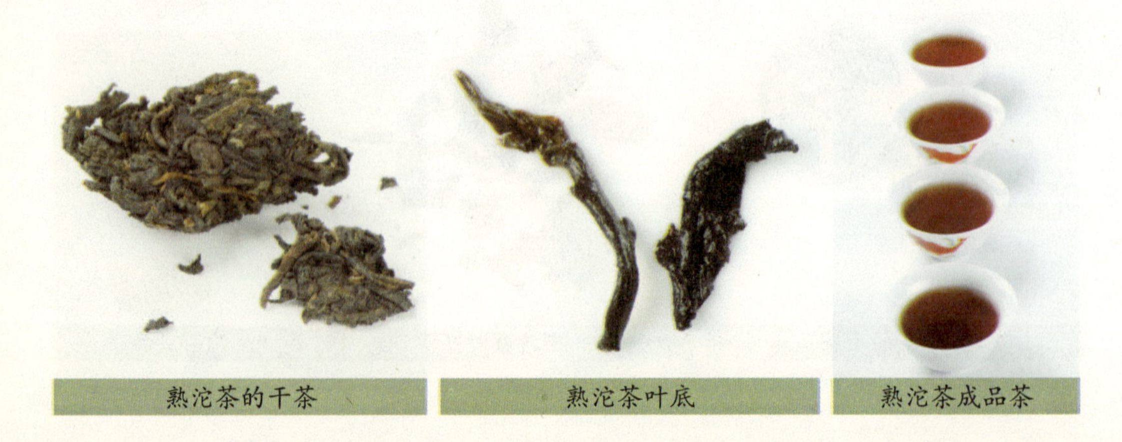

熟沱茶的干茶　　熟沱茶叶底　　熟沱茶成品茶

第七章 花茶品鉴

花茶又名香花茶、香片，是我国独特的一个茶叶品类。优质的花茶色泽黄绿润泽、叶底细嫩匀亮、汤色浅黄明亮、滋味醇厚鲜爽，混合着茶味与幽幽的花香。人们时常饮用花茶不仅可以感到赏心悦目，还可以温和地调理生理功能，从根本上改变体质。

茉莉花茶

茉莉花茶，又称茉莉香片，因产地不同，其制作工艺与品质也不尽相同，特色各异。其中，最为著名的产地有福建福州、福鼎，浙江金华，江苏苏州，四川雅安、安徽歙县、黄山，广西横县，重庆等地。另外，它还凭借绝佳的品质被誉为“在中国的花茶里，可闻春天的气味”。

茉莉花茶使用的茶叶称茶胚，多数以绿茶为主，也有少量红茶与乌龙茶参与。其具体的制作工艺是将茶叶和茉莉鲜花进行拼和、窨制，使茶叶吸收花香，它的茉莉香气是在加工过程中逐步具有的，所以成品茶中的茉莉干花起的仅仅是点缀、提鲜、美观的作用。

1. 茶的鉴赏

（1）从茶叶的外形上来看，茉莉花茶呈条形，肥硕饱满，条索紧细匀整，芽嫩，白毫披伏为优品；以茶芽少，不嫩，叶居多为次品。

（2）从叶底看，茉莉花茶叶底鲜嫩，均匀柔软，肥硕，芽叶花朵卷紧。

（3）从汤色和滋味来看，上好的茉莉花茶汤色黄绿明亮，澄澈透明，清香扑鼻，韵味持久，有独特茉莉花香，滋味醇和，口感柔和。

2. 保健功效

（1）茉莉花茶性凉，苦，入心、肝、脾、肺、肾、五经，能泻下、祛燥湿、降火，补益缓和，清热泻火、解表。

茉莉花茶的干茶

茉莉花茶叶底

茉莉花茶成品茶

（2）茉莉花茶还有松弛神经的功效，有助于保持稳定的情绪，是最佳天然保健饮品之一。

（3）茉莉花对痢疾、腹痛、结膜炎及疮毒等具有很好的消炎解毒的作用（需遵医嘱）。

3. 茶的贮存

茉莉花茶对湿度很敏感，因此散装茉莉花茶最好贮存在低温干燥的地方，比较理想的温度在5℃以下，相对湿度为50%左右。此外，无论大小包装均要装紧装实，尽量减少容器中的空隙以减少茶叶与氧气的接触。最好采取抽气充氮密封包装。

女儿环

女儿环，又称金玉环，因其形状像女孩子的耳环而得名，主要产于我国的云南省和福建省境内，是我国花茶类中的名优品种。

女儿环茶以上等的绿茶茶芯为制作原料，经摊放、蒸汽杀青、筛分、整理等工序精制而成，保持生叶的鲜绿特点，品质优异，特别是其采用手工工艺制茶，所以外观造型独特，具有较高的饮用和艺术欣赏价值。在女儿环茶泡入杯中后，芽苞绿翠，犹如出水芙蓉，是茶中珍品。

1. 茶的鉴赏

（1）从茶叶的外形上来看，女儿环成品茶的外形呈耳环形状，毫毛披伏，银白中隐约透着翠绿色。

（2）从叶底看，女儿环茶的叶底呈黄绿色，均匀完整，嫩芽连茎，柔软鲜嫩，经过多次冲泡后，不会有破损的迹象出现。

（3）从汤色和滋味来看，女儿环茶汤色呈现黄绿色或者浅黄色，清澈明亮，油润光泽，花香浓郁，滋味醇厚，润滑回甘。

2. 保健功效

（1）女儿环茶既具有绿茶的功效，又具有花茶的功效，它所含有的丰富茶多酚类物质以及茶碱，在清肝明目、生津止渴、坚固牙齿、降血压、防辐射、抗衰老等方面都有着明显的效果。

（2）女儿环茶具有保护肝脏，松弛神经，调节女性内分泌（需遵医嘱）等功效，是特别适合女性朋友饮用的健康饮品。

女儿环的干茶

女儿环叶底

女儿环成品茶

3. 茶的贮存

女儿环茶的香气容易散发，因此在保存的时候，一定要放到密闭性较好的容器中，并尽量减少容器开启的时间长度和次数。在具体封装时，可以把女儿环茶叶分装在几个小的塑料袋子中，每个小袋子中只有一次的用量，可最大程度减少对其他茶叶的影响。而且，女儿环茶的茶叶也不适合存放太久，会影响到茶的色、香、味，从而错过了最佳的饮用时期。

黄山贡菊

黄山贡菊，又称徽菊，与杭白菊、滁菊、亳菊并称中国“四大名菊”，且名列“四大名菊”之首；又因其在古代被作为贡品献给皇帝，故名贡菊。

黄山贡菊盛产于安徽省黄山市的广大地域。我国有很多菊花品种，黄山贡菊以其色白、蒂绿、花心小、均匀不散朵、质柔软、气芳香、味甘微苦的独特品质和加工工艺优于其他品种，因此被“中国药典”誉为“菊中之冠”、“民族瑰宝”。

1. 茶的鉴赏

（1）从茶叶的外形上来看，黄山贡菊花形完好整齐，均匀不散朵，此外，它在经过杀青等多道制作工序后色泽由黄变为浅黄，甚至白色，花蒂青绿，润滑光泽。

（2）从叶底看，黄山贡菊的叶底清白，晶莹剔透，色泽均匀，柔嫩多汁，在经过多次冲泡之后，渐呈淡褐色，体现原茶不耐高温的幼嫩茶质。

（3）从汤色和滋味来看，黄山贡菊以茶汤澄明晶亮，淡黄油润，毫无杂质为优品；以茶汤浑浊，沉淀物较多为次品。此外，黄山贡菊馥郁芬芳，滋味甘醇微苦，软绵爽口。

2. 保健功效

（1）黄山贡菊茶性微寒、略苦，可清热解毒、养肝明目，可有效治疗胆虚心燥、目赤羞明、疮疖肿毒等疾病。

（2）黄山贡菊偏于平肝阳，常用于治疗肝阳上亢所致的头晕目眩等症。高血压属肝阳上亢的人，还可以使用黄山贡菊做成的药枕，都有比较好的效果。

（3）黄山贡菊能够增强毛细血管抵抗力、扩张冠状动脉，利血脉、降血压、利血气，轻身健脑，防止心血管疾病。

黄山贡菊的干花

黄山贡菊鲜花

黄山贡菊成品茶

3. 茶的贮存

黄山贡菊最好的贮存条件是在室温、避光、没有异味的环境中保存。如果茶叶的含水量较高或已受潮，可以烘干或者通过摊凉后再贮藏。但是，黄山贡菊不适合长久保存，最好是在一两个月之内饮完。因为，如果存放过久，不仅黄山贡菊的茶叶容易生虫子，而且菊花干茶的香味和口感也会有所下降。

杭白菊

杭白菊，又称小汤黄、小白菊、纽扣菊，主要产于浙江省桐乡，桐乡素有杭白菊之乡的美誉。杭白菊是中国驰名的茶用菊。杭白菊在中国有悠久的栽培历史，其一向与西湖龙井并提，其产品畅销港澳台和东南亚地区。

1. 茶的鉴赏

（1）从茶的外形上来看，特级的杭白菊花型完整，花瓣厚实，花朵大小均匀，无霜打花、霉花、生花（蒸制时间不到，造成不熟晒后变黑的花）、汤花（蒸制时锅中水过多，造成水烫花，晒后成褐色的花），入水泡开后花瓣玉白，花蕊深黄，色泽均匀，但随着品级的下降，花型完整度、花朵大小等品质均略有下降。

（2）从茶的内质上来看，杭白菊的茶汤均甘而微苦，特级杭白菊汤色澄清，浅黄鲜亮清香。

2. 保健功效

（1）杭白菊中含锌、钠、铁等元素，尤其是铁的含量最高。铁是细胞中的重要组成成分，可以提高人体免疫防御功能、补血益气，还可以协调锌、钙、镁的体内代谢。

（2）杭白菊茶汤对金黄色葡萄球菌、痢疾杆菌、变形杆菌、伤寒杆菌、副伤寒杆菌、霍乱弧菌、大肠杆菌、人型结核杆菌及流感病毒均有抑制作用。

（3）杭白菊还对中枢神经系统有镇静作用，可安神醒脑，还能够增强毛细血管抵抗力、扩张冠状动脉，以防止心血管疾病。

3. 茶的贮存

杭白菊适宜保存在干燥的容器中，密封后放在干燥、阴凉、通风处即可。一般不用放在冰箱内保存，以免温度太低，使菊花的香味减淡。菊花茶最好随买随喝，不要一次性购买太多。

杭白菊的干花

杭白菊鲜花

杭白菊成品茶

玫瑰花茶

玫瑰花茶，主要产于我国山东平阴等地。它是用鲜玫瑰花和茶叶的芽尖按比例混合，利用现代高科技工艺窨制而成的高档茶，其香气具有浓、轻的特点，和而不猛。玫瑰花还是一种珍贵的药材，可美容养颜。

在专营茶叶的商店都有玫瑰花茶出售，也有干玫瑰花蕾。因玫瑰花茶中富含香芽醇、橙花醇、香叶醇等多种挥发性香气成分，故具有甜美的香气，是食品和化妆品香气的主要添加剂。

1. 茶的鉴赏

（1）从茶叶的外形上来看，玫瑰花茶以外形肥硕饱满，色泽均匀，花朵大且杂质少，花瓣完整、重实为优品；以花瓣整的少，碎的多，质轻，有杂质为次品。

（2）从叶底看，玫瑰花茶由红玫瑰或者粉玫瑰制成，玫瑰入水后，花瓣颜色逐渐变淡，慢慢蜕变为枯黄色。

（3）从汤色和滋味来看，玫瑰花茶以汤色偏淡红或者土黄，香气冲鼻，无异味为优品；以茶汤通体红艳润泽，香气寡淡，甚至有异味为次品。

2. 保健功效

（1）玫瑰花茶性温和，能够温养血脉，温胃养胃、清热养肝、舒发体内郁气、调理血气等。

（2）玫瑰花茶可以调经，促进血液循环，防皱纹，防冻伤，消除疲劳，促进新陈代谢，达到养颜美容的功效。

（3）玫瑰花茶可以缓和肠胃神经，促进伤口愈合，起到镇静、安抚、抗抑郁的功效。

3. 茶的贮存

保存玫瑰花茶的第一要则就是密封，否则诱人的花香就容易流失。还要注意避光，这样花的颜色会保存得很好，品饮时色香味俱佳。密封好以后，可以将玫瑰花茶放在干燥阴凉处，避免受潮，也可以放入冰箱保存。但夏天一定要把玫瑰花茶密封好放入冰箱，否则容易生虫。

玫瑰花茶的干花

玫瑰花鲜花

玫瑰花茶成品茶

千日红

千日红，又称圆仔花、百日红、火球花，是石竹目苋科千日红属，热带和亚热带常见花卉，原产美洲巴西、巴拿马和危地马拉，现今主产于我国长江以南地区。

千日红的花语是“不朽”。千日红作为药用植物，有止咳平喘的作用。现在千日红也可作为花茶饮用，因其良好的品质与保健功效，深受大众喜爱。

1. 茶的鉴赏

（1）从茶叶的外形上来看，千日红呈现圆形，个别为椭圆形，顶端略钝或近短尖，基部渐狭长，叶对生，苞片多为紫红色，叶柄短或上部叶近无柄，全株白色硬毛披伏。

（2）从茶的内质上来看，千日红茶汤色呈紫红色，油润光泽，清香扑鼻，滋味淡雅，鲜爽滑口，喉口回甘。

2. 保健功效

（1）千日红内含人体所需的氨基酸、维生素 C、维生素 E 及多种微量元素，具有养神提神、止咳定喘，治疗慢性或喘息性支气管炎、百日咳等功效。

（2）千日红可清肝祛火，散结理气，降血压、血脂，对人体进行深层排毒，促进机体新陈代谢、美容养颜。

（3）千日红还可以治疗小儿惊风、疮疡、肝热目痛、血压高及头痛等（需遵医嘱）。

3. 茶的贮存

千日红花茶的花瓣很脆弱，轻轻一触碰就会掉落，因此在贮存时注意不要受到挤压，以保持良好花型与品质，它的存储环境以通风、干燥、阴凉、避免阳光直射为佳。

千日红的干花　　千日红鲜花　　千日红成品茶

悬壶高冲清香起
泡茶篇

自古以来，客来倒茶就是中国的待客习俗之一。经历了这么多年，这个传统一直没有改变，反而有了更多手法与步骤，而泡茶也出现在各种场合之中。于是，人们开始尽可能地学习如何泡好茶，这样才能在不同场合显露手艺，同时提升个人的品位与修养。本篇主要为大家讲述泡茶的技巧，包括甄选茶叶、选择器具和水源，以及冲泡的详细过程等等。希望通过这些详细的介绍能让大家更快地掌握泡茶技巧，以在适合的时候冲泡出令人满意的好茶来。

第一章 甄选茶叶

不同的茶叶有着不同的选择标准，而如何甄选茶叶，鉴别茶叶的优劣好坏，也可以算作一门学问。这需要我们从茶的不同方面考虑，例如烘焙火候、茶青老嫩、茶叶外形、枝叶连理等。只要熟知好茶在这些方面的特点，相信大家一定可以轻而易举地甄选出好的茶叶来，并从泡茶中获得最大的收获与乐趣。

好茶的五要素

市场上的茶叶品种繁多，可谓五花八门，因此，如何选购茶叶成了人们首先要做的。一般说来，选茶主要从视觉、嗅觉、味觉和触觉等方面来鉴别甄选。好茶在这几方面比普通茶叶要突出许多。总体来看，选购茶叶可从以下 5 个要素入手：

1. 外形

选购茶叶，首先要看其外形如何。外形匀整的茶往往较好，而那些断碎的茶则差一些。可以将茶叶放在盘中，使茶叶在旋转力的作用下，依形状大小、轻重、粗细、整碎形成有次序的分层。其中粗壮的在最上层，紧细重实的集中于中层，断碎细小的沉积在最下层。各茶类都以中层茶多为好。上层一般是粗老叶子多，滋味较淡，水色较浅；下层碎茶多，冲泡后往往滋味过浓，汤色较深。

除了外形的整碎，还需要注意茶叶的条索如何，一般长条形茶，看松紧、弯直、壮瘦、圆扁、轻重；圆形茶看颗粒的松紧、匀正、轻重、空实；扁形茶看平整光滑程度等。一般来说，条索紧、身骨重，说明原料嫩，做工精良，品质也好；如果条索松散，颗粒松泡，叶表粗糙，身骨轻飘，就算不上是好茶了，这样的茶也尽量不要选购。

各种茶叶都有特定的外形特征，有的像银针，有的像瓜子片，有的像圆珠，有的像雀舌，有的叶片松泡，有的叶片紧结。名优茶有各自独特的形状，如午子仙毫的外形特点是微扁、条直。

除了这两种方法，还可以通过净度判断茶的好次。净度好的茶，不含任何夹杂物，例如茶片、茶梗、茶末、茶籽和制作过程中混入的竹屑、木片、石灰、泥沙等物。

根据外形判断茶叶不是很难，只要取适量的干茶叶置于手掌中，通过肉眼观察以及感受就可以判断其好坏了。另外，抓取茶叶的时候也不要忘了看里面是否含有杂质。

2. 香气

香气是茶叶的灵魂，无论哪类茶叶，都有其各自独特的香味。例如绿茶清香，红茶略带焦糖香，乌龙茶独有熟果香，花茶则有花香和茶香混合的强烈香气。

我们选购茶叶时，可以根据干茶的香气强弱、是否纯正以及持久程度判断。例如，手捧茶叶，靠近鼻子轻轻嗅一嗅，一般来说，以那些浓烈、鲜爽、纯正、持久并且无异味的茶叶为佳；如果茶叶有霉气、烟焦味和熟闷味均为品质低劣的茶。

除了闻一闻干茶的香气，如果商家允许，购茶之前最好冲泡尝试一下。冲泡好的茶，香气更佳馥郁，带着各类茶独特的香味，更易于鉴别。

每种茶的外形、香气、颜色、味道和韵味都不同

3. 颜色

各种茶都有着不同的色泽，但无论如何，好茶均有着光泽明亮、油润鲜活的特点，因此，我们可以根据颜色识别茶的品质。总体来说，绿茶翠绿鲜活，红茶乌黑油润，乌龙茶呈现青褐色，黑茶黑油色，等等，呈现这种色泽的各类茶往往都是优品。而那些色泽不一、深浅不同或暗而无光的茶，说明原料老嫩不一、做工粗糙，品质低劣。

茶叶的色泽与许多方面有关，例如原料嫩度、茶树品种、采摘的茶园条件、加工技术等等。如高山绿茶，色泽绿而略带黄，鲜活明亮；低山茶或平地茶色泽深绿有光；如果杀青不匀，也会造成茶叶光泽不匀、不整齐；而制作工艺粗劣，即使鲜嫩的茶芽也会变得粗老枯暗。

除了干茶的色泽之外，我们还可以根据汤色的不同辨别茶叶好坏。好茶的茶汤一定是鲜亮清澈的，并带有一定的亮度，而劣茶的茶汤常有沉淀物，汤色也浑浊。只要我们谨记不同类好茶的色泽特点，相信选好优质茶叶也不是难事。

4. 味道

茶叶种类不同，其各自的口感也不同，因而甄别的标准也往往不同。不过各类茶中的好茶口感大体却是相同的，例如：绿茶茶汤鲜爽醇厚，初尝略涩，后转为甘甜；红茶茶汤甜味更浓，回味无穷；花茶茶汤滋味清爽甘甜，鲜花香气明显。茶的种类虽然较多，但均以少苦涩、带甘滑醇厚、能口齿留香的为好茶，以苦涩味重、陈旧味或火味重者为次品。

轻啜一口茶，闭目凝神，细品茶中的味道，让茶香融化在唇齿之间。或香醇，或甘甜，或润滑，亦或是细腻，相信每一类好茶的共同特点，都是令人回味无穷才对。

5. 韵味

所谓韵味，不仅仅是茶叶的味道这么简单，而是一种丰富的内涵以及含蓄的情趣。从古至今，名人墨客，王侯百姓，无一不对茶的韵味大加赞美。无论是雅致的茶诗茶话，还是通俗的茶联茶俗，都包含着人们对茶的浓浓深情。品一口茶；顿时舌根香甜，再尝一口，觉得心旷神怡。直到饮尽杯中茶之后，其中韵味却如余音绕梁一般，久久不去，令人飘然若仙，仿佛人生皆化为馥郁清香的茶汁，苦尽甘来，实在美哉美哉。

无论是哪类茶，都可以用以上 5 种方法甄别出优劣。只要常常与茶打交道，在外形、香气、颜色、味道、韵味上多下功夫，相信大家一定会选出好茶来。

新茶和陈茶的甄别

所谓新茶，是指当年从茶树上采摘的头几批新鲜叶片加工制成的茶；所谓陈茶，是指上了年份的茶，一般超过5年的都算陈茶。市场上，有些不法商家常常以陈茶代替新茶，欺骗消费者。而人们购买到这类茶叶之后，往往懊悔不已。在此，我们提供一些判断新茶和陈茶的方法，以供大家参考，这样也可以确保今后可以正确地选购到需要的茶叶。

1. 根据茶叶的外形甄别新茶和陈茶

一般来说，新茶条索明亮，大小、粗细、长短均匀者为新；条索枯暗、外形不整、甚至有茶梗、茶籽者为陈。细实、芽头多、锋苗锐利的嫩度高；粗松、老叶多、叶脉隆起的嫩度低。扁形茶以平扁光滑者为新，粗、枯、短者为陈；条形茶以条索紧细、圆直、匀齐者为新，粗糙、扭曲、短碎者为陈；颗粒茶以圆满结实者为新，松散块者为陈。

2. 根据茶叶的色泽甄别新茶和陈茶

茶叶在贮存过程中，由于受空气中氧气和光的作用，使构成茶叶色泽的一些色素物质发生缓慢的自动分解，因此，我们可以从色泽上甄别出新茶和陈茶。一般情况下，新茶色泽都清新悦目，绿意分明，呈嫩绿或墨绿色，冲泡后色泽碧绿，而后慢慢转微黄，汤色明净，叶底亮泽。而陈茶由于不饱和成分已被氧化，通常色泽发暗，无润泽感，呈暗绿或者暗褐色，茶梗断处截面呈暗黑色，汤色也变深变暗，茶黄素被进一步氧化聚合，偏枯黄，透明度低。

绿茶中，色泽枯灰无光，茶汤色变得黄褐不清等都是陈茶的表现；红茶中，色泽变得灰暗，汤色变得混浊不清，失去红茶的鲜活感，这些也是贮存时间过长的表现；花茶中，颜色重，甚至发红的往往都是陈茶。

3. 根据茶叶的香气甄别新茶和陈茶

茶叶中含有带香气成分的物质有几百种，而这些物质经过长时间贮藏，往往会不断挥发出来，也会缓慢氧化。因而，时间久了，陈茶中的芳香物质渐渐挥发掉，类脂成分发生水解和氧化，香气开始转淡转浅，香型也会由新茶时的清香馥郁而变得低闷混浊。

陈茶会产生一种令人不快的老化味，即人们常说的“陈味”，甚至有粗老气或焦涩气。有的陈茶会经过人工熏香之后出售，但这种茶香味道极为不纯。因此，我们可以通过香气对新茶与陈茶进行甄别判断。

4. 根据茶叶的味道甄别新茶和陈茶

再好的茶叶，只有细细品尝、对比之后才能判断出品质的好坏。因此，我们可以在购买茶叶之前，让卖家泡一壶茶，自己坐下来仔细品饮，通过茶叶的味道来甄别。茶叶在贮藏过程中，其中的酚类化合物、氨基酸、维生素等构成滋味的物质，有的分解挥发，有的缩合成不溶于水的物质，从而使可溶于茶汤中的滋味物质减少。可以说，不管哪种茶类，新茶的滋味往往都醇厚鲜爽，而陈茶却显得味道寡淡，鲜爽味也自然减弱。

有很多人认为，“茶叶越新越好”，其实这种观点是对茶叶的一种误解。多数茶是新比陈好，但也有许多茶叶是越陈越好，例如普洱茶。因此，大部分人买回了这些新茶之后都会存储起来，放置五六年或更长时间，等到再开封的时候，这些茶泡完之后香气更加浓郁香醇，可称得上优品；就连那些追求新鲜的绿茶，也并非需要新鲜到现采现喝。例如一些新炒制的名茶如西湖龙井、洞庭碧螺春、黄山毛峰等等，在经过高温烘炒后，立即饮用容易上火。如果能贮存1～2个月，那么，不仅汤色清澈晶莹，而且滋味鲜醇可口，叶底青翠润绿，而未经贮存的闻起来略带青草气，经短期贮放的却有清香纯洁之感。又如盛产于福建的武夷岩茶，隔年陈茶反而香气馥郁滋味醇厚。

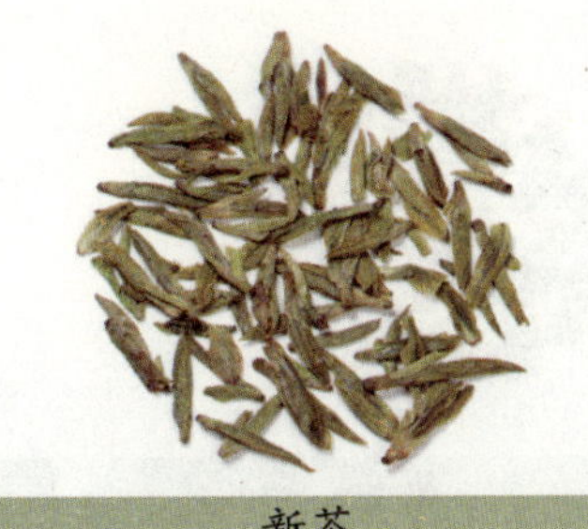
新茶

陈茶

总之，新茶和陈茶之间有许多不同点，如果我们掌握了这些，在购买茶叶时再用心地品味一番，相信一定能对新茶和陈茶做出准确的判断，选择自己喜欢的种类。

春茶、夏茶和秋茶的甄别

许多茶友购买到茶之后总会觉得，自己每次买完相同茶叶，其味道总是不同的。这并不完全是指买到了陈年的茶或劣质茶，有时候，也可能是由于我们买到了不同季节的茶。

根据采摘季节的不同，一般茶叶可分为春茶、夏茶和秋茶三种，但季节茶的划分标准是不一致的。有的以节气分：例如清明至小满采摘的茶为春茶，小满至小暑采摘的茶为夏茶，小暑至寒露采摘的茶为秋茶；有的以时间分：在5月底以前采制的为春茶，6月初～7月上旬采制的为夏茶；7月中旬以后采制的为秋茶。不同季节的茶叶因光照时间不同，生长期长短的不同，气温的高低以及降水量多寡的差异，品质和口感差异也非常之大。那么，如何判断春茶、夏茶和秋茶呢？下面就简单介绍一下几种茶的甄别方法：

1. 观看干茶

我们可以从茶叶的外形、色泽等方面大体判断该茶是在哪个季节采摘的。

由外形上看，春茶的特点往往是叶片肥厚，条索紧结。春茶中的绿茶色泽绿润，红茶色泽乌润，珠茶则颗粒圆紧；夏茶的特点是叶片轻飘松宽，梗茎瘦长，色泽发暗，绿茶与红茶均条索松散，珠茶颗粒饱满；秋茶的特点是叶轻薄瘦小，茶叶大小不一，绿茶色泽黄绿，红茶色泽较为暗红。

由干茶的香气来看，春茶香气馥郁；夏茶香气稍带粗老；秋茶香气较为平和。三季茶中，夏茶的品质与口感都是最差的。

除了这两种方法辨别三类茶，有时还可根据夹杂在茶叶中的茶花、茶果来判断是哪种季节的茶。由于从7月下旬～8月为茶的花蕾期，而9～11月为茶树开花期，因此，若发现茶叶中包含花蕾或花朵，那么就可以判断该茶为秋茶；我们也可根据其中的果实进行判别。例如，茶叶中夹杂的茶树幼果大小如绿豆一样大时，可以判断此茶为春茶；如果幼果较大，如豌豆那么大时，可判断此茶为夏茶；如果茶果更大时，则可以判断此茶为秋茶了。不过，一般茶叶加工时都会进行筛选和拣除，很少会有茶花、茶果夹杂在其中，在此只是

春茶

夏茶

秋茶

为了方便大家多一种鉴别方法而已。

2. 品饮闻香

判断茶最好的方法还是坐下来品尝一番。春茶、夏茶、秋茶因采摘的季节不同，其冲泡后的颜色与口感也大为不同。

（1）春茶

冲泡春茶时，我们会发现叶片下沉较快，香气浓烈且持久，滋味也较其他茶更醇厚。绿茶茶汤往往绿中略显黄色；红茶茶汤红艳显金圈。且茶叶叶底柔软厚实，叶张脉络细密，正常芽叶较多，叶片边缘锯齿不明显。

（2）夏茶

冲泡夏茶时，我们会发现叶片下沉较慢，香气略低一些。绿茶茶汤汤色青绿，滋味苦涩，叶底中夹杂着铜绿色的茶芽；而红茶茶汤较为红亮，略带涩感，滋味欠厚，叶底也较为红亮。夏茶的叶底较薄而略硬，夹叶较多，叶脉较粗，叶边缘锯齿明显。

（3）秋茶

冲泡秋茶时，我们能感觉到其香气不高，滋味也平淡，如果是铁观音或红茶，味道中还夹杂着一点酸。秋茶的叶底夹杂着铜绿色的茶芽，夹叶较多，叶边缘锯齿明显。

通常来说，春茶的品质与口感较其他两种茶好，比如购买龙井时一定要买春茶，尤其是明前的龙井，不仅颜色鲜艳，香气也馥郁鲜爽，且能够存储较长的时间。但茶叶有时候因采摘季节不同而呈现出不同的特色与口感，不一定都以春茶为最佳。例如，秋季的铁观音和乌龙茶的滋味比较厚，回甘也较好，因而，喜欢味道醇厚的茶友们可以选择购买这两种茶的秋茶。

通过简单的对比，我们可以看出几种茶还是有很大差别的，如果下次再选购茶叶的时候，一定要根据自己的爱好以及茶叶的品质购买才好。

绿茶的甄别

绿茶是指采摘茶树的新叶之后，未经过发酵，经杀青、揉捻、干燥等工序制成的茶类。其茶汤较多地保存了鲜茶叶的绿色主调，色泽也多为翠绿色。我们甄别绿茶的好坏可以从以下几个方面入手：

1. 外形

绿茶种类有很多，外形自然也相差很多。一般来说，优质眉茶呈绿色且带银灰光泽，条索均匀，重实有峰苗，整洁光滑；珠茶深绿而带乌黑光泽，颗粒紧结，以滚圆如珠的为上品；烘青呈绿带嫩黄色，瓜片翠绿；毛峰茶条索紧结、白毫多为上品；炒青碧绿青翠；而蒸青绿茶中外形紧缩重实，大小匀整，芽尖完整，色泽调匀，浓绿发青有光彩者为上品。

假如绿茶是低劣产品，例如次品眉茶，它的条索常常松扁，弯曲、轻飘、色泽发黄或是很暗淡；如果毛峰茶条索粗松，质地松散，毫少，也属于次品。

2. 香气

高级绿茶都有嫩香持久的特点。例如，珠茶芳香持久；蒸青绿茶香气清鲜，又带有特殊的紫菜香；屯绿有持久的板栗香；舒绿有浓烈的花香；湿绿有高锐的嫩香，不同的绿茶都有其不同的特点。

而那些带有烟味、酸味、发酵气味、青草味或其他异味的茶则属于次品。

3. 汤色

高级绿茶的汤色较为清澈明亮，例如眉茶、珠茶的汤色清澈黄绿、透明；蒸青绿茶淡黄泛绿、清澈明亮。

而那些汤色呈现出深黄色，或是浑浊、泛红的绿茶，往往都是次品。

4. 滋味

高级绿茶经过冲泡之后，其滋味都浓厚鲜爽。例如眉茶浓纯鲜爽；珠茶浓厚，回味中带着甘甜；蒸青绿茶的滋味也新鲜爽口。

那些滋味淡薄、粗涩，甚至有老青味和其他杂味的绿茶，皆为次品。

5. 叶底

高级绿茶的叶底往往都是明亮、细嫩的，且质地厚软，叶背也有白色茸毛。

那些叶底粗老、薄硬，或呈现出暗青色的茶叶，往往都是次品。

绿茶中的极品——黄山毛尖的干茶及冲泡之后的成品茶

绿茶对人体有很大的益处。常饮绿茶能防癌防辐射，降血脂，还可以减轻吸烟者体内的尼古丁含量，可称得上是人体内的“清洁剂”。绿茶的价值如此高，选购的人也不在少数，因而有许多不法商家经常会为了牟取暴利而作假。只有我们掌握了甄别绿茶的方法，才会选择出品质最好，最适合自己的绿茶。

红茶的甄别

红茶属于全发酵茶，是以茶树的芽叶作为原料，经过萎凋、揉捻、发酵、干燥等工序精制而成的茶叶。红茶一直深受人们的欢迎，但也有许多人不了解该如何选购优质的红茶，以下就为大家提供几种甄别红茶的方法。

红茶因其制作方法不同，可分为工夫红茶，小种红茶和红碎茶三种。不同类型的红茶有着不同的甄别方法。

1. 工夫红茶

工夫红茶条索紧细圆直，匀齐；色泽乌润，富有光泽；香气馥郁，鲜浓纯正；滋味醇厚，汤色红艳；叶底明亮、呈现红色的为优品。

反之，那些条索粗松、匀齐度差，色泽枯暗不一致，香气不纯，茶汤颜色欠明，汤色浑浊，滋味粗淡，叶底深暗的为次品。

工夫红茶中以安徽祁门红茶品质为名贵，其他的如政和工夫，坦洋工夫和白琳工夫等在国内外也都久负盛名，皆为优质红茶。

2. 红碎茶

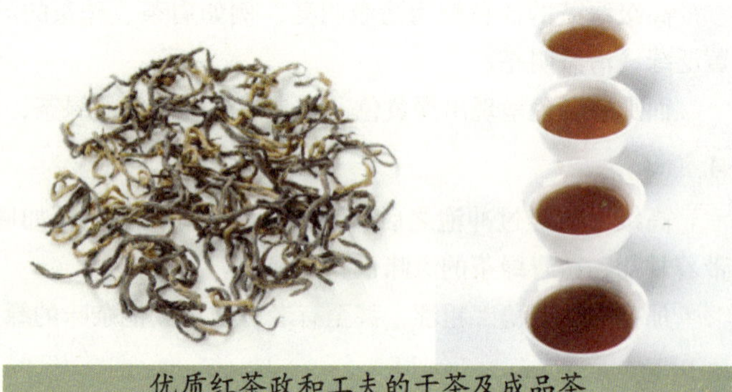

优质红茶政和工夫的干茶及成品茶

优质红碎茶的外形匀齐一致，碎茶颗粒卷紧，叶茶条索紧直，片茶皱褶而厚实，末茶成砂粒状，体质重实；碎茶中不含片末茶，片茶中不含末茶，末茶中不含灰末；碎、片、叶、末的规格要分清；香高，具有果香、花香和类似茉莉花的甜香，要求尝味时，还能闻到茶香；茶汤的浓度浓厚、强烈、鲜爽；叶底红艳明亮，嫩度相当。凡有着这些特点的红碎茶，往往都是优品。

反之，那些颜色灰枯或泛黄，茶汤浅淡，香气较低，颜色暗浊的红碎茶品质较次。

3. 小种红茶

优质的小种红茶，其条索较壮，匀净整齐，色泽乌润，具有松烟的特殊香气，滋味醇和、汤色红艳明亮，叶底呈古铜色。

反之，如果香气有异味，汤色浑浊，叶底颜色暗沉，这样的小种红茶往往都是次品。

小种红茶中，较为著名的有正山小种、政和小种和坦洋小种等几种。

相信大家已经掌握了红茶的甄别方法，这样在选购红茶时，就不会买到不如意的红茶了。

黄茶的甄别

人们从炒青绿茶中发现，由于杀青、揉捻后干燥不足或不及时，茶叶的颜色发生了变化，于是将这类茶命名为黄茶。黄茶的特点是黄叶黄汤，制法比绿茶制法多了一个闷堆的工序。

黄茶分为黄芽茶、黄大茶和黄小茶三类。下面以黄芽茶中的珍品——君山银针为例，简单介绍一下如何甄别黄茶的真假。

君山银针上品茶茶叶芽头茁壮，芽身金黄，紧实挺直，茸毛长短大小均匀，密盖在表面。由于色泽金黄，而被誉称"金镶玉"。冲泡后，香气清新，汤色呈现浅黄色，品尝起来甘甜爽口、滋味甘醇，叶底比较透明。

优质黄茶君山银针的干茶及成品茶

君山银针是一种较为特殊的黄茶，它有幽香、有醇味，具有茶的所有特性，但它更注重观赏性。君山银针的采制要求很高：例如采摘茶叶的时间只能在清明节前后 7 ~ 10 天内，另外，雨天、风霜天不可采摘；茶叶本身空心、细瘦、弯曲、茶芽开口、茶芽发紫、不合尺寸、被虫咬的情况下都不能采摘。

以上是从外形甄别的方法，这种茶最佳甄别方法是看其冲泡时的形态。刚开始冲泡君山银针时，我们可以看到真品的茶叶芽尖朝上、蒂头下垂而悬浮于水面，随后缓缓降落，竖立于杯底，升升降降，忽升忽降，特别壮观，有"三起三落"之称，最后竖直着沉到杯子底部，像一柄柄刀枪一样站立，十分壮观。看起来又特别像破土而出的竹笋，绿莹莹的实在耐看。而假的君山银针则不能站立，从这一点很好判断出来。

茶叶之所以会站立的原因很简单，是因为"轻者浮，重者沉"。由于茶芽吸水膨胀和重量增加不同步，因此，芽头比重瞬间产生变化。最外一层芽肉吸水，比重增大即下沉，随后芽头体积膨胀，比重变小则上升，继续吸水又下降，如此往复，浮浮沉沉，这才有了"三起三落"的现象。

除了君山银针之外，这种浮沉的现象在许多芽头肥壮的茶中也有出现。我们可以利用这点来区分真假茶，以免被干茶的形态所蒙骗。

黑茶的甄别

现在茶市场上有许多以次充好的黑茶，价钱卖得也很贵，初识茶叶的茶友们很容易被欺骗，因此，辨别黑茶的真假也成了我们首要认识的问题。

市场上的假冒伪劣黑茶不过是从以下 4 个方面入手：

1. 假冒品牌和年份

有些不法商贩会冒用优质或认证标志，冒用许可证标志来欺瞒消费者；或是将时间较短的黑茶经过重新包装，冒充年份久远的陈年老茶。大家都知道，黑茶年份越久口感越好，这些不法商贩这样做，无疑是在投机取巧。

2. 以次充好

茶叶根据不同类型也会分几个等级，但那些不法商贩往往将低等级的黑茶重新包装，或是掺杂到高等级的黑茶中，定一个较高的价钱，以次充好，低质高价出售，以牟取暴利。

3. “三无”产品

“三无”产品是指无标准、无检验合格证或未按规定标明茶叶的产地、生产企业等详细信息。这样的“三无”茶叶，大家一定要谨慎辨别，千万不要贪图便宜而买到假货。

4. 掺假

掺假并不仅仅是掺杂次等黑茶，有些商贩往往在优品黑茶中掺杂价格便宜的红茶、绿茶碎末等。其本质与以次充好一样，都是为了投机取巧，以低质的茶叶赚取高额的利润。

那么，如何从茶叶本身甄别真假呢？首先，我们要了解黑茶的特点，这样才会真正做到“知己知彼，百战百胜”。

黑茶的特点是：“叶色油黑或褐绿色，汤色橙黄或棕红色”。因此，我们可以从外形、香气、颜色、滋味 4 个方面甄别。

1. 外形

如果黑茶是紧压茶，那么上品茶往往都会具有这样几个特点：砖面完整，模纹清晰，棱角分明，侧面无裂，无老梗，没有太多细碎的茶叶末掺杂。黑茶中，这种砖茶有许多种类。由于生产的时间不同，砖茶的外形规格都具有当时的特点：例如前期生产的砖茶，砖片的紧压程度和光洁度都比现时的要紧，要光滑。这是由当时采用的机械式螺旋手摇压机，压紧后无反弹现象。后来采用摩擦轮压机后，茶叶紧压后，有反弹松弛现象，砖面较为松泡。

如果要甄别的是散茶，那么条索匀齐、油润则是好茶；以优质茯砖茶和千两茶为例，“金花”鲜艳、颗粒大且茂盛的，则是优品茶的重要特征。

2. 香气

上品黑茶具有菌花香，闻起来仿佛有甜酒味或松烟味，老茶则带有陈香。以茯砖茶和千两茶为例，两者都具有特殊的菌花香；而野生的黑茶则有淡淡的清香味，闻一闻就会令人心旷神怡。

3. 颜色

这里提到的颜色分两种。优品黑茶的颜色多为褐绿色或油黑色，茶叶表面看起来极有光泽。冲泡之后，优品黑茶的汤色橙色明亮。陈茶汤色红亮，如同琥珀一样晶莹透亮，十分好看；而上好野生的新茶汤色可以红得像葡萄酒一样，极具美感。

4. 滋味

上品黑茶的口感甘醇或微微发涩，而陈茶则极其润滑，令人尝过之后唇齿仍带有其甘甜的味道。

只要我们掌握了这几种辨别黑茶的方法，就可以在今后

优质的黑茶生沱茶的干茶及成品茶

挑选黑茶的时候，能够做到有效判断，不会被假货蒙蔽了双眼。

白茶的甄别

由于茶的外观呈现白色，人们便将这类茶称为白茶。传统的白茶不揉不捻，形态自然，茸毛不脱，白毫满身，如银似雪。

与其他类茶叶相同，白茶也可以从外形、香气、颜色和滋味4部分鉴别，我们现在来看一下具体的方法：

1. 外形

由外形区分白茶可以包含4个部分。

（1）观察叶片的形态。品质好的白茶叶片平伏舒展，叶面有隆起的波纹，叶片的边缘重卷。芽叶连枝并且稍稍有些并拢，叶片的尖部微微上翘，且不是断裂破碎的。而那些品质差的茶叶则正好相反，它们的叶片往往是人为地强加摊开、折叠与弯曲的，而不是自然的平伏舒展，仔细辨别即可看出。

（2）观察叶片的净度。品质好的白茶中只有干净的嫩叶，而不含其他的杂质；那些品质不好的茶叶，里面常常含有碎屑、老叶、老梗或是其他的杂质。我们挑选时，只要用手捧出一些，手指拨弄几下就可以看出茶叶的好坏。

（3）观察叶片的嫩度。白茶中，嫩度高的为上品。如果我们要买的茶叶毫芽较多，而且毫芽肥硕壮实，这样的茶可以称得上优品；反之，毫芽较少且瘦小纤细，或是叶片老嫩不均匀，嫩叶中夹杂着老叶的茶，则表示这种茶的品质较差。

（4）观察叶底。如果叶色呈现明亮的颜色，叶底肥软且匀整，毫芽较多而且壮实，这样的茶算得上是优品；反之，如果叶色暗沉，叶底硬挺，毫芽较少且破碎，这样的白茶品质往往很差。

2. 香气

拿起一些白茶，仔细嗅一嗅，通过其散发出的香味也可辨别茶叶好坏。那些香味浓烈显著，且有清鲜纯正气味的茶叶可称得上是优品；反之，如果香气较淡，或其中夹杂着青草味，或是其他怪异的味道，这样的白茶往往品质较差。

3. 颜色

通过颜色辨别也包含两个方面。首先是叶片、芽叶的色泽。上品白茶的毫芽的颜色往往是银白色，且具有光泽；反之，如果叶面的颜色呈现草绿色、红色或黑色，毫芽的颜色毫无光泽，或是呈现蜡质光泽的茶叶，品质一般很差。

优质白茶白毫银针的干茶及成品茶

冲泡白茶之后，我们还可

以根据汤色判断其品质好坏。上品茶冲泡之后，汤色呈现杏黄、杏绿色，且汤汁明亮；而质量差的白茶冲泡之后，汤色浑浊暗沉，且颜色泛红。

4. 滋味

好茶自有好味道，这个道理一点也不假。冲泡白茶之后，我们可以细品茶的滋味，甄别茶叶的好坏。那些茶味鲜爽、味道醇厚甘甜的茶，都算得上优品；如果茶味较淡且比较粗涩，这样的茶往往都是次品。

无论是什么类型的白茶，都可以从以上 4 个方面来甄别，相信时间久了，大家一定会又快又准确地判断出白茶的好坏与真假。

青茶的甄别

青茶又被称为乌龙茶，属于半发酵茶。其制法经过萎凋、做青、炒青、揉捻、干燥五道工序。青茶的特点是“汤色金黄”，它是中国几大茶类中，具有鲜明特色的茶叶品类。

辨别青茶的方法也可以分为观外形、闻香气、看汤色和品滋味 4 种。

1. 观外形

我们可以观看茶叶的条索，细看条索形状，紧结程度，那些条索紧结、叶片肥硕壮实的茶叶品质往往较好。反之，如果条索粗松、轻飘，叶片细瘦的茶叶品质往往不佳；上好的青茶色泽沙绿乌润或青绿油润，反之，那些颜色暗沉的茶叶往往品质不佳。

而不同青茶的外形特点也有些许不同，例如铁观音茶条索壮结重实，略呈圆曲；水仙茶条索肥壮、紧结，带扭曲条形。

2. 闻香气

茶叶冲泡后 1 分钟，即可开始闻香气，1.5 ~ 2 分钟香气最浓鲜，闻香每次一般为 3 ~ 5 秒，长闻有香气转淡的感觉。好的青茶香味兼有绿茶的鲜浓和红茶的甘醇，具有浅淡的花香味。而劣质的青茶不仅没有香气，反而有一种青草味、烟焦味或是其他异味。

3. 看汤色

冲泡青茶之后我们可以看出，上品青茶的汤色呈现金黄或橙黄色，且汤汁清澈明亮，特别好看；而劣质的青茶冲泡之后，其汤色往往都是浑浊的，且汤色泛青、红暗。由于乌龙茶兼具绿茶和红茶的品质特征，其叶底为绿叶红镶边，颜色极其艳丽，边缘颜色以鲜红色为佳。

优质青茶冻顶乌龙的干茶及成品茶

4. 品滋味

上品青茶品尝一口之后，顿时觉得茶汤醇厚鲜爽，味道甘美灵活；而劣质青茶冲泡之后，茶汤不仅味道淡薄，甚至还伴有苦涩的味道，令人难以下咽。

说到青茶，不得不说一说青茶中的名品——武夷大红袍。大红袍有三个等级，即特级、一级、二级。三种级别的大红袍有着各自不同的特点，分别如下所述：

特级大红袍外形上条索匀整、洁净、带宝色或油润，香气浓长清远，滋味岩韵明显、味道醇厚甘爽，汤色清澈、艳丽、呈深橙黄色，叶底软亮匀齐、红边或带朱砂色，且杯底留有香气。

一级大红袍外形上也会呈现出紧结、壮实、稍扭曲的特点，叶片色泽稍带宝色或油润，整体较为匀整。香气上浓长清远，滋味岩韵明显，味道醇厚，回甘快。但是，这些特点却不如特级大红袍明显。一级大红袍汤色则较为清澈、艳丽、呈深橙黄色，叶底较软亮匀齐、红边或带朱砂色，且杯底有余香。

二级大红袍无论在外形、色泽、香气等方面都远不如前两者。但味道品尝起来，却仍带有岩韵，滋味也比较醇厚，回甘快。

总体来说，青茶的辨别方法不难，只要我们牢记青茶的特点，就不会在下一次购买时弄错了。

花茶的甄别

自古以来，茶人就提到“茶饮花香，以益茶味”的说法，由此看来，饮花茶不仅可以起到解渴享受的作用，更带给人一种两全其美、沁人心脾的美感。

我们选购花茶时，可以从以下 4 方面入手：

1. 外形

品质好的花茶，其条索往往是紧细圆直的；如果花茶的条索粗松扭曲，这样的茶品质往往较差。并且，好茶中并无花片、梗子和碎末等；而次茶中常含有这些杂质。

2. 颜色

好花茶色泽均匀，以有光亮的为佳；反之，如果色泽暗沉，往往品质较差，或者是陈茶。

3. 重量

我们在购买花茶时，可以随便抓起一把茶叶，在手中掂掂重量。品质较好的花茶较重，较沉；而那些重量较轻的，较虚浮的则是次品。

4. 味道

由于花茶极易吸附周围的异味，因此，我们可以按照这一特点甄别茶叶好坏。抓一把花茶深嗅一下，辨别花香是否纯正，其中是否含有

优质花茶碧潭飘雪的干茶及成品茶

异味。品质较高的花茶茶香扑鼻，香气浓郁；而那些香气不浓或是其中夹杂异味的茶叶往往都是次品。

花茶也划分了 5 个等级：一级的花茶条索紧细圆直匀整，有锋苗和白毫，略有嫩茎，色泽绿润，香气鲜灵浓厚清雅；二级花茶条索圆紧均匀，稍有锋苗和白毫，有嫩茎，色泽绿润，香气清雅；三级花茶条索较圆紧，略有筋梗，色泽绿匀，香气纯正；四级花茶条索尚紧，稍露筋梗、色泽尚绿匀，香气纯正；五级花茶条索粗松有梗，色泽露黄，香气稍粗。这些特点可以让我们在购买花茶时不易选购次品。

花茶中，菊花茶是众多茶友们喜爱的种类之一。它不仅可以去火，还可以治疗眼睛疲劳，对电脑一族有着特别大的好处。在此，我们介绍一下菊花茶的选购标准，以便于今后选择较为优质的菊花茶。

（1）由外形上看，优品菊花茶花朵大小整齐，没有碎花，没有杂质，没有粉尘，没有小虫子。而品质差的正好相反，花朵有大有小，其中常常伴有碎花和杂质、粉尘等，有的还会带些小虫子。

（2）冲泡菊花茶之后，可以看到茶水颜色清澈晶莹；而那些茶汤浑浊，还常伴有杂质的菊花茶往往是次品。

（3）冲泡之后，优品菊花茶花朵舒展开来，好像活的一样，带着活力与生机。而差的菊花茶泡开之后令人觉得死气沉沉，没有半点活力。

花茶中，类似菊花茶这种带花朵的都可以按照这几种方法甄别。闲暇时候，泡上一杯泛着浓浓香气的花茶，感觉一定惬意无比！

第二章 好器沏好茶

俗话说“好马配好鞍”，同样地，好器自然沏好茶，无论茶叶味道如何美，倘若盛放的器具不对或是质量稍差，那么也无法做到与之契合。茶具不仅仅是简单的器皿，更是茶与生活的一个美丽衔接。我们应如何在种类繁多的茶具中挑选出不仅造型优美，同时又实用耐用的茶具，这正是本章要解答的问题。

入门必备的茶具

对于一个初入茶领域的茶友来说，对一切都会觉得陌生，尤其是走进茶具店，看着琳琅满目的茶具，一定会感到迷茫。下面我们就介绍几种新手入门必备的茶具，以供初学者参考。

1. 茶壶

茶壶是一种供泡茶和斟茶用的带嘴器具，它也是新手入门必备的茶具之一。其作用主要用来泡茶，也有直接用小茶壶泡茶独自饮用的。茶壶的基本形态有几百种，可谓五花八门，形状样式千奇百怪。茶壶的质地也较多，而多以紫砂陶壶或瓷器茶壶为主。

茶壶

2. 茶杯

茶泡好后，需要盛放在茶杯中准备饮用。不同的茶可以用不同的茶杯盛放，其材质有玻璃、瓷等几种。茶杯的种类、大小应有尽有。需要注意的是，茶杯的内壁最好是白色或浅色的，如果选用玻璃制成的品茗杯也可。

茶杯

3. 盖碗

盖碗又称“三才杯”，它由杯托、杯身、杯盖构成，蕴含着“天盖之、地载之、人育之”的意思。盖碗有许多种类，例如玻璃盖碗、白瓷盖碗和陶制盖碗等，其中以白瓷盖碗最常见。而近些年来，玻璃盖碗又开始在茶市场中流行起来，人们主要用它来冲泡绿茶。

盖碗

4. 茶荷

茶荷又名赏茶荷，是一种置茶用具，用来盛装要沏泡的干茶。茶荷按质地分，有竹、木、瓷、陶等。一般以白瓷为多见，可以更加清晰地观察到茶叶的外形和色泽。也有竹制的，比较美观、大方。按外形分，有各种各样的形状，如圆形、半圆形、弧形、多角度形等。正因如此，茶荷才显得既实用又美观。

茶荷

5. 公道杯

公道杯又称为茶海，蕴含着“观音普度，众生平等”的意思。它的主要功能是使每位客人杯中的茶汤浓度相同，做到好不偏颇，名字想必也是因此得来。公道杯按材质有玻璃、白瓷、紫砂等。玻璃和白瓷最常使用，最大的优点是可以观察茶汤的色泽和品质。使用时，只需将茶汤慢慢倒入公道杯中，保持茶汤的浓淡，这样有助于随时为客人分饮。

公道杯

6. 随手泡

随手泡又称为煮水器。煮水是泡茶过程中重要的程序之一，掌握煮水的技巧、水的温度对泡出一杯成功的茶汤起到关键作用。因此，随手泡对新手而言也是必备的重要茶具之一。随手泡有铝、铁、玻璃等材质，由于现今科技日益发达，市场上多了许多类型，例如：电热铝制电磁炉煮水器、酒精玻璃壶煮水器、电磁炉煮水器、铁壶煮水器等。

随手泡

7. 杯托

杯托主要在奉茶时用来盛放茶杯或是垫在杯底防止茶杯烫伤桌面的器具。杯垫按各种形状分，有长方形、圆形等几种；按材质分，主要有竹、木、瓷、布艺等几种。并且，不同质地的杯垫用于放置不同的玻璃杯。例如竹、木、瓷制杯垫主要用于放置瓷杯或陶杯；布艺杯垫多用于放置玻璃杯。

杯托

8. 茶道具

茶道具被人们称为茶艺六君子，它们分别是茶匙、茶针、茶漏、茶夹、茶则、茶桶，每个道具都有各自不同的用处。茶道具长用黑紫檀、铁梨木、竹等材质制成，其中以紫檀木制成的道具最佳。

茶道具

9. 茶巾

用来擦拭壶壁、杯壁的水渍或是茶渍的茶具。市场上常见的茶巾通常由棉布和麻布制作，吸水性比较强。茶巾完全依照个人的喜好以及茶桌颜色来决定，并没有太多要求。另外，使用茶巾之后应及时用清水清洗，避免细菌滋生。

茶巾

10. 茶叶罐

用来存放茶叶的器具，又称茶仓。按材质分，茶叶罐多为紫砂、瓷、锡、纸、玻璃等材质所作。不同茶叶应选用不同质地的茶叶罐，例如普洱茶最好选用紫砂茶罐；绿茶最好选用锡罐存储；而花草茶外形美观，可选用观赏性较强的玻璃罐存储。

茶叶罐

11. 茶盘

茶盘主要用于放置茶具，或盛接凉了的茶汤或废水使用，常见的茶盘主要是由竹和木质材料制成。一般选择茶盘大小主要由喝茶人数及茶具决定，如果喝茶的人数少或是茶具较少，可选用小一点的茶盘；如果喝茶人数多或是茶具较多，则可选用大一点的茶盘。

茶盘

以上几种为入门必备的茶具，有了这几样，不管我们是不是第一次泡茶，都不需要再为五花八门的茶具而迷茫苦恼了。

如何选购茶具

一个爱茶之人，不仅要会选购品质好的茶叶，更要会挑选好茶具才可。选用好茶具，除了讲究茶具的外形美观和使用价值外，还要力求最大限度地发挥茶具的特性。因此，选好茶具就显得尤为重要了。

选购茶具首先要根据所冲泡茶的种类、茶的老嫩程度、色泽以及品茶人群 4 个方面考虑，这样才能做到物有所值，不会让茶的味道欠缺。

1. 根据茶的种类

茶叶种类不同，所用的茶具也有讲究。冲泡花茶时通常使用瓷壶，饮用时使用瓷杯，茶壶的大小根据人数的多少来确定；南方人喜爱的炒青或烘青绿茶，冲泡时大多使用带盖的瓷壶；冲泡乌龙茶时，适宜使用紫砂茶具；冲泡工夫红茶及红碎茶时，通常使用瓷壶或紫砂壶；冲泡西湖龙井、洞庭碧螺春、君山银针等名茶时，为了增加美感，通常使用无色透明的玻璃杯。

2. 根据茶的老嫩程度

我国民间有“老茶壶泡，嫩茶杯冲”这一说法，也就是说，用茶壶冲泡老茶，而用杯子冲泡嫩茶。这是因为较粗老的茶叶，用壶冲泡，可保持热量，有利于茶叶中的水浸出物溶解于茶汤，提高茶汤中的可利用部分；另外，较粗老茶叶没有艺术观赏价值，用来敬客，有失雅观。用茶壶泡则可避免失礼之嫌。而细嫩的茶叶，用杯冲泡，一目了然，可同时收到物质享受和精神欣赏的双重效果。

3. 根据色泽

根据色泽选购主要是茶具间外观颜色要相称，另外茶具要与茶叶的色泽相配。

饮具的内壁通常以白色为宜，这样可以真切地反映茶汤的色泽与纯净度。在观赏茶艺、品鉴茶叶时，还应该多加留意，同一套茶具里的茶壶、茶盅、茶杯等的颜色应该相配，茶船、茶托、茶盖等器具的色调也应该协调，这样才能使整套茶具如同一个不可分割的整体。如果将主茶具的色调作为基准，然后用同一色系的辅助用品与之相搭配，则更是天衣无缝。

4. 根据不同人群

不同人有着不同性格，而不同性格的人各有其偏好的茶具类型。例如，性格开朗的人比较喜欢大方且有气度、简洁而明亮的造型；温柔内向的人，偏爱做工精巧、雕琢细致繁复而多变的茶壶。除此之外，由于年龄、职业的不同，人们对茶具也有着不同的需求。例如年轻人常常以茶会友，自然会拿出精致美观的茶具以及上好的茶叶来待客，因此，他们常常用茶杯冲泡茶；而老年人喝茶重在精神享受，他们更喜欢在喝茶的时候品味茶韵，因此，他们适合用茶壶泡茶，慢慢品饮，实在是一种人生享受。职业不同，人们对茶具的选择也不相同，例如文化人喜欢在壶中加入茶文化的内涵，其中也包括诗词铭文、书画的镌刻；做官赚钱更适合福寿壶、元宝壶以及金钱壶等。

除了从以上 4 个方面考虑，还可根据实际情况考虑要购买何种茶具。例如茶具宜小不宜大，因为大的茶具装水会比较多，热量也自然很大，这样往往容易将茶叶烫透，影响茶汤的色泽及香气，还会产生一种“熟汤味”，如果用这样的茶叶待客，自然会有失主人的泡茶水准。

品茶既是一种对生活的享受，又是一种对艺术的追求。因而，我们需要挑选适合自己的茶具，这样才能在品尝茶味，享受生活的同时，也不使茶失去自身的艺术美感。

茶具的分区使用

茶具按照功能划分，可分为主茶具和辅助茶具以及相关器具 3 大类，并分区使用，操作起来比较方便。

1. 主茶具

主茶具包括茶壶、茶船、茶杯、茶盅、盖碗、杯托等几种。

（1）茶壶

仅有好茶而没有好茶壶是不行的，否则无法使茶的精华展现出来。茶壶的种类繁多，样式也是五花八门，但一个好茶壶所需要的不仅要有精致的外观、匀滑的质地，相对来说还要更实用一点才好。因此，挑选茶壶有以下几个讲究：

主茶具组合图

首先，茶壶一定不要有泥味和杂味，否则冲泡之后的茶汁也会沾染异味，影响茶汤品质；其次，保温效果一定要好，可以减少热量流失；再次，茶壶的壶盖与壶身要密合，

茶壶

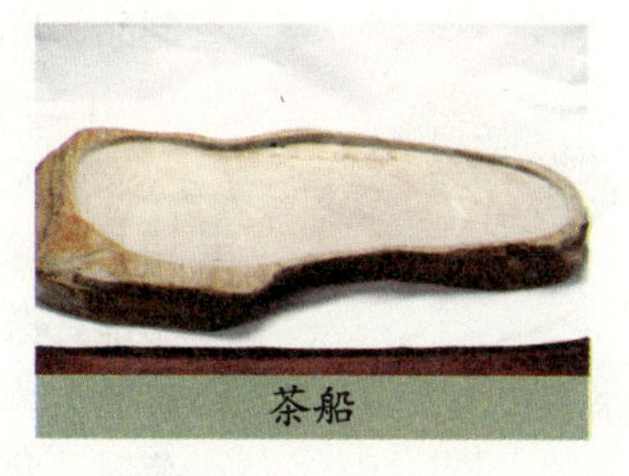
茶船

茶杯

壶口与出水的嘴要在同一水平面上。壶身宜浅不宜深，壶盖宜紧不宜松，壶嘴的出水也要流畅；最后，茶壶的质地一定要与所冲泡的茶叶相称，这样才能将茶叶的特性发挥得淋漓尽致。

茶盅

（2）茶船

用来放置茶壶的容器，有了它既可以增加茶具的美观，同时又能防止茶壶因过热而烫伤桌面。有的时候，茶船还有“湿壶”、“淋壶”之用：在茶壶中加入茶叶，冲入沸开水，倒入茶船后，再由茶壶上方淋沸水以温壶，淋浇的沸水也可以用来洗茶杯。

盖碗

（3）茶杯

茶杯是用于盛放泡好的茶汤并在饮用时使用的器具，其种类、大小应有尽有。大体上分为以下6种：敞口杯、翻口杯、直口杯、收口杯、把杯和盖杯。喝不同的茶用不同的茶杯，或根据茶壶的形状、色泽，选择适当的茶杯，搭配起来也颇具美感。

杯托

（4）茶盅

茶盅有壶形盅、无把盅、筒式盅三种，其作用主要用于分茶。当茶汤的浓度适宜后，将茶汤倒入茶盅内，再分别倒入几个茶杯之中，以求茶汤浓度均衡。

（5）盖碗

盖碗也被称为盖杯，它是由茶碗、碗盖和茶托3部分组成。可以单个使用，也可以泡饮时合用，因情况而决定。

（6）杯托

杯托可以分为盘形、碗形、圈形和高脚形4种。杯托垫在茶杯底部，虽是不起眼的小物件，却起着很大的作用。不仅美观，还可以起到隔热的作用。

2. 辅助茶具

茶盘

（1）茶盘

用来放茶杯或其他茶具的盘子，以盛接泡茶过程中流出或倒掉的水，也可以用作摆放茶杯的盘子，茶盘有塑料制品、不锈钢

茶荷 茶巾 茶匙 茶漏 茶针 茶叶罐 茶夹 茶导 煮水器 养壶笔

制品，形状有圆形、长方形等多种。

（2）茶荷

茶荷是将茶叶由茶罐移至茶壶的用具，除了置茶的功用，还具有赏茶功能。茶荷多数为竹制品，既实用又可当艺术品，一举两得。如果没有茶荷时，我们也可以采用质地较硬的厚纸板折成茶荷形状即可。

（3）茶则

在茶道中，把茶从茶罐中取出置于茶荷或茶壶时，需要用茶则来置取。茶则现在多为铜、铁、竹做材料加工。

（4）茶匙

茶匙的形状像汤匙，也因此而得名，其主要用途是挖取茶壶内泡过的茶叶。由于茶叶冲泡过后会紧紧塞满茶壶，加上一般茶壶的口都不大，用手挖出茶叶既不方便也不卫生，所以人们常使用茶匙。

（5）茶针

茶针的功用是疏通茶壶的内网，以便于水流畅通。

（6）茶巾

茶巾的主要功用是干壶，在酌茶之前将茶壶或茶海底部的水擦干，也可擦拭滴落桌面之茶水。

（7）茶叶罐

储存茶叶的罐子，最好密闭不透光，且没有异味，常见的茶叶罐材质有马口铁、不锈钢、锡合金及陶瓷等等，因不同茶叶类型而酌情选用。

（8）茶漏

在置茶时放在壶口上，以导茶入壶，防止茶叶掉落壶外。

（9）茶夹

可将茶渣从壶中挟出，人们还用它来夹着茶杯清洗，既防烫伤又干净卫生。

（10）煮水器

煮水的器具，品种样式较多，可根据具体情况购买。

（11）茶筒

茶筒

盛装茶道具的器具，里面放置茶匙、茶针、茶漏、茶夹、茶则。

（12）茶导

用来拨取茶叶的器具。

（13）养壶笔

外形像又短又粗的毛笔，笔把的造型多种多样，多为竹木雕刻制成，可以用来刷养壶与茶宠。

（14）茶宠

茶宠

茶宠，亦是茶玩，多数使用紫砂泥制作，造型各异，增加泡茶的情趣。

以上为几种常见的茶具，随着茶文化的发展，泡茶品茶时的器具也花样繁多。当我们了解了茶具的方法以及特性时，在今后泡茶品茶的过程中，一定也会用得得心应手。

精致茶具添茶趣

随着茶文化的不断发展创新，人们对茶具的要求也越来越高，不仅对其应有的功能存在需求，对其审美价值的要求也越来越高。可以说，茶具越精致，带给人的品茶感受也越惬意，因此，精致的茶具往往会增添许多品茗乐趣。

茶具由于制作材质不同，可分为陶土茶具、瓷质茶具、金属茶具、玻璃茶具、竹木茶具5类，每一类茶具都有其别具一格的魅力，品茶时也会给人带来不同的享受：

1. 陶土茶具

陶土茶具

陶土茶具是我国最早的茶具种类。早在北宋初期，陶土茶具就已经初具规模。由于成陶火温高，烧结密致，因此既不渗漏，又有肉眼看不见的气孔，传热不快也不容易烫手。另外，陶土茶具的造型往往简单大方，外形各异，色泽淳朴古雅。

陶土茶具中的佼佼者可谓紫砂莫属了。紫砂茶具最初开始于宋代，到明清两代时达到鼎盛，时至今日仍备受茶友们的喜爱。紫砂茶具的材质多为紫砂，偶尔也有红砂、白砂。由于它源自天然的陶土色彩，古朴雅致，所以使用紫砂茶具时，必然会给饮茶人带来视觉上的享受。

2. 瓷质茶具

瓷质茶具可分为青瓷茶具、白瓷茶具、黑瓷茶具、搪瓷茶具和彩瓷茶具5种。

（1）青瓷茶具

由晋代开始，青瓷茶具才逐渐发展起来，当时浙江是著名的青瓷产地。那里生产各类青瓷器，包括茶壶、茶碗、茶盏、茶杯、茶盘等。到了明代之后，青瓷茶具已经在国内外小有名气，著名的龙泉青瓷曾作为稀世珍品出口法国。

青瓷茶具

白瓷茶具

黑瓷茶具

彩瓷茶具

（2）白瓷茶具

白瓷茶具色泽洁白，颜色极为高贵脱俗。不仅如此，其造型也被设计得十分精巧，茶具外壁常绘有山川河流、花鸟鱼虫、四季美景，或是印有名人书法，颇具欣赏价值。现在人们常常使用白瓷茶具待客，既带来视觉上的享受，又能展现自身的高雅气质。

（3）黑瓷茶具

黑瓷茶具从晚唐开始流行，到宋朝时达到鼎盛，后又流传至今，一直经久不衰。以黑瓷茶具作为盛放茶的器具，不仅古朴雅致、风格独特，而且黑瓷本身材质较其他类茶更厚重，因而具有良好的保温作用，真可谓既美观又实用。

（4）搪瓷茶具

我国的搪瓷工艺大约是在元代开始出现，因此搪瓷茶具较其他几类瓷质茶具兴起得较晚。除了仿瓷茶具洁白、光亮的特点，加彩搪瓷的茶具也备受茶友喜爱，它们不仅与其他同类茶具有着相同的作用，还颇具欣赏价值。

（5）彩瓷茶具

彩瓷茶具由于品种花色繁多而被许多人购买使用。彩瓷茶具中，最著名的要数青花瓷了。其色泽淡雅幽长，华而不艳；彩料涂釉，显得滋润明亮，平添了茶具的美感与魅力。由于青花瓷茶具绘画工艺水平高，特别是将中国传统绘画技法运用在瓷器上，因此由古代一直流传至今，经久不衰。

3. 金属茶具

金属茶具是我国最古老的日用器具之一，它由金、银、铜、铁、锡等金属材料制作而成。人们一直认为用金属茶具来煮水泡茶会使“茶味走样”，以致很少有人使用。但用金属制成贮茶器具，如锡瓶、锡罐等，却屡见不鲜。虽然人们对金属茶具褒贬不一，但只要利用它的特长，也可以成为贮藏茶叶的最好器具。

金属茶具

4. 玻璃茶具

由于玻璃质地透明，光泽夺目，因此，用玻璃器具泡茶品茶，可以让人看清楚茶叶的本身形态以及鲜艳的色泽，对品茶者来说，无疑带来视觉上最美的享受。冲一壶翠绿的龙井，看杯中轻雾缥缈，澄清碧绿，芽叶朵朵，亭亭玉立，观之赏心悦目，一定别有一番情趣。

玻璃茶具

5. 竹木茶具

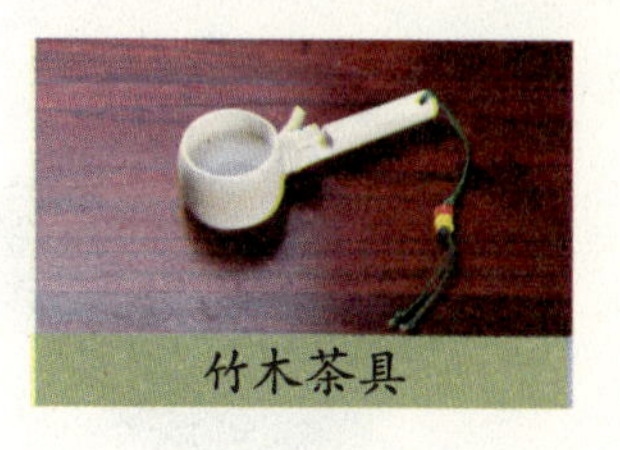
竹木茶具

竹木茶具来源广，制作方便，对茶无污染，对人体又无害，因此，自古至今，一直受到茶人的欢迎。而且，竹木的色泽翠绿，与茶叶相互辉映，不仅色调和谐，而且美观大方，带给人们如入山林般的宁静感受。

以上根据不同材质制成的茶具都带有其各自的美感，我们可根据不同情境，不同心境来选择适合的茶具，一定会为品茶增添独特的情调与味道。

不同产地的瓷质茶具

我国有着悠久的茶具制造历史，从秦汉时期的宜兴窑开始，各朝各代均有特定的地点制造茶具。越窑的青瓷、邢窑的白瓷在海内外都久负盛名，另外，建窑、钧窑等地出产的瓷质茶具也各具特色，被越来越多的人所熟知。

1. 宜兴窑

宜兴窑茶具

宜兴窑位于江苏宜兴，以生产紫砂壶而享誉世界。宜兴窑的制瓷历史十分久远，长达两千余年。早在秦汉时期，宜兴当地就出现了陶窑。直到今天，宜兴窑仍然是我国陶瓷产区之一，其中生产的陶瓷器皿品质一直较高。

2. 景德镇窑

景德镇茶具

提到瓷器产地，不得不提到景德镇。景德镇瓷器，这个名字不仅在古代备受人们青睐，在现代也令许多人闻之点头称赞。

景德镇窑坐落于江西省景德镇，也因此而得名。早在东晋末年，景德镇窑就开始进行瓷器的烧制，而到了宋代，景德镇的瓷业习俗开始初具规模。“村村窑火，户户陶埏”用这句话形容景德镇的制瓷业十分贴切。

邢窑品茗杯

自元代之后，景德镇窑已经成为我国最大的瓷器产地。青花瑞兽纹盘、世称“甜白”的永乐白瓷、宣德年间的青花瓷、成化年间的斗彩以及明代晚期空前绝后的青花五彩都是由景德镇烧制而成。众多的瓷器中，茶具产量也不可小觑，直到今天，我们在茶具市场上仍然可以看到大批产自景德镇的器具，不仅样式美观，还经久耐用，堪称精品。

3. 邢窑

越窑茶具

邢窑位于河北邢台，主要以出产白瓷为主。其中生产的白瓷釉质细腻，洁白无瑕，在古代经常被作为御用瓷器。诗人皮日休曾专门作了一首诗来称赞邢窑：“邢窑与越人，皆能造瓷器。圆似月魂坠，轻如云魄起。”从诗中可以看出，邢窑生产的白瓷极为精致美观。

建窑茶具　　钧窑茶具　　汝窑茶具

4. 越窑

越窑位于浙江绍兴，早在唐代时就开始了烧瓷历史。越窑以烧制青瓷著称，色泽晶莹温润，明澈似水，青中带绿，十分美观。茶具制成之后，工艺师还会在器具上绘制山水、花卉以及虫鱼走兽等，既实用又美观。

5. 建窑

建窑位于福建省建阳市，因此而得名。早在唐代时期，建窑就已经建成，那时，建窑主要烧制一些青瓷茶具。直到北宋开始，建窑又凭借所生产的黑釉茶盏而闻名遐迩。宋代著名茶学家蔡襄在《茶录》中这样评价道：“茶色白，宜黑盏，建安所造者绀黑，纹如兔毫，其坯微厚，熁之，久热难冷，最为要用。出他处者，或薄或色紫，皆不及也。其青白盏，斗试家自不用。”由此我们可以看出，建窑所产的茶具的确品质上乘，制作精良。

6. 钧窑

钧窑位于河南禹州，这里主要烧制铜红釉，同时也烧制其他类别的釉瓷器。到了今天，钧窑仍然生产各种艺术瓷器，其中茶具也堪称精品。

7. 汝窑

汝窑从北宋年间开始烧制瓷器。由于烧制的土质比较特殊，烧成的瓷器上常常带有一种特殊的光泽。而且这里的瓷器色彩多种多样，十分难得。其中生产的茶具也极为漂亮，直到今日人们仍争相购买。

千百年来，每一个制瓷产地都为人们贡献出无数精品茶具。这些茶具各具特色，形态美观，让人们不仅在品啜美茶时赏心悦目，同时也体现了人们对艺术的追求。

茶具的清洗

长期喝茶的人一定会面临一个烦恼，那就是茶具的清洗问题。如果我们每次喝完茶之后，都把茶叶倒掉，并用清水冲洗干净茶具，那么完全不需要清洗，茶具依然会保持明亮干净的样子，但有些人并不知道这些。

茶具使用时间一长，其表面很容易沾上一层茶垢。有些茶友以茶垢为“荣”，证明自己很爱茶，甚至干净的茶具不用，反而用那些茶垢很厚的茶具，这种想法与做法都是错误的。

清洗茶具

相关资料表明，没有喝完或存放较长时间的茶水，暴露在空气中，茶叶中的茶多酚与茶锈中的金属物质在空气中发生氧化作用，便会生成茶垢，并附在茶具内壁，而且越积越厚。有人曾对茶垢进行抽样化验，发现茶垢中含有致癌物，如亚硝酸盐等。当人们使用带有茶垢的茶具时，部分茶垢会逐渐进入人体。与人体中的蛋白质、脂肪酸、维生素等物质结合，变成许多有毒物质，从而危及健康。

因此，去除茶垢，及时清洗茶具成了人们必须解决的问题。那么，究竟该如何清洗呢？有许多人习惯用硬质的刷子或是粗糙的工具来清洗，认为这样会洗得干净，可这样清洗之后，茶具的情况往往会更糟糕。茶具表面都有一层釉质，如果经常这样刷洗，只能让釉质变得越来越薄，最终茶汤渗入茶具中，时间久了就变成茶垢，也就越来越难清洗了。

正确的方法其实不难。我们除了要保持喝完茶就冲洗茶具的习惯，还可以采取以下的小方法去除茶垢。挤少量牙膏涂抹在茶具表面，过几分钟之后再用清水冲洗，这样茶垢就很容易被清除干净了。

除了牙膏去除茶垢的方法，还可以用水煮法清洗茶具。有些人会发现，刚买的茶具有泥土味，上面还有蜡质，这个时候就需要用水煮法去除。水煮法很简单，首先取一干净无杂味的锅，把壶盖与壶身分开置于锅底，向锅中倒入清水，没过壶身，再用文火慢慢加热至沸腾。等到水沸腾之后，拿一些较为耐煮的茶叶投入继续熬煮，几分钟之后捞出茶渣，里面的茶具仍继续小火慢炖。30分钟左右，将茶具从锅中取出，任其自然转凉，切忌用冷水冲洗。等到茶具转为正常温度时，再用清水冲洗即可。

以上简单介绍了茶具的清洗方法，大家可以尝试一下。

茶具的保养

人们常说，“玉不琢不成器，壶不养不出神”。其实不仅茶壶，每一个茶具都应该认真保养，这样才可以延长其使用寿命。

保养茶具之前首先要将表面的油污、茶垢等清除干净，一旦沾油必须马上清洗，否则泥胎吸收油污后会留下难以清除的痕迹。有些人不拘小节，常常在不用茶具的时候用它们来盛放其他东西，例如汤、油等液体，这样简直等于毁了茶具一样。因此，茶具中切忌盛装其他液体，如果已经存放过，应及时清除。

保养茶具主要在于“养”，我们可以选择采用绿茶养茶具。选择的茶叶以当年产新茶为佳，茶叶的等级要高，而且越是精品的茶具，越要选择上等的茶叶，这样才能使茶具充分吸收茶香。

选择好茶叶之后，我们需要经常泡茶保养茶具。因为，泡茶次数越多，茶具吸收的茶汁就越多。吸收到某一程度，就会透到茶具表面，使之发出润泽如玉的光芒；泡茶结束之后，要将茶渣清除干净，以免产生异味。需要注意的是，这里所提到的勤泡茶并不是指连续不断地泡茶，当泡一段时间之后，需要让茶具休息，这样才能在再次使用时进一步吸收茶香。

在饮茶的过程中也可以保养茶具，我们可以准备一块干净的茶巾和棉布，来回擦拭壶体，使茶汁均匀地渗入壶体。也有人先冲出一泡较浓的茶汤当“墨汁”，再以养壶笔蘸此茶汤，反复均匀涂抹于壶身，借以提高其接触茶汤的时间与频率。泡茶冲至无味后，应将茶渣去净，用热水将壶内壶外刷洗一次，置于干燥通风处，并将壶盖取下，以利风干。

我们对茶具经常养护，自然会换来茶具表面越来越温润的光泽以及越加香醇的茶味，这无疑是一种人与茶具之间的情感互动。如此天长日久，每个人都可以与茶具倍加亲近，真正地在泡茶品茶中怡情养性，体悟点点滴滴的生活之美。

历史上的制壶名人与名器

我国有着悠久的制壶历史，制壶艺人也不在少数。他们呕心沥血地制作出精美绝伦的茶具，并将自己的感情融入进去，展示出中华民族的灵性与才情。历史上的制壶名人很多，包括时大彬、黄玉麟、邵大亨、项圣思等等，他们每个人都有各自独特的茶壶作品。

1. 时大彬

时大彬是明万历至清顺治年间人，其父时朋是著名的紫砂“四大家”之一。正因为受其父亲影响，时大彬从小就对制作紫砂壶产生了浓厚的兴趣。据说时大彬的创作态度极其严肃，每遇不满意的作品，立即自行毁弃。因此，但凡有大彬壶出世，必定是精品。由于他对紫砂陶的泥料配制、成型技法、造型设计与铭刻都极有研究，因此，即便他流传存世的作品极少，也依然被无数茶人名家推崇。据后世统计，大彬壶的存世作品不过数十件，但历代仿品却非常之多，可见大彬壶的受欢迎程度。

时大彬的代表作品很多，例如紫砂提梁壶、三足圆壶、六方紫砂壶等等，每一种茶壶都有其独特的风格及特点，可谓精品。

（1）紫砂提梁壶

紫砂提梁壶形体厚重敦实，外观素雅秀丽，由于采用栗色的粗砂土泥和黄色钢砂土制

紫砂提梁壶

三足圆壶

六方紫砂壶

作，因此，整个壶表面呈现出金色的光芒，极其美观。提梁壶有着提梁式的壶把，其剖面是菱方形，壶盖口沿上刻有“大彬”款署字样，左侧刻有篆体“天香阁”字样。

（2）三足圆壶

三足圆壶因其壶身的形状而得名。其壶身看起来像是一个球形，壶底面有三个小足，小足既曲润有变，又和壶身浑然一体。整个壶面朴实无华，毫无装饰，只有壶盖上的壶钮周围用四瓣柿蒂纹装饰着。并且，在壶把下面的腹面上刻有“大彬”字样，字体规整又不失洒脱。

（3）六方紫砂壶

六方是一种历史较为悠久的造型样式，但时大彬敢于进行创新改革，在这种样式上稍加改变，带来了六方紫砂壶全新的特点。他将六方壶的壶盖设计成圆形，壶钮设计成圆锥形，又在制作过程中增强了壶的整体平稳感，可以看出时大彬本人的独特风格。

2. 黄玉麟

黄玉麟是清末著名制壶名家。有人评价他“每制一壶，必精心构选，积日月而成，非其重价弗予，虽屡空而不改其度”。由此可以看出他本人对制壶的态度及热爱之情。黄玉麟因为在选泥时非常讲究，因此他做成的茶壶都精巧圆润，浑然天成。

（1）弧菱壶

弧菱壶可以说是黄玉麟制作的壶中最具代表性的。弧菱壶四角圆润，下大上小，底部有足，整个壶体是方形的，因而更加显得坚定稳重；壶身线条柔和，具有和谐之美的同时又具藏锋不露之妙，犹如一位妙龄少女，含蓄而又文静，娉婷袅娜之中又不乏底蕴。

（2）方斗壶

方斗壶用紫红泥铺砂作为材质，因此整个壶身都布满金黄色的“桂花砂”，特别漂亮。壶身下大上小，壶身四面由四个梯形组成，壶盖呈正方形，顶上有一个立方体壶钮，把手磨出四棱形状，整体方斗壶给人一种坚硬挺拔之感，方中见秀又不失素雅清新。

3. 邵大亨

邵大亨是清代制壶名家。他制成的壶形体简练，朴实中却处处透着不凡气势，因此他所做的茶壶一直以庄重质朴而闻名。曾有人对他的壶这样评价，“一壶千金，几不可得”，由此看来，邵大亨在当时一定享有较高的声誉。

八卦束竹紫砂壶

邵大亨的代表壶具是八卦束竹紫砂壶。这种壶壶底四周有四足，每只足都是由壶身腹部延伸而出的 8 根竹子做成，将整个壶上下连成一体，显得十分谐调，同时也增强了壶身的牢固性与稳定性。壶盖上的伏羲八卦方位图微微凸起，盖钮也做成一个太极八卦图式，并因此得名。

4. 项圣思

项圣思是明末清初的陶艺名家，相传为修道之人，历史上关于他本人的文字记载也并不多见。

他所做的著名茶具为紫砂桃形杯。该杯以连着枝叶而切开的半桃为形而制，桃形的杯口，整个杯面都修整得平整明润，看起来格外洁净。另外，项圣思刻意将作为杯体的桃子做得丰硕肥大，同时又将与桃柄相连的枝干做成盘屈而中空的粗老树干，看起来活灵活现，使整个杯子极具灵性。

不仅古代有着制壶名家，现代制壶名人也不在少数。他们都在一方小小领域中与泥土为伴，将全部的精力与才智融入其中，带给人们无数感动。

第三章 水如茶之母

“水如茶之母”，茶借水而发，无水不可论茶，茶色、茶香、茶味都通过水来体现。也可以说，水是茶的载体，同时水也承载了茶文化的意味与底蕴。所以，若要泡好茶，择水便理所当然地成为饮茶艺术中一个重要组成部分。

好水的标准

从古至今，人们对于好水的标准判定很不一致，但大体说来，它们还是有许多共同之处的。现代茶道认为，“清、轻、甘、冽、活”五项指标俱全的水，才能称得上好水。

1.“清”

“清”是指水的品质，古人择水，重在“山泉之清者”，水质一定要清。“清”是相对于“浊”来说的，我们都知道，用水应当质地洁净，这是生活中的常识，泡茶之水更应如此，以“清”为上。水清则无杂、无色、透明、无沉淀物，最能显出茶的本色。为了获取清洁的水，除注意选择水泉外，爱水之人还创造了很多澄水、养水的方法，比如“移水取石子置瓶中，虽养其味，亦可澄水，令之不淆”。因此，清明不淆的水也被人称为“宜茶灵水”。

2.“轻”

“轻”是指水的品质。关于“轻”字，还有这样一个典故，清室风流天子乾隆也是个资深茶人，对宜茶水品颇有研究。乾隆每次出巡时必带有一只精致银斗，为的就是检测各地的泉水，按水的轻重挨个尝试泡茶，而后得出结论为“水轻者泡茶为佳”。

“轻”是相对“重”而言的，古人说的水之轻重，就是我们今天说的软水硬水。水的比重越大，说明溶解的矿物质越多。硬水中含有较多的钙、镁离子和铁盐等矿物质，能增加水的重量。用硬水泡茶，茶汤发暗，滋味变淡，有明显的苦涩味，重量如果超过一定标准，水就具有毒性，必然不能被人饮用。因此，择水要以轻为美。

3.“甘”

“甘”是指水的味道要甘。所谓水甘，即水一入口，舌尖顷刻便会有甜滋滋的美妙感觉。咽下去后，喉中也有甜爽的回味，用这样的水泡茶自然会增加茶之美味。

宋代蔡襄在《茶录》中提到“水泉不甘，能损茶味”，说的就是泡茶之水要“甘”，只有水“甘”，才能出“味”。因此，古人要求泡茶之水尤重“甘”，才能泡出上等的好茶。

4.“冽”

“冽”即冷寒之意，是指水温而言。古人云“冽则茶味独全”，明代茶人认为：“泉不难于清，而难于寒。”也就是说，寒冽之水多出于地层深处的泉脉之中，没有被外界所污染，所以泡出的茶汤滋味才会纯正，所以古人才会选择寒冽之水泡茶。

好茶还需好水泡

5.“活”

“活”是指水源。“流水不腐，户枢不蠹”，经常流动的水才是好的水，用《茶经》上的原话来讲，就是“其水，用山水上，江水中，井水下。其山水，拣乳泉、石池漫流者上。”除此之外，宋代唐庚《斗茶记》中的“水不问江井，要之贵活”，无独有偶，北宋苏东坡《汲江水煎茶》诗中也提到：“活水还须活火烹，自临钩石汲深情。大瓢贮朋归春瓮，小勺分江入夜铛。”这些诗词都说明了一个问题：宜茶水品贵在“活”。

不仅是古代，现代人也用科学证明了活水的优点及作用：活水有自然净化作用，在流动的活水中细菌不易大量繁殖，且氧气和二氧化碳等气体的含量较高，泡出的茶汤特别鲜爽可口。因此，无论古人还是今人，都喜欢选用活水来泡茶。

“清、轻、甘、冽、活”，只要我们记住好水的这5个特点，就一定会泡出茶的美味来。

宜茶之水

我们已经知道了好水的标准，那么究竟哪些水算得上是好水，并且可以用来泡茶呢？古人与今人从不同的地点取水，大体上可归纳为天水和地水两大类。

1.天水

天水即大自然中的雨、露、雪、霜等。古人认为，天水是大自然赐予的宝贵水源，他们一直认为这几类水是泡茶的上乘之水。在古时，空气没受过污染，因此雨、露、雪、霜等都比较干净，也常被人们饮用。

（1）雨水

现代研究认为雨水中含有大量的负离子，有“空气中的维生素”之美称。因此古人曾发出这样的赞叹，“阴阳之和，天地之施，水从云下，辅时生养者。”

雨水

但雨水也有讲究，不是任何季节都可以饮用的。《荒政考·余事·择水》中记载：“天泉，秋水为上，梅水次之。秋水白而冽，梅水白而甘。甘则茶味稍夺，冽则茶味独全。故秋水较差胜之。春冬二水，春胜于冬，皆以和风甘雨，得天地之正施者为妙。唯夏月暴雨不宜，或因风雷所致。”也就是说，秋天的雨水比较好，而春与冬相比，春雨更好一些，这是因为春雨得自然界春发万物之气，用于煎茶可补脾益气。

（2）雪水

雪水历来被古代茶人所推崇。我国四大名著之一《红楼梦》中就曾不吝笔墨地描述妙玉取用梅花上的雪水来泡茶待客的片段，可见当时人们对雪水的看重。另外，白居易也作诗赞道，“融雪煎香茗，调酥煮乳糜”。

不过现今社会，有些地方空气污染太严重，雪水还需慎重选择。

（3）露水

据说古时候有钱人家常常会派下人采集露水，他们在清晨太阳出来之前带着竹筒等器具，一滴滴地收集草木上的露水，因为古人认为，太阳出来前的水属阴性，冲出来的茶香气扑鼻、入口脆爽柔滑。

露水

如果我们也想用露水泡茶，那么一定要先经过处理才可。我们可以将露水装在容器中静置几天，再取用中上层的露水，这样的露水也不错。

2. 地水

地水是指大自然中的山泉水、江河湖海水以及地下水等。

（1）山泉水

茶圣陆羽认为，用山泉水泡茶最佳，因为山间的溪流大多出自有岩石的山峦，山上植被繁茂，从山岩断层细流汇集而成的山泉，富含各种对人体有益的微量元素。而经过砂石过滤的泉水，水质清净晶莹，含氯、铁等化合物极少，用来泡茶极其有益。因此，山泉水可算得上是水中的上品。

（2）江、河、湖、海水

江、河、湖、海水均为地表水，因常年流动，所以其中所含的矿物质较少，自然较山泉水差些。而且有的地方污染较为严重，通常含杂质较多，浑浊度大，尤其靠近城镇之处，更易受污染。但在远离人口密集的地方，污染物少，且水是常年流动的，这样的江、河、湖水经过澄清之后，也算得上是沏茶的好水。

（3）地下水

深井水和泉水都属于地下水。地下水溶解了岩石和土壤中的钠、钾、钙、镁等元素，

山泉水

河水

具有矿泉水的营养成分。因此，若能过滤得好，也可以称得上是泡茶好水。

3. 经过加工的水

（1）自来水

除了天水类和地水类，现代人还常用自来水泡茶，既方便又价格低廉。自来水一般都是经过人工净化、消毒处理过的江河水或湖水。虽然带有氯气味，但我们可以提前将自来水盛放到容器中静置一昼夜，等氯气慢慢消散了之后，再用来泡茶即可。

自来水

纯净水

矿泉水

（2）矿泉水

一般来说，用山泉水泡茶是最好的选择，但如果条件有限，用市场上卖的矿泉水也可。用矿泉水泡出的茶，茶叶颜色偏深一点，说明矿物成分高，对于身体而言，矿泉水里的成分比山泉水更好，更适合人体吸收。

现在市面上流行4种水质，即纯净水、矿物质水、山泉水和矿泉水。需要注意的是，就水质而言，国家只对纯净水和矿泉水做了标准，山泉水和矿物质水都没有严格的标准。说得直白一些，纯净水就是由自来水高度过滤得到的；矿物质水就是纯净水添加一些人工矿物；山泉水是地表水；矿泉水是有矿岩层的地下水。我们在购买时一定要注意区分。

总之，泡茶的水多种多样，好的茶叶需要用好水来泡，这样才能显现茶的芳香甘醇来。相信只要我们根据好水标准来判断，一定能泡出一壶好茶来。

名泉寻源

在茶圣陆羽眼中，山泉水是地水类中最适合泡茶的水。

因为山泉水时刻处于流动状态，吸收了大量的新鲜空气，又流经砂岩层，经过多层渗透，相当于多次过滤。因此，山泉水干净、不存在杂质、水质软，而且清澈甘甜。山泉水的水质清澈，它在过滤的时候，经过二氧化碳的作用，溶入岩石和土壤中的矿物元素，其中有许多种对人体有益的微量元素，所以非常适合作为沏茶之水。

泉水

当代科学试验也证明泉水第一，深

井水第二，蒸馏水第三，经人工净化的湖水和江河水，即平常使用的自来水最差。但是山泉水虽有“泉从石出清宜冽”之说，由于在地层里渗透的过程中融入了较多的矿物质，致使含碱量、含盐量和硬度等就有较大差异。所以，并非所有的山泉水都能泡茶，有些山泉水如果渗有硫磺就不能饮用，只有含有二氧化碳和氧的泉水才最适宜煮茶。

我国较为著名的泉水有杭州虎跑泉、济南趵突泉、苏州观音泉、镇江中冷泉、北京玉泉和无锡惠山泉等。关于名泉还有着这样一段故事，相传清代乾隆皇帝游历南北名山大川之后，按水的比重定京西玉泉为“天下第一泉”。玉泉山水不仅水质好，还因为当时京师多苦水，宫廷用水每年取自玉泉，加之玉泉山景色幽静佳丽，泉水从高处喷出，琼浆倒倾，如老龙喷涉，碧水清澄如玉，故得此殊荣。

由此看来，不仅我们现今的人喜爱用山泉水泡茶，连万岁爷都不例外。古人总结出了“龙井茶，虎跑水”、“扬子江中水，蒙山顶上茶”等茶、水的最佳组合，也同时说明了茶叶与水需要相得益彰，只有这样，才能充分发挥各自的功用，甚至能达到事半功倍的作用。因此，《梅花草堂笔谈》中才这样记载：“茶性必发于水，八分之茶遇十分之水，茶亦二十分矣；八分之水，试十分之茶，茶只八分耳。”

茶与水有着极为重要的关系，从名泉中采集泡茶之水，再配以名茶，相信这样的搭配组合一定会让每个爱茶之人赞不绝口。

中国五大名泉

古人认为，泉乃“天赐之物，地藏之源”，自古以来，泉水就一直被认为是适宜泡茶之水。我国泉水资源很丰富，大大小小出名的泉水有百余处，而其中最为著名的就是中国五大名泉，即镇江中冷泉、无锡惠山泉、苏州观音泉、杭州虎跑泉和济南趵突泉。

1. 镇江中冷泉

镇江中冷泉又名南冷泉，早在唐代就已天下闻名。刘伯刍把它推举为全国宜于煮茶的七大水品之首。镇江中冷泉处于长江江中盘涡险处，汲取极难。这里的泉水绿如翡翠，浓似琼浆，清澈甘醇，品这里的泉水可润浸肺腑，沁人心脾，大有一品为快的惬意。更值得称奇的是，把这里的水倒入杯中，可高出杯口二三分而不溢出，故有“盈杯不溢”之说。

自古以来，评价镇江中冷泉的文人墨客不在少数。文天祥有诗写道：“扬子江心第一泉，南金来北铸文渊，男儿斩却楼兰首，闲品茶经拜羽仙。”南宋诗人陆游也曾这样描述：“铜瓶愁汲中冷水，不见茶山九十翁。”由此看来，镇江中冷泉不愧号称“天下第一泉”。

2. 无锡惠山泉

无锡惠山泉迄今已有1200余年历史，于唐代大历十四年（778年）开凿，号称“天下第二泉”。惠山泉分上、中、下三池。上池呈八形，水色透明，甘醇可口，水质最佳；中池为方形，水质次之；下池最大，系长方形，水质又次之。其泉水为山水，即通过岩层裂隙过滤了流淌的地下水，因此其含杂质极微，“味甘”而“质轻”，宜以“煎茶为上”。

历代王公贵族和文人雅士都把惠山泉视为珍品。当时诗人皮日休作诗曰：“丞相长思煮茗时，郡侯催发只忧迟。吴园去国三千里，莫笑杨妃爱荔枝。”他借杨贵妃驿递南方荔枝的故事，来讽刺宰相李德裕令地方官吏用坛封装泉水，从镇江运到长安的事。虽然这种做法极尽奢侈，但也从侧面反映出人们对惠山泉水的器重。

3. 苏州观音泉

观音泉，位于苏州虎丘山观音殿后，此泉园门横楣上刻有："第三泉"三字，每年吸引大量游人前来游览。这里井口一丈余见方，四旁石壁，泉水终年不断，清澈甘冽，由于茶圣陆羽与唐代诗人卢仝都评它为"天下第三泉"，因此观音泉又名陆羽井。

名泉品茗

宋朝诗人蒋之奇游览观音泉时赋诗一首："水蓄重岩影自空，白云穿破碧玲珑；数回侧路通蛟室，一隙幽光漏紫宫；翡翠寒凝悉向日，银花浪尖怯翻风；从浪出海南天外，为说慈悲此处同。"一首诗中，既看出了观音泉附近的绝美景色，又能体现古人对该泉的喜爱，因而也成为苏州胜景之一。

4. 杭州虎跑泉

虎跑泉被列为全国第四泉，其北面是林木茂密的群山，地下是石英砂岩，时间久了，岩石经过风化作用产生了许多裂缝，地下水通过砂岩的过滤，慢慢从裂缝中涌出，这正是虎跑泉的来源。相关资料表明，虎跑泉中的可溶性矿物质较少，总硬度低，每升水只有 0.02 毫克的盐离子，故水质极好。

虎跑泉

关于虎跑泉还有个不得不说的传说。相传，有个和尚周游各地时正巧来到虎跑。发现这里环境优美秀丽，就想在这里修建一座寺院，但因为没有水源，就开始犯愁。一日夜里，他梦见了一位神仙，神仙告诉他：南岳衡山有童子泉，当夜遣二虎移来。第二天，和尚果然看见有两只老虎跑来，它们刨地作穴，泉水顿时喷涌出来。和尚尝了尝泉水，水味甘醇清澈，自然大喜，而虎跑泉因此得名。其实这只是个传说罢了，但却表明了人们对虎跑泉的喜爱。

5. 济南趵突泉

趵突泉被列为全国第五泉，也是当地七十二泉之首。该泉自地下岩溶溶洞的裂缝中涌出，三窟并发，浪花四溅，声若隐雷，势如鼎沸。宋代诗人曾经写诗称赞："一派遥从玉水分，暗来都洒历山尘，滋荣冬茹温常早，润泽春茶味至真。"

济南素有泉城的美誉，除了趵突泉之外，还有黑虎泉、珍珠泉、五龙潭等七十二处泉源，真可称得上是"家家泉水，望望垂杨"了。试想，坐在趵突泉西南方向的"观澜亭"内，用该泉水冲泡一壶香茗，细细品味的同时，领略一下当地如天上人间般的清幽美景，那种奇妙的意蕴一定会使你觉得自己像飘逸的神仙一般逍遥。

除了这五大名泉，我国著名的泉源还有许多，例如北京玉泉，庐山三叠泉等，这些各具特色的泉都为我国茶文化增添了瑰丽多彩的韵致。

利用感官判断水质的方法

那些经常饮茶的人只需喝一口茶就能知道泡茶的水究竟好不好，而初学者却常常为之感叹。其实，他们只是利用感官和多年的饮茶经验判断水质的，只要我们掌握了其中方法，也可以轻松判断出水质的好坏。

用感官判断水质

那么，怎样才能判断出一杯水中是否含有余氯，水的软硬程度呢？

首先，我们可以准备 3 杯水，第一杯水中尚存在余氯，导电度在 50 以内；第二杯无色无味无余氯，导电度也在 50 以内；第三杯无色无味无余氯，但导电度在 300 左右。需要注意的是，这三杯水温度最好相差不多，这样才能得到较为准确的答案。

选取这 3 种水的方法也很简单，含有余氯的软水可以从只经过逆渗透，并没有经过活性炭过滤的自来水中获得；低硬度的水可以从过滤后的水中获得；而高硬度的水可以在软水中加入少量食盐即可获得，但添加的量一定要把握好，不能让自己尝到咸味。

接下来，我们需要仔细品饮这 3 杯水在口腔中的感受了。导电度在 50 度以内的水质比较软，因此，前两杯水都属于软水，在口腔中可以毫无阻碍地与口腔内壁贴合，感觉十分舒服；而导电度在 300 左右的水质偏硬，在口腔中会感觉十分不舒服，与前者的感觉相差很大。我们完全可以记住这种感觉，今后便可轻松地判断出水质的软硬程度了。

至于余氯方面，那些有余氯的水与没有余氯的水相差很大。无余氯的水质尝起来比较清爽，而有余氯的正好相反，在口腔中很容易被辨别出来。

通过这个小实验，我们就可以轻松掌握水质的软硬及有无余氯，多尝试几次之后，相信即便是初学者也学会利用自己的感官了。

改善水质的方法

虽然泡茶用水有许多是极其适宜的，但我们并不一定能轻松得到。有些时候，我们准备的泡茶用水品质还是一般，那么就需要改善水的品质，这样也就能轻松得到好水了。

改善水质的方法其实就是针对改善其缺点而言，水的缺点主要有杂色杂气、含氧量少、存在细菌以及硬度较重。那么以下的方法则是根据这几个缺点来解决的：

1. 杂色杂气

取用的水中，有时并不是澄澈透明的，有时还常混有杂气，如氯气等等。这时，如果要将余氯等杂味与其他杂色去除，最简便的方法就是装设活性炭滤水器。活性炭滤水器可以有效地去除水中的杂味和杂色，在选购的时候，我们需要注意，滤水器的滤芯不能太小，否则滤不干净。与逆渗透等过滤器同时装设时，应装于滤程的最后阶段，以便余氯等消毒药剂继续抑制滤程中细菌的生长。滤水器有各种各样的型号，我们可根据自己的家庭环境以及各自的需要选择。

2. 氧含量少

在前面我们已经得知，泡茶的水中氧含量需要多一些才好。增加氧含量的方法也不难，我们可以在家装一台臭氧产生机，将臭氧导入水中，臭氧氧化稳定后就会以氧的形态存留水中。臭氧变成氧的过程中，还可以将水中剩余的细菌与杂味分解掉，实在是一举多得。

3. 存在细菌

除了煮沸水杀菌之外，我们还可以使用逆渗透过滤水质，水中细菌也能同时被滤掉。这种水如果不再被污染，是可以生饮的清洁用水，用来泡茶自然也不错。

4. 水硬度较重

如果选用的水质不够软，可以采用逆渗透的方法将水过滤，一般家庭用的逆渗透式滤水器可以将水的导电度调降至100以下。这时产生的水较软，也比较适合泡茶。

初水与好水的比较

改善水质的方法有以上4种，掌握了这些方法，我们就不用羡慕古人可以取干净无杂的露水、雨水，也可以在自己家里获得最佳品质的泡茶用水了。

如何煮水

好茶没有好水就不能发挥茶叶的品质，而好水没有好方法来煮也会失去其功效，因此，我们在得到了好茶、好水之后，下一步需要做的就是掌握煮水的方法。

煮水，也叫煎水。水煮得好，茶的色、香、味才能更好地保存和发挥。总体说来，煮水可分为煮水前和煮水时两部分。

1. 煮水前

煮水前需要准备以下材料及器具。

（1）燃料

煮水燃料有煤、炭、煤气、柴、酒精等多种，这些燃料燃烧时多少都有气味产生，后来人们常用电作为燃料，这样就不会有味道产生。所以在煮水的过程中应注意：不用沾染油、腥等异味的燃料；煮水的场所应通风透气，不使异味聚积；使用柴、煤等炉灶，应使烟气及时从烟囱排出，用普通煤炉，屋内应装换气扇；使柴、煤、炭燃着有火焰后，再将水放置到火焰上烧煮；水壶盖应密封，这样既清洁卫生又简

煮水示意图

单方便，还可以达到急火快煮的要求。

（2）容器

烧火容器古代用镬，现在一般都用烧水壶，即古书上提到的“铫”和“茶瓶”。选择容器的时候，切记要将容器洗刷干净，以免让水沾染上异味，影响饮茶效果。

煮水的容器多种多样，从古至今也大为不同。陶制壶小巧玲珑，可以准确掌握水沸的程度，保证最佳泡茶质量；石英壶壶壁透明如玻璃，但可以耐高温，因此不仅样式美观还方便使用，饮茶时自然能增添不少情趣；有些茶馆还会使用金属铝壶和不锈钢壶，这些类别的茶壶也是我们平时生活常见的。

2. 煮水时

陆羽在《茶经·五之煮》中提到：“其沸如鱼目，微有声，为一沸；缘边如涌泉连珠，为二沸；腾波鼓浪，为三沸。以上水老不可食也。”这正是交代煮水的过程以及各个阶段水的特点，也就是说，过了三沸的水就不能饮用了，更不可以用它来泡茶了。

蒸气辨水温

除此之外，《茶录》中对于如何煮水介绍得更为详细，只要按照书中提到的方法即可将水烧好：“汤有三大辨十五小辨。一曰形辨，二曰声辨，三曰气辨。形为内辨，声为外辨，气为捷辨。如虾眼、蟹眼、鱼眼、连珠皆为萌汤，直至涌沸如腾波鼓浪，水气全消，方是纯熟。如初声、转声、振声、骤声，皆为萌汤，直至无声，方是纯熟。如气浮一缕、二缕、三四缕，及缕乱不分，氤氲乱绕，皆为萌汤，直至所直冲贯，方是纯熟。”

除了听声音看形态判断水的程度，煮水时对火候也有很大的要求。要急火猛烧，待水煮到纯熟即可，切勿文火慢煮，久沸再用。煮水如使用铁制锅炉，常含铁锈水垢，需经常冲洗炉腔，否则所煮之水长时间难以澄清，泡茶时绿茶汤色泛红，红茶汤色发黑，且影响滋味的鲜醇，不适宜待客或品茶。

由以上几点来看，煮水的学问还真不少，只要我们掌握了这些技巧，就可以轻松地煮出合适的水来了。

水温讲究

煮水的时候，合适的水温也是保证泡好茶的重要因素之一。水温太高会破坏茶叶中的有益菌，还会影响茶叶的鲜嫩口味；水温如果太低，茶叶中的有益成分不能充分溶出，茶叶的香味也不能充分散发出来。由此看来，水温的高低影响着茶叶的口感与香气的挥发程度。而且不同地点、不同茶叶对水温的需求也略有不同。

1. 低温泡茶

低温泡茶的水温在70℃～85℃之间。冲泡带嫩芽的茶类需要用这种温度的水，例如明前龙井或芽叶细嫩的绿茶、白茶和黄茶。因为其芽叶非常细嫩，如果水温太高，茶叶就会被泡熟，味道自然大打折扣，也就失去了茶的独特味道和香气。

2. 中温泡茶

中温泡茶的水温在 85℃ ~ 95℃之间，这个温度对于一般情况而言，是最合适的水温。因为对大多数茶叶来说，低温冲泡会令茶香茶味无法挥发出来，甚至造成温吞水；而用沸腾的水泡茶又容易将茶叶烫坏，破坏茶叶中的许多营养物质，还会使茶中的鞣酸等物质溶出，使茶带有苦涩的味道，自然影响茶的品质。因而，大多数茶叶都适合用这个温度范围内的水冲泡。

3. 高温泡茶

高温泡茶的水温在 95℃ ~ 100℃之间。对于用较粗老原料加工而成的茶叶，诸如黑茶、红茶、普洱茶等，适宜用沸水来冲泡。因为如果水温不够，茶叶就会漂浮起来，香味没有充分散发，这是不合格的温吞水。另外，在高原地区，水温往往不到 100℃就沸腾了，这时的水根本不能冲泡出好茶来。而高原地区的朋友又常常用饼茶、砖茶等泡茶，因此更适合用沸水煮茶，这样才会更好地溶出茶中的元素。因此，在这里与其说高温泡茶，倒不如说高温煮茶更合适。

以上是不同茶叶及地点对水温的不同需求，我们在泡茶之前可以根据茶叶的老嫩程度以及自己所在的地区选择合适的水温，这样泡出的茶叶才能充分发挥其特色与香气。

判断水温的方法

我们既然知道了泡茶水温的重要性，那么如何判断水温呢？我们可以通过如下方法判断：

1. 通过蒸气判断水温

我们都知道，一壶水在加热过程中，不同温度所产生的蒸气是不同的。不管加热方式是瓦斯炉、电炉还是水中加热的电壶以及煮水器的不同容量，受热面积的不同，等等，蒸气程度都相差不大。因此，我们完全可以利用蒸气的程度来判断水的大致温度。

通过蒸气判断水温的步骤

2. 通过气泡判断水温

茶圣陆羽在《茶经》中描述过水温三沸时的气泡形态，相对于温度的变化，其一沸应为 75℃左右，二沸应为 85℃左右，三沸应为 95℃左右。而这三种温度时的气泡形态大致为：65℃左右时是稀疏的小水泡缓缓上升，水面显现微弱水纹；75℃左右时是繁密的小水泡，表面水纹开始明显波动；85℃左右时，水泡从小泡变成中泡，而且于水面形成跳动的状态；95℃左右时，水泡从中泡变成大泡，且成串猛烈上升，水面形成翻滚现象。打开盖子看水气冒出的状况是较为准确的方法，但也要注意煮水器开口的大小以及大气压力的变化，如高山上气压低，水气会冒得较早、较猛。但是，一般煮水的时候都会盖上壶盖，不太适合经常开盖来看，还是观察蒸气的形态比较容易。

通过气泡判断水温的步骤

3. 通过人体感官判断水温

经常泡茶煮水的人对水温也比较敏感，因此，可以采用人体感官的方法判断水温。例如根据听觉，不同的水温会发出不同的声响，有人依靠听声音就知道水温高低。但这种方法也有弊端，如果是加热体放于水中的加热方式，水声会受到发热体大小、形状与装设位置的影响；有人根据触觉判断水温，用手触摸煮水器的外表，凭手的感觉来判断。虽然这种方式对有些人来说比较适用，可它也会受到煮水器材质与气温的影响，从而影响准确判断。

4. 使用温度计判断水温

如果以上几种方法大家都无法掌握或使用不熟练，那么完全可以使用仪器——温度计来判断水温。备一支足以测量100℃高温的温度计，这样测量出的温度很准确，而且要比估算准确得多。如果使用时间长了，大家可以分别体会一下80℃、90℃、100℃的水的形态，慢慢地就可以凭自己的直觉来判断了。

大家煮水时间久了，自然而然地会总结出许多判断水温的方法，也许还会得到比上面几种更方便实用的，但无论哪一种方法都切忌不可影响水的品质，使其掺杂进其他物质。

温度计

影响水温的因素

人们在煮水的时候可能会发现，明明取出的水是需要的温度，可泡出来的茶却并不好喝，没有冲泡出茶叶独有的香味和特色来。这也许是因为泡茶的过程中，一些因素影响了水温的高低。下面这几种因素都会令水温改变，大家可以在泡茶的过程中尽量避免：

1. 茶叶是否冷藏

有些时候，人们将喝不完的茶叶放入冰箱冷藏，以便延长茶叶的寿命。但下次取出茶叶时，常常将冰冷的茶叶直接投入茶具中，在这种情况下直接冲泡自然会降低水的温度，导致茶汤品质下降。因此，冷藏或冷冻后的茶一定要提前取出，使茶叶恢复至常温时，才可以冲泡。

2. 是否温壶

所谓温壶就是泡茶之前先将壶身温热。将茶叶放到茶壶前，是否温壶会影响泡茶的水温。因为未经温热的茶壶，热水倒进去后，会降低5℃～10℃左右的水温，所以第一次泡茶有没有温壶就变得很重要，会直接影响到所需冲泡的时间。而第二泡以后就变得不重要了，反而是应留意间隔的时间，也就是壶身以及其中茶叶变凉的状况。

温壶

温壶的方法很简单，通常是倒入八分满的热水，等30秒后将热水倒掉。另外也可以将空壶放于保温箱或烤箱内烤热，泡茶时直接拿出使用。

不同的茶壶对其保温效果也各不相同。这是因为，壶身吸热的多少往往取决于壶壁的厚薄与密度。厚度愈大、密度愈低，吸热愈多。这与壶的“保温能力”不同，壶壁的厚度愈大、密度愈低，保温能力愈强，也就是散热的速度愈慢，但这必须在不渗水或“吸水率”不是很大的情况下，否则这把壶不堪使用。因此，就泡茶功能而言，厚度薄一些、密度高一些，散热速度快的壶较好。

3. 温润泡

冲泡茶叶时，第一次向壶中注水随即立刻倒掉的过程称为“温润泡”。这样做可以使茶叶吸收一下水的热度，增加湿度，使揉捻过的茶叶稍微舒展，以便于第一泡茶汤发挥出应有的色、香、味。接下来再冲泡时，茶叶中的可溶物释出的速度也会加快。有些时候，温

温润泡

润泡是可以省略的，尤其对于那些水可溶物溶解速度很快的茶类，温润泡会令茶叶损失许多香气与滋味。

温润泡后的第一泡，水温会降低3℃～5℃左右，茶叶放得多，水温差得也自然多。而当我们进行温润泡时，冲泡的时间一定要缩短一些。

除了以上三种因素，水温还会受到环境的影响。例如夏天的时候水温降低速度很慢，而冬天温度降低的速度就快；地理位置较为寒冷的地区，水温降得也自然快。这时只要提高泡茶的水温或是延长冲泡时间即可。

了解了影响水温的因素，我们便可以在泡茶的过程中找到应对的策略，使泡茶的水温保持在适宜的温度。

水含氧量与泡茶的关系

我们在前面已经了解，可以寻找含有丰富微量元素和含氧量较高的水源，取用其中的水泡茶，这样可以提升水的品质。另外，影响水中含氧量的因素还有一种，就是煮水的程度。

《茶经》中就提到，三沸之后的水不可用，也就是自古就常说的“水不可煮老”。因为一滚再滚的水，泡起茶来没有初煮的那么好喝。这其中大半关系着含氧量的问题。含氧量高的水，喝来爽口，有活性，泡起茶来，茶香较易溶于水。因此，泡茶时一定要使用干净且刚加热到所需温度的水，这样才能减少水中的氧含量挥发。

水含氧量与泡茶的关系极为密切

有些人也许会觉得，煮沸的水会降低硬度，这种说法并不完全是正确的。水中的钙、镁离子若在高温时变成白色“水垢”沉淀，因此，水的硬度自然会降低，这种硬水称为假性硬水或暂时性硬水；而有些水在煮沸后，水中没有生成水垢，这种水就称为永久性硬水，也就无法用煮沸的方法降低硬度。

也有人认为，泡茶的水一定要先煮开，再放凉至所需要的温度，其实不然。因为将水煮沸之后不仅浪费能源，且多少都会损失其中的含氧量，往往得不偿失。我们可以根据取用水的干净程度，是否需要高温杀菌来判断煮水的温度。如果水源干净无菌，只须将水烧到需要的温度即可关火；而如果需要借高温杀菌，或使假性硬水变软，那么就可以将水煮沸，接着再降低到所需要的温度。

煮开的水所需的温度会受到很多方面因素的影响，例如大气压。平地烧水，大约100℃时水会滚动与汽化，但随着大气压力的减弱，例如高山上，烧滚的温度会降低，除非在煮水器上加压，否则继续加热也仍然无法达到100℃的高温。

由此看来，水含氧量与泡茶的关系极为密切，我们要尽量避免各种因素造成的含氧量降低，这样就会得到品质最好的饮茶用水。

水温对茶汤品质的影响

茶叶经过不同温度的水冲泡之后，所呈现出来的茶汤品质是不同的。即便是同一浓度，茶汤的感觉也是不同的。通常来说，以低温冲泡出的茶汤较温和，以高温冲泡出的茶汤较强劲。如果大家觉得泡好的茶味道偏苦，那么可以降低冲泡用水的温度。

不同类别的茶叶所需要的水温也是不同的，可分为冷水冲泡，低温冲泡，中温冲泡和高温冲泡 4 种，只有针对不同种类的茶叶选择不同的水温冲泡，才能得到品质高的茶汤。

1. 冷水

冷水冲泡的温度一般在 20℃左右。用冷水冲泡，可以防止中暑。白茶、生普洱茶、台湾乌龙茶等都适合用这种方法冲泡，尤其是白茶。但是，有些人体质偏寒或在夜间饮茶，则不适合用这种水温，还是尽量热饮。

2. 低温

一般 70℃ ~ 80℃，这种温度适合冲泡以嫩芽为主的不发酵茶类，例如龙井、碧螺春等茶。另外，黄茶类也属于低温冲泡的茶类，玉露、煎茶，这两种蒸青类茶也需要低温冲泡，这样才会使其茶汤清澈透亮，泡出茶的特色和香气来。

3. 中温

一般 80℃ ~ 90℃，这种温度适合较成熟的不发酵茶，例如六安瓜片；或是采嫩芽为主的乌龙茶类，例如白毫乌龙；或重萎凋的白茶类，例如白毫银针等等，这些种类的茶都适合用中温冲泡。利用这种温度的水冲泡之后，茶汤品质要比其他水温下显得更高，茶的特色也能显露无余。

4. 高温

一般 90℃ ~ 100℃，这种温度适合经渥堆的黑茶类，如普洱茶；全发酵的红茶；或采开面叶为主的青茶类，如冻顶乌龙、铁观音、武夷岩茶等等，这些种类的茶需要高温冲泡。由于这些种类的茶味道都很浓郁，因此高温下茶汤的品质也自然最佳，颜色也较其他温度要好一些。

这 4 种分类方式适合大多数的茶叶，也有些茶叶是特别的，例如花茶。如果花茶是以绿茶熏花制成的，则需要用低温冲泡；以采成熟叶片为主的乌龙茶熏花而成的，则需要用

冷水泡茶

低温泡茶

中温泡茶

高温泡茶

高温冲泡；如果是其他的，则视情况而定。因此，选择合适的水温先要认清熏花的原料茶才好。

另外，未经过渥堆的普洱茶，如果陈放多年，因其已经产生足够的氧化反应，最好用中温冲泡；如果以红茶压制而成的红砖茶，则用高温冲泡；另外，焙火的乌龙茶都以采成熟叶片为主，这个时候无论焙火轻或是焙火重，都需要用高温冲泡。

只有根据不同茶叶选择合适的水温冲泡，才能使绿茶的茶汤更加清澈，红茶的茶汤颜色如琥珀般晶莹，黑茶的茶汤香味更加浓郁……使各类茶都能充分发挥其自身的特色，我们也因此得到最佳品质的茶汤。

第四章 茶的一般冲泡流程

茶叶的冲泡过程有一定的顺序，虽然可繁可简，但也要根据具体情况来定。一般说来，冲泡的顺序为投茶、洗茶、第一次冲泡、第二次冲泡、第三次冲泡等几个过程。每个阶段都有其各自的特点及注意事项，并不难掌握。

初识最佳出茶点

出茶点是指注水泡茶之后，茶叶在壶中受水冲泡，经过一段时间之后，我们开始将茶水倒出来的那一刹那，而最佳出茶点则被认为在这一瞬间倒茶最恰当，得到的茶汤品质最佳。

寻找最佳出茶点

常泡茶的人也许会发现，在茶叶量相同、水质水温相同、冲泡手法等方面完全相同的情况下，自己每次泡的茶味道也并不是完全相同，有时会感觉特别好，而有时则相对一般。这正是由于每次的出茶点不同，也许有时离这个最佳的点特别近，有时又有偏差导致的。

其实，最佳出茶点只是一种感觉罢了。这就像是形容一件东西，一个人一样，说他哪里最好，哪里最美，每个人的感觉都是不同的，最佳出茶点也是如此。它只是一个模糊的时间段，在这短短的时间段中，如果我们提起茶壶倒茶，那么得到的茶水自然是味道最好的，而一旦错过，味道也会略微逊些。

既然无法做到完全准确地找到最佳出茶点，那么我们只要接近它就好了。我们虽然有时候会偶然间“碰到”这样的一个点，但多数时候，如果技术不佳，感悟能力还未提升到一定层次时，寻找起来仍比较困难。万事万物都需要尝试，只要我们常泡茶、常品茶，在品鉴其他人泡好的茶时多感受一些，相信自己的泡茶技巧也会不断提升。

当我们的泡茶、鉴茶、品茶的水平达到一定层次时，这样再用相同的手法泡茶，又会达到一个全新的高度和领域。也许在某一次我们泡出的茶味道很美，那么就继续这个冲泡水平，稳定自己的技巧，并以这个标准严格要求自己，再接下来的一次次尝试中不断超越自己。久而久之，我们自然会离这个“最佳出茶点”更近，泡出的茶味道也自然会达到最好。

投茶与洗茶

投茶也称为置茶，是泡茶程序之一，即将称好的一定数量的干茶置入茶杯或茶壶，以备冲泡。投茶的关键就是茶叶用量，这也是泡茶技术的第一要素。

投茶

由于茶类及饮茶习惯，个人爱好各不相同，每个人需要的茶叶都略有些不同，我们不可能对每个人都按照统一标准去做。但一般而言，标准置茶量是以 1 克茶叶搭配 50 毫升的水。现代评茶师品茶按照 3 克茶叶对 150 毫升水这一标准来判断茶叶的口感。当然，如果有人喜欢喝浓茶或淡茶，也可以适当增加或减少茶叶量。

因此，泡茶的朋友需要借助这两样工具：精确到克的小天秤或小电子秤和带刻度的量水容器。有人可能会觉得量茶很麻烦，其实不然，只有茶叶量标准，泡出的茶才会不浓不淡，适合人们饮用。

有的时候，我们选用的茶叶不是散茶，而是像砖茶，茶饼一类的紧压茶，这个时候就需要采取一定的方法处理。我们可以把紧压茶或是茶饼、茶砖拆散成叶片状，除去其中的茶粉、茶屑。还有另一种方法，就是不拆散茶叶，将它们直接投入到茶具中冲泡。两种方法各有其利弊，前者的优势为主动性程度高，弊端是损耗较大；后者的优势是茶叶完整性高，但弊端是无法清除里面夹杂的茶粉与茶屑，这往往需要大家视情况而定。

接下来要做的就是将茶叶放置茶具中。如果所用的茶具为盖杯，那么可以直接用茶则来置茶；如果使用茶壶泡茶，就需要用茶漏置茶，接着用手轻轻拍一拍茶壶，使里面的茶叶摆放得平整。

人们在品茶的时候有时会发现，茶汁的口感有些苦涩，这也许与茶中的茶粉和茶屑有关。那么在投茶的时候，我们就需要将这些杂质排除在外，将茶叶筛选干净，避免带入这些杂质。

当茶叶放入茶具中之后，下一步要做的就是洗茶了。洗茶是一个笼统说法。好茶相对比较干净，要洗的话，也只是洗去一些黏附在茶叶表面的浮尘、杂质，再就是通过洗茶把茶粉、茶屑进一步去除。

注水洗茶之后，干茶叶由于受水开始舒张变软，展开成叶片状，茶叶中的茶元素物质也开始析出。沸水蕴含着巨大的热能注入茶器，茶叶与开水的接触越均匀充分，其展开过程的质量就越高。因此，洗茶这一步骤做得如何，将直接影响到第一道茶汤的质量。

我们在洗茶时应该注意以下几点：

（1）洗茶注水时要尽量避免直冲茶叶，因为好茶都比较细嫩，直接用沸水冲泡会使茶叶受损，直接导致茶叶中含有的元素析出质量下降。

（2）水要尽量高冲，因为冲水时，势能会形成巨大的冲力，茶器里才能形成强大的旋转水流，把茶叶带动起来，随着水平面上升。这一阶段，茶叶中所含的浮尘、杂质、茶粉、茶屑等物质都会浮起来，这样用壶盖就可以轻而易举地刮走这些物质。

（3）洗茶的次数根据茶性决定。茶叶的茶性越活泼，洗茶需要的时间就越短。例如龙井、碧螺春这样的嫩叶绿茶，几乎是不需要洗茶的，因为它们的叶片从跟开水接触的那一

洗茶

刻起，其中所含的茶元素等物质就开始快速析出；而陈年的普洱茶，洗茶一次可能还不够，需要再洗一次，它才慢吞吞地析出茶元素物质。总之，根据茶性不同，我们可以考虑是否洗茶或多加一次洗茶过程。

说了这么多，洗茶究竟有什么好处呢？首先，洗茶可以保持茶的干净。在洗茶的过程中，能够洗去茶中所含的杂质与灰尘；其次，洗茶可以诱导出茶的香气和滋味；第三，洗茶能去掉茶叶中的湿气。所以说，洗茶这个步骤往往是不可缺少的。

第一次冲泡

投茶洗茶之后，我们就可以开始进入第一次冲泡了。

冲泡之前别忘了提前把水煮好，至于温度只需根据所泡茶的品质决定即可。洗过茶之后，要记得冲泡注水前将壶中的残余茶水滴干，这样做对接下来的泡茶极其重要。因为这最后几滴水中往往含有许多苦涩的物质，如果留在壶中，会把这种苦涩的味道带到茶汤中，从而影响茶汤的品质。

接下来，将合适的水注入壶中，接着盖好壶盖，静静地等待茶叶舒展，将茶元素慢慢析出来，释放到水中。这个过程需要我们保持耐心，在等待的过程中，注意一定不要去搅动茶水，应该让茶元素均匀平稳地析出。这个时候我们可以凝神静气，或是与客人闲聊几句，以打发等候的时间。

一般而言，茶的滋味是随着冲泡时间延长而逐渐增浓的。据测定，用沸水冲泡陈茶首先浸出来的是维生素、氨基酸、咖啡碱等，大约到3分钟时，茶叶中浸出的物质浓度才最佳。因此，对于那些茶元素析出较慢的茶叶来说，第一次冲泡需要在3分钟左右时饮用为

第一次冲泡步骤

好。因为在这段时间，茶汤品饮起来具有鲜爽醇和之感。也有些茶叶例外，例如冲泡乌龙茶，人们在品饮的时候通常用小型的紫砂壶，用茶量也较大，因此，第一次冲泡的时间大概在1分钟左右就好，这时的滋味算得上最佳。

对于有些初学者来说，在时间的把握上并不十分精准，这个时候最好借助手表来看时间。虽然看时间泡茶并不是个好方法，但对于入门的人来说还是相当有效的，否则时间过了，茶水就会变得苦涩；而时间不够，茶味也没有挥发出来。我们可以先通过手表时间来计算茶叶的冲泡时间，等到经验丰富之后，再凭借自己的感觉把握时间，这样才是最好的办法。

以上就是茶叶的第一次冲泡过程，在这个阶段，需要我们对茶叶的舒展情况，茶汤的质量做出一个大体的评鉴，这对后几次冲泡时的水温和冲泡时间都有很大的作用。

第二次冲泡

在第二次冲泡之前，我们应该回忆一下上一泡茶的各方面特色，例如茶的香气如何，茶叶的舒展情况如何，这些都关系到第二次冲泡时的各方面要求。

回味茶香是必要的，因为有大量信息都蕴藏在香气中。如果茶叶采摘的时间是恰当的，茶叶的加工过程没有问题，茶叶在制成后保存得当，那冲泡出来的茶香必定清新活泼，有植物本身的气息，有加工过程的气息，但没有杂味，没有异味。如果我们闻到的茶香散发出来的是扑鼻而来的香气，那么就说明这种茶中茶元素的物质活性高，析出速度快，因此在第二次冲泡的时候，就不要过分地激发其活性，否则会导致茶汤品质下降；如果茶香味很淡，是一点点散发出来的香气，那么我们就需要在第二次冲泡过程中注意充分激发它的活性，使它的气味以及特色能够充分散发出来。

回味完茶香之后，我们需要检查泡茶用水。观察水温是十分必要的，在每次冲泡之前都需要这样做。如果第二次冲泡与前一次之间的时间间隔很短，那么就不要再给水加温了，这样做可以保持水的活性，也可以使茶叶中的茶元素尽快地析出。需要注意的是，泡茶用水不适宜反复加热，否则会降低水中的含氧量。

当我们对第一次冲泡之后的茶水做出综合评判之后，就可以分析第二次冲泡茶叶的时间以及手法了。由于第一次冲泡时，茶叶的叶片已经舒展开，所以第二次冲泡就不需要冲泡太长时间，大致上与第一次冲泡时间相当即可，或是稍短些也无妨；如果第一次冲泡之后茶叶还处于半展开状态，那么第二次冲泡的时间应该比前一次略长一些。

第二次冲泡步骤

第二次冲泡的过程，需要我们对前一次的茶叶形态、水温等方面做出判断，这样才会在第二次冲泡时掌握好时间。

第三次冲泡

我们在第三次冲泡之前同样需要回忆一下第二次冲泡时的各种情况，例如水温高低，茶香是否挥发出来，综合分析之后才能将第三次冲泡时的各项因素把控好。

在经过前两次冲泡之后，茶叶的活性已经被激发出来。经过第二泡，叶片完全展开，进入全面活跃的状态。此时，茶叶从沉睡中被唤醒，在进入第三次冲泡的时候渐入佳境。

首先，冲泡之前我们还是需要掌握好水温。注意与前一次冲泡的时间间隔，如果间隔较长，此时的水温一定会降低许多，这时就需要让它提高一些，否则会影响冲泡的效果；如果两次间隔较短，就可以直接冲泡了。

此时茶具中的茶叶片应该处于完全舒展的状态了，经过了前两次冲泡，茶叶中的茶元素析出物应该减少了许多。我们按照析出时间的先后顺序，可以将析出物分为速溶性析出物和缓溶性析出物两类。顾名思义，速溶性析出物释放速度较快，最大析出量发生在茶叶半展开状态到完全展开状态的这个区间内；而缓溶性析出物大概发生在茶叶展开状态之后，且需要通过适当时间的冲泡才能慢慢析出。

由几次冲泡时间来看，速溶性析出物大概在第一、二次冲泡时析出；而缓溶性析出物大概在第三次冲泡开始析出。因此，前两次冲泡的时间一定不能太长，否则会导致速溶性析出物由于析出过量，茶汤变得苦涩，而缓溶性析出物的质量也不会很高。

至于第三次冲泡的时间则因情况而定，完全取决于前两次冲泡后茶叶的舒展情况以及茶叶的本身的特点。比第二次冲泡时间略长、略短或与其持平，这三种情况完全有可能，我们可以依照实际情况判断。

只要掌握好各种因素，第三次冲泡也不会太难，而冲泡出来的茶汤品质也是相当高的。

第三次冲泡步骤

茶的冲泡次数

我们经常看到这样几种喝茶的人：有的投一点茶叶之后，反复冲泡，一壶茶可以喝一天；有的只喝一次就倒掉，过会儿再喝时，还要重新洗茶泡茶。虽然不能说他们的做法一定是错误的，但茶的冲泡次数确实有些讲究，要因茶而异。

据有关专家测定，茶叶中各种有效成分的析出率是不同的。一壶茶冲泡之后，最容易析出的是氨基酸和维生素C，它们大概在第一次冲泡时就可以析出；其次是咖啡碱、茶多酚和可溶性糖等。也就是说，冲泡前两次的时候，这些容易析出的物质就已经融入茶汤之中了。

优质绿茶六安瓜片三次冲泡的茶汤

以绿茶为例，第一次冲泡时，茶中的可溶性物质能析出50%左右；冲泡第二次时能析出30%左右；冲泡第三次时，能析出约10%。由此看来，冲泡次数越多，其可溶性物质的析出率就越低。相信许多人一定有所体会，冲泡绿茶太多次数之后，其茶汤的味道就与白开水相差不多了。

通常，名优绿茶通常只能冲泡2～3次，因为其芽叶比较细嫩，冲泡次数太多会影响茶汤品质；红茶中的袋泡红碎茶，冲泡1次就可以了；白茶和黄茶一般也只能冲泡2～3次；而大宗红、绿茶可连续冲泡5～6次，乌龙茶甚至能冲泡更多次，可连续冲泡5～9次，所以才有“七泡有余香”之美誉；至于陈年的普洱茶，有的能泡到20多次，因为其中所含的析出物释放速度非常慢。

除了冲泡的次数之外，茶叶冲泡时间的长短，对茶叶内含有的有效成分的利用也有很大的关系。任何品种的茶叶都不宜冲泡过久，最好是即泡即饮，否则有益成分被氧化，不但降低营养价值，还会泡出有害物质。此外，茶也不宜太浓，浓茶有损胃气。

由此看来，茶叶的冲泡次数不仅影响着茶汤品质的好坏，更与我们的身体健康有关，实在不能忽视。

生活中的泡茶过程

千百年来，茶一直是中国人生活中的必需品。无论有没有客人，爱茶之人都习惯冲泡一壶好茶，慢慢品饮，自然别有一番风趣。

生活中的泡茶过程很简单，每个人都可以在闲暇时间坐下来，为自己或家人冲泡一壶茶，解渴怡情的同时，也能增加生活趣味。一般来说，生活中的泡茶过程大体可分为7个步骤：

1. 清洁茶具

清洁茶具不仅是清洗那么简单，同时也要进行温壶。首先，用沸水烫洗一下各种茶具，这样可以保证茶具被清洗得彻底，因为茶具的清洁度直接影响着茶汤的成色和质量好坏。在这个过程中，需要注意的是沸水一定要注满茶壶，这样才能使整个茶壶均匀受热，以便在冲泡过程中保住茶性不外泄；另外，整个茶壶都受热之后，冲泡用的水也不会因茶壶而温度下降，影响水温。

清洁茶具的步骤

2. 置茶

置茶时需要注意茶叶的用量和冲泡的器具。茶叶量需要统计人数，并且按照每个人的口味喜好决定茶叶的用量。

一般来说，在生活中泡茶往往会选择茶壶和茶杯两种容器。当容器是茶壶时，我们可以先从茶叶罐中取出适量茶叶，然后用茶匙将茶叶拨入茶壶中；当容器是茶杯时，我们可以按照一茶杯一匙的标准进行茶叶的放置。

置茶的步骤

3. 注水

向容器中注水之前一定要保证水的温度，如果需要中温泡茶，那么经过前两步之后，我们需要确保此时水的温度恰好在中温。注水的过程中，需要等到泡沫从壶口处溢出时才能停下。

注水的步骤

4. 倒茶汤

冲泡一段时间之后，我们就可以将茶汤倒出来了。首先，刮去茶汤表面的泡沫，接着再将壶中的茶倒进公道杯中，使茶汤均匀。

倒茶汤的步骤

5. 分茶

将均匀的茶汤分别倒入茶杯中，注意不能将茶倒得太满，以七分满为最佳。

分茶的步骤

6. 敬茶

分茶之后，我们可以分别将茶杯奉给家人品尝，也可以由每个人自由端起茶杯。如果我们是自己品饮，这个步骤自然可以忽略。

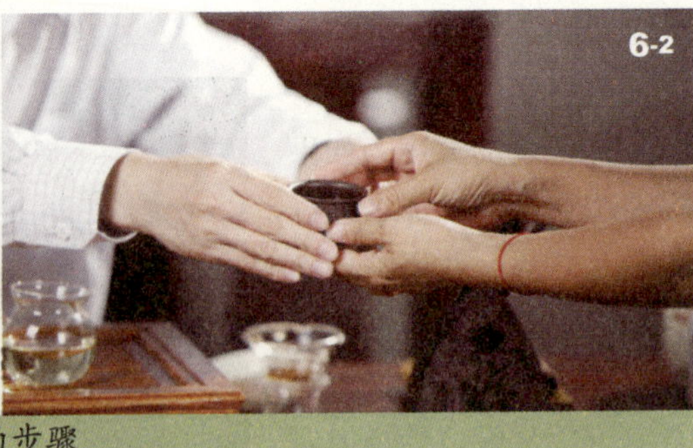

敬茶的步骤

7. 清理

这个过程包括两部分，清理茶渣和清理茶具。品茶完毕之后，我们需要将冲泡过程中产生的茶渣从茶壶中清理出去，可以用茶匙清理；清理过茶渣之后，我们一定不要忘记清理茶具，要用清水将它们冲洗干净。否则时间久了，茶汤会慢慢变成茶垢，不仅影响茶具美观，其中所含的有害物质还会影响人的身体健康。

简简单单的7个过程，让我们领略了生活中泡茶的惬意美感。那么下一次如果有闲暇时间，别忘了为自己和家人泡一壶茶，尽享难得的休闲时光。

清理的步骤

待客中的泡茶过程

客来敬茶一直是我国从古至今留下来的习惯，无论是在家庭待客还是办公室中待客，我们都需要掌握泡茶的过程及礼仪。

泡茶的过程并没有太多的变化，只需要我们注意自己的手法，不能太过敷衍随意，否则会影响客人对我们的印象。待客中的泡茶过程需要注意以下几点：

1. 泡茶器具

待客的茶具虽然不一定要多么精致昂贵，但要尽可能干净整齐一些，若是单位则要配置成套茶具为好。

准备茶具

另外，如果来访的客人人数不多，停留时间不长，我们可以选择使用茶杯，保证一人一杯就可以了。如果人数超过 5 人，泡茶器就是最佳的选择。

下面是对泡茶器的简单介绍：泡茶器一般可以分为壶形和杯形两种。通常情况下，壶形泡茶器中都会有一层专门的滤网。我们可以将茶叶放在滤网之上进行冲泡。这样，茶叶和茶汤是分开的，第一次冲泡完成之后，还可以将滤网连同茶叶取出，以备进行第二次冲泡。

而杯形泡茶器的盖子比较灵活。只需轻轻一按，茶汤就会立刻流入下层，接下来就可以将流入下层的茶汤倒进茶杯，敬献给客人。

2. 选取茶叶

如果家中茶叶种类丰富，那么我们可以在投放茶叶之前询问客人的喜好及口味，为不同的客人选择不同的茶叶。

选取茶叶

茶叶量投放多少也要根据客人的喜好及人数决定，有的客人喜欢喝浓茶，我们自然可以多放一些茶叶；如果客人喜欢清淡的，我们就需要减少茶叶量。如果客人较少可以选择用茶包。另外，如果客人人数较多就必须要在茶壶或者泡茶器中放入与它们容量相当的茶叶，并注意不要因为客人较多就盲目增加茶叶投入的数量。

3. 泡茶、奉茶时的注意事项

我们的手法不需要多么完美无缺，但一定要注意许多泡茶中的忌讳问题，例如：放置茶壶的时候不能将壶嘴对准他人，否则表示请人赶快离开；茶杯要放在茶垫上面，一是尊重传统泡茶中的礼仪；二是保持桌面的洁净、庄严；进行回旋注水、斟茶、温杯、烫壶等动作时用到单手回旋时，右手必须按逆时针方向、左手必须按顺时针方向动作，类似于招呼手势，寓意“来、来、来”表示欢迎；反之则变成暗示“去、去、去”了。斟茶的时候只可斟七分满，暗寓“七分茶三分情”之意；要用托盘将茶端上来，不要用手直接碰触，这样做既表示对客人的尊敬之意，另外也表示隆重。

待客中的泡茶过程虽然与生活中的比较相近，但还是需要注意以上几点，这样才不会让客人觉得我们款待不周。在下一次客人来访的时候，请面带笑容，将一杯杯香茶奉上，表示我们对客人的尊敬与肯定吧。

泡茶

奉茶

办公室中的泡茶过程

生活在职场中的人们，常常会感觉到身心疲惫，尤其是午后，更是昏昏欲睡，毫无精神。这时，如果为自己泡一杯鲜爽的清茶或一杯浓浓的奶茶，不仅会提神健脑，解除疲劳，同时又能使办公室的生活更加惬意舒适，重新投入工作时才会更有活力。

那么，现在我们就开始学习在办公室中如何泡茶吧。

1. 选择茶叶及茶具

由于办公室空间有限，并不能像在家中一样方便各种冲泡流程，所以我们可以选择简单的原料及茶具，例如袋泡茶和简单的茶杯。这样做的好处是：我们可以根据自己的爱好和口味选择茶包中的茶品，也可以免去除茶渣的麻烦。原材料虽然简单，但却可以在最短的时间内为自己泡上一杯好茶，其功效往往不会减少。

以奶茶为例，假设我们此时需要泡一杯香浓的奶茶，那么首先要选择的原料有：袋泡茶、牛奶、糖和玻璃杯。一般来说，人们常常将红茶与奶混合，因为红茶的茶性最温和，可以起到暖胃养身的效果。因此，许多上班族都喜欢随身携带红茶包，以便工作之余冲泡饮用。

2. 泡茶

办公室中的泡茶过程较其他几种要简单得多。首先，我们可以向茶杯中冲入沸水，大约占杯子的1/3即可。接下来，将红茶包浸入杯中。过一两分钟之后，提起茶叶包上的棉线上下搅动，这样可以使茶叶充分接触到沸水，可以有效地使茶性散发出来，也就相当于传统泡茶中的“闷香”过程。在棉线上下搅拌的时候，茶性也就更容易扩散了。

泡茶

需要注意的是，有些人并不喜欢奶茶，而是选择冲泡袋装茶。其实，袋装茶的冲制过程比简易奶茶还要简单，不过必须注意一点：冲泡袋装茶时一定要先将开水注入杯中再放入茶包。如果先放茶包再注水会严重影响茶汤的品质和滋味。

3. 加入牛奶和糖

经过泡茶的过程之后，茶性此时已经得到了充分的散发。接下来，我们可以加入牛奶，牛奶的加入量取决于每个人的口味。但一般来说，加入浓茶的不超过30毫升，加入中度茶的不超过20毫升，加入淡茶的不超过15毫升。

加糖的时候要注意根据个人的喜好，并不一定要加糖才能得到香醇的奶茶，有些人不适宜服用太多的糖，这时就需要我们酌情减少或不添加。

在办公室中泡茶的过程就是这么简单，只需要以上三步即可。工作之余，我们完全可以为自己冲泡一杯香浓的茶，忙碌的同时也不要忘了享受生活才对。

泡茶加入牛奶和糖

商家销售泡茶过程

有些人在茶店买完茶叶，回家冲泡之后忽然发现，自己泡的茶为什么和在茶叶店中不一样呢？不仅茶的香气不如商家卖的浓郁，连茶汤的口感都相差很多。因此，许多人大呼上当，认为是商家将次品茶叶卖给了自己。

其实，这种现象不一定是大家所想象的，有时候即使是相同的茶叶、器具和水温，因不同手法冲泡，得到的茶汤品质及香气也是不同的。在茶叶店中，商家往往采用销售冲泡法，其特点是在最短的时间内将茶的优点展示出来，将缺点掩盖一些，起到扬长避短的作用。而这种商家冲泡法并没有多深奥，对每个人来说都是可以学会的。

下面我们以铁观音为例，大致讲一下商家销售的冲泡过程，主要分为6步，且每步过程的名字都特别好听：

1. 白鹤沐浴

这个过程也就是我们常说的烫洗茶具、温壶的过程，此时注意烫洗的水需要沸水。

2. 观音入宫

这是指置茶的过程。将适量的铁观音干茶放入茶具中，数量大概占茶具容量的50%左右。

3. 悬壶高冲

商家在这个过程中往往采用高冲水的方式，将沸水注入茶壶之中，最后可再转动一下茶壶。这样做的目的在于使茶叶充分翻转，使茶性浸出。

白鹤沐浴

观音入宫

悬壶高冲

4. 春风拂面

这是商家用壶盖刮去浮在茶面上的泡沫的过程。

5. 关公巡城

将刮去泡沫后的茶汤闷上一二分钟之后，为了使每杯茶浓淡一致，商家在分茶时将品茗杯排成“一”字或“品”字，将茶汤按照顺序倒入品茗杯中，巡回分茶，取名关公巡城，形容得十分生动。

春风拂面

关公巡城

另外，还需要注意的是分到最后剩下的茶汤也要均匀分配，一杯一滴，平分到每个茶杯中，这就是点茶，即所谓的韩信点兵。

点茶过后，商家需要将每杯茶奉上，让顾客先观汤色，再闻茶香，最后品尝茶汤，于是，整个商家销售泡茶的过程就结束了。

这只是铁观音的一般冲泡方法，不过，铁观音并非种类单一的茶品。即使是同属铁观音，不同的种类之间在茶叶用量和用水方面也有不小的差异。这是需要特别注意的。不过，无论是何种茶品，一般情况下当水温低于90℃、冲泡时间短的时候，泡出来的茶汤就会显得色泽鲜艳，尝起来甘爽可口；当水温高于95℃、冲泡时间稍长的时候，茶品本身特有的茶香才会在身边萦绕。因此，我们在购买茶叶的时候可以要求商家将茶泡得久一些。这样，茶品的一些弱点或缺点就很容易暴露出来。

当我们挑好一款茶时，最好当时按自己的习惯冲泡一下，商家通常是不会反对的，并且他还会给我们一些好的建议。这样我们不仅容易挑到满意的茶，还可学习一些泡茶方法，也算得上是一举两得了。

掌握了商家销售泡茶的方法之后，相信下次我们再买茶叶的时候，就不会因为味道与购买时不同而苦恼了。

旅行中的泡茶过程

现今社会发展得越来越快，生活节奏也随之加快，人们常常在一天之内往返两个城市，忙忙碌碌地为了生活奔波。其实，不仅是为了工作，有些人也经常去各地旅行，许多时间都是在车上或是在野外度过。如果我们能在旅途中泡一壶茶，看着车窗外的景色，或是坐在郊外的树荫下，感受着徐徐吹来的暖风，相信一定别有一番滋味。

出门在外比不得家中，泡茶的条件自然有限，如果我们能掌握旅行中的泡茶方法，那么就可以在有限的条件内泡出一壶好茶来。

我们首先要解决的问题就是水。毕竟在外面不是随时可以得到开水，这时我们不妨采用冷水泡茶法，既解决了水的问题，冲泡出的茶汤又会与以往不同。如果是夏季，我们还可以将带来的水放入冰箱中冷藏起来，并用这种冷藏的水泡茶，既清凉又消暑。

冷水泡茶法操作非常简单，只需短短的5步即可：

1. 茶具的选择与冲洗

我们可以选择广口玻璃杯、瓷杯或盖碗等，这样可以避免因冲泡时间过长而引起茶汤变质。接下来，只需要用常温水冲洗茶具即可。

茶具的选择与冲洗过程

2. 置茶

旅行中携带茶叶，可以选择塑封袋、茶荷，也可以选择独立包装的小茶包。茶具清洗干净之后，我们可以将自带的茶叶放入茶具之中，但不同的包装置茶略有区别。此外，茶叶的用量完全依照个人的喜好及人数决定。

置茶的第一种方法

置茶的第二种方法

置茶的第三种方法

3. 冲水

冲泡的水可以是纯净水、山泉水等等。这个步骤是将事先准备好的冷水冲入茶具之中，并冲泡茶叶半小时左右。

冲水的步骤

4. 过滤茶汤

半小时后，将滤网放在公道杯上，隔着滤网将茶汤倒入公道杯中，使里面的汤汁更加均匀。

过滤茶汤的步骤

5. 分茶品尝

如果独自一人饮用可以省略分茶的步骤，直接品饮即可。如果一同旅行喝茶的人数较多，那么需要泡茶的人将过滤好的茶汤一次倒进面前的茶杯中，端起来邀请同行的人一起品饮。

冷水泡茶法比较适合户外旅行者和夏日出行者运用。总体来说，其泡茶过程比较简单，并没有其他种类的过程那么复杂。只要我们掌握了方法，一定可以在旅行中轻松地享受饮茶乐趣了。

分茶品尝的步骤

第五章 泡出茶的特色

茶叶的冲泡，一般只需要准备水、茶、茶具，经沸水冲泡即可，但如果想把茶叶本身特有的香气、味道完美地冲泡出来，并不是容易的事，也需要一定的技术。也可以说，泡茶人人都会，但想要泡出茶的特色，却需要泡茶者一次又一次地冲泡练习，熟练地掌握冲泡方法。时间久了，泡茶者自然会从中琢磨出差别，泡出茶的真正特色来。

绿茶的冲泡方法

绿茶一般选用陶瓷茶壶、盖碗、玻璃杯等茶具沏泡，所以，其常用的冲泡方法依次是：茶壶泡法、盖碗泡法和玻璃杯泡法三种。

1. 茶壶泡法

（1）洁净茶具。准备好茶壶、茶杯等茶具，将开水冲入茶壶，摇晃几下，再注入茶杯中，将茶杯中的水旋转倒入废水盂，洁净了茶具又温热了茶具。

（2）将绿茶投入茶壶待泡。茶叶用量按壶大小而定，一般每克茶冲 50 ~ 60 毫升水。

1-1

1-2

（3）将高温的开水先以逆时针方向旋转高冲入壶，待水没过茶叶后，改为直流冲水，最后用手腕抖动，使水壶有节奏地三起三落将壶注满，用壶盖刮去壶口水面的浮沫。茶叶在壶中冲泡 3 分钟左右将茶壶中的茶汤低斟入茶杯，绿茶就冲泡好了。

1-3-1

1-3-2

2. 盖碗泡法

（1）准备盖碗，数量依照具体情况需要而定，随后清洁盖碗。将盖碗一字排开，把盖掀开，斜搁在碗托右侧，依次向碗中注入开水，少量就可以了，用右手把碗盖稍加倾斜盖在盖碗上，双手持碗身，双手拇指按住盖钮，轻轻旋转盖碗三圈，将洗杯水从盖和碗身之间的缝隙中倒出，放回碗托上，右手再次将碗盖掀开斜搁于碗托右侧，其余盖碗同样方法进行洁具，同样达到洁具和温热茶具的目的。

（2）将干茶依次拨入茶碗中待泡。一般来说，一只普通盖碗大概需要放 2 克的干茶。

（3）将开水冲入碗，水注不可直接落在茶叶上，应在碗的内壁上慢慢冲入，冲水量以七八分满为宜。

（4）冲入水后，将碗盖迅速稍加倾斜，盖在碗上，盖沿与碗沿之间留有一定的空隙，避免将碗中的茶叶闷黄泡熟。

3. 玻璃杯泡法

（1）依然是准备茶具和清洁茶具。一般选择无刻花的透明玻璃杯，根据喝茶的人数准备玻璃杯。依次冲入开水，从左侧开始，左手托杯底，右手捏住杯身，轻轻旋转杯身，将杯中的开水依次倒入废水盂，这样既清洁了玻璃杯又可让玻璃杯预热，避免正式冲泡时炸裂。

3-1-1

3-2

（2）投茶。因绿茶干茶细嫩易碎，因此从茶叶罐中取茶时，应轻轻拨取轻轻转动茶叶罐，将茶叶倒入茶杯中待泡，有条件的使用茶则更好。

茶叶投放秩序也有讲究，有三种方法即上投法、中投法和下投法。上投法：先一次性向茶杯中注足热水，待水温适度时再投放茶叶。此法多适用于细嫩炒青、细嫩烘青等细嫩度极好的绿茶，如特级龙井、黄山毛峰等。此法水温要掌握得非常准确，越是嫩度好的茶叶，水温要求越低，有的茶叶可等待至 70℃时再投放。中投法：投放茶叶后，先注入 1/3 热水，等到茶叶吸足水分，舒展开来后，再注满热水。此法适用于虽细嫩但很松展或很紧实的绿茶，如竹叶青等。下投法：先投放茶叶，然后一次性向茶杯注足热水。此法适用于细嫩度较差的一般绿茶。

（3）水烧开后，等到合适的温度就可冲泡了。拿着水壶冲水时用手腕抖动，使水壶有节奏地三起三落，高冲注水将水高冲入杯，一般冲水入杯至七成满为止，冲泡时间掌握在15秒以内。同样注意开水不要直接浇在茶叶上，应打在玻璃杯的内壁上，以避免烫坏茶叶。

嫩茶玻璃杯杯泡，茶壶泡中低档的绿茶。玻璃杯因透明度高所以能一目了然地欣赏到佳茗在整个冲泡过程中的变化，所以适宜冲泡名优绿茶；而中低档的绿茶无论是外形内质还是色香味都都不如嫩茶，如果玻璃杯冲泡，缺点尽现，所以一般选择使用瓷壶或紫砂壶冲泡。

红茶的冲泡方法

世界各国以饮红茶者居多，红茶饮用广泛，其饮法也各有不同。

从红茶的花色品种、调味方式、使用的茶具不同和茶汤浸出方式的不同，有着不同的饮用方法。

1. 按红茶的花色品种分，有工夫红茶饮法和快速红茶饮法两种

（1）工夫红茶饮法。

首先，准备茶具。茶壶、盖碗、公道杯、品茗杯等放在茶盘上。其次，烫杯。将开水倒入盖碗中，把水倒入公道杯，再倒入品茗杯中，最后将水倒掉。再次，放茶。最后，泡茶、饮茶。泡茶的水温在90℃～95℃，把茶放入盖碗中。当然冲泡时不要忘记先洗茶。

准备茶具

烫杯的步骤

放茶

泡茶、饮茶

（2）快速红茶饮法。

快速红茶饮法主要对红碎茶、袋泡红茶、速溶红茶和红茶乳晶、奶茶汁等花色来说的。红碎茶是颗粒状的一种红茶，比较小且容易碎，茶叶易溶于水，适合快速泡饮，一般冲泡一次，最多两次，茶汁就很淡了；袋泡红茶一般一杯一袋，饮用更为方便，把开水冲入杯中后，轻轻抖动茶袋，等到茶汁溶出就可以把茶袋扔掉；速溶红茶和红茶乳晶，冲泡比较简单，只需要用开水直接冲就可以，随调随饮，冷热皆宜。

快速红茶

2. 按红茶茶汤的调味方式，可分调饮法和清饮法

（1）调饮法。

调饮法主要是冲泡袋泡茶，直接将袋茶放入杯中，用开水冲1～2分钟后，拿出茶袋，留茶汤。品茶时可按照自己的喜好加入糖、牛奶、咖啡、柠檬片等，还可加入各种新鲜水果块或果汁。

调饮法

清饮法

（2）清饮法。

清饮法就是在冲泡红茶时不加任何调味品，主要品红茶的滋味。如品工夫红茶，就是采用清饮法。工夫红茶是条形茶，外形紧细纤秀，内质香高、色艳、味醇。冲泡时可在瓷杯内放入3 ~ 5克茶叶，用开水冲泡5分钟。品饮时，先闻香，再观色，然后慢慢品味，体会茶趣。

3. 按使用的茶具不同，可分为红茶杯饮法和红茶壶饮法

（1）杯饮法。

杯饮法适合工夫红茶和小种红茶、袋泡红茶和速溶红茶，可以将茶放入玻璃杯内，用开水冲泡后品饮。工夫红茶和小种红茶可冲2 ~ 3次；袋泡红茶和速溶红茶只能冲泡1次。

（2）壶饮法。

壶饮法适合红碎茶和片末红茶，低档红茶也可以用壶饮法。可以将茶叶放入壶中，用开水冲泡后，将壶中茶汤倒入小茶杯中饮用。一般冲泡2 ~ 3次，适合多人在一起品饮。

杯饮法

壶饮法

4. 按茶汤的浸出方法，可分为红茶冲泡法和红茶煮饮法

（1）冲泡法。

将茶叶放入茶壶中，然后冲入开水，静置几分钟后，等到茶叶内含物溶入水中，就可以品饮了。

（2）煮饮法。

一般是在客人餐前饭后饮红茶时用，特别是少数民族地区，多喜欢用壶煮红茶，如长嘴铜壶等。将茶放入

冲泡法

煮饮法

壶中，加入清水煮沸（传统多用火煮，现代多用电煮），然后冲入预先放好奶、糖的茶杯中，分给大家。也有的桌上放一盆糖、一壶奶，各人根据自己需要随意在茶中加奶、加糖。

红茶红汤红叶，味醇厚。饮用红茶可随各人不同喜好和口味进行调制，喜酸的加柠檬，如果加入牛奶及糖更具有异国风味。

青茶的冲泡方法

青茶既有红茶的甘醇又有绿茶的鲜爽和花茶的芳香，那么，怎样泡饮青茶才能品尝到它纯真独特的香味？青茶的冲泡方法因地方不同冲泡方法又有不同，以安溪、潮州、宜兴等地最为有名。

下面，我们以宜兴的春茶冲泡方法为例，为大家进行具体讲解。宜兴泡法是融合各地的方法，此法特别讲究水的温度。

（1）将茶荷中的茶叶拨入壶中，加水入壶到满为止，盖上壶盖后立刻将水倒入公道杯中，将公道杯中的水再倒入茶盅中，温热杯子。

洁具温杯的步骤

（2）拿起茶壶，如果壶底有水，应先将壶底部在茶巾上沾一下，拭去壶底的水滴，将茶汤倒入公道杯中。将公道杯的茶汤倒入茶杯中，以七分满为宜。

（3）将壶中的残茶取出，再冲入水将剩余茶渣清出倒入池中。将茶池中的水倒掉。清洗一切用具，以备再用。

冲泡茶的步骤

清洁茶具

黄茶的冲泡方法

黄茶有黄叶黄汤的品质特点。那么怎么才能冲泡出最优的黄茶呢？冲泡黄茶的具体步骤就特别关键。

1. 摆放茶具

将茶杯依次摆好，盖碗、公道杯和茶盅放在茶盘之上，随手泡放于右手边。

摆放茶具

2. 观赏茶叶

主人用茶匙将茶叶轻轻拨入茶荷后，供来宾欣赏。

观赏茶叶

3. 温热盖碗

用沸水温热盖碗和茶盅，用左手执起随手泡，将沸水注满盖碗，接着右手拿盖碗，将水注入茶盅，最后将茶盅中的水倒入废水盂。

温热盖碗的步骤

4. 投放茶叶

用茶匙将茶荷中的茶叶拨入盖碗，投茶量为盖碗的半成左右。

投放茶叶

5. 清洗茶叶

左手拿着随手泡，将沸水高冲入盖碗，盖上碗盖，撇去浮沫。然后立即将茶汤注入公道杯中，最后注入茶盅。

清洗茶叶的步骤

6. 高冲

执随手泡高冲沸水注入盖碗中，使茶叶在碗中尽情地翻腾。第一泡时间为 1 分钟，1 分钟后，将茶汤注入公道杯中，最后注入茶盅，然后就可以品饮了。

高冲的步骤

除了遵守上述 6 个步骤之外，还需要注意的是第一次冲泡后还可以进行二次冲泡。第二次冲泡的方法与第一次相同，只是冲泡时间要比第一泡增加 15 秒，以此类推，每冲泡一次，冲泡的时间也要相对增加。

黄茶是沤茶，在冲泡的过程中，会产生大量的消化酶，对脾胃最有好处，可以治愈消化不良，食欲不振等。同时还具有减肥的功效，纳米黄茶能穿入脂肪细胞，使脂肪细胞在消化酶的作用下恢复代谢功能，将脂肪化除，达到减肥的效果。

白茶的冲泡方法

白茶是一种极具观赏性的特种茶，其冲泡方法与黄茶相似，为了泡出一壶好茶，首先要做冲泡前的准备。

茶具的选择，为了便于观赏，冲泡白茶一般选用透明玻璃杯。同时，还需要准备玻璃冲水壶，观水瓶、竹帘，茶荷等以及茶叶。

白茶的冲泡过程是怎样的呢？

1. 准备茶具和水

将冲泡所用到的茶具一一摆放到台子上，后把沸水倒入玻璃壶中备用。

2. 观赏茶叶

双手执盛有茶叶的茶荷，请客人观赏茶叶的颜色与外形。

观赏茶叶

准备茶具和水

3. 温杯

倒入少许开水在茶杯中，双手捧杯，转旋后将水倒掉。如果茶具较多，依次将其他的茶具也都逐个洗净。

温杯的步骤

4. 放茶叶

将放在茶荷中的茶叶，向每杯中投入大概 3 克。

5. 浸润运摇

提起冲水壶将水沿杯壁冲入杯中，水量约为杯子的四成，为的是能浸润茶叶使其初步展开。然后，右手扶杯子，左手也可托着杯底，将茶杯顺时针方向轻轻转动，使茶叶进一步吸收水分，香气充分发挥，摇香约 30 秒。

放茶叶

浸润运摇

6. 冲泡

冲泡时采用回旋注水法，开水温度为 90℃ ~ 95℃，先用回转冲泡法按逆时针顺序冲入每碗中水量的三成到四成，后静置 2 ~ 3 分钟。

7. 品茶

品饮白茶时先闻茶香，再观汤色和杯中上下浮动的玉白透明形似兰花的芽叶，然后小口品饮，茶味鲜爽，回味甘甜。

白茶本身呈白色，经过冲泡，其香气清雅，姿态优美。另外，由于白茶含有丰富的多种氨基酸，其性寒凉，具有退热祛暑解毒之功效，在产区内夏季喝一杯白牡丹茶水，很少会中暑，所以白牡丹是当地茶农夏季必备的饮料之一。

冲泡

品茶

黑茶的冲泡方法

黑茶具有双向、多方面的调节功能，所以无论长幼、胖瘦都可饮黑茶，而且还能在饮用黑茶中获益。那么如何才能冲泡出一壶好的黑茶呢？

1. 选茶

怎样选出品质好的茶叶呢？品质较好的黑茶一般外观条索紧卷、圆直，叶质较嫩，色泽黑润。千万不要饮用劣质茶和受污染的茶叶。

2. 选茶具

冲泡黑茶宜一般选择粗犷、大气的茶具，以厚壁紫砂壶或祥陶盖碗为主。

3. 选水

一般选用天然水，如山泉水、江河湖水、井水、雨水、雪水等，泉城人自然用泉水泡茶了。同时，冲泡黑茶，因为每次用茶量比其他茶都要多而且茶叶粗老，一般用 100℃的开水冲泡。有时候，为了保持住水温，还要在冲泡前用开水烫热茶具，冲泡后在壶外淋开水。

4. 投茶

将茶叶从茶荷拨入盖碗中。

5. 冲泡

冲泡时最好先倒入少量开水，浸没茶叶，再加满至七八成，便可趁热饮用。冲泡时间以茶汤浓度适合饮用者的口味为标准。一般来说，品饮湖南黑茶，冲泡时间适宜短时间，一般大概 2 分钟，冲泡黑茶的次数可达 5 ~ 7 次，随着冲泡次数的增加，冲泡时间应适当延长。

6. 品茶

茶汤入口，稍停片刻，细细感受黑茶的醇度，滚动舌头，使茶汤游过口腔中的每一个

选茶 选茶具 选水

投茶 冲泡 品茶

部位，浸润所有的味道，体会黑茶的润滑和甘厚，轻咽入喉，领略黑茶的丝丝顺柔，带金花的黑茶还能体会到一股独特的金花的菌香味。

总之，依据不同茶量、泡茶时间和温度，泡出来的茶口感也不同，优质的黑茶经过冲泡，其茶香便随茶汁浸出。

花茶的冲泡方法

品饮花茶，先看茶胚质地，好茶才有适口的茶味，才有好的香气。花茶种类繁多，下面以茉莉花为例，介绍一下花茶的冲泡方法。

准备茶具

1. 准备茶具

一般选用的是白色的盖碗，如果冲泡高级茉莉花茶，为了提高其艺术欣赏价值，可以采用透明玻璃杯。

2. 温热茶具

将盖碗置茶盘上，用沸水高冲茶具、茶托，再将盖浸入盛沸水的茶盏中转动，最后把水倒掉。

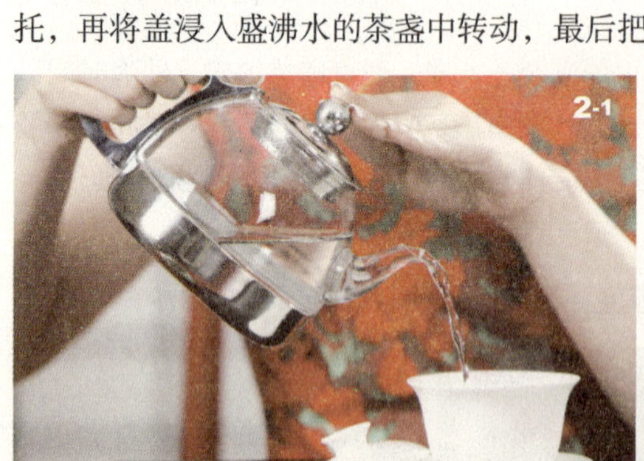

温热茶具

3. 放入茶叶

用茶拨将茉莉花轻轻从茶荷中按需拨入盖碗，根据个人的口味按需增减。

放入茶叶

4. 冲泡茶叶

冲泡茉莉花茶时，第一泡应该低注，冲泡壶口紧靠茶杯，直接注于茶叶上，使香味缓缓浸出；第二泡采中斟，壶口不必靠紧茶杯，稍微离开杯口注入沸水，使茶水交融；第三泡采用高冲，壶口离茶杯口稍远一些冲入沸水，使茶叶翻滚，茶汤回荡，花香飘溢。一般冲水至八分满为止，冲后立即加盖，以保茶香。

5. 闻茶香

茶经过冲泡静置少许片刻，即可提起茶盏，揭开杯盖一侧，用鼻子闻其香气，会顿时觉得芬芳扑鼻而来，也可以凑着香气深呼吸，以充分领略香气对人的愉悦之感。

6. 品饮

经闻茶香后，等到茶汤稍微凉一些，小口喝入，并将茶汤在口中稍事停留，以口吸气、鼻呼气相配合的动作，使茶汤在舌面上往返流动几次，充分与味蕾接触，品尝茶叶和香气后再咽下。

冲泡茶叶

闻茶香

品饮

花茶是我国特有的香型茶，花茶经过冲泡，使其鲜花的纯情馥郁之气慢慢通过茶汁浸出，从而品饮花茶的爽口浓醇的味道。

第六章 不同茶具冲泡方法

泡茶的器具多种多样，有玻璃杯、紫砂壶、盖碗、飘逸杯、小壶、陶壶等等。虽说泡茶的过程和方法大同小异，但却因不同的茶具有着不同的方法。本章主要从不同茶具入手，详细地介绍各自的特点及冲泡手法，希望大家面对不同茶具时，都能冲泡出好茶来。

玻璃杯泡法

人们开始用吹制的办法生产玻璃器物，最早可以追溯到公元1世纪。玻璃在几千年的人类历史中自稀有之物发展成为日常生活不可或缺的实用品，走过了漫长的道路。19世纪末，玻璃终于成为可用压、吹、拉等方法成形，用研磨、雕刻、腐蚀等工艺进行大规模生产的普通制品。

玻璃杯冲泡法可以冲泡我国所有的绿茶、白茶、黄茶以及花茶等，现在我们以冲泡绿茶为例，介绍玻璃杯的冲泡方法。比较正式的场合，冲泡过程是有主泡和助泡两人共同完成的。

准备茶具

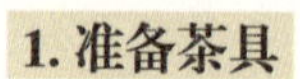

1. 准备茶具

双手将茶样罐拿出放在中盘前方，然后把茶巾盘放在盘后面靠右的地方，而茶荷和茶匙取出放在盘后面靠左的地方。

2. 观赏茶叶

轻轻开启茶样罐，用茶匙拨出少许茶样在茶荷中，主人端着茶荷给来宾欣赏。

观赏茶叶

3. 放入茶叶

这时将茶罐打开，用茶匙先将茶叶拨入茶荷中，少许即可，大概每杯 2 克的量，后将茶荷中的茶样拨入茶杯中。

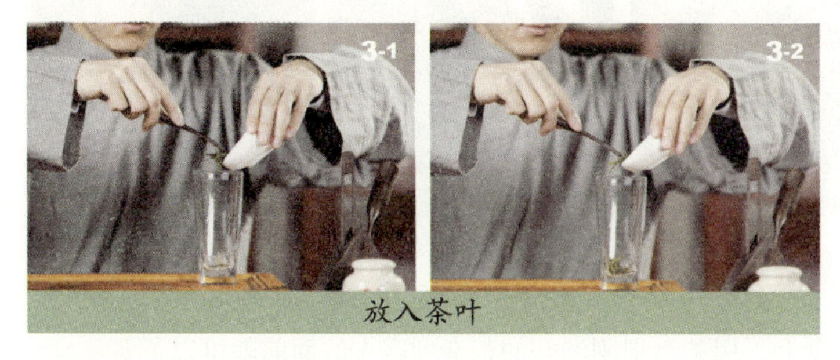

放入茶叶

4. 浸润泡

双手将茶巾盘中的茶巾拿起，放在左手手指部位。右手提随手泡，注意不宜将沸水直接注入杯中，开水稍微放凉一会儿，开水温度约 80℃即可，左手手指垫茶巾处托住壶底，右手手腕回转使壶嘴的水沿杯壁冲入杯中，水量为杯容量的三到四成，使茶叶吸水膨胀，便于内含物析出，大概浸润 20 ~ 60 秒。

浸润泡

5. 冲泡茶叶

提壶注水，用“凤凰三点头”的方法冲水入杯中，不宜太满，至杯子总容量的七成左右即可。经过三次高冲低斟，使杯内茶叶上下翻动，杯中上下茶汤浓度均匀。

冲泡茶叶

6. 奉茶

通常，主人把茶杯放在茶盘上，用茶盘把刚沏好的茶奉到客人的面前就可以了。

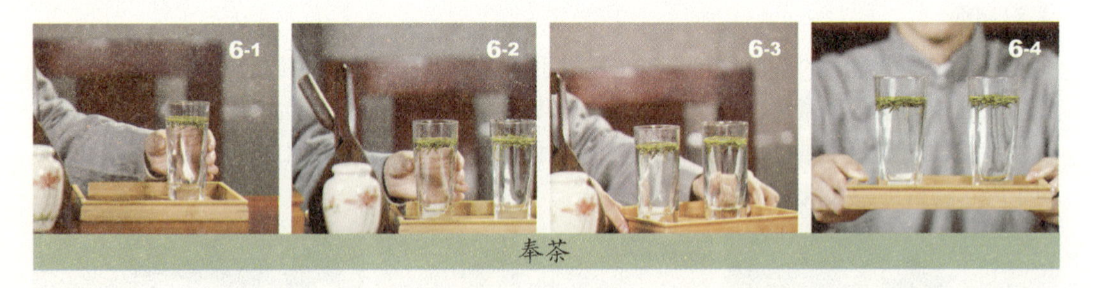

奉茶

7. 闻香气

客人接过茶用鼻闻其香气，还可凑着香气深呼吸，以充分领略香气给人的愉悦之感。

闻香气

8. 品饮

经闻香后，等到茶汤稍凉适口时，小口喝入，不要立即咽下，让茶汤在口中稍事停留，以口吸气、鼻呼气相配合的动作，使茶汤在舌面上往返数次，充分与味蕾接触，品尝茶叶和香气后再咽下。

品饮

9. 欣赏茶

通过透明的玻璃杯，在品其香气和滋味的同时可欣赏其在杯中优美的舞姿，或上下沉浮、翩翩起舞；或如春笋出土、银枪林立；或如菊花绽放，令人心旷神怡。

欣赏茶

10. 收拾茶具

奉茶完毕，主泡仍领头走上泡茶台，将桌上泡茶用具全收至大盘中，由助泡端盘，共行鞠躬礼，退至后场。

玻璃杯由于其独特的造型，加之其是透明的，通过透明的玻璃杯，茶经过冲泡的各种优美的姿态，通过玻璃杯便一目了然，客人在品饮茶的同时，又欣赏到茶的优美舞姿，愉悦身心。

紫砂壶泡法

中国的茶文化起始于唐朝，但紫砂壶人们在宋代才开始使用，历史上在明代开始有了关于紫砂壶的记载。紫砂是一种多孔性材质，气孔微细，密度高。用紫砂壶沏茶，不失原味，且香不涣散，得茶之真香真味。那么，紫砂壶泡茶方法是怎么样的呢？

1. 温壶温杯

用开水烧烫茶壶内外和茶杯，既可清洁茶壶去紫砂壶的霉味，又可温暖茶壶醒味。

温壶温杯

2. 投入茶叶

观察干茶的外形，闻干茶香，选好茶后用茶匙取出茶叶，根据客人的喜好，大约取茶

投入茶叶

壶容量的 1/5 ~ 1/2 的茶叶，投入茶壶。

3. 温润泡

投入茶叶之后，把开水冲入壶中，然后马上将水倒出。如果茶汤上面有泡沫，可注入开水至近乎满泻，然后再用壶盖轻轻刮去浮在茶汤面上的泡沫。清洗了茶叶又温热了茶壶，茶叶在吸收一定水分后舒展开。

温润泡

4. 冲泡茶

将沸水再次冲入壶中，倒水过程中，高冲入壶，向客人示敬。水要高出壶口，用壶盖拂去茶末儿。

冲泡茶

5. 封壶

盖上壶盖，用沸水遍浇壶外全身，稍等片刻。

封壶

分杯

分壶

奉茶

6. 分杯

用茶夹将闻香杯和品茗杯分开，放在茶托上。将壶中茶汤倒入公道杯，使每个人都能品到色、香、味一致的茶。

7. 分壶

将茶汤分别倒入闻香杯，茶斟七分满即可。

闻香

品茗

8. 奉茶

主人给客人奉茶。

9. 闻香

将茶汤倒入闻香杯，轻嗅闻香杯中的余香。

10. 品茗

取品茗杯，分三口轻啜慢饮。

这是第一泡，一般来说，冲泡不同的茶水温也不一样。用紫砂壶冲泡绿茶时，注入水温在 80℃为宜；泡红茶、乌龙茶和普洱茶时，水温保持在 90℃ ~ 100℃为宜。第二泡、第三泡及其后每一泡，冲泡的时间都要依次适当延长。

此外，还需要注意的是泡完茶后一定要将茶叶从壶中清出，再用开水烧烫。最后取出壶盖，壶底朝天，壶口朝地自然风干，主要是让紫砂壶彻底干爽，不至于发霉；同时紫砂壶每次用完都要风干，为防止壶口被磨损，也可在其上铺上一层吸水性较好的棉布。

紫砂壶透气性能好，用它泡茶不容易变味。如果长时间不用，只要用时先注满沸水，立刻倒掉，再加入冷水中冲洗，泡茶仍是原来的味道。同时紫砂壶冷热急变性能好，寒冬腊月，壶内注入沸水，绝对不会因温度突变而胀裂。就是因为砂质传热比较慢，泡茶后握持不会炙手。不但如此，紫砂壶还可以放在文火上烹烧加温，也不会因受火而裂。

盖碗泡茶法

盖碗是一种上有盖、下有托、中有碗的茶具，茶碗上大下小，盖可入碗内，茶船作底承托。喝茶时盖不易滑落，有茶船为托又可避免烫到手。下面介绍一下花茶用盖碗泡茶的方法。

1. 准备茶具

根据客人的人数，将几套盖碗摆在茶盘中心位置，盖与碗内壁留出一小隙，盖碗右下方放茶巾盘，茶盘内左上方摆放茶筒，废水盂放在茶盘内右上方，开水壶放在茶盘内右下方。

准备茶具

2. 温壶

注入少许开水入壶中，温热壶。将温壶的水倒入废水盂，再注入刚沸腾的开水。

温壶

3. 温盖碗

用壶冲水至盖碗总容量的1/3，盖上盖，稍等片刻，打开盖，左手顺时针、右手逆时针回转一圈，将碗盖按抛物线轨迹放在托碟左侧，倒掉盖碗中的水，然后将盖碗放在原来的位置。依此方法一一温热盖碗。

温盖碗

4. 置茶

用茶匙从茶样罐中取茶叶直接投放盖碗中，通常150毫升容量的盖碗投茶2克。

置茶

5. 冲泡

用单手或双手回旋冲泡法，依次向盖碗内注入约容量1/4的开水；再用“凤凰三点头”手法，依次向盖碗内注水至七分满。如果茶叶类似珍珠形状不易展开的，应在回旋冲泡后加盖，用摇香手法令茶叶充分吸水浸润；然后揭盖，再用“凤凰三点头”手法注开水。

冲泡

6. 闻香、赏茶

双手连托端起盖碗，摆放在左手前四指部位，右手腕向内一转搭放在盖碗上，用大拇指、食指及中指拿住盖钮，向右下方轻按，使碗盖左侧盖沿部分浸入茶汤中；再向左下方轻按，令碗盖左侧盖沿部分浸入茶汤中；右手顺势揭开碗盖，将碗盖内侧朝向自己，凑近鼻端左右平移，嗅闻茶香；用盖子撇去茶汤表面浮叶，边撇边观赏汤色；后将碗盖左低右高斜盖在碗上。

闻香、赏茶

7. 奉茶

双手连托端起盖碗，将泡好的茶依次敬给来宾，请客人喝茶。

奉茶

8. 品饮

轻轻将盖子揭开，小口喝入，细细品，边喝边用茶盖在水面轻轻刮一刮，不至于喝到茶叶。

品饮

9. 续水

盖碗茶一般续水一至两次，泡茶者用左手大拇指、食指、中指拿住碗盖提钮，将碗盖提起并斜挡在盖碗左侧，右手提开水壶高冲低斟向盖碗内注水。

续水

10. 洁具

冲泡完毕，盖碗中逐个注入开水一一清洁，清洁后将所有茶具收放原位。

洁具

喝盖碗茶的妙处就在于，碗盖使香气凝集，揭开碗盖，茶香四溢并用盖赶浮叶，不使沾唇，便于品饮，经过用茶盖在水面轻轻刮一刮，使整碗茶水上下翻转，轻刮则淡，反之则浓。

飘逸杯泡法

飘逸杯，也称茶道杯，用飘逸杯泡茶不需要水盘、公道杯等，只需要一个杯子即可，自然相比盖碗少了许多品茶的感觉，但它的出水方式和紫砂壶和盖碗都不一样，虽然简单，但其泡茶方法也是有讲究的。

1. 烫杯洗杯

飘逸杯与其他茶具不同，它有内胆、大外杯和盖子，所以烫杯的时候这三者都要用开水好好烫一遍。特别是放着长时间没用过的飘逸杯，在泡茶之前一定要烫洗干净，开水放进去稍等一两分钟，保证没有异味了，还有内胆有没有破洞，控制出水杆的下压键是否灵活好用，各个部件都检查完毕，清洗干净，就可以把烫杯用的水倒掉。将干净的杯子放置在茶帘上。

烫杯洗杯

2. 放茶叶

放茶叶的量根据个人口味来定，想喝浓点的就多放点茶叶，想喝淡点的就少放点。如果着急喝，也可以多放茶叶，这样就可以快速出汤。

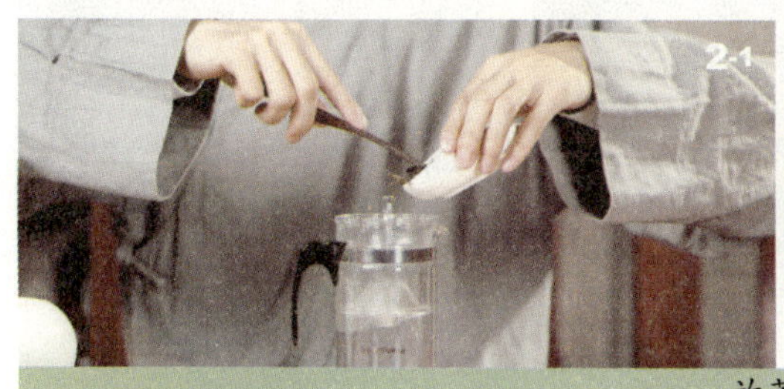

放茶叶

3. 洗茶

根据生茶和老茶的不同，洗茶步骤也有不同。喝生茶时洗茶步骤相对简单，开水冲入杯中，让茶叶充分冲泡，然后倒掉水就可以了。如果喝老茶，洗茶的过程要稍微麻烦一些，老茶放置时间比较长，容易有灰尘。洗茶时，注水的力度相对要大、要猛，出水要快，注满沸水，要立即按开出水杆，倒掉洗茶水。飘逸杯出水的过程跟其他茶具不同，它是由上而下，所以出水速度要快，如果速度慢了的话，原来被激起的一些杂质会再次附着在茶叶上，达不到洗茶的目的。

洗茶

4. 冲泡茶

洗茶后闻一下内胆里的茶叶，感觉茶已经完全洗净，就可以进行冲泡茶了。冲泡的时候注水不要太猛，要相对轻柔一点，以保证茶汤的匀净。然后茶叶经过冲泡出汤，按下出水杆的按钮，等到茶汤完全漏入杯中即可。用飘逸杯泡茶需要出汤速度快，而且要出尽。

冲泡茶

5. 品茶

如果是在办公室自己喝茶，出汤之后，直接拿着杯子喝即可；如果多人喝茶，需要准备几个小杯子，把飘逸杯中的茶汤倒入小杯中就好了。慢慢品尝，闻茶香品茶味。

品茶

用飘逸杯泡茶，由于其步骤相对简单，同一杯组可同时泡茶、饮茶，不必另备茶海、杯子、滤网等。泡茶速度快，适合居家待客，可同时招待十余位朋友，不会有冲泡不及之尴尬，同时还可以办公室自用，可将外杯当饮用杯使用。清杯也比较容易，掏茶渣也很简单，只要打开盖子把内杯向下倾倒，茶渣就掉出来，再倒进清水摇一摇，再倒出来即清洁。

小壶茶泡法

小壶由于也是用紫砂做的，其泡茶方法与普通的紫砂壶有相似的地方，又有不同，下面就介绍小壶详细的泡茶方法。

1. 备具、备茶和备水

首先选一把精巧的小壶，茶杯的个数与客人的人数相对应，此外还要准备泡茶的茶杯、茶盅以及所需要的置茶器、理茶器、涤洁器等相关用具。

准备茶叶，取出泡茶所需茶叶放入茶荷。准备开水，如果现场烧煮开水，则准备泡茶用水与煮水器；如果开水已经烧好了，倒入保温瓶中备用。

备具、备茶和备水

2. 冲泡前的准备

（1）温茶壶，用开水烧烫小壶和公道杯，清洗茶具同时提高小壶和公道杯的温度，为温润泡做好准备。

冲泡前的准备

（2）取茶，通过赏茶来观察干茶的外形，欣赏取出茶，根据人数决定取茶的分量。

取茶

（3）放茶，茶叶放进壶中后，盖上壶盖。然后用双手捧着壶，连续轻轻地前后摇晃3 ～ 5下，以促进茶香散发，并使开泡后茶的内质易于释放出来。

放茶

（4）温润泡，把开水注入壶中，直到水满溢为止。这时用茶浆拨去水面表层的泡沫，盖上壶盖，茶叶在吸收一定水分后即会呈现舒展状态。将温润泡的茶水倒入茶盅，将茶盅温热。

温润泡

（5）烫杯，将温盅水倒入茶杯中温热，取出放在茶盘中。将小壶放在茶巾上吸取壶底水分。

烫杯

3. 冲泡

第一泡，将适温的热水冲入小壶，盖上壶盖，大概 1 分钟。将茶汤倒入公道杯中。

冲泡

4. 奉茶、品茶

主人双手端茶给客人，客人细细品茶，品茶时先闻茶香，再啜饮茶汤，先含在口中品尝味道，然后慢慢咽下感受滋味变化。

奉茶、品茶

第二泡泡茶时间要多上 15 秒，接着第三泡、第四泡泡茶时间依次增加，一般能泡 2 ~ 4 次。

喝完茶，主人要用茶匙掏去茶味已淡的茶渣，并把茶具一一清洗干净，然后将所有茶具放到原来的位置。

小壶由于体积比较小，根据不同的茶叶外形、松紧度，放茶量也有不同，非常膨松的茶，如清茶、白毫乌龙等，放七、八分满；较紧结的茶，如揉成球状的安溪铁观音、纤细紧结的绿茶等，放 1/4 壶；非常密实的茶，如片状的龙井、针状的工夫红茶等，放 1/5 壶。

玻璃壶泡法

玻璃茶壶与铝、搪瓷和不锈钢等茶具相比，其本身不含金属氧化物，可免除铝、铅等金属对人体造成的危害。玻璃茶壶制品长期使用不脱片不发乌，具有很强的机械强度和良好的耐热冲击性。其最适宜冲泡红茶，也可以用开水冲泡绿茶和花茶，同时也可冲泡咖啡、牛奶等饮料。

温壶

1. 温壶

将沸水冲入壶中，温热壶的同时清洗茶壶，同时清洗壶盖和内胆。

温杯

2. 温杯

用壶中的水温烫品茗杯，在用茶夹夹住品茗杯温烫完毕之后，将温烫品茗杯的水倒入废水盂中。

欣赏干茶

放入茶叶

3. 欣赏干茶

由茶罐直接将茶倒入茶荷，由主人奉至客人面前，以供其观看茶叶形状，闻取茶香。

4. 放入茶叶

将茶荷中的茶叶投入壶的内胆中，茶量依据客人的人数而定。

5. 冲泡

提壶高冲入壶中，激发茶性，使干茶充分吸收水分，茶的色、香、味都会挥发出来。可以用手轻轻摇动内胆几次，让茶叶充分冲泡，茶汤均匀地出来。

冲泡

分茶

6. 分茶

将玻璃壶的内胆取出来，放在一旁的茶盘中。摆好品茗杯，将壶中的茶汤分别倒入品茗杯中，不宜太满，倒至杯子的七分满为宜。

品饮

7. 品饮

先闻茶香，然后小口品饮，停留口中片刻，细饮慢品，充分体会茶的真味。

完成上述步骤之后，最后还需要将内胆中的茶叶倒掉，再用开水把壶及品茗杯清洗干净，放回原位。

玻璃壶相对紫砂壶等茶具，其清洗特别方便，可以直接将内胆取出，茶叶倒掉，手还可直接伸入壶的内部，很容易清洗干净。由于其全透明玻璃材质，晶莹透明，配合细致的手工技术，使得玻璃茶壶流露出动人的光彩，非常吸引人，不但非常实用，还会被很多人作为礼物赠送亲友。

瓷壶泡法

瓷壶最初没有固定的形状，大约出现在早期的新石器时代，直到两晋时出现的鸡首、羊首壶首开一侧有流，一侧安执手的型制，才为壶这种器物最终定型，并一直沿用到现在。那么，用瓷壶泡茶的方法是怎样的呢？

1. 温烫瓷壶

将沸水冲入壶中，水量三分满即可，温壶的同时也清洗了茶壶。

温烫瓷壶

2. 温烫公道杯和品茗杯

为了做到资源的不浪费，温瓷壶的开水不要倒掉，直接倒入公道杯，温烫公道杯，再将公道杯的水倒到品茗杯中，温烫清洗品茗杯，之后把水倒掉。

温烫公道杯和品茗杯

3. 投入茶叶

将茶荷中备好的茶叶轻轻放入壶中。

4. 温润泡

将沸水冲入壶中，静置几秒钟，干茶经过水分的浸润，叶子慢慢舒展开，温润茶叶。最后，倒掉水。

投入茶叶

温润泡

5. 正式冲泡

将沸水冲入壶中，冲泡茶叶。等到茶汤慢慢浸出，将冲泡好的茶汤倒入公道杯中。

正式冲泡

6. 分茶饮茶

将公道杯中的茶汤均匀地分入品茗杯中，七八分满即可。端起品茗杯轻轻闻其香气，然后小口慢喝，品饮茶的味道。

分茶饮茶

7. 清洗瓷壶

泡过茶以后，瓷壶的内壁上就会有茶垢，如果不去掉，时间长了，越积越厚，颜色也变黑十分难看，还容易有异味，所以用完瓷壶要立即清洗，取出叶底，最后轻轻松松洗掉内壁的茶垢。

瓷壶不但外形好看，好多茶都可以用瓷壶来泡，而且其适应性比较强，不管绿茶、红茶、普洱还是铁观音，泡过一种茶之后，立即擦洗干净就可直接泡其他种类的茶，还不会串味。

清洗瓷壶

陶壶泡法

陶壶一般是灰白色泥质做的陶，外表装饰褐色的陶衣，由于其本身就有很多的毛细孔，不是任何茶都适于用陶壶冲泡。陶壶最适宜泡半发酵茶，比如乌龙茶、武夷茶、清茶、铁观音或水仙。经过陶壶冲泡，其特殊的香气自然溢出，泡出来的茶也会更香，而且陶壶体积较小，泡茶的技巧特别关键，特别是温度的保持。

1. 备具

准备好冲泡所需的茶具。

2. 温烫陶壶

冲沸水入壶，温烫陶壶，洁净壶。

3. 温烫品茗杯

再将陶壶中的水倒入品茗杯，温烫品茗杯。用手转动杯子，使水充分接触杯子，温烫杯子的每一个部位。

4. 倒水入废水盂

温烫壶和品茗杯后，将温烫品茗杯的水倒入废水盂。

备具

温烫陶壶

温烫品茗杯

倒水入废水盂

5. 观赏茶

将准备好的茶叶放入茶荷中，进行赏茶。

6. 置茶

将选好的茶叶用茶拨从茶荷中轻轻拨入壶中。

7. 冲泡

冲泡前可以先温润壶，即提起开水壶冲水入陶壶中直至溢出，唤醒茶叶，使茶叶充分冲泡，迅速舒展开，将温润茶的水倒入茶盘。第一泡茶冲水，开水不要直接对准茶叶，沿壶沿慢慢注入。静置 1 ~ 2 分钟，等到茶汤充分冲泡出，将壶中的茶汤倒入公道杯中。

观赏茶

置茶

冲泡

8. 分茶

将公道杯中的茶汤分别分入品茗杯中至杯的七分满。

9. 奉茶

将分好的茶汤奉给客人。

10. 品茗

观其茶汤颜色，品茶分三口饮。

分茶

奉茶

品茗

杯子与茶汤间的关系

喝茶会用到各种各样的杯子，而用不同的杯子泡出的茶的茶汤也会有不同，杯子和茶汤是分不开的。杯子与茶汤这种密不可分的关系主要体现在以下三个方面：杯子深度、杯子形状和杯子颜色。

杯子深度。杯子的深度影响茶汤的颜色，为了让客人能正确判断茶汤的颜色，一般来说，小形杯子的最适合容水深度为25厘米，并且杯底有足够的面积在2.5厘米的深度上，如果是斜度很大的盏形杯，杯底的面积变得很小，虽然杯子的深度已达标准，但由于底部太小，显现不出茶汤应有的颜色。如果是外形较大的杯子，其茶汤颜色比小形杯相对好分辨一些，但也要注意容水深度。

杯子形状。杯子的形状有鼓形、直筒形和盏形等。如果杯子是缩口的鼓形，就需要举起杯子，倾斜很大的角度，喝茶时必须仰起头才能将茶喝光；如果是直筒形的杯子，就必须倾斜至水平以上角度，才能将茶全部倒光；如果是敞口、缩底的盏形杯子，就比较容易喝，只需要稍微倾斜一下，就可以将茶汤全部喝光。

杯子颜色。杯色影响茶汤颜色，主要是指杯子内侧的颜色。若是深颜色杯子，如紫砂和朱泥的本色，茶汤的真正颜色是无法显现出来的，这时就没办法欣赏到茶汤真正的颜色。相对来说，白色最容易显现茶汤的色泽，但必须“纯白”才能正确地显现茶汤的颜色，如果是偏青的白色又叫“月白”，则茶汤看来就会偏绿；如果是偏黄的又叫“牙白”，则茶汤看起来会偏红。同时也可以利用这种误差来加强特定茶汤的视觉效果，如用月白的杯子装绿茶，茶汤会显得更绿；用牙白的杯子装红茶，茶汤会显得更红。所以如果想欣赏到真正的茶汤颜色，用透明的杯子是最好的。

所以说，冲泡茶前准备茶具的过程也是相当重要的，其会直接影响到茶的欣赏和品饮。

冲泡器质地与茶汤的关系

我们说冲泡茶的茶具有很多种，这么多种茶具其质地也有不同，如有紫砂、玻璃、陶瓷、金属等等，用不同质地的茶具冲泡出的茶汤也会有不一样的味道。

1. 选用冲泡器的材质

如果你冲泡的茶是属于比较清新的，例如台湾的包种茶，你就要选择散热速度较快的冲泡器，如玻璃杯、玻璃壶等；如果你冲泡比较浓郁的茶，如祁门红茶等，就要选择散热速度比较慢的冲泡器，如紫砂壶、陶壶等。

2. 冲泡器的质量

冲泡器的质量直接影响茶的口感。比如我们上面提到的紫砂壶、陶壶、玻璃壶、瓷壶等，这些茶具所用材料的稳定性必须高，最重要的不能有其他成分释出在茶汤之中，尤其是有毒的元素。同时还包括茶具材料的气味，质量好的茶具所用材料会增加茶叶本身的香气，有助于茶汤香味的释放，如果不好的材料，不但不会增加茶香还会直接干扰茶汤的品饮。

冲泡器质地与茶汤有一定关系

3. 冲泡器材质的传热速度

一般来说传热速度快的壶，泡起茶来，香味比较清扬；传热速度慢的壶，泡起茶来，香味比较低沉。如果所泡的茶，希望让它表现得比较清扬，换种说法说，这种茶的风格是属于比较清扬的，如绿茶、清茶、香片、白毫乌龙、红茶，那就用密度较高、传热速度快的壶来冲泡，如瓷壶。如果所泡的茶，希望让它表现得比较低沉，或者说，这种茶的风格是属于比较低沉的，如铁观音、水仙、佛手、普洱，那就用密度较低、传热速度慢的壶来冲泡，如陶壶。

4. 调搅器的材质

调搅器的材质不会直接影响茶汤的质量与风格，同时散热速度慢的调搅器更有助于搅击的效果。所以打抹茶的茶碗，自古一直强调碗身要厚，甚至有人故意将碗身的烧结程度降低，求其传热速度慢，然后内外上釉以避免高吸水性。

金属器里的银壶是很好的泡茶用具，密度、传热比瓷壶还要好。用银壶冲泡清茶是最合适不过的。因为清茶最重清扬的特性，而且香气的表现决定品质的优劣，用银壶冲泡会把清茶的优点淋漓尽致地表现出来。这就是我们说冲泡器的材料直接影响茶汤的风格，同样的茶叶，为什么有的高频、有的低频，这就是冲泡器材质密度及传热速度的缘故。

肆 一瓯甘饮惬余暇

品茶篇

品茶，重在一个“品”字，其中包含的意蕴不仅是品鉴茶叶的优劣，更带有神思遐想和领略饮茶趣味的意思。生活在现今社会的人，缺少的正是这种闲情逸致。人们整日匆匆忙忙地工作与生活，真正能坐下来细细品茶的时间自然少了许多。如果我们尚有些闲暇时光，不如选择一处安静的地方，约几位好友，泡上一壶好茶，边品茶边鉴赏，相信大家一定会被这种闲适之情所打动。

第一章 品茶的四要素

品茶可分为四个要素，分别是：观茶色、闻茶香、品茶味、悟茶韵。这四个要素使人分别从茶汤的色、香、味、韵中得到审美的愉悦，将其作为一种精神上的享受，更视为一种艺术追求。不同的茶类会形成不同的颜色、香气、味道以及茶韵，要细细品啜，徐徐体察，从不同的角度感悟茶带给我们的美感。

观茶色

观茶色即观察茶汤的色泽和茶叶的形态，以下的哲理故事与其有一定的关联：相传，闲居士与老禅师是朋友。一次，老禅师请闲居士喝普洱茶。闲居士接过茶杯正要喝时，老禅师问他："佛家有言，色即是空，空即是色，你看这杯茶汤是什么颜色的？"闲居士以为老禅师在考他的领悟能力，于是微笑着回答："是空色的。"老禅师又问："既然是空色的，又哪来颜色？"闲居士一听完全不知道怎么回答，便请教老禅师。老禅师心平气和地回答道："你没有看见它是深红色的吗？"闲居士听完之后，对其中的深意忽然顿悟。

故事中两人喝的普洱茶，它所呈现的茶汤颜色是深红色的，而每类茶都有着不同的色泽，我们可以分别从茶汤和形态两方面品鉴一下：

1. 茶汤的色泽

冲泡之后，茶叶由于冲泡在水中，几乎恢复到了自然状态。茶汤随着茶叶内含物质的渗出，也由浅转深，晶莹澄清。而几泡之后，汤色又由深变浅。各类茶叶各具特色，不同的茶类又会形成不同的颜色。有的黄绿，有的橙黄，有的浅红，有的暗红等。同一种茶叶，由于使用不同的茶具和冲泡用水，茶汤也会出现色泽上的差异。

观察茶汤的色泽，主要是看茶汤是否清澈鲜艳、色彩明亮，并具有该品种应有的色彩。茶叶本身的品质好，色泽自然好，而泡出来的汤色也十分漂亮。但有些茶叶因为存放不善，泡出的茶不但有霉腐的味道，而且茶汤也会变色。

除此之外，影响茶汤颜色的因素还有许多，例如用硬水泡茶，有石灰涩味，茶汤色泽也混浊。假若用来泡茶的自来水带铁锈，茶汤便带有铁腥味，茶汤也可能变得黯沉淤黑。

以下介绍几类优质茶的茶汤颜色特点：

（1）绿茶。绿茶由于制作时以高温杀青，因此叶绿素使茶叶保持翠绿的色泽。按叶片的色泽来说，可分深绿色、黄绿色，而茶叶愈嫩，叶

黄山毛峰茶汤　西湖龙井茶汤

绿素深绿色的含量愈少，便呈黄绿色。这也是龙井茶的色泽称为“炒米黄”的原因所在。而毛峰茶冲泡之后，茶汤都应是清澈浅绿，高级烘青冲泡之后，茶汤却显深绿，我们完全可以由茶汤的这个特点来判断绿茶品质的好坏。

（2）普洱茶。普洱茶因制作工艺不同，茶汤所呈现的色泽也略有不同，常见的滋味醇和的汤色有以下几种：茶汤颜色呈现红而暗的色泽，略显黑色，欠亮；茶汤颜色红中透着紫黑，均匀且明亮，有鲜活感；茶汤颜色黑中带紫，红且明亮，有鲜活感；茶汤呈现暗黑色，有鲜活感；等等。这几种汤色都算得上优品普洱茶的表现。

宫廷普洱茶汤　老茶头茶汤　普洱散茶茶汤　熟饼茶茶汤　熟砖茶茶汤

（3）工夫茶。工夫茶往往观茶色也可以辨“功夫”。4 ~ 5泡的茶色浓而不红，淡而不黄，即在橙红与橙黄之间时，应有鲜亮的感觉，这样的汤色可谓工夫茶中的上品。

坦洋工夫茶汤　铁观音茶汤

2. 茶叶的形态

观察茶叶的形态主要分为观察干茶的外观形状以及冲泡之后的叶底两部分。

（1）干茶的外观。每类茶叶的外观都有其各自的特点，观察干茶的外观、色泽、质地、均匀度、紧结度、有无显毫等。

一般说来，新茶色泽都比较清新悦目，或嫩绿或墨绿。炒青茶色泽灰绿，略带光泽；绿茶以颜色翠碧，鲜润活气为好，特别是一些名优绿茶，嫩度高，加工考究，芽叶成朵，在碧绿的茶汤中徐徐伸展，亭亭玉立，婀娜多姿，令人赏心悦目。

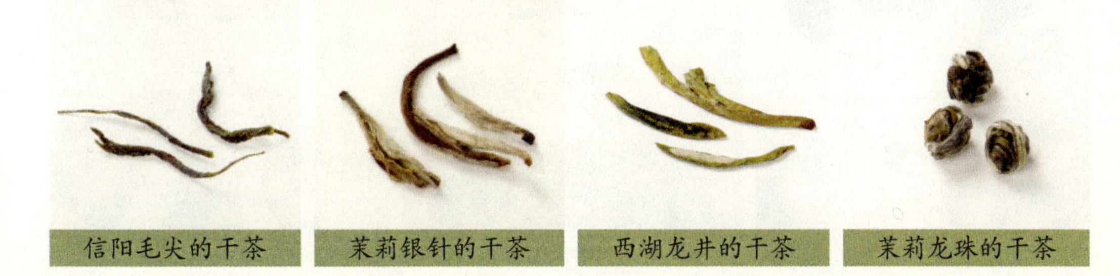

信阳毛尖的干茶　茉莉银针的干茶　西湖龙井的干茶　茉莉龙珠的干茶

如果干茶叶色泽发枯发暗发褐，表明茶叶内质有不同程度的氧化；如果茶叶片上有明显黑色或深酱色斑点或叶边缘为焦边，也说明不是好茶；如果茶叶色泽花杂，颜色深浅反差较大，说明茶叶中夹有黄片，老叶甚至有陈茶，这样的茶也谈不上是好茶。

（2）看叶底。看叶底即观看冲泡后充分展开的叶片或叶芽是否细嫩、匀齐、完整，有无花杂、焦斑、红筋、红梗等现象，乌龙茶还要看其是否具有“绿叶红镶边”。

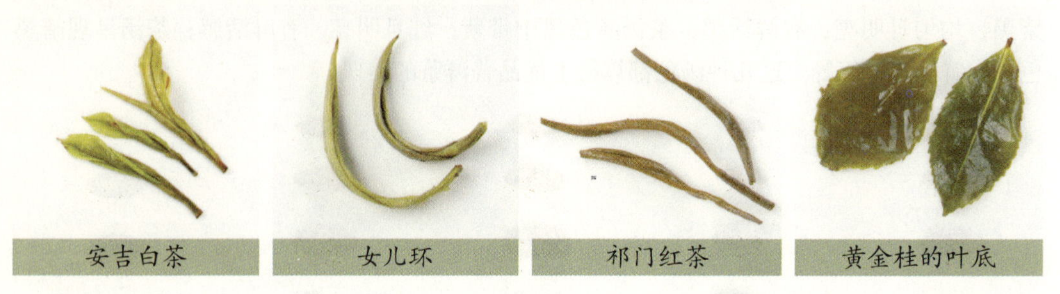

安吉白茶　女儿环　祁门红茶　黄金桂的叶底

茶叶随陈化期时间增长，叶底颜色由新鲜翠绿转橙红鲜艳。生茶的茶叶是由新鲜翠绿，随着空气中的水分来氧化发酵，进而转嫩软红亮。反之若是在潮湿不通风的仓储环境陈化，在半世纪或一百年也没有多大效益，因为茶的发酵将彻底失去意义，叶面将是暗黑无弹性感。

以上两种即观茶色的重点，也是大家对茶叶最初的印象，不过有时候茶叶的色泽会经过处理，这就需要我们仔细品鉴，并从其他几要素中综合考虑茶叶的品质。

闻茶香

观茶色之后，我们就需要嗅闻茶汤散发出的香气了。闻茶香主要包括3个方面，即干闻、热闻和冷闻。

1. 干闻

干闻即闻干茶的香味。一般来说，好茶的茶香格外明显。如新绿茶闻之有悦鼻高爽的香气，其香气有清香型、浓香型、甜香型；质量越高的茶叶，香味越浓郁扑鼻。口嚼或冲泡，绿茶发甜香为上，如闻不到茶香或是香气淡薄或有一股陈气味，例如闻到一股青涩气、粗老气、焦煳气则是劣质的茶叶。

2. 热闻

热闻即冲泡茶叶之后，闻其中茶的香味。泡成茶汤后，不同的茶叶具有各自不同的香气，会出现清香、板栗香、果香、花香、陈香等，仔细辨认，趣味无穷，而每种香型又分

干闻

热闻

冷闻

为馥郁、清高、鲜灵、幽雅、纯正、清淡、平和等多种。

3. 冷闻

当茶器中的茶汤温度降低后，我们可以闻一闻茶盖或杯底的留香，这个过程即冷闻，而此时闻到的香气与高温时亦不同。因为温度很高时，茶叶中的有些独特的味道可能被芳香物质大量挥发而掩盖，但此时不同，由于温度较低，那些曾经被掩盖的味道趁这个时候会逐渐散发出来。

在精致透明的玻璃杯中加少许的茶叶，在沸水冲泡的瞬间，让迷蒙着的茶香清奇袅袅地腾起，来得快，去得急。深深地吸一口气，那香气已经深深地吸入肺腑，茶香混合着热气屡屡沁出，又是一番闻香的享受。

品茶味

闻香之后，我们用拇指和食指握住品茗杯的杯沿，中指托着杯底，分 3 次将茶水细细品啜，这就是品茶的第三个要素——品茶味。

品茶

清代大才子袁枚曾说过："品茶应含英咀华，并徐徐咀嚼而体贴之。"这句话的意思就是，品茶时，应该将茶汤含在口中，像含着一片花瓣一样慢慢咀嚼，细细品味，吞下去时还要注意感受茶汤经过喉咙时是否爽滑。这正是教我们品茶的步骤，也特别强调了一个词语：徐徐。

茶汤入口时，可能有或浓或淡的苦涩味，但这并不需要担心，因为茶味总是先苦后甜的。茶汤入口后，也不要立即下咽，而要在口腔中停留，使之在舌头的各部位打转。舌头各部位的味蕾对不同滋味的感觉是不一样的，如舌尖易感觉酸味，舌对鲜味最敏感，近舌根部位易辨别苦味。让茶汤在口腔中流动，与舌根、舌面、舌侧、舌端的味蕾充分接触，品尝茶的味道是浓烈、鲜爽、甜爽、醇厚、醇和还是苦涩、淡薄或生涩，让舌头充分感受到茶汤的甜、酸、鲜、苦、涩等味，这样才能真正品尝到茶汤的美妙滋味。最后咽下之后，不久就口里回甘，韵味无穷。一系列的动作皆验证了"徐徐"二字，细细品尝，慢慢享受。

一般来说，品茶品的是五感，即调动人体的所有感觉器官用心去品味茶，欣赏茶。这物品分别是眼品、鼻品、耳品、口品、心品。眼品就是用眼睛观察茶的外观形状、汤色等，即观茶色的部分；鼻品就是用鼻子闻茶香，也就是闻茶香的部分；耳品是指注意听主人或茶艺表演者的介绍，知晓与茶有关的信息的过程；口品是指用口舌品鉴茶汤的滋味韵味，这也是品茶味的重点所在；心品是指对茶的欣赏从物质角度的感性欣赏升华到文化的高度，它更需要人们一定的领悟能力。

我国的茶品繁多，其品质特性各不相同，因此，品饮不同的茶所侧重的角度也略有不同，以下分别介绍了品饮不同茶叶的方法，以供大家参考：

1. 绿茶

绿茶，尤其是高级细嫩绿茶，其色、香、味、形都别具一格。品茶时，可以先透过晶莹清亮的茶汤，观赏茶的沉浮、舒展和姿态，察看茶汁的浸出、渗透和汤色的变幻。然后端起茶杯，先闻其香，再呷上一口，含在口中，让茶汤在口舌间慢慢地来回旋动。上好的绿茶，汤色碧绿明澄，茶叶先若涩，后浓香甘醇，且带有板栗的香味。这样往复品赏几次之后，便可以感受得到其汤汁的鲜爽可口。

2. 红茶

品饮红茶的重点在于领略它的香气、滋味和汤色。品饮时首先观其色泽，再闻其香气，然后品尝茶味。饮红茶须在品字上下工夫，慢慢斟饮，细细品味，才可获得品饮红茶的真趣。品饮之后，我们一定会了解为什么人们将红茶称为“迷人之茶”的理由了。

3. 青茶

青茶品饮的重点在于闻香和尝味，不重品形。品饮时先将壶中茶汤趁热倒入公道杯，之后分注于闻香杯中，再倾入对应的小杯内。品啜时，先将闻香杯置于双手手心间，使闻香杯口对准鼻孔，再用双手慢慢来回搓动闻香杯，使杯中香气尽可能得到最大限度的享用。品啜时，可采用“三龙护鼎”式端杯方式，体悟青茶的美妙与魅力。

4. 白茶与黄茶

白茶和黄茶都具有极高的欣赏价值，品饮的方法也与其他类茶叶有所不同。首先，用无花纹的透明玻璃杯以开水冲泡，观赏茶芽在杯中上下浮动，再闻香观色。一般要在冲泡后 10 分钟左右才开始尝味，这时的味道才最好。

5. 花茶

花茶既包含了茶胚的清新，又融合了花朵的香气，品尝起来具有独特的味道。茶的滋味为茶汤的本味。花茶冲泡 2 ~ 3 分钟后，即可用鼻闻香。茶汤稍凉适口时，喝少许茶汤在口中停留，以口吸气、鼻呼气相结合的方法使茶汤在舌面来回流动，口尝茶味和余香。

以上是对不同种类茶叶的品饮方法，一般来说，茶汤入口后甘鲜，浓醇爽口，在口中留有甘味者最好。

茶是世间仙草，茶是灵秀隽永的诗篇，我们要带着对茶的深厚感情去品饮，才能真正领略到好茶的“清、鲜、甘、活、香”等特点，让其美妙的滋味在舌尖唇齿中演绎一番别样的风情。

悟茶韵

茶韵是一种感觉，是美好的象征，是一种超凡的境界，是茶的品质、特性达到了同类中的最高品位，也是我们在饮茶时所得到的特殊感受。

我们知道观茶色、闻茶香，小口品啜温度适口的茶汤之后，便是悟茶韵的过程了。让茶汤与味蕾最大限度地充分接触，轻缓地咽下，此时，茶的醇香味道以及风韵之曼妙就全在于你自己的体会了。

茶品不同，品尝之后所得到的感受也自然不同。也可以说，不同种类的茶都有其独特的“韵味”，例如，西湖龙井有“雅韵”；岩茶有“岩韵”；普洱茶有“陈韵”；午子绿茶有“幽韵”；黄山毛峰有“冷韵”；铁观音有“音韵”；等等。以下分别介绍各类茶的不同韵味，希望大家在品鉴该茶的时候能感悟出其独特的韵味来。

茶韵渺渺

1. 雅韵

雅韵是西湖龙井的独特韵味。龙井茶色泽绿翠，外形扁平挺秀，味道清新醇美。取些泡在玻璃直筒杯中，可以看到其芽叶色绿，好比出水芙蓉，栩栩如生。因此，龙井茶向来以“色绿、香郁、味甘、形美”四绝称著，不愧称得上“雅韵”，实在是雅致至极。

2. 岩韵

岩韵是岩茶的独特韵味，岩韵即岩骨、俗称岩石味，滋味有特别的醇厚感。人说“水中有骨感”就是这意思；饮后回甘快、余味长；喉韵明显；香气不论高低都持久浓厚、冷闻还幽香明显，亦能在口腔中保留持久深长味道的感觉。

由于茶树生长在武夷山丹霞地貌内，经过当地传统栽培方法，采摘后的茶叶又经过特殊制作工艺形成，其茶香茶韵自然具有独有的特征。品饮之后，自然独具一番情调。

3. 陈韵

众所周知，普洱茶是越陈的越香，就如同美酒一样，必须要经过一段漫长的陈化时间。因而品饮普洱茶时，就会感悟其中“陈韵”的独特味道。其实，陈韵是一种经过陈化后，所产生出来的韵味，优质的热嗅陈香显著浓郁，具纯正，“气感”较强，冷嗅陈香悠长，是一种干爽的味道。将陈年普洱冲入壶中，冲泡几次之后，其独特的香醇味道自然散发出来，细细品味一番，你一定会领略到普洱茶的独特陈韵。

4. 幽韵

午子绿茶外形紧细如蚁，锋毫内敛，色泽秀润，干茶嗅起来有一股特殊的幽香，因而，有人称其具有“幽韵”。冲泡之后，其茶汤色清澈绿亮，犹如雨后山石凹处积留的一洼春水，清幽无比，幽香之味也更浓，品饮之后，那种幽香的感觉仿佛仍然环绕在身旁。

细啜一杯午子绿茶，闭目凝神，细细体味那一缕绿幽飘渺的韵味，感悟唇齿间浑厚的余味以及回甘，相信这种“幽韵”一定能带给你独特的感悟。

5. 冷韵

冷韵是黄山毛峰的显著特点。明代的许楚在《黄山游记》中写道：“莲花庵旁，就石隙养茶，多清香，冷韵袭人齿腭，谓之黄山云雾。”这首诗中提到的就是黄山云雾，而据考证，黄山云雾即黄山毛峰的前身。

用少量的水浸湿黄山毛峰，看着那如花般的茶芽在水中簇拥在一起。由于温度较低，褶皱着的茶叶还未展开，其色泽泛绿，实在惹人怜爱。那淡淡的冷香之气也随着茶杯摇晃而散发出来，轻抿一口，仿佛能体味到黄山中特有的清甘润爽之感。

6. 音韵

音韵是铁观音的独特韵味，即观音韵。冲泡之后，其汤色金黄浓艳似琥珀，有天然馥郁的兰花香，滋味醇厚甘鲜，回甘悠久，留香沁人心脾，耐人寻味，引人遐思。观音韵赋予了铁观音浓郁的神秘色彩，也正因为如此，铁观音才被形容为“美如观音，重如铁”。

当你感到身心疲惫的时候，或是心里失去平衡的时候，不如播一曲轻松的大自然乐曲，或是一辑古典的筝笛之音，点一柱檀香，冲一壶上好的茶叶，有人同啜也好，一人独品也罢，只要将思绪完全融入在茶中，细品人生的味道即可。

第二章 宜茶之境：雅室品茗

饮茶不仅是物质上的需要，更是精神上的享受。不仅需要好茶、好器、好水，同样需要良好的环境。明末文人冯可宾在总结品茶氛围时曾说："饮茶之所宜者，一无事，二佳客，三幽坐，四吟咏，五挥翰，六徜徉，七睡起，八宿醒，九清供，十精舍，十一会心，十二赏鉴，十三文僮。"由此看来，饮茶之境从古至今都如此讲究。但无论哪一时刻，茶室的选择地点多在幽静之处，即便是闹市中的茶馆，也通常闹中取静。清幽典雅，安谧闲适，相信这就是人们所追求的"宜茶之境"了。

源远流长的历代茶馆

茶馆是一个古老而又时尚的行业，始兴于唐代，在宋代开始繁冗，元代明时一度衰落，直到明末清初又开始兴起，到了清末后百年渐趋萧条，到了改革开放30年，古老的茶馆才又迎来了无限的春光，真可谓起起伏伏。可以说，茶馆是茶文化中一道最有韵味的风景，它源远流长，历经数代，让无数人在其中相聚休闲，享受生活的同时也品味着人生。

茶馆的别名很多，最开始被称为茶肆、茶楼、茶园、茶坊、茶邸，还有人称它为茶房、茶亭、茶社、茶轩和茶棚等，直到明清时期才被称为茶馆。

唐代《封氏闻见记》中记载："开元中，泰山灵岩寺有降魔师大兴禅教，学禅务于不寐，又不夕食，皆许其饮茶。人自怀挟，到处煮饮。从此转相仿效，遂成风俗。"唐代时，住持请全寺僧众饮茶的过程被称为"普茶"。一些佛寺专门设有茶堂，茶堂的西北角还有茶鼓，每次敲鼓时，都是在召集僧人饮茶。佛寺中的僧人每日坐禅，听见鼓声就可以出定，饮茶。不仅寺中僧人饮茶，寺院中还设有"茶头"，他们的职务就是专门负责烧水煮茶，招待客人。慢慢地僧人饮茶被传播出去，唐人学禅饮茶也成为了一种风尚。

承载悠悠茶香的古代茶馆余韵

到了宋代，城市中的大街小巷都遍布了茶肆茶坊，还有一类专门提着壶往来叫卖的流动茶担、茶摊，当时的人称其为“茶司”。茶肆中烹茶技术高超的人被称为“茶博士”，听起来就会让人觉得专业，而茶博士的出现也充分证明了当时烹茶向着专业化和职业化的方向发展，同时也反映出茶在宋代已经开始普及到人们的生活之中。

当时的茶肆中常常悬挂名人字画，同时摆设四时花朵，用来招揽顾客。其中所卖的茶品种也开始增加，也有各类吃食。据《梦梁录・茶肆》记载：杭州的茶肆“四时卖奇茶异汤，冬月添卖七宝擂茶、馓子、葱茶，或卖盐鼓汤；暑天添卖雪泡梅花酒，或缩脾饮暑药之属”。由此看来，当时茶馆中的小吃还真不少呢。

其实，茶馆里的点心并不是用来填饱肚子，而是悠闲时光的一种点缀罢了。正如周作人在《北京的茶食》里说：“我们对于日用必需的东西以外，必须还有一点无用的游戏与享乐，生活才觉得有意思。我们看夕阳，看秋河，看花，听雨，闻香，喝不求解渴的酒，吃不求饱的点心，都是生活中必要的——虽然是无用的装点，而且是愈精炼愈好。”他虽然写的是现代的茶食，但古时也同样如此，精致的点心主要为人们在品茶之余增添情趣。

不仅茶点，戏曲也可以算得上是一种茶余后的消遣。有人曾这样评价戏曲：“戏曲是茶汁浇灌起来的一门艺术。”由此看来，有戏曲的地方，必定有人饮茶。据史料记载，宋元时期就已经有戏曲艺人在酒楼、茶肆中做场，到清代才开始在茶馆内专设戏台，那时的戏曲发展繁盛，并逐渐将茶馆和戏园合二为一，这也是我们后来常在电视中看到的边听戏边品茶的画面了。

到了明代，茶馆转换了饮茶方式，不用茶鼎或茶瓶煎茶，而是用沸水直接浇。明代文震亨在《长物志》中说：“简单便异常，天趣悉备，可谓尽茶之真矣”。这种饮茶方式一直流传至今，不仅简单方便，同时也很有趣味。明末时，北京的街头巷尾出现了一种简易茶摊：一张桌子，几条板凳，摆起粗瓷碗，专卖大碗茶，这就是极富盛名的北京大碗茶。

清代可算得上是茶馆的鼎盛时期。《清稗类钞》中记载：“京师茶馆，列长案，茶叶与水之资，须分计之，有提壶以注者，可自备茶叶，出钱买水而已。汉人少涉足，八旗人士，虽官至三四品，亦厕身其间，并提鸟笼，曳长裙，就广坐作茗憩，与圉人走卒坐谈话，不以为忤也。然亦绝无权要中人之踪迹。”通过这一形象的描述，我们一定会想起这类图片及电视：八旗子弟提着鸟笼，在北京城的各个茶馆听戏品茶，悠闲自在。这副画面显然成了大清王朝的一个典型标志。也正是在清朝，茶馆的各种形态与功能已经逐渐发展齐备。

清末时的茶馆大体可分为三类：大茶馆，素茶馆和清茶馆。大茶馆的院落要比其他两种宽敞，柜灶间有一个“大搬壶”，壶高五六尺，直径三尺，以红铜制成，两边有壶嘴，中贮沸水，设计得极为特殊，并悬于屋梁之下，以便人们随时取用；素茶馆虽然叫茶馆，但实质上却是经营饭食。虽然茶馆中不卖荤菜，但其中的品种也很多。

这三类中，数量最多的莫过于清茶馆了。它既不像素茶馆那样经营饭食，也不像大茶馆那么有排场，而只是卖茶水，其他一概皆无。茶馆中的摆设也很简单：方桌木凳、茶壶茶碗。偶尔里面会有人演评书等节目，也算得上是其中的的最大特色了。

18 世纪来华的英国人曾说过：“在中国，无论在城市街道上，还是在公路旁边，或者运河堤上，到处都有小贩卖茶，好似英国到处都卖啤酒一样。”由此看来，茶馆、茶摊显然成为了中国的一道古老风景，真可谓“古今中外，皆在一壶茶中”。

精彩纷呈的当代茶馆

“忽如一夜春风来，千树万树梨花开”用这句话形容改革开放后的茶馆有过之而无不及。由于社会经济发展，来自政府的扶持让许多经营茶叶的人重新创办茶艺馆，茶馆也开始慢慢复兴起来。另一方面，人民的生活水平提高，闲暇时间也开始增多，直接或间接地拉动了茶馆的经济。

总体说来，茶馆经历当代这几十年的发展，大致可分为4个阶段，每个阶段都有其不同的成就和突破。

1. 传统老茶馆

晚清至民国期间，一些小茶馆因经济萧条而纷纷倒闭，日渐稀少。只剩下那些大茶馆仍苦苦坚守，只因为与百姓息息相关，即使那时物资匮乏，它们也依旧留存至今。就全国而言，那时的茶馆已然形不成一个行业了，只有在茶叶消费比较多的城市才能寻找到几家“老字号”和强撑着的几个小茶馆。

精彩纷呈的当代茶馆

直到改革开放后，国家实行了一系列方针政策调整茶叶市场，从而大大地促进了茶叶生产。许多茶叶产区的茶农因为卖茶难而困惑，于是人们开始呼吁重建茶馆，扩大茶叶消费事宜。由地域来看，当时南方城市的茶馆经营状况要比北方好些，茶馆的数量也略多，尤其以成都、杭州、上海、广州等大城市独具特色。但即便如此，也只有一些老字号茶馆仍继续维持着生计，其他小茶馆尚未见兴起。

2. 时尚茶馆

1984 ~ 1993年间，是当代茶馆由传统向时尚转型的时期。在这段时间里，全国各地相继开办了一批极具特色的茶馆与茶楼，不仅在选茶选水选器具时颇为讲究，连茶馆中的装饰也别具特色。

可以说，这一阶段是茶馆转型的重要时期之一，从各个方面皆与传统茶馆不同，各地的先行者们为后人留下了探索和实践的足迹，也为茶馆的时尚化、生活化贡献了一份不可忽视的力量。

到了1990年，一批彰显“茶艺”的茶馆也开始在全国出现。杭州、浙江、福州等地均有茶馆打出了“茶艺”的招牌，将饮茶文化与生活融为一体。值得一提的是，“成都茶馆”曾远涉重阳，来到巴黎，并在巴黎一个剧院的休息厅内开办了一家，不仅弘扬了茶文化，还将中国的其他传统文化带到了巴黎。

3. 茶艺馆的繁盛

从上个世纪 90 年代后半期开始，茶艺馆开始大批出现，并开始向北方以及中西部地区快速扩张。据资料记载：“截至 1999 年秋，北京城区之中各档次的茶艺社、茶苑、茶园……已有 160 余家。”由此看来，当时的茶馆已经在北方地区广泛盛行。

同时，全国各地还涌现出一批极具特色的茶馆。例如北京的许多茶馆中经常有评书、曲艺等演出进行，这也将北京城的风韵味道展现无余；上海的茶馆中，有的展现出市民独特的生活方式，有的同时兼容了时尚与文化，让人们在品茶的同时也体验了茶的魅力。

4. 茶的多元化时期

近几年来，我国开始向多元化方向发展，不仅在生活品质方面有所体现，茶与茶馆也开始进入一个前所未有的多元化时期。许多极富创意与精神的茶馆相继推出了各式各样的休闲模式，人们在品茶的同时还能享受个性化的服务，实在不枉消费一回。以下列举了几种独特的饮茶模式，简单介绍一下其不同的风格及特点：

（1）西湖茶宴

茶真正成为宴会中心的茶宴，在东晋初年就已有了。随后经过历朝历代文人雅士以及专业茶师的不断完善与发展，茶宴逐步成为承载茶文化的一个重要载体。“西湖茶宴”继承了古今茶宴在品茶、佐以茶食点的传统格调，又突破了其单一的做法，在传统的以茶入菜基础上，把饮茶、尝茶食、品菜肴以及器乐欣赏、诗词书画有机融合于一席之中，顺应形势，将时尚与生活巧妙结合起来，从而呈现了“中国茶都”独特的风情与韵味。

（2）茶文化之旅

许多茶馆召开了文化之旅活动，他们邀请各界人士或学生到茶馆中观赏茶艺表演，在现场互动的过程中将如何识茶、泡茶、品茶的方法与大家交流，通过实际操作和讲解，将我国的茶文化向所有人传播。

（3）茶艺会所

近年来，我国许多大中小城市都建立起这种品茶消遣的时尚之地。将现今社会人们爱喝茶、重享受的特点融合在了一起，为各界爱茶之人提供了一个休闲娱乐、交流情感的平台，让人们在品茶的同时放松身心，获得多方面的享受。

从古至今，茶馆一直是社会经济、文化发展的一个标志。不同的时代造就了不同的茶馆，当代茶馆从另一个角度记录了改革开放三十年的辉煌成就。相信不久之后，当代茶馆将融入更多的时尚元素，把中国博大精深的茶文化延续得更远。

温馨舒悦的家庭茶室

随着生活水平逐渐提高，且工作越来越繁忙，人们已经不满足于去茶馆品茶了。有时候也会在家里冲泡一壶好茶，既省钱又省事，还别具情调。

那么，如何打造一个温馨舒悦的家庭茶室呢？首先要制定想要的格调。一般来说，茶室最好以清新淡雅，宁静悠闲的风格为佳，这样能让我们在品茶的同时舒缓心情，让环境与茶韵相应。

其次，家庭茶室要讲究布局。我们可以选在客厅一角作为饮茶之处，或者用屏风、花架隔出一块小空间稍微布置一下，布局主要以明快简洁为主。如果有条件，我们可以在家里单独隔出一个房间作为茶室，这样也可以在饮茶的时候更有意境，且不被打扰。在茶室中最好能挂一些名人字画，或与茶有关的诗词，这样不仅提升了主人的品位，同时也起到怡情悦性的作用。

温馨舒悦的家庭茶室

总体来说，家庭茶室可以选取以下几个地点：

1. 客厅

一般将客厅作为茶室的家庭，主人通常喜欢与客人一同喝茶，建立茶室的目的在于会客聊天。这时，如果自家的客厅面积较大，不妨截出一部分空间，可以半封闭，也可以与客厅连在一起，建立一个简单的茶室。这样也使客厅更加雅致清新，直接提升了客厅整体的艺术美感。

2. 书房茶室

如果主人喜欢读书，且喜欢安静地品茶，那不如在书房的一角设立茶室。这样，在看书之余，或是练字之后，泡一壶香茗，仔细品啜其中的韵味，不仅可以达到心神合一的境界，同时也能使自己完全安静下来，以更闲适自如的心态投入书卷与书法之中。

3. 阳台茶室

当我们把阳台作为茶室的时候，就可以在品茶的同时欣赏外面的美景，看着夕阳，看着雁群，一定会将品茶的乐趣大大提升。由于天气原因，我们可以将在阳台用玻璃隔出茶室，这样也能起到防风挡雨的作用。

4. 餐厅茶室

有些家庭人口众多，且家人都喜欢茶余饭后聊天聚会，那么这时，我们完全可以把茶室建立在餐厅之中。将家人聚在一起，冲泡一壶香浓的红茶，看着家人手捧茶杯笑意盎然的模样，相信你一定会觉得十分幸福。

5. 独立茶室

有些家庭如果空间允许，可以专门将一间屋子做成茶室，并在其中稍加布置，将主人独特的品位融入其中。既品啜到了鲜爽的茶叶，又可以待客，同时也提升了品位与格调，真是一举多得。

关于家庭茶室的装修，我们可以记住以下几点：茶室虽然可以按照主人的喜好任意布置，但也要注意茶室与整个房间的协调。尽量采用材质、颜色、风格相近的材料构建，否则，无论茶室制作得多么精美，与整个房间不搭调也只能降低主人的品位。其次，茶室的装修材料尽量以接近茶性的建材为好，例如竹、木、藤、麻等材料，并且不要选择带有异味的材料。因为竹具有清新脱俗之意，木带给人温暖踏实的感觉，藤又使人感受到自然的美感，麻则象征着淳厚。总体来说，所选材料一定要以自然、舒适为前提，切不可太过花哨而影响了品茶的意境。

家庭茶室的出现是时代与经济发展到一定阶段的产物，现在有越来越多的家庭在家中设立茶室。这的确给饮茶环境提供了一个全新的选择，将源远流长的茶文化搬入家中，享受生活的同时也感悟着华夏文明与发展。

清新幽静的山水之间

“细雨斜风作晓寒，淡烟疏柳媚晴滩。入淮清洛渐漫漫，雪沫乳花浮午盏。蓼茸蒿笋试春盘，人间有味是清欢。”这首《浣溪沙》是苏轼被贬谪之后所作，他三言两语便将其闲适欢愉之情勾勒出来：泡上一壶浮动着雪沫乳花似的清茶，品尝着山野中的茼蒿、新笋以及嫩绿的野菜，心情豁然开朗。

由此看来，古人畅游在山水之间时，一定不会忘记品茶。哪怕被贬也好，哪怕孤寂也罢，一旦他们将心思付诸于茶香山水之中时，所有的烦恼也就开始消散了。因而，在山水间品茶的确称得上是一种享受。

也许有人说，古时的自然环境美，现今社会的人们去哪儿找这样的地方呢？其实也很简单。古人饮茶多在自然环境中寻找乐趣，而现实生活的人们可以趁着假日远离闹市而回归田园。如果我们找不到自然的风景区，那么现在有许多地方也开设了度假村，人造景观等等，这些地方同样会带给我们如临山水的感觉。

除此之外，现在还有许多以品茶作为目的的旅行。每年清明前后，便是春茶的采摘旺季，这时，我们可以到茶叶的产地区采茶、购茶、品茶、观茶艺。游走在青山绿水间，徜徉于香气氤氲的茶乡里，与茶农们一起背着竹篓，在翠绿的茶海中体验一次采茶之乐，这种感觉该是何等惬意？正如欧阳修所说：“纵情山水间，茶亦能醉人。”纯天然的自然茶香味，想来一定与冲泡之后的味道大为不同。

茶，营造出了优雅闲适的感觉，不管心灵有多疲惫，只要投身于茶香之中，身心的困倦仿佛都被冲淡了一般。越来越多的人们开始喜欢品茶，同时，为了享受品茗的乐趣，爱茶之人也精心布置了一个个人造设施和条件，以确保人们能在现今社会体悟到古时那种清新幽静的饮茶之境。实际上，无论是喧嚣的都市还是僻静的山村，都可以利用该环境的特有风格设立山水之境。其实，只要心中装有山水，心中清净悠闲，哪怕是在人工景观之下品茶，也会别有一番滋味。

茶室的类型与风格

茶室的类型有很多种，可以分为中式茶室、日式茶室、传统茶室、休闲茶室、田园茶室等几种。每种风格都具有其各自的特色，虽然可以依据主人的性格和偏好自由地选择，但同时也要注意与房间整体装饰风格相协调，且要以清幽宁静为设立准则，这样才会与茶韵相符。

下面，我们将几种不同类别的茶室详细介绍一下：

风情各异的茶室

1. 中式风格茶室

随着社会的发展，人们整日生活在浑浊的空气下，极其希望拥有一个能够休闲、减压的空间。人们经常怀念那些过去的时光，甚至对其深深地眷恋，于是，中式风格茶室由此而生。这种类型的茶室风格清雅古朴，其中浓郁的东方色彩令许多人走进其中为之眷恋，它通过传承和发扬中国古典风格和文化，带给人们一种对中华韵味的体悟与怀念之情。

中式风格茶室主要渲染中国风。首先，茶室所营造的气氛应该以舒适、安逸、休闲、宽松为主，所摆设的物品也要典雅高贵，这对于茶室来说是一个重要的部分，往往细节影响着整体。可以在茶室中布置上好的红木或是仿明清的桌椅装饰，并且在造型上讲究对称。再配以素雅的书法条幅，意境悠远的国画山水，渲染出古色古香的氛围。而装饰材料应以木材为主，图案多为图腾纹样等元素。在小摆设的搭配上最好选用宜兴的紫砂茶壶或是细腻的青瓷盖碗，使气氛显得温婉和谐，情趣盎然。这些元素融合在一起，不仅可以增加茶室浓郁的中华韵味，同样可以让人们在品茶的同时欣赏中国古老的文化，可谓一举多得。

2. 日式风格茶室

异域色彩一直带给人们神秘的感觉，无论是茶馆还是家庭茶室，如果布置一间日式风格的茶室，一定会令整个空间更具风情。

日式风格茶室与现代风格的装修比较接近，一般采用色彩淡雅、线条流畅、简洁明了的设计。并且，茶室中最好布置实木地板，简单的地台或榻榻米，一张小木桌，几个软靠垫，再加上相宜的落地窗、竹帘和茶具，别具特色的茶室就做好了。

日式风格茶室与普通茶室功能基本一样，都是以自然休闲为主，关键在于整体的风格。如果有条件，我们也可以利用胡桃木本色或石材类的东西制成一些喜欢的水景或流水装置，这样更能增添异域色彩。

3. 传统风格茶室

传统风格茶室比较贴近古时的感觉。它要求有一个独立的小间，四面有窗，光线一定要明亮。靠窗的院子里栽种树木或竹子，这样打开窗户喝茶时就会感觉到如临山水一般。院子里最好有水井或者小溪，既取水方便又增加情调。我们可以用竹筒取水，也可以用长竹管将水引入茶室，这样效果更好。

但现代人如果想要做成这类的茶室比较困难，但可以酌情减少一些设施。例如在墙壁上挂一幅美妙的山水画或一对茶联，用来助兴。另外，购买一些与茶有关的精致小摆设，饮茶的同时还可以播放一些幽静古朴的古典乐，联想古人的饮茶乐趣。

4. 休闲风格茶室

休闲风格茶室之所以休闲，就在于没有固定的模式，也不需要刻意地装饰，只要以轻松自然为目的就好。不需要拘泥于形式，随心所欲地摆放自己喜欢的茶具，在具有自己风格的小屋内品茶，身心才会得到彻底的放松。

5. 田园风格的茶室

这类茶室可以选用朴实自然的材质，例如用原色的树皮装饰一面墙，或制作成红砖墙的感觉，摆放天然的原木桌子，再放几个木墩子作椅子，桌上摆的是粗瓷的茶壶和茶碗，墙上挂着几串玉米，这样才会使整个房间朴素无华，使人仿佛闻到了田园的气息。

茶室有很多不同的类型，除了以上几种，我们还可以根据自己的喜好设计。总之，只要能遵循宁静清新的感觉即可。

第三章 品茶的精神与艺术

回顾历史，佛家钟情于茶，道家热衷于茶，文人墨客离不开茶，连九五之尊也整日饮茶，这说明了什么？茶的滋味以及韵味自不必说，更重要的是品茶的精神与艺术，这正是品茶真正神奇的地方。品茶表现的是人们精神的闲适与放松，同时品茶的意境与韵味又是对艺术的追求。在这个过程中，品茶不仅提升了个人的内在修养，同时也结合了时代的要求和中华民族的特色，在弘扬茶文明的同时，间接地推动了社会的高度文明。

茶之十德

唐末刘贞亮提出茶有“十德”，分别是以茶散闷气；以茶驱腥气；以茶养生气；以茶除疠气；以茶利礼仁；以茶表敬意；以茶尝滋味；以茶养身体；以茶可雅心；以茶可行道。由此看来，茶之十德其实是指茶之“十用”，即茶的十种益处或功效。

茶之风情

茶的作用非常多，根据其“十德”，我们可归纳为茶有如下用途，即散郁结、养生、养气、除病、行道、利礼仁、表敬、赏味、养身、雅致。

1. 散郁结

散郁结即消除郁结情绪。现在市场上有许多茶类产品都可以起到这种作用，例如保健茶、花草茶等等。冲泡之后，看着其艳丽的色泽，袅袅的香气，以及独特的味道，人们心中的郁结之情一定会减少许多。更何况这些茶类中含有可以舒缓心情的茶元素，散郁的效果自然也很显著。

2. 养生

茶具有养生作用，例如提神醒脑、消脂减肥、利尿通便、保护牙齿、消炎杀菌、美容护肤、清心明目、消渴解暑、戒烟醒酒、暖胃护肝等。

3. 养气

养气主要是指保养人的元气，如菊花茶。人们还可根据自己的喜好，用红枣、桂圆等滋补类的食材制成香浓的滋补花草茶，既起到养气的作用，又能将其作为营养的饮品，实在是一举多得。

4. 除病

多种实验和数据表明，茶还具有抑制心脑血管疾病、防癌抗癌等作用。

5. 行道

在日本，茶有茶道，花有花道，香有香道，剑有剑道，而中国不同。中国人不轻易言道，在所有饮食、玩乐等活动中能升华为“道”的只有茶道。

6. 利礼仁

我国自来讲究礼仁二字。以礼待客，以礼待人，都是我们从茶中得到的启示。茶德仁，自抽芽、展叶、采摘、揉碾、发酵、烘焙到成茶，需要经历一个漫长而艰难的过程。这是一次苦难的洗礼，也是对道德的升华，唯有仁人志士才能体会出茶的仁德，并生仁爱之心。

7. 表敬

我国的茶道就包含“敬”这个字，即尊敬。对待客人要尊敬，对待亲人要尊敬，对待朋友要尊敬，茶道茶艺中的每个动作皆可以带给人们这种感觉。

8. 赏味

品茶时，我们自然可以品尝到茶汤的美味。通过各类不同茶叶的滋味，我们还可以体会其茶韵，获得极大的收获。

9. 养身

茶中有许多种滋养身体、强身健体的茶元素，这些物质可以起到养身的作用。因此，老年人很适合饮茶。

10. 雅致

无论是冲泡之后茶叶的舒展形态，还是别具一格的清幽香气，亦或是极富深意的茶韵以及品茶时的环境特点，都包含了“雅致”二字。焚一炷香，听一段舒缓的古筝曲，捧起茶盏，与友人轻声慢语地闲谈几句，相信这幅画面必定极其雅致。

茶之十德，将喝茶与生活中的各类事联系在一起，不仅使它看起来极其重要，同时也使茶文化被更多人认可。

只斟茶七分满

“七分茶、八分酒”是我国的一句俗语，也就是说斟酒斟茶不可斟满，茶斟七分，酒斟八分。否则，让客人不好端，溢出来不但浪费，还会烫着客人的手或撒泼到他们的衣服上，不仅令人尴尬，同时也使主人失了礼数。因此，斟酒斟茶以七八分为宜，太多或太少都是不可取的。

“斟茶七分满”这句话还有这样一个典故，是关于两个名人王安石和苏东坡的故事。

一日，王安石刚写下了一首咏菊的诗：“西风作夜过园林，吹落黄花满地金。”正巧有客人来了，他这才停下笔，去会客了。这时刚好苏东坡也来了，他平素恃才傲物、目中无人，当看到这两句诗后，心想王安石真有点老糊涂了。菊花最能耐寒、耐久，敢与秋霜斗，他所见到的菊花只有干枯在枝头，哪有被秋风吹落得满地皆是呢？“吹落黄花满地金”显然是大错特错了。于是他也不管王安石是他的前辈和上级，提起笔来，在纸上接着写了两句："秋英不比春花落，说与诗人仔细吟。"写完就走了。

斟茶

奉茶

王安石回来之后看到了纸上的那两句诗，心想着这个年轻人实在有些自负，不过也没有声张，只是想用事实教训他一下，于是借故将苏东坡贬到湖北黄州。临行时，王安石又让他再回来时为自己带一些长江中峡的水回来。

苏东坡在黄州住了许久，正巧赶上九九重阳节，就邀请朋友一同赏菊。可到了园中一看，见菊花纷纷扬扬地落下，像是铺了满地的金子，顿时明白了王安石那两句诗的含义，同时也为自己曾经续诗的事感到惭愧。

等苏东坡从黄州回来之后，由于在路途上只顾观赏两岸风景，船过了中峡才想起取水的事，于是就想让船掉头。可三峡水流太急，小船怎么能轻易回头？没办法，他只能取些下峡的水带给王安石。

王安石看到他带来了水很高兴，于是取出皇上赐给他的蒙顶茶，又用这水冲泡。斟茶时，他只倒了七分满。苏东坡觉得他太过小气，一杯茶也不肯倒满。王安石品过茶之后，忽然问："这水虽然是三峡水，可不是中峡的吧？"苏东坡一惊，连忙把事情的来由说了一遍。王安石听完这才说："三峡水性甘纯活泼，泡茶皆佳，唯上峡失之轻浮，下峡失之凝浊，只有中峡水中正轻灵，泡茶最佳。"他见苏东坡恍然大悟一般，又说："你见老夫斟茶只有七分，心中一定编排老夫的不是。这长江水来之不易，你自己知晓，不消老夫饶舌。这蒙顶茶进贡，一年正贡 365 叶，陪茶 20 斤，皇上钦赐，也只有论钱而已，斟茶七分，表示茶叶的珍贵，也是表示对送礼人的尊敬；斟满杯让你驴饮，你能珍惜吗？好酒稍为宽裕，也就八分吧。"

由此，"七分茶，八分酒"的这个习俗就流传了下来。现如今，"斟茶七分满"已成为人们倒茶必不可少的礼仪之一，这不仅代表了主人对客人的尊敬，也体现了我国传统文化的博大精深。

六艺助兴

传统文化中所说的"六艺"是指古代儒家要求学生掌握的 6 种基本才能，即礼、乐、射、御、书、数。而品茶时的六艺却与这有些不同，指的是书画、诗词、音乐、焚香、花艺与棋艺。

1. 书画

书画与品茶二者之间自古就有着紧密的关联。在现代茶社内部人文环境布置上，很注重书画的安排，茶人多将之挂在墙上，衬托茶席的书香气息。与书画相伴来品茶，可以营造浓重的文化氛围，并激发才学之士的灵感，同时也能烘托出具有文化底蕴且宁静致远的品茗气氛。

南宋刘松年的《斗茶画卷》、元代画家赵孟頫的《斗茶图》、清代画家薛怀的《山窗清供图》、唐寅或文徵明的《品茶图》、仇英的《松亭试泉图》等意境都很高远，均为古代书画家抒发茶缘的名作珍品。除了这些名人的作品，那些只要能反映出主人心境、志趣的作品也可。

书画

2. 诗词

古人常常在茶宴上作诗作词，“诗兴茶风，相得益彰”便是由此而来。茶宴上的诗词既是诗人对生活的感悟，也是一种即兴的畅言。因为诗词，让茶的韵味更具特色，因为诗词，使人的品位提升。在品着新茶的同时吟几句诗似乎是自娱，亦是一种助兴。古往今来，数不胜数的诗可信手拈来，在与友人对饮时一展文采，高雅脱俗，真可谓是一种怡情养性的享受。

诗词

吟诗作对对有些茶人来说很难，那么也可在墙壁上悬挂与茶有关的诗词。看得久了，读得久了，也自然能咂摸出其中的几分气韵来。

3. 音乐

品茶时的音乐是不可缺少的。古人在饮茶时喜欢临窗倾听月下松涛竹响，抑或是雪落沙沙、清风吹菊，获得高洁与闲适的心灵放松。由此看来，音乐与茶有着陶冶性情的妙用，正如白居易在《琴茶》诗中所言“琴里知音唯渌水，茶中故旧是蒙山”。

我们可以在品茶时听的音乐有很多，例如《平湖秋月》、《梅花三弄》、《雨打芭蕉》等，或是古琴、古筝、琵琶等乐器所奏的古典音乐也可，都能营造品茗时宁静幽雅的氛围，传送出缕缕的文化韵味，具有很强的烘托和感染性。

音乐

4. 焚香

中国人自古就有“闻香品茶”的雅趣。早在殷商时期，青铜祭器中就已经出现了香器，可见，焚香在那时起就已经成为了生活祭奠中的必需品。香之于茶就像美酒之于佳人，二者相得益彰。饮茶时焚的香多为禅院中普遍燃点的檀香，既能够与茶香很好地协调，更能促使杂念消散和心怀澄澈。

焚香

花艺

当我们心思沉静下来，焚一盘沉香，闻香之际，就会感到有一股清流从喉头沉入，口齿生津，六根寂静，身心气脉畅通。饮茶时点上一炷好香，袅袅的烟雾与幽香，成就了品茶时的另一番风景。

5. 花艺

品茶时的鲜花一定不能被我们忽视。因为花能协调环境，亦能调节人的心情。花是柔美的象征，其美妙的姿态与芬芳的气息都与茶相得益彰。因此，品茶的环境中摆放几枝鲜花，一定会为茶宴增辉不少。

花艺

棋艺

6. 棋艺

一杯香茗，一盘棋局，组成了一副清雅静美的画面。在悠闲品茶的同时深思，将宁静的智慧融入对弈之中，僵持犹豫时轻啜一小口清茶，让那种舒缓棉柔的感觉冲淡胜负争逐的欲望，相信品茶的趣味一定会大大提升。

茶与六艺之间的关系极为紧密，六艺衬托了品茶的意境，而茶也带给六艺不同的韵味。我们在品茶的同时，别忘了这几种不同的艺术形式，相信它们一定会带给你独特的精神与艺术的享受。

茶与修养

品茶是一门综合艺术，人们通过饮茶可以达到明心净性，提高审美情趣，完善人生价值取向的作用，也就是说，茶与个人的修养息息相关。

《茶经》中提到：“茶者，南方之嘉木也。”茶之所以被称为嘉木，正是因为茶树的外形以及内质都具有质朴、刚强、幽静和清纯的特点。另外，茶树的生存环境也很特别，常生在山野的烂石间，或是黄土之中，向人们展示着其坚强刚毅的特点，这与人们的某些品质也极其相似。

人们通过接触茶，了解茶，品茶评茶之后，往往能够进入忘我的境界，从而远离尘世

通过饮茶可以达到明心净性，提高审美情趣，完善人生价值取向

的喧嚣，为自己带来身心上的愉悦感受。因为茶洁净淡泊，朴素自然，因而，在感受茶之美的过程中，我们常常借助茶的灵性去感悟生活，不断调适自己，修养身心，自我超越，从而拥有一份美好的情怀。

冲泡沸水之后，茶汤变得清澈明亮，香味扑鼻，高雅却不傲慢，无喧嚣之态，也无矫揉造作之感。茶的这种特性与人类的修养也很相似，表现在人生在世，做人做事的一种态度。而延伸到人们的精神世界中，则成了一种境界，一种品格，一种智慧。因而，我们可以将茶与人的修养联系在一起，从而达到“以茶为媒”，修身养性的作用。

除此之外，茶在操守、雅志、养廉等方面一直被历代茶人所推崇。《茶经》中记载了许多有关饮茶的名人轶事，各朝各代皆有之：齐国的宰相晏婴大家一定不陌生，文中记载，晏婴平日吃糙米饭，除了少量荤菜之外，只有茶而已，以此来要求自己一切从简；恒温也与他很像，平日里宴请宾客只奉上几盘茶和果品招待客人，表明其崇尚简朴，追求廉俭之风。与他们相似的名人还有许多，这些人均以茶崇俭，被后世敬仰。

然而，现代生活节奏加快，人们承受着来自各方面的压力，常常感叹活得太累，太无奈，似乎已经失去了自我。而茶的一系列特点，例如性俭、自然、中正和纯朴，都与崇尚虚静自然的思想达到了最大程度的契合。所以，生活在现今社会的人们已经将饮茶作为一种清清净净的休闲生活方式，它正如一股涓涓细流滋润着人们浮躁的心灵，平和着人们烦躁的情绪，成为人们最好的心灵抚慰剂。看似无为而又无不为，让心境回复清静平和状态，使生活、工作更有条理，同样也是一种积极的人生观的体现。

烹茶以养德，煮茗以清心，品茶以修身。通过品茶这一活动的确可以表现一定的礼节、意境以及个人的修养等。我们在品茶之余，可以在沁人心脾的茶香中将自己导入冷静、客观的状态，反省自己的对错，反思自己的得失，以追求“心”的最高享受。

吃茶、喝茶、饮茶与品茶

经常与茶打交道的人一定常听到这几个词：吃茶、喝茶、饮茶与品茶。一般而言，人们会觉得这 4 个词都是同样的意思，并没有太大的区别，但是细分之后，彼此之间还是有差别的。

1. 吃茶

吃茶强调的是“吃”的动作。在我国有些地区，我们常常会听到这样的邀请，“明天来我家吃饭吧，虽然只是‘粗茶淡饭’……”这里的“粗茶”只是主人的谦词罢了，并不是指茶叶的好坏。由此看来，“吃茶”一词便有了一点方言的味道。

一般来说，吃茶的说法在农家更为常见，这词听起来既透露出农家特有的淳朴气息，又多了一份狂放与豪迈之情。如果是小姑娘说出来，仿佛又折射出其柔美、淳朴、热情好客的品质。我们可以想象得到，吃茶在某些地区俨然成了生活中不可或缺的一部分：一家人围在桌旁，桌上放着香气四溢的茶水，老老少少笑容满面地聊天，看起来其乐融融。

吃茶

2. 喝茶

喝茶强调的是“喝”的动作，它给人的直观感觉就是：将茶水不断往咽喉引流，突出的是一个过程，仿佛更多的是以达到解渴为目的。为了满足人的生理需要，补充人体水分不足，人们在剧烈运动、体力流失之后，大口大口地急饮快咽，直到解渴为止。而在喝茶的过程中，人们对于茶叶、茶具、茶水的品质都没太多要求，只要干净卫生就可以了。

喝茶

喝茶也是大家普遍的说法，可以是口渴时胡乱地灌上一碗，可以随便喝一杯，可以是礼貌的待客之道，可以是自己喝，可以是几个人喝，可以是一群人喝，可以在家里喝，可以在热闹的茶馆喝，可以是懂茶之人喝，也可以是不懂茶之人喝。总之，喝茶拉近了人与人的关系。

3. 品茶

品茶的目的就已经不止于解渴了，它重在品鉴茶水的滋味，品味茶中的内涵，重在精神。品茶要在“品”字上下功夫，品的是茶的质、形、色、香、味、气、韵，仔细体会，徐徐品味。茶叶要优质，茶具要精致，茶水要美泉，泡茶时要讲究周围环境的典雅宁静。品的是过程，品的是时间文化的积淀，品的是茶中的优缺点，品的是感悟，并从品茶中获得美感舒畅，达到精神升华。

可以说，品茶与喝茶极其不同，它主要在于意境，而不在于喝多少茶。哪怕随意地抿一小口，只要能感受到茶中的韵味，其他的也就无足轻重了。

4. 饮茶

饮茶包含的是一种含蓄的美，它要求人心绝无杂念，注重的是人与茶感情的融合。同时，它还要求

品茶

饮茶

环境静，人静，心静，环境绝对不是热闹的街头茶馆，人也绝对不是三五成群随意聚集，更显得正式一些。

其实，我们现实里常常把喝茶、饮茶与品茶混为一谈，这在某些程度来说，也并没什么太大的影响。无论是吃茶、喝茶、饮茶还是品茶，都说明了我国茶起源久远，茶历史悠久，而茶文化博大精深，同时也使茶的精神和艺术得到弘扬。

品茶如品人

“不慕黄金罍，不慕白玉杯。不慕朝入省，不慕暮入台。唯慕江西水，曾向竟陵城下来。”由这首诗中，我们可以品味出一个人的人性与特点。茶圣陆羽不慕黄金宝物，高官荣华，所慕的只是用江西的流水来冲泡一壶好茶。而这些也将品茶和品人联系在一起，使品茶成为评判人品如何的一种方法。

茶有优劣之分。好茶与次茶不仅在色泽、形状、香气以及韵味方面有很大差异，人们对其品饮之后的感觉也各有不同。喝好茶是一种享受，喝不好的茶简直是受罪。有时去别人家做客，主人热情地泡上一杯茶来。不经意间喝上一口，一股陈味、轻微的霉味、其他东西的串味直扑肺腑，真是难受。含在口里，咽又咽不下，吐又太失礼，实在让人左右为难。

而人也同样如此，也可分出个三六九等。一个人的气质、谈吐、爱好和行为都可以体现这个人的水平与档次。茶可以使人保持轻松闲适的心境，而那些整天醉生梦死地生活的人，是不会有这样的心情的；那些整天工于心计、算计别人的人也不能是好的茶客；心浮气躁喝不好茶；盛气凌人也无法体会茶中的真谛；唯有那些心无纷杂、淡泊如水的人，才能体会到那缕萦绕在心头的茶香。

泡好一壶茶，初品一口，觉得有些苦涩，再品其中味道，又觉得多了几分香甜，品饮到最后，竟觉得唇齿留香，实在耐人寻味。这不正如与人交往一样吗？人们开始接触某些人的时候，可能会觉得与其性格格格不入，交往得久了才领略到他的独特魅力，直至最后，两人竟成了推心置腹的好友。

人们常常以茶会客，以茶交友。人们在品茶、评茶的同时，其言谈举止，礼仪修养都被展现无余，我们完全可以根据这些方面评判一个人的人品。也许在品茗之时，我们就对一个人的爱好、性格有所了解。若是两人皆爱饮茶，且脾气相投，那么人生便多了一位知己，总会令人愉悦；而一旦从对方饮茶的习惯等方

将品茶和品人联系在一起，使品茶成为评判人品如何的一种方法

面看出其人品稍差，礼貌欠缺，还是远远避开为好。

人有万象，茶有千面。茶分许多类，而人也是如此。这由其品质决定，是无法改变的事实。真正的好茶经得起沸腾热水的考验，真正有品质的人同样也要能承受尘世的侵蚀，眼明心清，始终保持着天赋本色。品茶如品人，的确如此。

人生如茶，茶如人生

对一般茶来说，初次泡时，其味道苦涩，继而转为甘爽，最后味道转淡转浅。有人也因此将茶比喻为人生，起初时苦涩艰辛，而后甘美宜人，最后转为平淡。

人一生的经历都仿佛融入一壶茶水之中

人生如茶，人一生的经历都仿佛融入一壶茶水之中，随着滚烫的开水冲入，茶叶翻腾，水花滚动，最后归为平静。因此，人们常把少年期的涉世茫然用刚沏泡的头道茶水的浑浊来形容，此时应该去除泡沫，冲洗茶具，而后才能让茶汤清澈见底，韵味有神。这正如少年时期一样，应摒弃浮躁，让心灵沉静下来，这样才会凸显出年轻生命的韵味来。

而二道茶则比喻为人的青壮年时期。二道茶水中所含的茶碱和茶多酚最多，同时还夹有或多或少的其他味，所以喝起来带有较浓的青涩苦味。正如青壮年时期的人们，辛苦打拼，经历了一段艰难困苦的时期，也为人生留下了不可磨灭的记忆。

第三道茶水才是真正的茶叶好坏的韵味体现，这道茶汤最醇，最甘甜，最有韵味。因而，人们用这道茶来形容中年时期，经历了前两个时期的青涩与艰辛，这个年纪的人都已经有所成就，所以用这道茶来形容人生中年后的成果收获期是最恰当不过的。

第四道茶水虽清淡韵暇，却能让人回味起前几道茶来。就仿佛步入老年时期的人们，往往会怀念年轻时的一幕幕美好时光：少年时的青涩懵懂，青壮年时期的拼搏，中年时期的成就与满足，每一幕都令人感慨万千，最终化为一缕茶香，萦绕在清新恬淡的生活中。因此，用第四道茶汤形容老年时期实在很贴切。

也有人将第一道茶比为生命，第二道茶比喻成爱情，第三道茶则化为人生。生命是苦涩的，正如第一道茶，或浓烈或平淡，功名利禄，起起伏伏，其中还夹杂着苦涩的味道，使生命也变得厚重起来；爱情是甘甜的，即便其中有小矛盾，小分歧，最终也仍会化为甘美，留住余香；人生是平淡的，也应该平平淡淡，当一切化为尘土，一切归于平静之后，看透人生的大起大落，想必此时的人们，一定更懂得人生。

在这个功名利禄的世界中，人人都在为生存而奔波，忙忙碌碌地实现着自己的希望与梦想。与其被生活与工作的压力压得喘不过气来，不如冲泡一杯清茶，享受一份独有的心情，塑造一片淡然的心境。在淡淡的甘美之中细细品尝茶中所独有的韵味，在那蓦然回首之中感悟真正的人生。

茶中的大雅——茶与《红楼梦》

茶是雅物，也是俗物，处在什么样的位置，便会沾染什么样的气息。若是进入官场，便沾染了几分官气；若是流入寻常百姓家，便多了几分亲和气；若是行走于江湖，便带着江湖气；而一旦进入了地位显赫的贾家，便沾染了其中的几分贵气。

据红学专家统计，在120回本的《红楼梦》中，如果不算与茶有关的事物，曹雪芹在小说中有273处写到了茶。这个数字实在令人叹为观止，相当于每一回要提到两次之多。其中，茶衬托出了贾府的高贵与风雅，而贾府也带给茶别具一格的特色与魅力。《红楼梦》中的茶品种繁多，有暹罗国进贡的"暹罗茶"、怡红院里常备的"普洱茶"、黛玉房中的"龙井茶"、贾母不喜欢吃的"六安茶"、妙玉为老祖宗沏的"老君眉"、茜雪端上的"枫露茶"以及贾府饭后用来漱口的漱口茶等等，种类繁多。曹雪芹通过书中不同人物对茶的不同需求，由此也看出他将《红楼梦》刻画得极为详尽，甚至连小小的茶叶都不忽略。

除了小说中的茶叶名之外，《红楼梦》还多处涉及到饮茶器具与冲泡茶叶用水的问题。小说中的茶具极其奢华精致，例如贾母的花厅上摆着洋漆茶盘，里面放着旧窑什锦小茶杯；王夫人的房中，茗碗瓶花具备，不愧为正室所用的茶具；而冰清玉洁的妙玉接待贾母时，捧上的是一个棠花式雕漆填金云龙献寿的小茶盘，里面放一个成窑五彩小盖钟，可见其蕙质兰心以及独到的品味。

好茶离不开好器，也同样离不开好水。《红楼梦》中最爱茶的妙玉，她在为众人煮茶的时候，曾有过这样一段对话。贾母问她煮茶的水是什么水，妙玉说是旧年蠲的雨水。而她单独请宝钗、黛玉喝茶时，冲泡的水是她五年前住在玄墓蟠龙寺时，收的梅花上的雪，用花瓮盛装，埋在地下，5年后才打开来吃，所以那茶才"轻浮无比"。虽然古人一直有用雨水、雪水煮茶的事例，但经妙玉之手烹茶，自然别有一番超凡脱俗的味道。以雪烹茶，更衬托出妙玉孤高清冷的性情以及逸尘如仙的雅致美感。

除了好茶、好器与好水之外，《红楼梦》中的人物名字也独具特点。说到以茶命名的人物，大家一定会想到贾宝玉身边的小厮茗烟。这个小厮刁钻古怪，起初的名字为"茗烟"，后又在第24回改为"焙茗"，直到第39回又改回了"茗烟"。这究竟是作者的疏忽还是版本问题，我们不得而知，但这个小厮的名字却值得我们仔细考虑一番。《红楼梦》中丫鬟的名字以琴棋书画命名，而小厮的名字亦有泉（引

茶与《红楼梦》

泉）、花（扫花）、云（挑云）、鹤（伴鹤），单凭曹雪芹对茶的喜爱，其中必然不能少了“茶”字，那么，“茗烟”也就不意外了。

《红楼梦》可称得上是一部集历史、社会、人文、人生的百科全书，单凭曹雪芹在小说中对茶的极尽描写，就足以证明其审美水平之高与艺术技巧的精湛。品读红楼之余，我们必能在茶香袅袅中领略那段抹不去的风流佳话。

茶中的大俗——茶与《金瓶梅》

茶落入了贾府，就多了几分贵气；而流进了西门庆的宅院，便多了几分俗气。与《红楼梦》中极尽大雅之能事的饮茶方式不同的是：《金瓶梅》一书集中展示了市井小人物的世俗生活，在饮茶方式上也主要描述了这个阶层人的饮茶习俗。

例如其中描写了许多与婚礼茶俗有关的段落。如西门庆女儿定亲“下茶”；李衙内一心要娶西门庆遗孀孟玉楼，多次写到与茶礼有关的民俗：从打算“行茶礼”到“买办茶红酒礼”和去西门庆家“下茶”；西门庆的女婿陈敬济去调戏已改嫁的丈母娘孟玉楼，特地请她吃“双人儿”香茶，等等，这些“茶礼”真可谓多姿多彩，但由于其中的描写多为市井阶层的茶文化，因此，一直被文人墨客认定的高雅茶事也显得香艳庸俗了。

据有关专家统计，《金瓶梅》中描写到茶的地方多达629处，其中谈到的茶坊也数不胜数，比《红楼梦》要多出两倍还多，这在古典小说作品中真可谓空前绝后了。小说中提到的茶有许多种，除了我们所见的清茶，还有许多特别的茶类。

例如，其中有两种可餐可饮的茶，分别是胡桃夹盐笋泡茶和木樨芝麻薰笋泡茶。它们的味道与特点都不同于普通茶类。其中薰笋是指玉兰片，木樨是指桂花，这些原料对于普通人家来说，价格极其昂贵，非一般人家可以享用。按小说中所描绘，用桂花、芝麻、玉兰、茶叶等材料泡制成的茶必然唇齿留香，即便食用起来也不会感觉到腻。

除了这几类半饮半食的茶，西门庆家中还有“雀舌”、“鹰爪”之类的茶叶。在这些茶中，多是一些嫩绿茶，诸如现在的西湖龙井、庐山云雾、黄山毛峰，还有福建武夷茶、浙江阳羡茶等等。这些茶在当时都属于贡茶，一般人家如果能饮用这些茶，想必也是非常不一般的了。

与《红楼梦》中相同的是，《金瓶梅》中也提到了以雪烹茶。但妙玉本就是个清高如仙般的妙人，用此方法收集雪煮茶，给人的感觉也带了几分神清气爽，脱俗不凡；但《金瓶梅》中以雪烹茶的人却是西门庆的正室夫人吴月娘，在《吴月娘扫雪烹茶》这段故事中，她与西门庆刚刚言归于好，忽

茶与《金瓶梅》

然望见窗外的雪如“寻绵扯絮，乱舞梨花”，于是便有了“吴月娘见雪下在粉壁间太湖石上甚厚，下席来，教小玉拿着茶罐，亲自扫雪，烹江南凤团雀舌与众人吃。正是：白玉壶中翻碧波，紫金杯内喷清香。”这段场景。以雪烹茶，本是文人追求的雅诗，目的在于在幽雅高洁的茶水中寻求精神的超脱，可吴月娘扫雪却无法到达这种境界。试想一下，如果当时两人并未言归于好，而是大打出手，即便那雪下得再美，她又哪会有那种心情？

《金瓶梅》中所用到的茶器也特别精致，如金杏叶茶匙、银杏叶茶匙、紫金壶、金台盏、银厢瓯儿、银汤瓶等，多用金银所制，形态各异，质地贵重，不仅显示出西门庆家的奢华富贵，更反映出当时城镇富商官吏阶层的茶文化生活。

小说中描写了许多与茶有关的事物，将市井小民的饮茶习惯刻画得惟妙惟肖。“风流茶说合，酒是色媒人”是作者对明代世俗茶风的现实主义的艺术概括，由此看来，《金瓶梅》不愧为描写明代市井世俗饮茶风俗的奇书，也称得上是我们采掇茶文献史料的一座丰富多彩的宝库。

第四章 品茶是一种心境

品茶之趣，不仅注重茶叶的色、香、味、韵等，还注重品茶人的心态。喝茶，品茶，喝的是一种净化，品的是一种心境。呷一小口茶，任由那鲜爽香醇的味道在舌尖花开，充满齿喉，此时，我们不但品出了茶香，还品出了另一种隐约的情感。茶，喝的就是一种心情，一种情调，需要平心，需要清静，需要禅定，需要放松……它不仅温润了我们的五脏六腑，更滤去了浮躁，沉淀下的则是对人生的思考。

品茶需要平心

"我们的力量并非在于武器、金钱或武力，而在于心灵的平静。"这是一行禅师曾说过的一种修行方法。尘世的喧嚣让我们的心灵备受折磨、饱受煎熬。我们的思绪总是被各种外物干扰，从而给心灵增加了许许多多的负累。在这种浮躁的风气中，我们需要寻求一种力量，一种可以约束杂乱思想，让心灵重归安定的力量。这种力量，就叫作平静。

心灵的平静是一股最强大的力量，它可以让我们约束起不需要的思想，从喧嚣的尘世安然抽身，也能让我们安心地活在当下，而品茶时就需要这种平和冷静的心境。

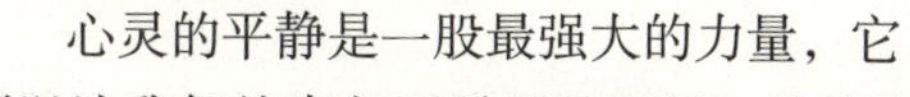

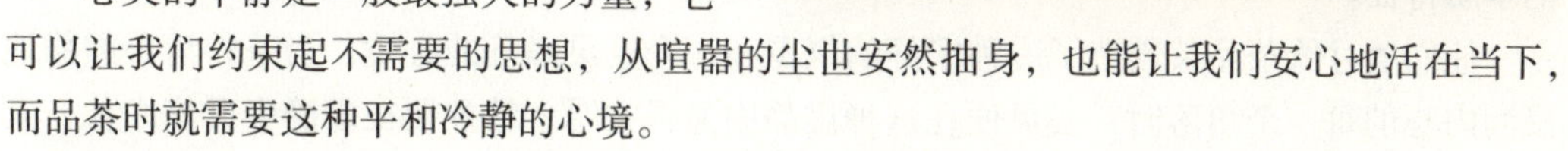

我们可以让自己完完全全地休息10分钟，在这段时间里，不要让心灵沾染琐事，心平气和地冲泡一壶好茶，让自己完全沉浸在香醇清爽的茶香里，安安静静地享受这段时光，让思绪随意地在头脑中游动，你会发现，茶香能起到安抚神经的作用，它能让你觉得精神多了，头脑也跟着清醒，心情也慢慢地转为平静。

心灵的平静意味着从稚嫩到成熟的转化，它是一股温柔的力量，让你的心灵归于一种最平稳的状态，让追求平静的人内心能够获得满足与安定。与其同时，轻啜一口茶汤，任那润滑清淡的茶汤在舌尖上滚动，它仿佛变成了一股温热的暖流，一直涌入我们的心底。在纷乱的世界中，给自己一段时间，细细品味茶中的香气与浓浓的滋味，回到内心深处细细地体会生命的奥秘，这无疑是一种追求平静的最高境界。

身体的彻底放松可以让我们的思绪变得清晰有条理，不再因各种外界的因素而变得混乱不堪。这也就是为何我们常常绞尽脑汁也记不起来的事情，在我们不去想的时候就自己跳出来的原因。

世间浮躁，人心浮躁，若要平心，唯有香茗，难怪古今圣贤、文人骚客，皆对茶赞之不绝，爱之难舍。当你烦躁时，不妨喝一杯茶，聆听心底最原始的声音；当你愤怒时，不妨喝一杯茶，它会让你躁动的心情慢慢归于平静；当你悲伤时，不妨喝一杯茶，你会发现原来生命中还有那么多美好的事……静静地品茶，你的世界才会多了一处平和的角落。

品茶需要清静

长期生活在纷繁都市的人们，整日与钢筋水泥的建筑打交道，在灰尘喧嚣中行走，心也随之疲惫吵闹。我们很难在城市中寻找到一处清净的角落，忧愁烦闷也自然随之而来。此时，如果我们能离开城市几日，到山野间，看着蓝天碧水，轻饮慢品一杯清茶，一定会使心性变得纯净起来，那些烦恼也自然可以化解。

茶饮具有清新、雅逸的天然特性，自然会有清心净心的作用，它有助于陶冶人们的情操、去除杂念、修炼身心。中国历代社会名流、文人墨客、商贾官吏、佛道人士都以崇茶为荣，在饮茶中获得清净之感。他们特别喜好在品茗中论经议事、轻吟浅唱、对弈作诗，以追求高雅享受的同时，也除却内心的繁冗。

茶的清静之美是一种柔性的美，和谐的美。古代的文人雅士介入茶事活动之后，发现茶叶的这些特性与他们的儒家、道家和禅宗的审美情趣都有相通之处，于是就将日常生活行为的饮茶发展提升为品茗艺术。而这种品茗艺术的性质自然是与茶叶的自然属性一脉相通的，都具有清、静的本质特征。

他们通过饮茶品茶创造了一种宁静的氛围和一个空灵虚静的心境，当茶的清香静静地浸润内心的每一个角落时，心灵便在这种虚静中显得空明，精神便在虚静中升华净化，人们将在虚静中与大自然融为一体，达到“天人合一”的境界。裴汶在《茶述》中写道：“其性精清，其味浩洁，其用涤烦，其功致和。”写的就是茶的特性；卢仝在《走笔谢孟谏议寄新茶》中提到：“五碗肌骨清，六碗通仙灵，七碗吃不得也，唯觉两腋习习清风生。”这也是茶可以使人清净；北宋赵佶在《大观茶论》中也同样指出茶的功效——“祛襟涤滞，致清导和”；明代朱权在《茶谱》中也提到：“或对皓月清风，或坐明窗静牖，乃与客清谈款话，探虚玄而参造化，清心神而出尘表。”

由此看来，古人从喝茶中得出了“茶可清心静心”这一结论，这对我们后人来说，无疑是极有启发的。我们每个人都生活在功利的世界中，人人都在为生存而奔波忙碌，因而，我们常常忽视了那些生活中原本十分美好的东西，甚至一次次地与快乐和幸福错过。人们渴望清净、安宁的心情，渴望不被尘世所困扰烦忧，同样也期盼远离喧嚣，追求向往的东西，于是，茶便成了我们最忠实的朋友。

品茶需要禅定

茶在佛教中占有重要地位，寺院僧人种植、采制、饮用的茶称为禅茶。由于佛教寺院多在名山大川，这些地方一般适于种茶、饮茶，而茶本性又清淡淳雅，具有醒脑宁神的功效。因而，种茶不仅成为僧人们体力劳动、调节日常单调生活的重要内容，也成了培养他们对自然、生命热爱之情的重要手段，而饮茶则成为历代僧侣漫漫青灯下面壁参禅、悟心见性的重要方式。

禅茶是一种境界，也是一次心与茶的相通，它是指僧人在斋戒沐浴、虔心诵佛后，经过一整套严谨而神圣的茶道仪式来泡制茶的全过程，共有18道程序。禅茶属于宗教茶艺，自古有“茶禅一味”之说。禅茶中有禅机，禅茶的每道程序都源自佛典、启迪佛性、昭示佛理。禅茶更多的是品味茶与佛教在思想上的“同味”，在品“苦”味的同时，品味烦苦人生，参破“苦”谛；在品“静”味的同时，品味遇事静坐静虑，保持平淡心态；在品“凡”味的同时，品味从平凡小事中感悟大道。

品茶需要禅定。佛门弟子在静坐参禅之前，必先要品一杯茶，借由茶来进入禅定、修止观。茶能防止昏沉散乱，有类似畅脉通经的效果，特别有助于“制心一处”的修行功夫。饮茶后的身体会特别舒畅，仿佛一股清气已先游遍全身，再加上观想或默持咒语，很容易“坐忘”，较快达到“心气合一”的觉受。体内有茶气，在念经修法时，因散发上品清光茶香，往往能感召较多的天人护法来护持修行人用功。

禅茶有许多好处，在品饮的时候其功效自然体现出来。首先，禅茶可以提神醒脑。出家僧众要打坐用功，因五戒之一就是不准饮酒，二来夜里不能用点心，三者打坐不可打盹，于是祖师们就提倡以喝茶来代替。茶能提神少睡、避免昏沉、除烦益思，有利修行人静坐修法、养身修性。

另外，禅茶还可以帮助平衡人的心态。喜欢喝茶的朋友都知道，茶的味道是平淡中带有幽香，经常品茶就会使人的心境变得和茶一样，平静、洒脱、不带一丝杂念，这样有助于人们保持心态的平衡。心理决定生理，当心态平衡了，身体的各个系统和器官都会处于一种相对平衡的状态，这样的身体必然是健康的。

总体来说，禅定是修行之人的一种调心方法，它的目的就是净化心灵，提升大智慧，以进入无为空灵的境界。若以这种佛家之心去品茶，我们一定能在茶香余韵中体会人世间存在的诸多智慧，洞悉万事万物的实相，从而达到一种超脱的境界。

品茶需要风度

刘贞亮《茶十德》中明确指出“以茶可雅心”。古往今来，无数名人雅士都将情寄托于茶中，在茶香弥漫之间弹琴作诗，气度翩翩。由此，我们可以看到品茶的另一种心境——

风度。

风度是一种儒雅之美，它是在清静之美与中和之美基础上形成的一种气质、一种神韵。它来源于茶树的天然特性，反映了茶人的内心世界及道德秉性。茶取天地之精华，禀山川之秀美，得泉水之灵性。在所有饮品中，唯有茶与温文尔雅，心志高洁的人最为相似。

所谓儒雅便是一种飘然若仙的风度，通常是指人们气质中蕴含着的较高的文化品位。正如唐代耿讳所说："诗书闻讲诵，文雅接兰荃。"因而，儒雅的风度一直是古今茶人形成的一种具有浓郁文化韵味的美感。

从审美对象而言，与茶相关的诸要素都呈现出雅致之美。品茗的器具、品茗的环境、品茗的艺术都可以与风度联系起来。中国茶人受道家"天人合一"的思想影响很深，追求与大自然的和谐相处。他们常把山水景物当作感情的载体，借自然风光来抒发自己的感情，与自然情景交融，因而产生对自然美的爱慕和追求。看着青天碧水，捧着精致的茶具，细细品茶，其中的风雅可见一斑。

艺术作为审美的高级形态，它源于生活又高于生活。因此品茗就具有一定的艺术性与观赏性，因此，它和生活中原生态喝茶动作就有雅俗之别。大口喝茶的人算不得品茶，边喝茶边大声喧哗的人也算不得高雅的茶人，只有那些言谈举止皆有风度的人才能将"品茶"二字诠释得完美。

品茶需要风度，在煮水的时候，在泡茶的时候，在端起茶杯的时候，都可以见到每个人的修养与品行。品茶同时也能提升一个人的风度气韵，若我们想要修炼身心，不妨冲泡一杯香茶，体会那种风雅之美吧。

品茶需要心意

中国的品茶艺术虽然高雅，却并不是高不可攀，它不似其他艺术那般令人难以企及，只需有一番心意就好。

提到心意，我们可能会想起这样一个故事：相传苏东坡当年来到一个寺院中，由于一路上风餐露宿，他的衣服有些破旧。住持看了看他，只是把他领到普通的房间，淡淡地说了一个字："坐。"接着又对小和尚说："茶。"当住持与苏东坡谈了许久之后，发现其文采飞扬，知识渊博，于是马上把他领到高级客房，微笑着说："请坐！"又对小和尚喊道："泡茶！"等又谈了一会儿，住持才知道对方就是大名鼎鼎的苏东坡，又惊又喜地将他领到自己居住的房间，恭恭敬敬地对他说："请上坐！"又吩咐小和尚说："泡好茶！"等苏东坡要离开的时候，住持希望他能留下字迹，好悬挂起来为僧人和香客瞻仰，苏东坡想了想之后，提笔写了一副对联："坐，请坐，请上坐；茶，泡茶，泡好茶！"住持一看，顿时羞愧难当。

先不论这个故事是真是假，但就住持这种表现来看，他就缺乏品茶的心意。佛门本就应不分尊卑，一视同仁，而他的做法却恰恰相反。诚意是发自内心的意愿，自动自发竭尽全力去做，发自内心想让客人尝到一杯最好的茶，这种诚意的表现，实际上茶未饮而心已感到一股暖流了。

客来敬茶一直是中国人的基本礼貌之一，它给人的感觉便是热情好客的温暖之感。从迎宾时选好茶、好水、好器开始，到优美的泡茶手法与茶艺表演，处处都能体会到主人的心意与热忱，这是用华丽辞藻也无法表达出来的感受。当客人捧起茶碗，听主人讲述茶的典故与文化时，那种以心交心的过程也在这种平和愉悦之中完成了。

茶的制作过程极其复杂，从采茶开始到品饮结束，要经历太多的过程，而每一个过程都有需要注意的事。因此，品茶的时候我们便能体会到每一个过程中制茶人的那份心意，带着这份满满的感动之情去品茶，一定更能体会茶中的韵味了。

品茶需要放松

生活压力、职场压力、情感纠纷，无一不是生活在现今社会人们的苦恼。每个人都想要寻求一种轻松的生活，却总是被形形色色的压力“捉弄”得苦不堪言。每每此时，我们可以为自己冲泡一杯茶，放松心情，舒缓一下紧张的神经。

所谓“茶者心之水，饮之畅灵”。喝茶跟所有的感官都紧密相连，尤其是心。有心喝茶就可以清净身心，达到心、气、脉、身、境五者的融合，心若放松，那么整个人也会随之畅快无比。品一口茶，人们的眼睛、耳朵、鼻子、舌头、身体、意念等都会受到茶的影响，渐渐地放松起来。主人与客人之间连结着的纽带就是茶，彼此之间怀着对茶、对水、对茶具的喜爱与感激之情品饮，让整个人开始放松，仔细体会茶水流经喉咙的感觉以及它们流入你心的过程。

眼睛放松，便能看清整个泡茶的过程，看清楚茶叶在清澈的水杯中上下沉浮，茶汤色泽如何，茶叶品质如何，茶具是否美观，品茶的环境是否雅致，等等。

耳朵放松，便能听到茶水倾入杯中的声响，听清主人边泡茶边细心的讲解，听到品茶者呷饮时的愉快之声以及对茶的赞美之情。

鼻子放松，就能对茶的清香之气更为敏感，使香气更完整地进入我们体内，闻到比平常更细微的味道。

舌头放松，品尝到的茶汤美感自不必说。口腔中的津液自然分泌，或香醇或清冽的茶水顺着舌根流入身体里，就像沿着心脉在体内循环，将每一个器官都抚平了一样。

身体放松，我们就不会觉得与世间万物有距离。茶具不是独立的，茶水不是独立的，茶香也不是独立的，都与我们融为一体。此时天地之间的万物都是一个整体，都随着柔滑的茶水，扑鼻的香气成为我们身体的一部分，“物”与“我”完全合一。

意念放松，内心则不再有执着，内心才会得到自由和解脱。一个彻底放下执著与意识最深层惯性的人，才会具备享受人生的洒脱之情。当我们每一个念头都是自由自在，不受其他念头的制约时，就有了所谓般若的智慧，也就是大师们所说的“无念”。

品茶可以使人放松，而放松之后才能更好地品茶。若有闲暇时间，请将执著心放下，让六根放松，沉浸在茶的芬芳与韵味之中吧。

品茶需要乐观的心态

中国著名作家钱钟书曾经说过：“发现了快乐由精神来决定，这是人类文化又一进步。”快乐由精神决定，以良好的心态和乐观的精神品茶，也就能使茶的品饮与内心情感融为一体，交互共鸣，真正体会到品茶的真正快乐。

乐观是甘霖，是一次拯救，是因为卓识和对事物的深入了解才会展现出的洒脱。当乌云布满天空之时，悲观的人看到的是“黑云压城城欲摧”，乐观的人看到的是“甲光向日金鳞开”。欢乐时不要过分炫耀欢乐，悲伤时也不要过分夸大悲伤，现实往往并不像想象中的那么好或那么糟。当“山穷水尽”的时候，乐观还是一笔巨大的财富，我们完全可以依靠这笔财富重整旗鼓。但如果连这笔财富都没有了，那可真是彻头彻尾的“一无所有”了。

品茶与吟咏一样，都需要有一种闲适的心态。这种“闲”并非仅仅是空闲，而是一种摈弃了俗虑，超然于世的悠闲心态。这样从容乐观的啜品，才能悟得出茶的真色、真香与真味，正如洪应明在《菜根谭》中说：“从静中观物动，向闲处看人忙，才得超尘脱俗的趣味；遇忙处会偷闲，处闹中能取静，便是安身立命的功夫。”由此便能看出他乐观开朗的本性了。

带着这种乐观的心态去品茶，就可以得到同样乐观的享受。无论茶叶是不是名茶，水质是不是上好的山泉水，茶具是不是精致昂贵的名品，饮茶环境是不是布局精美，这些在乐观人的眼中，往往都不重要。他们只在乎一种品茶的心境，是不是从心底感觉到快乐，他们以这种乐观的心情品茶，那么无论外部条件如何，他们都能得到快乐，这便是乐观最大的好处。

伍 从来佳茗似佳人 茶道与茶艺篇

“欲把西湖比西子，从来佳茗似佳人”，以这句诗来品评茶道和茶艺非常贴切。茶道蕴藏着深厚的底蕴和内涵，正如女人敏锐的心思与良好的修养；而茶艺展示着与茶有关的不同事物的美感，与女子曼妙的身材和柔韧的性格极像。茶道与茶艺仿佛是一对双生子，从内涵到神韵，从气质到形态，各自将茶的精髓展现出来，使人不由自主地醉在其中。

第一章 修身养心论茶道

茶道是一种烹茶饮茶的艺术，也是一种以茶为媒的生活礼仪。它通过沏茶、赏茶、闻香、饮茶、评茶等过程美心修德，陶冶情操，因此被认为是修身养心的一种方式。茶道精神是茶文化的核心，亦是茶文化的灵魂所在，它既符合东方哲学“清净、恬澹”的思想，也符合佛道儒“内省修行”的思想，可以说茶道从很大程度上诠释了茶文化的内涵与精神。

何谓茶道

“茶道”一词从使用以来，历代茶人都没有给它做过一个准确的定义，直到近年来，爱茶之人才开始讨论起这个悠久的词语来。有人认为，茶道是把饮茶作为一种精神上的享受，是一种艺术与修身养性的手段；有人也说，茶道是一种对人进行礼法教育、道德修养的仪式；还有人认为，茶道是通过茶引导出个体在美的享受过程中实现全人类和谐安乐之道。真可谓仁者见仁智者见智，一时间茶道这个词被茶人越来越多地探讨起来。

其实，每个人对茶道的理解都是正确的，茶道本就没有固定的定义，只需要人们细心体会。如果硬要为茶道下一个准确僵硬的定义，那么茶道反而会失去其神秘的美感，同时也限制了爱茶之人的想象力。

一般认为，茶道兴起于中国唐代，诗僧皎然第一次以诗歌的形式提出了茶道的概念，解释了什么是茶道。他将佛家的禅定般若的顿悟、道家的羽化修炼、儒家的礼法、淡泊等有机结合融入了“茶道”，开启了中华茶道的先河。

茶道在宋明时期达到了鼎盛。在宋朝，上至皇帝贵族，下至黎民百姓，无一不将饮茶作为生活中的大事。当时，茶道还形成了独特的品茶法则，即三点三不点。三点其一是指新茶、甘泉、洁器；其二是指天气好；其三是指风流儒雅、气味相投的佳客，反之就是“三不点”。到了明朝，由于散茶兴起，茶道也开辟了另一番辉煌的图景，其中爱茶之人也逐渐涌现出来，为悠久的茶文化留下浓墨重彩的一笔。

清代之后，茶道开始渐渐衰败。但过了不久，随着改革开放的发展，茶道又开始全面复兴起来，时至今日，茶道已经被越来越多人推崇。

茶道

我国茶道中，饮茶之道是基础，饮茶修道是目的，也就是说，饮茶是中国茶道的根本。饮茶往往分4个层次，一是以茶解渴，为“喝茶”；二是注重茶、水、茶具的品质，细细品尝，这便是第二个层次“品茶”；品茶的同时，我们还要鉴赏周围的环境与气氛，感受音乐，欣赏主人的冲泡技巧及手法，这个过程便是“茶艺”；第四个层次，通过“品茶”和“茶艺”之后，由茶引入人生等问题，陶冶情操、修身养性，从而达到精神上的愉悦与性情上的升华，这便是饮茶的最高境界——“茶道”。

真正懂得茶道的人，一定懂得人生。著名作家周作人曾这样说：“茶道的意思，用平凡的话来说，可以称作忙里偷闲，苦中作乐，在不完全现实中享受一点美与和谐，在刹那间体会永久。”由此看来，他一定真正地懂得人生。

茶道不仅是一种关于泡茶、品茶、鉴茶、悟茶的艺术，同时也算得上是大隐于世、修身养性的一种方式。它不但讲求表现形式，更重要的是注重精神内涵，从而将茶文化的精髓在一缕茶香中传遍世界各地。

茶道的核心灵魂

茶道的核心灵魂是“和”。它源于《周易》中的“保合大和”，其涵义是：世界万物都是由阴阳组成，只有阴阳协调，才能保全普利万物。

我国的佛、道、儒各家都有其自己的茶道流派，从表面上看，他们各自的价值取向皆有差别。佛教重视明心见性；道家讲求无为而治，避世超生，空灵虚静；儒家提倡中庸之道，积极入世，以茶励志，认为无过亦无及的“和”才能恰到好处。由此来看，三家表面上追求的各有不同，其本质却都以“和”为贵。

世界虽大，可人与人之间的距离却越来越短，矛盾也因此而生。解决这些矛盾的办法，并不能像有些人想的那样，“不是你死便是我活”，而是应该以和处之。中国人主张有秩序，相携相依，多些友谊与理解。在与自然的关系中，主张天人合一，五行协调，向大自然索取，但不能无休无尽，破坏平衡。水火本来是对立的，但在一定条件下却可相容相济。

这种“和”的思想同时也体现在茶道之中。采茶的时候，雨天不可采摘，阴天不可采摘，晴天方可采摘；制茶过程中，焙火不能过高，也不能过低，而一定要恰到好处；泡茶时，投茶量要适中，投多则茶苦，投少则茶淡；分茶时，要用公道杯给每位客人分茶，这样茶汤才会均匀，不能有所偏袒……这些都体现了一个“和”字，可以说，“和”是茶道的核心灵魂。

茶道的核心灵魂——和

除了现代茶道中“和”的体现，古时的茶人也讲求一个“和”字。茶圣陆羽无论从形式、器物方面都体现出“和”的特点。他所作的煮茶风炉，形状像古鼎一样，整个用《周易》思想为指导。而《周易》被儒家称为“五经之首”。除用易学象数原理严格定其尺寸、外形，风炉主要运用了《易经》中三个卦象：坎、离、巽，以此说明煮茶包含的自然和谐的原理。坎在八卦中代表了水；巽在八卦中代表着风；离在八卦中寓意着火。因而，陆羽曾这样解释道，“风能兴火，火能煮水”。水与火看似对立，实际却相辅相成，最终达到和谐统一的状态。

人们品茶的过程，也讲求一个“和”字。饮茶可以更多地自省、清醒地看自己，也清醒地对待别人，各自内省的结果，是加强彼此理解，减少许多不必要的纷争。因而，当儒家把这种“以和为贵”的思想引入中国茶道时，他们主张在饮茶中沟通思想，创造和谐气氛，增进彼此的友情。这也是越来越多的人喜欢以开茶宴聚会的原因所在：过年过节，各单位举行“茶话会”，用来表示团结；客来敬茶可表示主人的友好与尊重。我们经常见到酗酒斗殴的，却极少见到茶人喝茶之后打架的，看起来，茶道中的“和”字的确已经深入人心了。据说，英国议员开会的时侯，怕彼此吵起来，特意准备茶作为饮品，以改善气氛，这大概也是中国茶道精神的延伸。

此时的世界充满了喧嚣与吵闹，无论对我们每个人来说，还是对整个世界而言，还是清醒、平和一些比较好。于是，茶便成了安定气氛、稳定情绪的一剂良药。中国的茶道也许会唤起更多人类善良的本性，也许会让世间的纷纭更少一些，由此可见，茶道的核心灵魂的确非“和”字莫属。

茶道修习的法则

茶道不但讲求表现形式，更重要的是注重精神内涵。如今的茶道主要包括两个方面的内容，一是备茶品饮之道，二是思想内涵。当品茶至一定境界，从生理感受上升到心理感受，再上升到精神感受之后，我们便可以进入茶道修行的境界。就中国的茶道而言，就是要求“和、静、怡、真”这4个字，而其中的“静”，就是中国茶道修习的不二法则。

老子曾说：“至虚极，守静笃，万物并作，吾以观其复。”另外，庄子也说过：“圣人之心，静，天地之鉴也，万物主镜。”由此看来，老庄学派的“虚静观复法”是人们修身养性、体悟人生的无上妙法，而中国的茶道也正是通过这一法则达到一种至高无上的境界。

静与美相得益彰。古往今来，无论是高僧、羽士还是儒生，都把“静”作为茶道修习的必经大道。因为静则明，静则虚，静可内敛含藏，静可虚怀若谷，静可洞察明澈，静可体道入微，因而可以说，“欲达茶道通玄境，除却静字无妙法”。古往今来的人在茶道中获得了愉悦之感，也自然体悟到了茶的美感。

茶道修习的法则——静

中华茶道不仅是要修习者获得身心的愉悦，提升自我的境界，还是修习者寻回迷失自我的必由之路。无论是煮水，还是泡茶、分茶、品茶，都给人们营造出一个无比温馨祥和的氛围，没有纷争，没有喧嚣，一切皆化为静谧之光，让品茶者的心灵在这种静中显得空明澄澈，精神得以净化并升华，从而达到“天人合一”的“虚静”状态。

“圣人之心，静乎，天地之鉴也，万物之镜也。”在茶道中，只有将守静进行到纯笃的程度，我们才能发现世间万物的本来面目。而在修习茶道的过程中保持心静，修习者就可以放下心中的私心杂念，就可以变得襟怀宽广。茶道正是通过茶事创造一种宁静的氛围和一个空灵虚静的心境，当茶的清香静静地浸润你的心田和肺腑的每一个角落的时候，你的心灵便在这种虚静中显得空明，你的精神便在虚静中升华净化，你将在虚静中与大自然融涵玄会，达到“天人合一”的“天乐”境界。

得一静字，便可洞察万物、思如风云、心中常乐，道家主静，儒家主静，佛家同样主静。由此看来，“静”的确称得上是中国茶道修习的重要法则，在寂静的环境中煮水，听山泉水被煮沸发出的声响；将沸水冲入杯中，看茶叶起起伏伏，无声地翻腾；细品茶汤，感受茶汁滑过喉咙的柔滑感觉；观香气袅袅，琴声悠悠，体悟茶道带给人们深邃的内涵。也便是“静”的妙处，心静，神静，万事万物的细微声音才更加凸显，我们的头脑才会变得更为清明。

茶道中的身心享受

茶道中的身心享受可称为“怡”。中国的茶道中，可抚琴歌舞，可吟诗作画，可观月赏花，亦可论经对弈，可独对山水，亦可邀三五友人，共赏美景。儒生可“怡情悦性”，羽士可“怡情养生”，僧人可“怡然自得”。中国茶道的这种怡悦性，使得它有极广泛的群众基础。

但从古代开始，不同地位、不同信仰、不同阶级的人对茶道却有着不同的目的：古代的王公贵族讲茶道，意在炫耀富贵、附庸风雅，他们重视的往往是一种区别于“凡夫俗子”的独特；文人墨客讲究茶道，意在托物寄怀、激扬文思、交朋结友，他们真正地体会着茶之韵味；佛家讲茶道意在去困提神、参禅悟道，更重视茶德与茶效；普通百姓讲茶道，更多的是想去除油腻，一家人围坐在一起闲话家常……由此看来，上至皇帝，下至黎民，都可以修习茶道。而每位茶人都有自己的茶道，但殊途同归，品茶都给予他们精神上的满足和愉悦。

也可以说，只有身心都获得圆满，那么便领悟了茶道的终极追求，这也就是茶道中所说的身心享受——怡。

茶道中的身心感受——怡

茶道中的“怡”，并不是指普通的感受，它包含3个层次：首先是五官的直观享受。茶道的修习首先是从茶艺开始的。优美的品茶环境，精致的茶具，幽幽的茶香，都会对修习者造成强烈的视觉冲击，并将最直观的感受传递给修习者；接下来是愉悦的审美享受，即在闻茶香，观汤色，品茶味的同时，修习者的情丝也会在不知不觉间变得敏感起来。再加上此时泡茶者通常会对茶道讲出一番自己的理解，修习者就会感到身心舒泰，心旷神怡；最后是一种精神上的升华。提升自己的精神境界是中华茶道的最高层次，同时也是众多茶人追求的最高境界。当修习者悟出茶的物外之意时，他们便可以达到提升自我境界的目的了。

中国茶道是一种雅俗共赏的文化，它不仅存在于上流社会中，在百姓间也广为流行。正是因为“怡”这个特点，才让不同阶层的茶人都沉浸在茶的乐趣之中。

茶道的终极追求

“真”是中国茶道的起点，也是中国茶道的终极追求。真，乃真理之真，真知之真，它最初源自道家观念，有返璞归真之意。

中国茶道在从事茶事活动时所讲究的“真”，包括茶应是真茶、真香、真味；泡茶的器具最好是真竹、真木、真陶、真瓷制成的；泡茶要“不夺真香，不损真味”；品茗的环境最好是真山真水，墙壁上挂的字画最好是名家名人真迹……

以上皆属于茶道中求真的“物之真”，除此之外，中国的茶道所追求的“真”还有另外三重含义：

首先，追求道之真。即通过茶事活动追求对“道”的真切体悟，达到修身养性，品味人生之目的。

其次，追求情之真。即通过品茗述怀，使茶友之间的真情得以发展，在邀请友人品茶的时候，敬客要真情，说话要真诚，从而达到茶人之间互见真心的境界。

第三，追求性之真。即在品茗过程中，真正放松自己，在无我的境界中去放飞自己的心灵，放牧自己的天性，让自己飞翔在一片无拘无束的天空中。

以真我的灵魂与茗共品，以真实的心境寄情山水，以真挚的情怀融入自然造化之中，在茶香茶色茶味中陶醉、品味、顿悟、修行、升华人格、锤炼意志。让自己的身心都更健康，更畅适，让自己的一生过得更真实，做到“日日是好日”，这是中国茶道的终极追求。

茶道的终极追求——真

中国人不轻易言“道”，而一旦论道，则执著于“道”，追求于“真”。饮茶的真谛就在于启发人们的智慧与良知，使人在日常生活中俭德行事，淡泊明志，步入真、善、美的境界。当我们以真心来品真茶，以真意来待真情时，想必就理解茶道的终极追求了。

中国的茶道流派

中国的茶道已经流传了千年，沉浸在其中的人们也越来越多。由于品茶人文化背景的不同，中国的茶道流派可分为4大类，即贵族茶道、雅士茶道、世俗茶道和禅宗茶道。

1. 贵族茶道

贵族茶道由贡茶演化而来，源于明清的潮闽工夫茶，发展到今天已经日趋大众化。贵族茶道最早流传于达官贵人、富商大贾和豪门乡绅之间。他们不必懂诗词歌赋、琴棋书画，但一定要身份尊贵，有地位，且家中一定要富有，有万贯家私。他们用来品饮的茶叶、水、器具都极尽奢华，可谓是“精茶、真水、活火、妙器”，缺一不可。如此的贵族茶道，无非是在炫耀其权力与地位，似乎不如此便有损自己的形象与脸面。

晋代常据在《华阳国志·巴志》中记载，周武王发联合当时居住川、陕、部一带的庸、蜀、羌、苗、微、卢、彭、消几国共同伐纣，凯旋而归。此后，巴蜀之地所产的茶叶便正式列为朝廷贡品。这便是将茶列为贡品最早的记载。

茶的功能虽然被大众所认知，而一旦被列为贡品，首先享用的必然是皇帝妃子以及皇室成员。正因为各地要进献贡茶，在某种程度上也造成了百姓的疾苦。试想，当黎民为了贡茶夜不得息昼不得停地劳作，得到的茶叶却被贵族们用来攀比炫耀，即便茶本是洁品，也会失去了其质朴的品格和济世活人的德行了吧。

2. 雅士茶道

雅士茶道中的茶人主要是古代的知识分子，他们有机会得到名茶，有条件品茗，是他们最先培养起对茶的精细感觉，也是他们雅化了茶事并创立了雅士茶道。

中国文人嗜茶者在魏晋之前并不多见，且人数寥寥，懂品饮者也只有三五人而已。但唐以后凡著名文人不嗜茶者几乎没有，不仅品饮，还咏之以诗。但自从唐代以后，这些文人雅士颇不赞同魏晋的所谓名士风度，一改“狂放啸傲、栖隐山林、向道慕仙”的文人作风，人人有“入世”之想，希望一展所学、留名千古。于是，文人的作风变得冷静、务实，以茶代酒便蔚为时尚，随着社会及文化的转变，开始担任茶道的主角。

对于饮茶，雅士们已不只图止渴、消食、提神，而在乎导引人之精神步入超凡脱俗的境界，于清新雅致的品茗中悟出点

什么。“雅”体现在品茗之趣、以茶会友、雅化茶事等方面。茶人之意在乎山水之间，在乎风月之间，在乎诗文之间，在乎名利之间，希望有所发现，有所寄托，有所忘怀。由于茶助文思，于是兴起了品茶文学，品水文学，除此之外，还有茶歌、茶画、茶戏等等，于是，雅士茶道使饮茶升华为精神的享受。

3. 世俗茶道

茶是雅物，也是俗物，它生发于“茶之味”，以享乐人生为宗旨，因而添了几分世俗气息。唐朝，茶叶打开丝绸之路输往海外开始，茶便与政治结缘；文成公主和亲西藏，带去了香茶；宋朝朝廷将茶供给西夏，以取悦强敌；明朝将茶输边易马，用茶作为杀手锏“以制番人之死命”……由此来看，茶在古代被用在各种各样的途径上。

而现代茶的用途也不在少数，它作为特色的礼品，人情往来靠它，成好事也成坏事，有时温情，有时却显势利。但茶终究是茶，虽常被扔进社会这个大染缸之中，可罪却不在它。

茶作为俗物，由“茶之味”竟生发出五花八门的茶道，大致分为几类，如官场茶道、情场茶道、家庭茶道、社区茶道、平民茶道等等，其中确实含有较多的学问。为了使这些学问更加完整与系统，我们可将这些概括为世俗茶道。

如今，随着生活水平逐渐提高，生活节奏加快，还出现了许多速溶茶、袋泡茶，都是既方便又实用的饮品。由此看来，最受中国百姓欢迎的还是世俗茶道，但它此时展现在人们面前的，已经完全不是古时的那种格局了。

4. 禅宗茶道

唐代著名诗僧皎然是中华茶道的奠基人之一，他提出的“三饮便得道”为禅宗和茶道之间架起了第一座桥梁；另外，佛家认为茶有三德，即坐禅时通夜不眠；满腹时帮助消化；还可抑制性欲。由此，茶成为佛门首选饮品。

古代多数名茶都与佛门有关，例如有名的西湖龙井茶。陆羽在《茶经》中说：“杭州钱塘天竺、灵隐二寺产茶”；宋代天竺所产的香杯茶、白云茶都被列为贡茶献给皇室；阳羡茶的最早培植者也是僧人；松萝茶也是由一位佛教徒创制的；安溪铁观音“重如铁，美如观音”，其名取自佛经。普陀佛茶更不必说，直接以“佛”名其茶……

茶与佛门有着千丝万缕的联系，佛门中居士“清课”有“焚香、煮茗、习静、寻僧、奉佛、参禅、说法、做佛事、翻经、忏悔、放生……”等许多内容，其中“煮茗”名列第二，由此可以“禅茶一味”的提法所言非虚。

现如今，中国的茶道仍然在世界产生深远影响，它将日常的物质生活上升到精神文化层次，既是饮茶的艺术，也是生活的艺术，更成为人生的艺术。

中国茶道的三种表现形式

中国茶道有 3 种表现形式，即煎茶、斗茶和工夫茶。

1. 煎茶

煎茶是从何时何地产生，没有固定的记载，但我们可以从诗词中捕捉到其身影。北宋著名文学家苏东坡在《试院煎茶》中写道："君不见，昔时李生好客手自煎，贵从活火发新泉。又不见，今时潞公煎茶学西蜀，定州花瓷琢红玉。"由此看来，苏东坡认为煎茶出自西蜀。

古人对茶叶的食用方法经过了几次变迁，先是生嚼，后又加水煮成汤饮用，直到秦汉以后，才出现了半制半饮的煎茶法。唐代时，人们饮的主要是经蒸压而成的茶饼，在煎茶前，首先将茶饼碾碎，再到烤茶，用火烤制，烤到茶饼呈现"虾蟆背"时才可以。接着将烤好的茶趁热包好，以免香气散掉，等到茶饼冷却时将它们研磨成细末。以风炉和釜作为烧水器具，将茶加以山泉水煎煮。这便是唐代民间煎茶的方法，由此看来，当时的人们已经在煎茶的技艺上颇为讲究，过程既烦琐又仔细。

煎茶所用的原料

2. 斗茶

斗茶又称茗战，兴于唐代末，盛于宋代，是古代品茶艺术的最高表现形式，要经过炙茶、碾茶、罗茶、候汤、熠盏、点茶6个步骤。

斗茶是古代文人雅士的一种品茶艺术，他们各自携带茶与水，通过比斗、品尝、鉴赏茶汤而定优胜。斗茶的标准主要有两方面：

（1）汤色

斗茶对茶水的颜色有着严格的标准，一般标准是以纯白为上，青白、灰白、黄白等次之。纯白的颜色表明茶质鲜嫩，蒸时火候恰到好处；如果颜色泛红，是炒焙火候过了头；颜色发青，则表明蒸时火候不足；颜色泛黄，是采摘不及时；颜色泛灰，是蒸时火候太老。这样看来，斗茶之人对汤色的好坏真是了如指掌。

斗茶

（2）汤花

汤花是指汤面泛起的泡沫。与茶汤相同的是，汤花也有两条标准：其一是汤花的色泽，其标准与汤色的标准一样；其二是汤花泛起后，以水痕出现的早晚定胜负，早者为负，晚者为胜。如果茶末研碾细腻，点汤、击拂恰到好处，汤花匀细，就可以紧咬盏沿，久聚不散，名曰"咬盏"。反之，汤花泛起，不能咬盏，会很快散开。汤花一散，汤与盏相接的地方就会露出茶色水线，即水痕。

斗茶的最终目的是品茶，通过品茶汤、看色泽等这些比斗，评选出优劣茶，唯有那些色、香、味俱佳的茶才算得上好茶，而那些人才能算斗茶胜利。

3. 工夫茶

工夫茶起源于宋代，在广东潮汕地区以及福建一代最为盛行。工夫茶讲究沏茶、泡茶

工夫茶

的方式，对全过程操作手艺要求极高，没有一定的工夫是做不到的，既费时又费工夫，因此称为工夫茶。有些人常把“工夫茶”当作“功夫茶”，其实是错误的，因为潮州话“工夫”与“功夫”读音不同。

工夫茶在日常饮用中，从点火烧水开始，到置茶、备器，再到冲水、洗茶、冲茶，再经过冲水、冲泡、冲茶，稍候片刻才可以被人慢慢细饮。之后，再添水烧煮重复第二泡的过程，数泡以后换茶再泡，这一系列的过程听起来就十分费时间。

工夫茶所需要的物品都比较讲究，茶具要选择小巧的，一壶带 2 ~ 4 个杯子，以便控制泡茶的品质；冲泡的水最好是天然的山泉水；茶叶一般选择乌龙茶，以便于冲泡数次仍有余香；另外，冲泡工夫茶的手艺也是有较高要求的。

中国茶道的这 3 种表现形式，不仅包含着我国古代朴素的辩证唯物主义思想，而且包含了人们主观的审美情趣和精神寄托，它渲染了茶性清纯、幽雅、质朴的气质，同时也增强了艺术感染力，实在算是我国茶文化的瑰宝。

日本茶道

茶道起源于中国，但在日本也特别盛行。日本人把茶道视为日本文化的结晶，也是日本文化的代表，它超越了日常生活中的污秽，是建立在崇尚生活美基础之上的一种仪式。

日本的茶道比较规矩，要求也比较严格。首先，它的举行场所一般由茶的庭园和茶的建筑构成。茶的庭园指露地，茶的建筑指茶室。

客人进入茶室前，首先要进入露地。这时，客人需要先洗手和漱口，等到主人出来迎接时，客人还要在庭院中打水再清洗一次。这样做既表达了对主人的尊敬，其寓意又表达茶道的场所乃圣洁之境。

接下来进入茶室。茶室的布置与我国大致相同，墙壁上挂着与茶事有关的古画、诗词，以提升主人的文学修养和对艺术的鉴赏能力；茶室内摆着鲜花，并配以与之相适的花瓶，花瓶一般用金属、陶瓷等制成，可以使整个茶室既雅静又富有生机和活力；茶碗、茶盒、水罐等用具都是金属、木、漆、染织等工艺品，这些小巧精致的摆设既朴素又新鲜，点缀茶室的同时，也可以使人心情愉悦。茶室中，与我国略有不同的地方在于，日本茶室有一个高60 cm的四方小门，只能侧身而入，据说这样隐秘的入口代表了里面的茶室是虚拟的、非现实的空间，听起来让人觉得十分神秘。

客人坐好后，主人并不会直接煮茶待客，而是先招待客人吃饭，同时，主人还要准备好清酒以供客人品饮。款待客人的菜肴并不丰盛，但一定要选用新鲜的蔬菜和水产，还要有季节感，且搭配的菜谱也要讲究。总体来说，这样的菜肴更新鲜、更健康。

主人的待客方法很有讲究，客人也不例外。客人在吃饭的时候一定要讲究礼仪，不可狼吞虎咽，要细嚼慢咽地慢慢吃。同样地，饮酒时也一定不能大口喝下，反而要用小盏分三口慢慢品。这样才能表达出对主人热情款待的敬意，以及对食物的感恩之心。

料理结束后，才开始进行点茶和饮茶的步骤。这时，客人不会继续在茶室中等待，而是要暂时回避，以给主人一些时间准备。等到客人再次进入茶室时，主人才会正式开始点茶。首先，主人先为客人端上点心，点心的种类由茶的浓淡决定，如果是浓茶，所配点心通常是糯米做的豆馅点心，如果是淡茶，通常用小脆饼作为点心。

接着，主人需要用风炉生火，煮水。接下来，准备饮茶器具。但这个过程与我国茶道有些不同，他们会将已经擦洗过的茶具再擦洗一次，所用的工具是一块手帕大小的绸缎，接着才会用开水消毒。

接着便是点茶的主要过程：主人先用精致的小茶勺向茶碗中放入适量的茶叶，再用水舀将沸水倾入碗内。这个过程中需要注意的是，茶水不能外溢，与我国“倒茶七分满”很像，并且，倒水时要尽量让水发出声音。

点茶完毕后，主人需要用双手将茶碗捧起，依次给宾客分茶，客人要先向主人致谢才可接过茶碗。在品茶的过程中，宾客需要吸气，并发出“嗞嗞”的声音，声音越大，表示对主人的茶品越赞赏；茶汤饮尽时，还要用大拇指和洁净的纸擦干茶碗，并仔细欣赏茶具，边看边赞“好茶”，以表达对主人的敬意。如此看来，整个茶道过程比较复杂，规格较高、较正式的茶道往往会用一个多小时的时间。

日本茶道需要遵守“四规”和“七则”。这四规分别为“和、敬、清、寂”，与我国茶道中的“和、静、怡、真”倒有异曲同工之妙。“七则”代表的是七种煮茶品茶茶镜的特色，分别为准备一尺四寸见方的炉子；炉子的位置摆放要合适；适度的火候；水的温度要因季节不同而变化；茶具要能体现茶叶的色香味；点茶要有浓淡之分；茶室要整洁并且插花，且要与环境相配。由此得知，日本的茶道果然极其严谨，单凭这一系列的过程就令人觉得郑重其事。

日本茶道融合了诸多文化，例如文学、美术、园艺、烹调以及建筑等等，它以饮茶为主体，延展出许多文化内涵，可称得上是一门综合性艺术活动。

韩国茶道

韩国自新罗善德女王时期引入茶文化，时至今日已经有一千多年的历史。在一千多年的岁月中，韩国逐渐形成了种类繁多、特色各异的茶道。与我国相似的是，韩国茶道也有4大宗旨，即“和、敬、俭、真”。“和”要求人们必须具备善良的心，互相尊敬，互相帮助；“敬”是要有正确的礼仪；“俭”是指俭朴的生活；“真”是要有真诚的心意。这些宗旨

旨在通过茶礼向人们宣传茶文化，力图使人们逐渐形成规范有序、高雅、文明的生活准则。

总体来说，韩国茶道的过程包括迎客、环境和茶室陈设、书画和茶具的造型与排列、投茶、注茶、茶点、吃茶等。茶道被定义为阴历的每月初一、十五、节日和祖先生日在白天举行的简单祭礼，或像昼茶小盘果、夜茶小盘果一样来摆茶的活动，也有些专家将它定义为贡人、贡神、贡佛的礼仪。

如果按照名茶类型来区分，韩国茶道可以分为“饼茶法”、“钱茶法”、“末茶法”、“叶茶法”等。以下我们简单介绍一下“叶茶法”的茶道过程：

1. 迎宾

迎宾即宾客光临时，主人到大门口的恭迎。此时，主人需要用“请进”、“谢谢”、“欢迎光临”等迎接词欢迎宾客；客人必须以年龄高低按顺序进入。进入茶室后，主人必须站在东南方向，同时向来宾表示欢迎，接着坐到茶室的东面向西，而客人坐在西面向东。

2. 温具

主人沏茶前，应该先折叠好茶巾，将茶巾放置在茶具左边。接着，将沸水注入茶壶、茶杯中，进行温壶、温杯的过程，接着倒出热水。

3. 沏茶

沏茶的过程根据季节有不同的投茶方法，一般而言，春秋季采用中投法，夏季用上投法，冬季则用下投法。投茶的方法为：泡茶者打开壶盖，右手持茶匙，左手持分茶罐，用茶匙捞出茶叶置壶中，投茶量为一杯茶投一匙茶叶。

冲泡好茶汤之后，按自右至左的顺序，分 3 次缓缓注入杯中，茶汤量以斟至杯中的六、七分满为宜，不要超过茶杯容量的 70%。

4. 品茗

茶沏好之后，泡茶者需要以右手举杯托，左手把住手袖，恭敬地将茶捧至来宾前的茶桌上，再回到自己的茶桌前捧起自己的茶杯，对宾客行注目礼，同时说“请喝茶”，而来宾答过“谢谢”之后，宾主才可以一起举杯品饮。在品茶的过程中，还可以用一些清淡茶食来佐茶，例如各式糕饼、水果等。

茶在韩国的社会生活中占据着非常重要的地位，许多学校都开设了茶文化课。年满 20 岁的青年要学习茶道礼仪之后才能进入成年人的行列，由此可见，韩国对茶的重视程度之高。也正因如此，茶才能走进韩国千家万户的生活中。

俄罗斯茶道

1679 年，俄罗斯与中国签订了第一笔购茶合同，俄罗斯人第一次品尝到了茶的清香。但因为那时茶叶价格较高，普通人家只有在圣诞节这样的重大节日时才喝茶。

俄罗斯茶道有些特别，首先与其他国家不同的就是具有民族特色的沏茶器具。乌拉尔地区的铁匠发明了“茶炊”。茶炊实际上是喝茶用的热水壶，构造类似我国火锅和大铜茶壶的混合体，里面设有炊膛，外有水龙头和把手，上有壶托，下有炉圈和通风口，旁边还有小烟囱。茶炊曾是俄罗斯家庭必不可少的“大件儿”之一，价格不低，最便宜的也和一头母牛的价格相差不多。穷人家常常是几家合买一个，大家轮流使用。

茶炊的形状各式各样，圆形、扇形、筒形、锥形，还有两头尖中间大的酷似橄榄状的大桶。图拉市的茶炊驰名全国，是用银、铜、铁等各种金属原料和陶瓷制成的。过了不久，还出现了暖水瓶似的保温茶炊，这种茶炊内部设有3格，第一格盛茶，第二格盛汤，第三格还可盛粥。俄罗斯的能工巧匠们常将茶炊的把手、支脚和龙头雕铸成金鱼、海豚、公鸡和狮子等动物的形象，栩栩如生，有的茶炊上还篆刻着诗词，雅致至极。

除了茶炊比较特别，俄罗斯人的饮茶器具也十分漂亮：他们所使用的茶碟很别致，因喝茶时习惯将茶倒入茶碟再放到嘴边。至于茶具，有的人喜欢中国陶瓷的，有的人喜欢玻璃的，总之制作得极其考究。

俄罗斯茶道中，沏茶方式也比较特别：首先要用滚烫的开水将茶壶烫一下，接着放入茶叶，加入一小块砂糖，注入开水，而后将茶巾蒙在茶炊壶托上5分钟左右，其目的在于使茶叶舒展并释放出叶片中所含的各种物质。当茶泡好的时候，往杯中倒入半杯，再从茶炊中倒入适量的白开水。品饮的时候，茶炊的水一定要保持开着的状态。因为俄罗斯人认为，最好喝的茶正是源自不断翻滚的开水，这样做也可以使每个人都喝到浓度相同的茶汤。

倘若人们去俄罗斯人家做客，正赶上主人用茶，他们会热情地向客人让茶。此时，客人也应向主人打招呼，例如“茶加糖——祝喝茶愉快！”喝完茶后，客人应向主人致谢，可以说：“谢谢您的茶！谢谢您的款待！”

喝茶是俄罗斯人生活中的一部分，由于这项传统历史久远，茶道也由此产生。从过去到现在，俄罗斯人每天都离不开茶。早餐时喝茶，一般吃夹火腿或腊肠的面包片、小馅饼。午餐后也喝茶，除了往茶里加糖外，有时加果酱、奶油、柠檬汁等。特别是在星期天、节日或洗过热水澡后，更是喜欢喝茶。也可以说，俄罗斯人与茶结下了不解之缘，时间久了，其国家的茶道文化也发展完善。时至今日，各地还纷纷举办不同风俗的茶会，受到人们的普遍欢迎。

英式茶道

中国茶道在世界上一直享有盛名，但鲜为人知的是，英国也有其特有的茶道，而且英国茶道在内容和方式上都有一些独特的规矩，很值得我们学习与借鉴。

1. 不用沸水冲茶

英式茶道中首先要遵守的特点就是不用滚烫的开水冲茶。他们认为，温度过高的茶水会刺激口腔并引发口腔癌，另外，也避免烫水使茶叶中的营养物分解、破坏。因此，英国人习惯于故意将刚刚煮沸的开水置于室温下冷却上几分钟，再缓缓将半烫的水注入茶壶中，最后注入杯中喝时已是“半热半凉”的了。

2. 尽量避免使茶水在茶壶中放置过久

英式茶道另一个特点是，尽量不让茶水在茶壶中停放过久，即在将热水冲入茶壶后仅几分钟，便马上把茶水注入茶杯中，这样做可以尽快使得茶水与茶叶相分离。英国人认为，尽管茶叶含有 30 多种人体所必需的营养物，但冲泡过于长久的茶叶会释放出有害人体健康的有毒物质。这样，英国人喝到的茶水往往比我们的要清淡得多。

3. 不钟情于浓茶

英国人认为，浓茶容易使神经系统过度兴奋，导致失眠或慢性头疼，对健康利少弊多。因此，他们并不钟情于浓茶，尤其是老人和孩子，对浓茶更是敬而远之。除此之外，英国人在饭前饭后都习惯用淡淡的茶水漱口。他们认为，茶叶含有丰富的能促进骨骼和牙齿生长、发育并预防虫牙以及抑制口腔内有害细菌生长的氟元素，用淡茶水漱口之后可以保护牙齿。另外，一些喜欢吸烟的人在参加社交活动前也常常用淡茶水漱口，这样可以减少口腔中残留的烟味。

4. 重视进茶“时间”

中国人随时都可以喝茶，但英国人却不同，他们的喝茶时间相对来说要少一些。他们认为茶水可以稀释胃酸，妨碍消化，因此在饭前饭后都不喝茶，尤其对需要补充尽可能多种营养物的孕妇来说，更应绝对避免餐后即时饮茶。即便是饭后喝茶，也必须在用餐完毕半小时之后才可。

5. 饮茶种类繁多

英国茶道重视身心享受，这体现在他们每日不同时段所品饮茶的种类。他们认为，每天品饮各类茶，可以从中汲取多种多样的丰富营养物，还可以起到健身和键心的功效。

英国人从早到晚所喝的茶大有不同，一般来说，他们在清晨热衷于喝味道较为浓烈的印度茶，或直接喝一种混合了印度茶、斯里兰卡茶和肯尼亚茶的“伯爵茶”，并在其中加入牛奶，调制成芳香四溢又营养丰富的奶茶，他们认为清晨喝这类茶可以提神；午后吃点心的时候，英国人为了冲淡奶油蛋糕或水果蛋糕的油腻，则品饮颜色雅致、味道甘美的祁门红茶；下午茶对英国人来说，是一天之中最重要的时段。这个时候，他们往往选择含印度茶和中国茶，并用“佛手茶”加以熏制的色泽深沉的混合茶，这样可以体现优雅的环境与心境；而到了晚上，英国人又会喝一些可以放松心情，有助于睡眠的茶，例如被他们取名为“拉巴桑茶”的中国茶。

由此看来，英国茶道的确有着其独特之处，这也从某个角度诠释了茶文化的无穷魅力，为世界茶文化的发展作出了特殊的贡献。

茶道的自然美

茶道是中国传统文化的精髓，也是中国古典美学的基本特征和文化沉淀。它用自身的特性和独特的美感将古代各家的美学思想融为一体，构成了茶道独特的自然美感。

自然美的本意即自然而然、自然率真，因而，用它来形容茶道可谓相得益彰。茶道看似平淡，可平淡之中却又不平淡，具有深刻的韵味及深意。茶道在美学方面追求自然之美，协调之美和瞬间之美。中华茶道的自然之美，赋予了美学以无限的生命力及其艺术魅力，大体可分为虚静之美与简约之美。

1. 虚静之美

虚，即无的意思。天地本就是从虚无中来，万事万物也是从虚无中而生。静从虚中产生，有虚才有静，无虚则无静。我国茶道中提出的“虚静”，不仅是指心灵的虚静，同时也指品茗环境的宁静。在茶道的每一个环节中，仔细品味宁静之美，只有摒弃了尘世的浮躁之音后，我们才能聆听到自然界每一种细微的声音。

2. 简约之美

简，即简单的意思。约，乃是俭约之意。茶，其贵乎简易，而非贵乎繁琐；贵乎俭约，而非贵乎骄奢。茶历来是雅俗共赏之物，也因其俭约简朴而被世人所喜爱，越是简单的茶，人们越能从中品出其独特的味道。

我国茶道追求真、善、美的艺术境界，这与其自然美都是离不开的。从采摘到制作，茶经历的每一个过程都追求自然，而不刻意。茶的品种众多，但给人的感觉无一不是自然纯粹的，无论从色泽到香气，都能让人感受到大自然的芬芳美感，相信这也是人们爱茶的根本原因之一。

茶道与茶艺的关系

茶文化研究者曾提出茶道与茶艺之间的关系，他们认为：为了弘扬茶文化、推广品饮茗茶的民俗，有人提出使用“茶道”一词，但是中国虽自古有“茶道”之说，但“道”字特别庄重，有些高高在上的感觉。因此，茶学家希望民众能普遍接受茶文化，因而提出了

"茶艺"一词，即以茶为主体，将艺术融于生活以丰富生活。由此来看，"茶艺"产生的目的在于生活不在于茶。

茶道与茶艺之间有区别又有联系：茶艺是茶道的具体形式，茶道是茶艺的精神内涵，茶艺是有形的行为，而茶道是无形的意识。正因为有了茶艺和茶道的存在，饮茶活动的目的才具有了更高的层次，人们才可以在最普通的日常喝茶中培养自己良好的行为规范及与他人和谐相处的技能。

茶道与茶艺的差别表现在：茶艺本身对品茶更加重视。俗语说：三口为品。品茶主要就在于运用自己视觉、味觉等感官上的感受来品鉴茶的滋味。因而，与茶道相比茶艺更加讲究茶、水、茶具的品质以及品茶环境等等。若能找到茶中佳品、优质的茶具或是清雅的品茶之地，茶艺就会发挥得更加尽善尽美，我们也将在满足自己解渴提神等生理需要的同时，使自己的心理需求得到满足。也就是说，相对于喝茶而言，外在的物质对于茶艺的影响更大一些。

当品茶达到一定境界之后，我们就将不再满足于感官上的愉悦和心理上的愉悦了，只有将自己的境界提升到更高的层次，才能得到真正的圆满和解脱。于是，茶艺在这一时刻就要提升一个层次，形成茶道了。这时，我们关注的重点也发生了变化，从对于外在物质的重视转移到通过品茶探究人生奥妙的思想理念上来。品茶活动也不再重视茶品的资质、泡茶用水、茶具及品茶环境的选择了，而将通过对茶汤甘、香、滑、重的鉴别来将自己对于天地万物的认知与了解融会贯通。因此，从某种意义上来说，品茶活动已经变成了茶道活动的同义词了。

除此之外，茶道和茶艺之所以不能等同的原因还在于茶道自问世至今已经形成了前后传承的完整脉络、思想体系、形式与内容。而茶艺却是直到明清时期才形成的关于专门冲泡技艺的范式。虽然茶艺的流传促进了茶事活动的发展，但是从概念上来讲，仍不能被称作为"茶道"。

茶道与茶艺几乎同时产生，同时遭遇低谷，又同时在当代复兴。可以说，二者是相辅相成的，虽然在某种程度上我们无法使其界限十分分明，但两者却是各自独立的，不能混淆。

第二章 伴茗之魂赏茶艺

自古以来，喝茶就被视为一件赏心悦目的事。古人在品茗的同时，还会焚香、弹琴，总之，喝茶者总会精心地准备着与泡茶有关的一切事情。喝茶已经不仅仅是解渴这么简单的事了，慢慢地，它已经变成了一种艺术。在茶香余韵中涤荡心中的尘垢，释放心情，欣赏泡茶者优雅准确的姿态，相信这样的氛围一定令人心驰神往。

什么是茶艺

茶的历史虽然发展久远，但“茶艺”一词却在唐朝之后才出现。对于“茶艺”从何而来，真是众说纷纭：刘贞亮认为茶艺是通过饮茶来提高人们的道德修养；皎然又认为茶艺是一种修炼的手段。但无论古人们怎么评价茶艺，这些都无法阻止茶艺的发展。

从唐朝开始，茶艺已经走进寻常百姓家中，到了宋代，茶文化由于进一步发展，茶艺也迎来了它的鼎盛时期。上至皇帝，下至百姓，无一不以茶为生活必需品，这也使饮茶精神从宋朝开始成为了一种广为流传的时尚。而此时的茶艺也逐渐形成了一种特色，有了一套特有的规范动作。

明代后期，饮茶变得越来越讲究了：茶人所选择的茶叶、水、环境都有了较高的标准，例如茶叶一定要精致干燥，水源一定要干净，环境一定要清新雅致，等等。我们也许会发现，从这一时代开始，茶艺已经与现实中的越来越像了。

茶艺到现代经历了几起几落的发展，人们对茶艺的认识也越来越深刻。总体而言，茶艺有广义和狭义之分。广义的茶艺是指研究与茶叶有关的学问，例如茶叶的生产、制造、经营、饮用方法等一系列原则与原理，从而达到人们在物质和精神方面的需求；而狭义的茶艺是指如何冲泡出一壶好茶的技巧以及如何享受一杯好茶的艺术，也可以说是整个品茶过程中对美好意境的体现。

茶艺包括一系列内容：选茶、选水、选茶具、烹茶技术以及环境等几方面内容。具体内容如下：

1. 茶叶的基本知识

进行茶艺表演之前首先要掌握茶叶的基本知识，这也是学习茶艺的基础。茶叶的知识包括茶叶的分类、主要名茶的品质特点、制作工艺以及茶叶的鉴别、贮藏、选购等。茶艺员和泡茶者需要在冲泡时为宾客讲解有关的茶叶知识，这样才会显得专业。

2. 茶艺的技术

这是茶艺的核心部分，即茶艺的技巧以及工艺，包括茶艺表演的程序、动作要领、讲解的内容，茶叶色、香、味、形的欣赏，茶具的欣赏与收藏等。

3. 茶艺的礼仪与规范

即茶艺过程中的礼貌和礼节，不仅仅是茶艺员与泡茶者的礼仪，还包括对宾客的要求。礼仪与规范包括人们的仪容仪表、迎来送往、互相交流与彼此沟通的要求与技巧等，简而言之是真正体现出茶人之间平等互敬的精神。无论主人还是客人，都要以茶人的精神与品质要求自己去对待茶。

4. 悟道

这属于精神层次的内容。当我们对茶艺有了一定的了解之后，就可以提升到精神层次的觉悟了，即茶道的修行。这是一种生活的道路和方向，是人生的哲学。悟道是通过泡茶与品茶去感悟生活，感悟人生，探寻生命的意义，也是茶艺的一种最高境界。

千百年来，人们以茶待客，以茶修心，在美好的品茶环境中释放心灵，平稳情绪，从而提升了自己的精神道德。可以说，茶艺俨然成了一种媒介，沟通着人与人之间的关系，将物质层面的生活享受上升为艺术与精神的享受，并逐渐成为中国传统茶文化的奇葩。

传统茶艺和家庭茶艺

随着茶叶种类的多元化，饮茶方式的多样化，中国的传统茶艺发展越来越精深，茶艺道具也极其复杂讲究。

首先，泡茶之前需要烫壶，要用沸水注满茶壶，接着将壶中的水倒入废水盂中。接着，用茶匙或茶荷取茶，将干茶拨到壶中，可以在投茶之前将茶漏斗放在壶口处，这样做是比较讲究的置茶方式。

等水壶中的水烧好之后，将热水注入壶中，直至泡沫溢出壶口为止。静置片刻之后，提着壶沿茶船逆行转圈，以便于刮去壶底的水滴。此时要注意的是磨壶时的方向，一般来说，如果右手执壶，欢迎喝茶时要逆时针方向磨，送客时则往顺时针方向磨，如果左手提壶，则正好相反。

接着将壶中的茶倒入公道杯中，这样做可以使茶汤变得均匀，以便于每个客人茶杯中的茶汤浓度相当，做到不偏不倚。如果不使用公道杯，那么应该用茶壶轮流给几杯同时倒茶，当将要倒完时，把剩下的茶汤分别点入各杯中，因为最后剩下的茶汤算得上是精华。

传统茶艺

奉茶时可以由泡茶者或茶艺员双手奉上，也可由客人自行取饮。品饮结束之后，传统茶艺才算告一段落。等到客人离去之后，主人才能洗杯、洗壶，以便下次使用。

家庭茶艺

家庭茶艺并没有传统茶艺那么复杂，往往道具更为简单、实用，且冲泡方法自由，在家中即可轻松冲泡，实在是一次难得的家庭体验。

随着人们生活水平提高，家庭茶艺已经走入许多家庭之中，茶慢慢地成为人们日常生活中必不可少的一种元素。家庭茶艺所需要的茶具较传统茶具简单得多，一般只需包括以下几部分就好：茶壶、品茗杯、闻香杯、公道杯、茶盘、茶托、茶荷等。这些道具在家庭茶艺中都起到至关重要的作用。茶具的选择也需要根据茶种类不同而变换，例如，冲泡绿茶可以使用玻璃器皿，冲泡花茶可以用瓷盖杯，啜品乌龙茶则可以选择小型紫砂壶，如此一来，家庭茶艺一定别有一番情趣。

我们可以在闲暇之余约几位友人或亲人，聊一聊冲泡技巧，并实际冲泡一下。另外，我们还可以亲自布置饮茶环境，播放烘托气氛的音乐，在喝茶中静心、静神，陶冶情操，去除杂念，令心神达到一个全新的静神层面。

家庭茶艺可以令喜欢茶艺的人们足不出户便可领略茶的魅力，也可以使人们在品茶之余悠闲自在地享受生活的乐趣，同时也将茶艺融入寻常生活之中。

无论是传统茶艺还是家庭茶艺，都不需要我们太刻意寻求什么外在的形式，相信只要有一颗清净安宁的心，就可以领略到每种茶艺带给自己精神上的愉悦，从而获得茶艺带给我们的轻松和享受。

工艺茶茶艺表演

工艺茶属于再加工茶类，并非 7 大基本茶类中的成员，主要有茉莉雪莲、丹桂飘香、仙女散花等 30 余个品种。品饮工艺茶，不仅可以使我们从嗅觉和视觉方面获得赏心悦目的艺术享受，还可以在享受时尚的同时达到美容养颜、滋养身心的目的。因此，从工艺茶问世的那一刻起，它就成为许多爱茶之人的首要选择，而工艺茶茶艺表演也变得越来越流行起来。下面我们将介绍工艺茶的茶艺表演：

1. 春江水暖鸭先知

苏东坡在《惠崇·春江晚景》一诗中曾这样写道，用这句诗形容烫杯的过程十分贴切，我们可以想象一下经过沸水烫洗过的正在冒着热气的杯子模样，是不是很像在暖暖江水中游动的小鸭子呢？

春江水暖鸭先知

2. 大珠小珠落玉盘

白居易在《琵琶行》中用这句形象地描述了琵琶弹奏出的动人琴声，在这里我们将其形容为取茶投茶的过程。当我们用茶导将工艺茶从贮茶罐中轻轻取出，将它拨进洁白如玉的茶杯中时，看着干花和茶叶纷纷落下，是不是就像落进盘中的珍珠一样呢？相信那幅画面一定很美。

大珠小珠落玉盘

3. 春潮带雨晚来急

工艺茶要经过三次冲泡才会泡出其美妙的形态与滋味。头泡要低注水，直接将适宜的热水倾注在茶叶上，使茶香慢慢浸出；二泡要中斟，热水要从离开杯口不远处注入，使工艺茶与水充分交融，此时茶中的花瓣已经渐渐舒展，极其好看；三泡时要高冲水，即热水从壶中直泻而下，使杯中的菊花随着水浪上下翻滚，如同“春潮带雨晚来急”一般，将其美好的形态展露无余。

春潮带雨晚来急

4. 手捧香茗敬知己

倒好茶汤之后，下一步需要敬茶。敬茶的过程中，要目视宾客，用双手捧杯，举至眉头处并行礼。随后，按照一定的顺序依次为客人奉上沏好的茶，并将最后一杯留给自己。这个过程一定要注意面带微笑，因为笑容会令宾客觉得茶艺员或倒茶者性情平和，也会更衬托出茶艺表演的氛围。

赏茶

奉茶

5. 小口品饮入人心

茶汤稍凉一些时，我们就可以品饮工艺茶了。品饮时注意，要用小口饮入，切莫“牛饮”，否则会给人留下没有礼貌的印象。

小口品饮

6. 细品茶味品人生

人生如茶，茶如人生，细细品尝茶汤味道之后，我们同时也能领悟到茶中的百味人生。无论茶味苦涩还是甘甜，无论茶性平和还是醇厚，我们都可以在这杯茶中获得美好的感悟与憧憬。因此，品味人生也是品茶时的层次提升，更是茶艺表演中的重中之重。

7. 饮罢两腋起清风

唐朝诗人卢仝曾在自己的诗中写下了品茶的绝妙境界：“一碗喉吻润；二碗破孤闷；三碗搜咕肠，唯有文字五千卷；四碗发轻汗，平生不平事，尽向毛孔散；五碗肌骨轻；六碗通仙灵；七碗吃不得，唯觉两腋习习清风生。”因此，当饮毕之后，腋下清风升起之时便是人茶融为一体之时。

以上为工艺茶茶艺表演的全部过程，当这些结束之后，茶艺员或泡茶者需要起身向宾客鞠躬敬礼，至此，一套完整的工艺茶茶艺表演就结束了。

喝上一杯工艺茶，就如同在欣赏一件艺术品。不仅是其色、香、味、形令人着迷，其中散发出的独特魅力也令每个人心驰神往。

乌龙茶茶艺表演

乌龙茶的茶艺表演很普遍，在我国许多地方都大受欢迎，我们以铁观音为例，为大家展示一下乌龙茶的茶艺表演。

1. 燃香静心

茶艺表演中不可缺少焚香的过程。首先通过点燃香料来营造一个安静、温馨、祥和的气氛，此时，闻着幽幽袅袅的香气，人们一定会忘却烦恼，感觉到自己已经置身于大自然之中，并且会用一颗平凡的心去面对一切。

燃香静心

2. 旺火煮泉

这个过程即是用旺火煮沸壶中的山泉水，众所周知，泡茶最好要选择山泉水，但如果实在条件有限，也可以选择其他。另外，我们也可以用电热壶来取代旺火，这样也能随时调控温度。

3. 百花齐放

用百花齐放这句成语来展示精美的茶具可以说是十分贴切了。乌龙茶的茶艺表演中需要很多茶具，例如：茶盘、紫砂壶、茶荷、茶托、公道杯、茶道组合、随手泡等。最后，向客人展示闻香杯和品茗杯。

旺火煮泉

茶盘

紫砂壶

茶荷

茶托

公道杯

茶道组合

随手泡

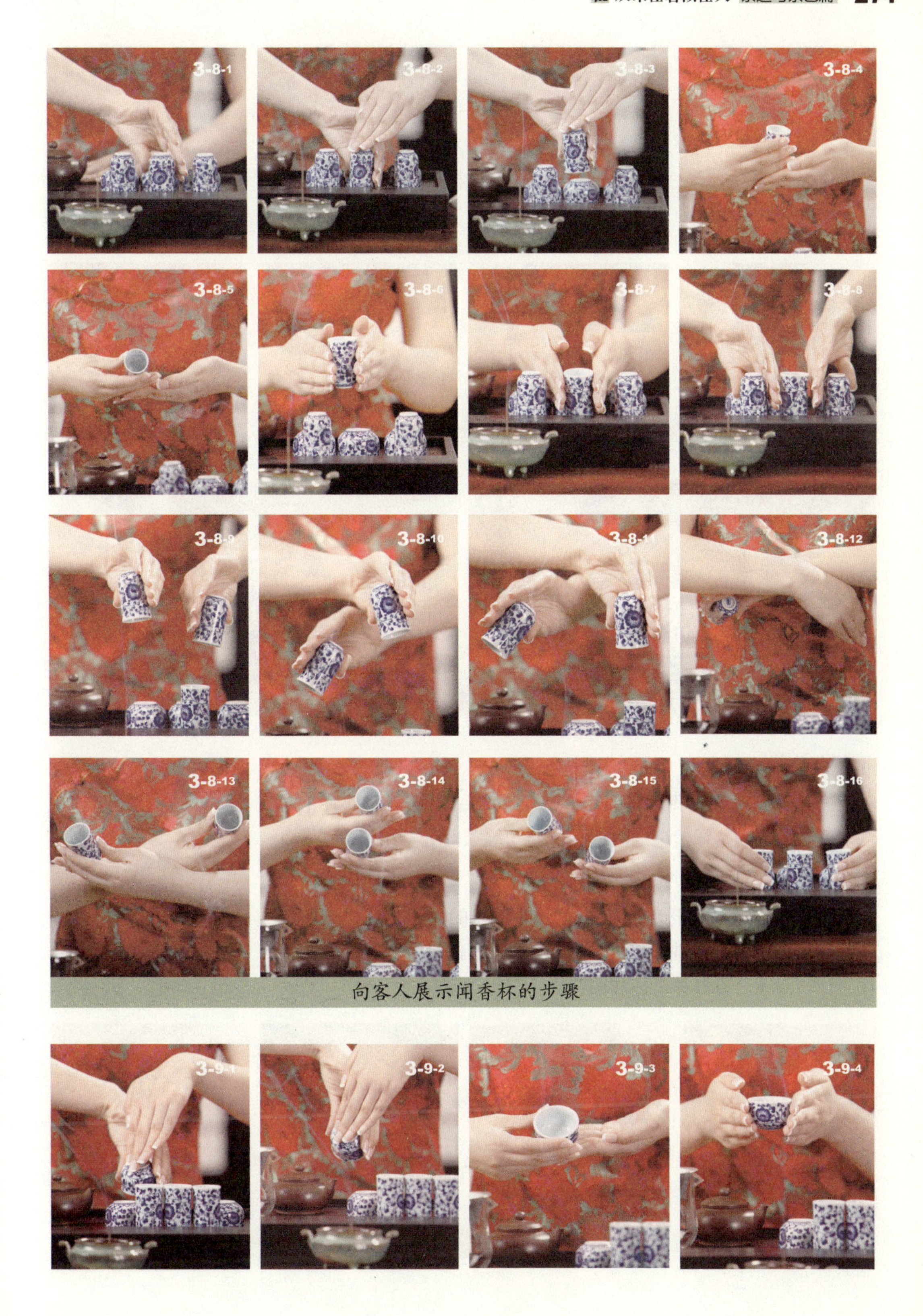

向客人展示闻香杯的步骤

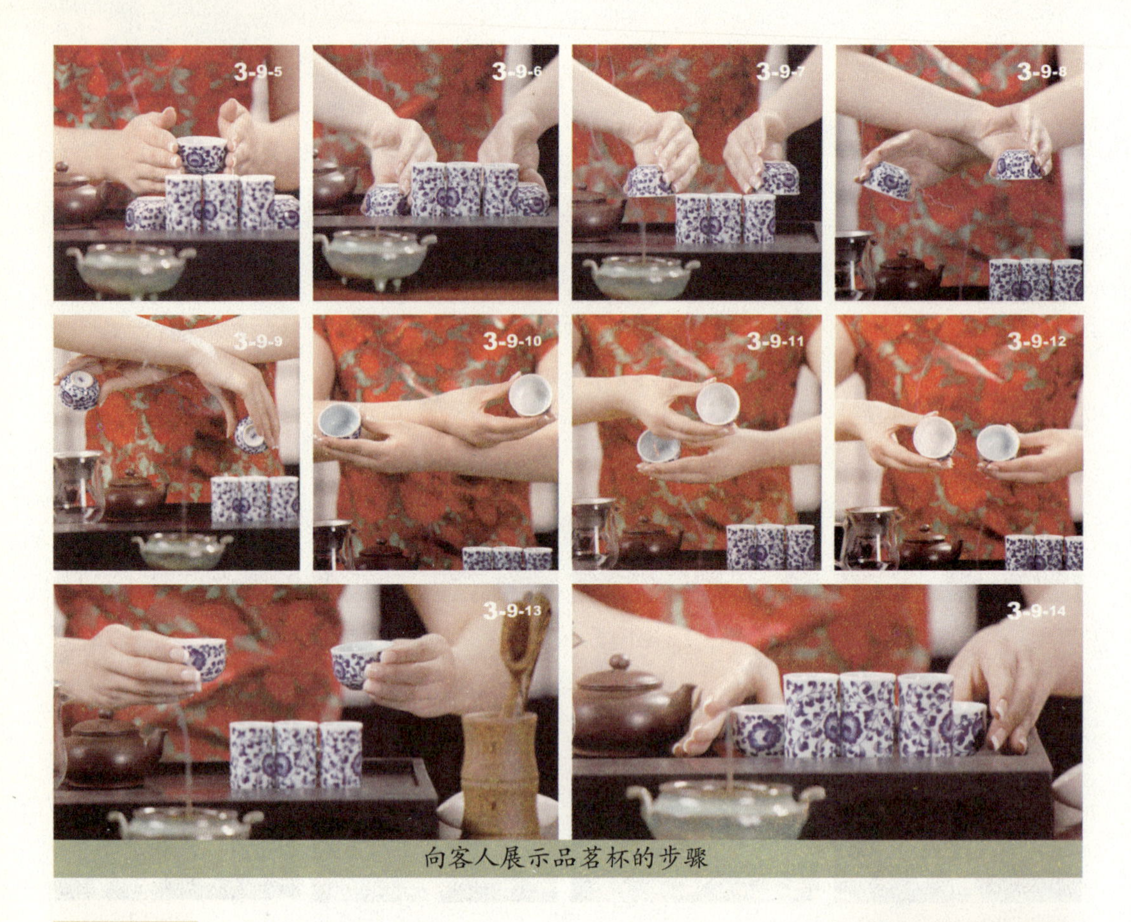

向客人展示品茗杯的步骤

4. 绿芽吐芳

通过这一过程，我们可以敬请宾客欣赏一下今天将要冲泡的铁观音茶的外观，绿莹莹的颜色一定与“绿茶吐芳”贴切极了。

绿芽吐芳

5. 紫泥逢雨

这一过程就是用开水冲烫茶壶，即温壶的过程，这样做不仅能提高壶温，又能清洗壶体，“紫泥逢雨”即像是紫砂壶被细雨浇注一样。温壶后再温品茗杯和闻香杯。

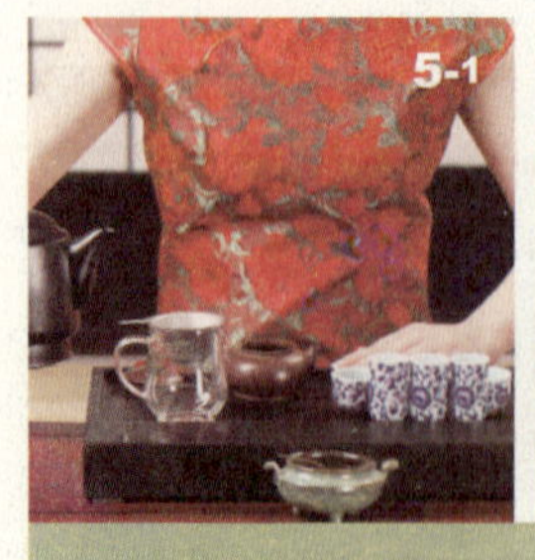

紫泥逢雨

6. 温泉润壶

“温泉润壶”是淋壶的过程，即用温杯的热水浇淋壶的表面，以增加壶温的过程。这样做更有利于发挥茶性。

温泉润壶

7. 乌龙入宫

此过程为取茶投茶的过程，因为铁观音属于乌龙茶类，所以将其用茶导拨入壶中称之为“乌龙入宫”，形象而又生动。

乌龙入宫

8. 飞流直下

此为冲泡茶叶的过程，冲泡乌龙茶讲究高冲水，让茶叶在茶壶里翻腾，这样做可以令茶香散发得更快，同时也达到了洗茶的目的。因此，我们要讲究冲水的方法，使茶叶翻滚的形态更为美观。

飞流直下

蛟龙入海

9. 蛟龙入海

一般来说，我们冲茶的头一泡汤往往不喝，而是用其来烫洗茶具。将洗茶的废水注入茶海，即称“蛟龙入海”，看着带着茶色的水流冲入，还真是十分形象。

10. 再铸甘露

再次出汤，此茶汤可饮用。

再铸甘露

11. 祥龙行雨

所谓“祥龙行雨”就是将茶汤快速倒入闻香杯中，正与其甘露普降的本意相合。

祥龙行雨

12. 凤凰点头

这是指倒茶的手法，其更多的意思不仅在于倒茶，还表达了对宾客的欢迎及尊敬。

凤凰点头

13. 龙凤呈祥

将品茗杯扣于闻香杯之上，便是“龙凤呈祥”，意在祝福宾客家庭和睦。

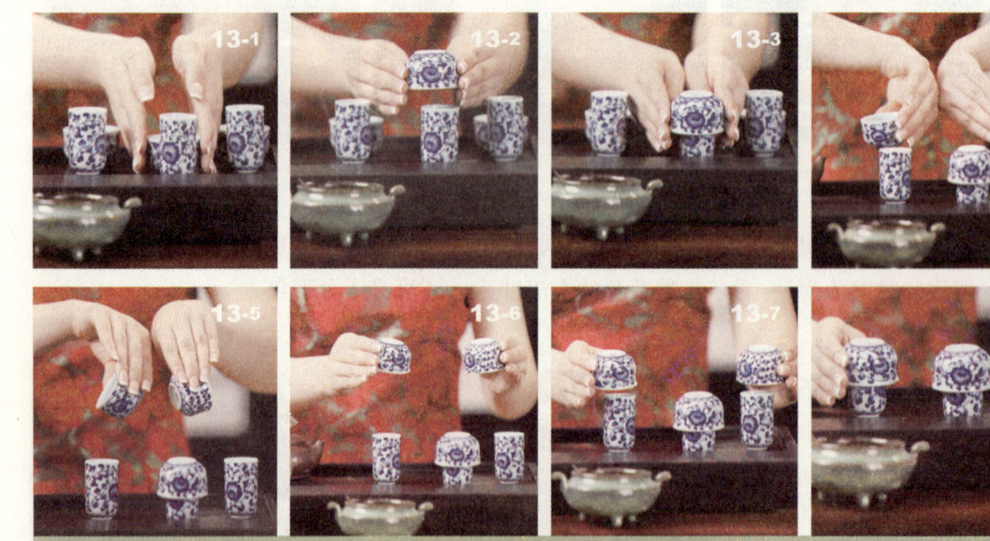

龙凤呈祥

14. 鲤鱼翻身

我们将两个紧扣的杯子翻转过来，便是“鲤鱼翻身”。在我国古代传说中，有“鲤鱼跃龙门”的说法。“鲤鱼翻身”即取此意，意在祝福宾客家庭、事业双丰收。

鲤鱼翻身

15. 捧杯传情

倒好茶之后，我们可以将茶水为宾客一一奉上，使彼此的心贴得更近，品茶的气氛更加和谐温馨。在此，我们还需要表达一下自己对宾客的祝福之情。

捧杯传情

16. 品幽香，识佳茗

此过程为闻香品茶。用手轻旋闻香杯并轻轻提起，双手拢杯慢慢搓动闻香，顿觉神清气爽，茶香四溢；闻香之后，即品茶的过程。先将茶小口含在嘴里，不急于咽下，往里吸气。使茶汤与舌尖、舌面、舌根及两腮充分接触，使铁观音的兰花香在口中释放。这个时候需要我们适当地表示赞美，无论是对茶汤的品质来说，还是对泡茶者的手艺来说，都不要吝啬，这样既可以给泡茶者带去鼓舞，也可以让整个茶艺表演过程更加温馨和睦。

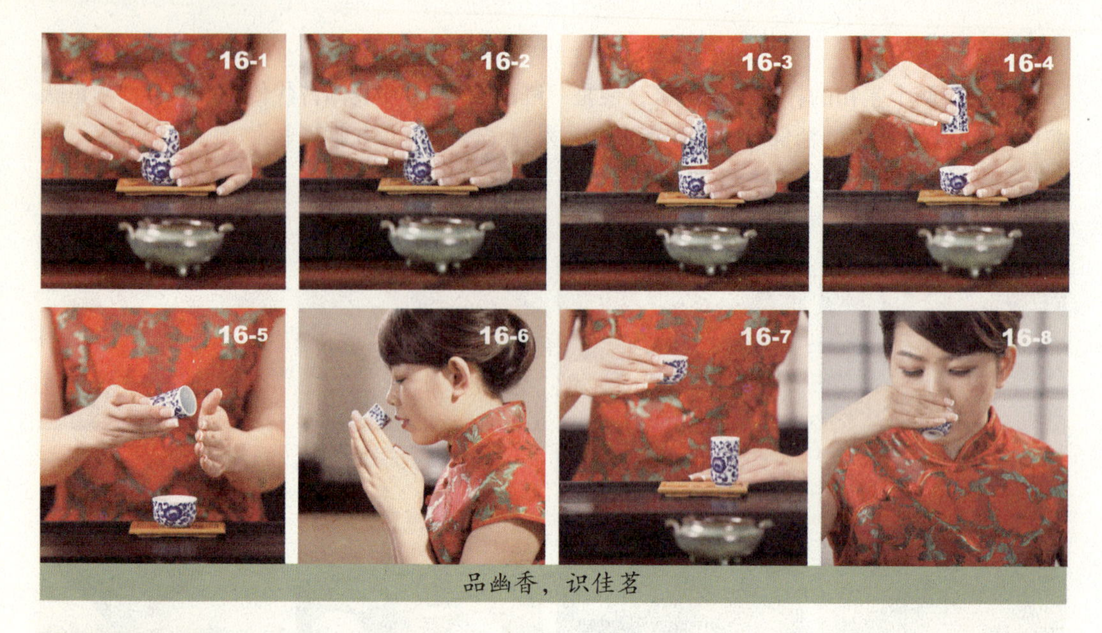

品幽香，识佳茗

17. 细品观音韵

铁观音茶之所以被列为名茶，不仅是品质上乘，同时也具有独特的韵味，即观音韵。我们在品饮茶的时候需要细细品味其中的音韵，这样才能感受到茶的真、善、美。

18. 谢客不可少

当宾客品饮结束之后，茶艺员或泡茶者一定不要忘记谢客，将自己最真挚的祝福送给全部宾客及其家人。

以上即乌龙茶茶艺表演的全部过程，我们无论是作为泡茶者还是宾客，都可以以此作为参加茶宴的参考。

绿茶茶艺表演

绿茶茶艺表演包括茶叶品评，艺术手法的鉴赏以及品茗的美好环境等整个过程，注重茶汤品质的同时，也将形式与精神相互统一。以下为茶艺的过程简介：

1. 焚香

俗话说："泡茶可修身养性，品茶如品味人生。"茶，至清至洁，为天地之灵物，泡茶之人也需至清至洁，才不会唐突了佳茗。古今品茶都讲究要平心静气。而通过焚香就可以营造一个祥和肃穆的气氛。

焚香

2. 洗杯

这个过程即用开水再烫一遍本来就干净的玻璃杯，做到茶杯冰清玉洁，一尘不染。茶至清至洁，是天涵地育的灵物，因此泡茶要求所用的器皿也必须至清至洁。

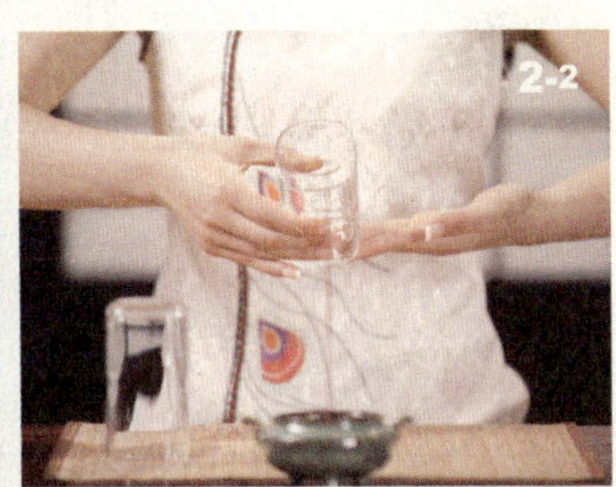

洗杯

3. 凉汤

一般来说，较高级的绿茶茶芽细嫩，如果用滚烫的开水直接冲泡，会破坏茶芽中的维生素并造成熟汤失味。因此，我们需要将开水放置一会儿，使水温降至合适的温度才可。

凉汤

4. 投茶

这个过程是用茶则把茶叶投放到冰清玉洁的玻璃杯中，绿茶因为冲泡出来后的形态美观，因此常选用玻璃杯冲泡。

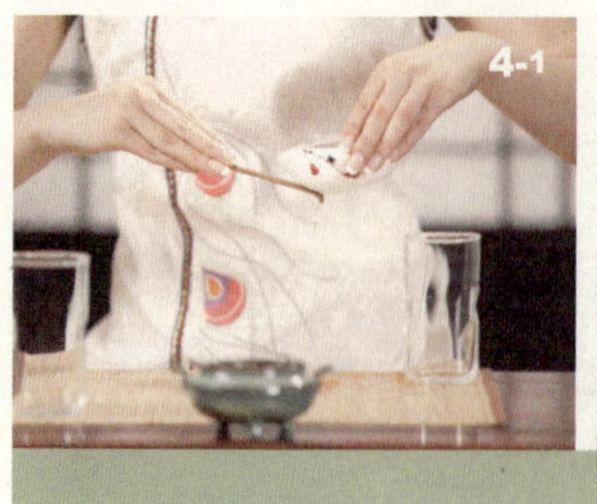

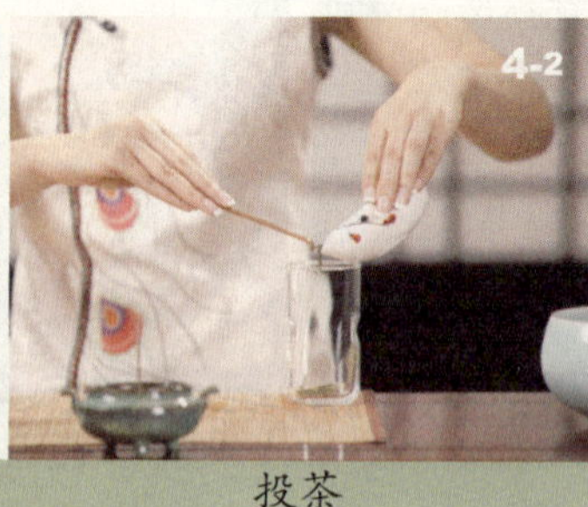

投茶

5. 润茶

再开始冲泡茶叶之前，先向杯中注入少许热水，起到润茶的作用。

润茶

6. 倒水

可以采用凤凰三点头方法冲泡绿茶，高冲水，使茶香扩散。

倒水

7. 赏茶

由于绿茶冲泡之后形态美观，所以茶艺表演中还需要观赏其姿态。杯中的热水如春波荡漾，在热水的冲泡下，茶芽慢慢地舒展开来，尖尖的叶芽如枪，展开的叶片如旗。在品绿茶之前先观赏在清碧澄净的茶水中，千姿百态的茶芽在玻璃杯中随波晃动，好像生命的绿精灵在舞蹈，十分生动有趣。

赏茶

奉茶

8. 奉茶

双手将倒好的茶汤为宾客奉上，以表达祝福之情。

9. 品茶

绿茶茶汤清纯甘鲜，淡而有味，它虽然不像红茶那样浓艳醇厚，也不像乌龙茶那样岩韵醉人，但是只要你用心去品，就一定能从淡淡的绿茶香中品出天地间至清、至醇、至真、至美的韵味来。

品茶

10. 谢茶

谢茶主要是针对宾客而言，这样既是礼貌的象征，也是彼此沟通不可缺少的过程。只有互相沟通才可以学到许多书本上学不到的知识，这同样是一大乐事。因此，在品茶结束后，宾客需要向泡茶者致谢，感谢对方为自己带来如此美妙的物质与精神享受。

谢茶

以上为绿茶茶艺表演的全部过程，希望能对大家在今后的泡茶品茶中起到一定的作用。

花茶茶艺表演

花茶如诗如画一般美妙，它融茶之韵与花香于一体，通过“引花香，增茶味”，使花香与茶味珠联璧合，相得益彰。从花茶中，我们可以品出大自然的气息，同时也可以获得精神的放松与享受。那么，我们以碧潭飘雪来看一下花茶茶艺表演的过程：

1. 烫杯

烫杯的过程与其他茶艺表演很相似，都是用热水烫洗茶具的过程。

烫杯

2. 赏茶

花茶我们称之为“香花绿叶相扶持”。赏茶也称为“目品”。“目品”是花茶三品（目品、鼻品、口品）中的头一品，目的即观察鉴赏花茶茶胚的质量，主要观察茶胚的品种、工艺、细嫩程度及保管质量。

赏茶

3. 投茶

我们称之为“落英缤纷玉杯里”。“落英缤纷”是晋代文学家陶渊明先生在《桃花源记》一文中描述的美景。当我们用茶导把花茶从茶荷中拨进洁白如玉的茶杯时，干花和茶叶飘然而下，恰似“落英缤纷”。

投茶

冲水

4. 冲水

我们称之为“春潮带雨晚来急”。冲泡花茶也讲究高冲水。冲泡特极茉莉花时，要用90℃左右的开水。热水从壶中直泄而下，注入杯中，杯中的花茶随水浪上下翻滚，恰似“春潮带雨晚来急”。

5. 闷茶

我们称之为“三才化育甘露美”。冲泡花茶一般要用“三才杯”，茶杯的盖代表“天”，杯托代表“地”，茶杯代表“人”。人们认为茶是“天涵之，地载之，人育之”的灵物。

闷茶　　敬茶

6. 敬茶

我们称之为“一盏香茗奉知己”。敬茶时应双手捧杯，举杯齐眉，注目嘉宾并行点头礼，然后从右到左，依次一杯一杯地把沏好的茶敬奉给客人，最后一杯留给自己。

7. 闻香

我们称之为“杯里清香浮清趣”。闻香也称为“鼻品”，这是三品花茶中的第二品。品花茶讲究“未尝甘露味，先闻圣妙香”。闻香时“三才杯”的天、地、人不可分离，应用左手端起杯托，右手轻轻地将杯盖揭开一条缝，从缝隙中去闻香。闻香时主要看三项指标：一闻香气的鲜灵度，二闻香气的浓郁度，三闻香气的纯度。细心地闻优质花茶的茶香，是一种精神享受，一定会感悟到在天、地、人之间，有一股新鲜、浓郁、纯正、清和的花香伴随着清悠高雅的花香，沁入心脾，使人陶醉。

8. 品茶

我们称之为“舌端甘苦入心底”。品茶是指三品花茶的最后一品：口品。在品茶时依然是天、地、人三才杯不分离，依然是用左手托杯，右手将杯盖的前沿下压，后沿翘起，然后从开缝中品茶，品茶时应小口喝入茶汤。

闻香

品茶

谢茶

9. 回味

我们称之为“茶味人生细品悟”。人们认为一杯茶中有人生百味，无论茶是苦涩、甘鲜还是平和、醇厚，从一杯茶中人们都会有良好的感悟和联想，所以品茶重在回味。

10. 谢茶

我们称之为“饮罢两腋清风起”。唐代诗人卢仝的诗中写出了品茶的绝妙感觉，之前我们已经介绍过多次。

祁门红茶茶艺表演

红茶是世界上饮用量最大的茶类。每年世界各国人民饮用的红茶数量要占到饮茶总量的1/3以上。而祁门红茶算得上是红茶中的精品，它与斯里兰卡乌伐的季节茶及印度大吉岭茶并称世界三大高香茶。下面我们介绍一下祁门红茶的茶艺表演：

1. 备器

祁门红茶茶艺表演中所需要准备的器具与其他茶艺类似，需要有盖碗、公道杯、品茗杯、茶盘、茶荷、茶道具组等。

备器

赏茶

2. 赏茶

双手托茶荷，请在座的客人欣赏祁门红茶的外形和色泽。

3. 烫杯热罐

将开水倒入盖碗中，然后将水倒入公道杯，接着倒入品茗杯中，最后将品茗杯中的水倒入废水盂。

烫杯热罐

4. 投茶

按一定比例把茶叶放入壶中，此时可以用茶拨和茶荷两种工具拨茶投茶。

投茶

5. 洗茶

洗茶的过程很重要，千万不可忽视。这一过程，我们需要用右手提壶加水，用左手拿盖刮去泡沫，左手将盖盖好，用右手将茶水倒入公道杯中。然后用此水依次温洗品茗杯。

洗茶

6. 泡茶与倒茶

冲泡红茶的水温要在100℃，刚才初沸的水，此时已是“蟹眼已过鱼眼生”，正好用于冲泡。过程为：将沸水注入盖碗中，然后右手执盖碗，将茶水缓缓注入公道杯中，再从公道杯斟入品茗杯，只斟七分满。

泡茶与倒茶

7. 品茗

祁门红茶以鲜爽、浓醇为主，与红碎茶浓强的刺激性口感有所不同。滋味醇厚，回味绵长。因此，品茗环节便需十分讲究。无论是迎宾，还是独自品茗，大家都需要遵循小口慢品的原则。唯有细饮慢品，徐徐体味茶之真味，方得茶之真趣。

品茗

谢礼

8. 谢礼

谢礼的过程必不可少，不仅泡茶者要表达祝福之情，同时客人也要表达其感激与赞美之情。

红茶性情温和，收敛性差，易于交融，因此通常用之调饮，祁门红茶同样适于调饮，然清饮更能领略其特殊的“祁门香”，领略其独特的内质、隽永的回味、明艳的汤色。

禅茶茶艺表演

自古以来就有“茶禅一味”之说，禅茶中不仅蕴藏着禅机，对于我们普通人来说，禅茶茶艺还是最适合用于修身养性，强身健体的茶艺。它可以使人们放下世俗的烦恼，抛弃功利之心，以平和虚静之心来领略禅茶中的真谛。

在进行茶艺表演前，我们需要做好以下准备工作，即礼佛与调息。

礼佛时需要焚香合掌，同时要播放梵乐与梵唱，这样做的目的在于让我们将心牵引到虚无缥缈的境界，使心思沉淀下来，远离烦躁不宁的世界。

调息是为了进一步营造祥和肃穆的气氛，泡茶者应指导客人随着佛乐静坐调息，可伴随着佛乐有节奏敲打木鱼。这个过程中，静坐需要注意以下几点：头正；左右双肩稍微张开，使其平整适度，不可沉肩弯背；左右两手环结在丹田下面；双目似闭还开；舌头轻微舔抵上腭，面部微带笑容。左足放在右足上面，叫作如意坐。右足放在左足上面叫作金刚坐，开始习坐时，有人连单盘也做不了，也可以把双腿交叉架住。静坐的形态很重要，可以使人很容易进入这种祥和的环境之中，尽快平和心境。

接下来就是禅茶茶艺表演了，一般可分为以下 10 个步骤：

1. 入场

这一步骤可称为“步步生莲”。佛经上说：莲花，能给烦恼的人间，带来清凉的境界，因此茶艺员以莲步走向禅茶台，给人的感觉仿佛是脚下生莲一般，庄重而又高雅。

2. 静心

静心对茶艺员以及宾客皆有要求，在祥和肃穆的气氛中使心平静下来，去感受“香烟茶晕满袈裟”的神韵。在禅茶茶艺中，泡茶者与宾客以礼一脉相承，彼此尊敬，虔诚之心也溢于言表。

入场　静心

3. 焚香

双手将香托平后进行插香，不仅协调好茶香，而且消散杂念，澄澈心怀。

焚香

4. 洁器

洁器即用水将茶杯清洗干净，其目的是使茶杯洁净无尘，亦如修佛，除却妄念，纯洁身心。洗的是茶杯，悟的是禅理。一尘不染的清净地，才是禅茶茶艺表演最佳环境。

洁器

5. 投茶

这个过程也被称为“观音下凡”，即投茶的过程。意在于投茶入壶的过程，如观音下凡普度众生一样，将祥和之光播撒到人间。

投茶

6. 洗茶

洗茶过程洗的虽然是茶叶，但意在洗去茶人的尘心，好比漫天法雨普降，清洁尘世，润泽众生，因此，这个过程也称为“漫天法雨”。

洗茶

7. 泡茶

泡茶

禅茶茶艺中，我们讲求以茶悟道，感悟到的是，茶清如露，心洁如佛。清洗茶叶后，再冲入第二道水，这个过程也被称为“菩萨点化”。

8. 敬茶

敬茶

茶艺员需要双手将茶敬上，使茶人慢慢品尝。由于茶人在苦涩的茶中能够品出人生百味，达到大彻大悟、大智大慧的境界，因此敬茶给客人，也称为“普渡众生”，意在于将大慈大悲、大恩大德带给每一位宾客。

9. 品茶

佛经说“凡夫生存是苦”，生苦、病苦、老苦、死苦，怨憎会苦，爱别离苦，求不得苦。而茶性亦苦，因此，人们在品茶的过程中，也是对“苦”的理解，参破“苦谛”，达到对“苦”的解脱，从而“苦海无边，回头是岸”。

品茶

10. 悟茶

品茶上升了一个精神境界之后，即是悟茶。禅茶茶艺之后，人们可能对茶有了更深层次的理解：放下苦恼烦忧，抛却功名利禄，超脱尘世之外，如此的境界才算是对茶真正地有了领悟。因此，这个过程也被称为“超凡脱俗”，即人们参破了人生，身心都从茶中获得了慰藉。这也是品禅茶的绝妙感受，佛法佛理就在日常最平凡的生活琐事之中，佛性真如就在我们自身的心底。

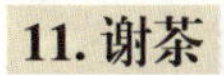

11. 谢茶

饮罢了茶要谢茶，谢茶是为了相约再品茶，茶要常饮，禅要常参，性要常养，身要常修，此为禅茶茶艺中的最后过程。

谢茶

禅茶茶艺相比于其他茶艺来说，更注重修心。若将心带入清净明澈之地，那么无论人在哪里，身边的物质如何，都不会影响到禅茶的本质。希望我们能抱着一颗禅心来欣赏或亲自尝试禅茶茶艺表演，这对提升我们的精神层次也有着极大的作用。

盖碗茶茶艺表演

盖碗茶在茶艺表演中也不在少数，被许多茶人推崇并喜爱。下面以武夷水仙茶为例，为大家简单介绍一下盖碗茶的茶艺表演过程：

1. 温泉净器

此过程就是用烧开的沸水依次烫洗盖碗、公道杯、品茗杯、闻香杯等器具，其目的在于以洗去茶具上的灰尘，并使茶具增温。这样做可以保持泡茶水的温度，不会因为茶器太凉而降低温度，温器之后的废水可以倒入茶海中。

温泉净器

2. 水中逢仙

这一过程包含许多步骤：取茶、投茶、冲泡、刮茶沫。用茶匙与茶荷将武夷水仙茶取出让宾客欣赏茶的色泽与形状。接着，用茶导将茶叶拨取到盖碗中，将沸水冲入盖碗中，左手提起碗盖，轻轻地在盖碗上绕一圈，将浮在盖碗表面上的泡沫刮去。用“水中逢仙”一词形容这个过程很形象，因为所冲泡的为水仙茶，因此得名。需要注意的是，乌龙茶的第一泡汤往往是不能喝的，主要用来洗茶，我们需要再次向盖碗中注入开水，刮去表面的泡沫。

水中逢仙

3. 普降甘霖

这是将茶汤倒入公道杯中的过程，茶艺员或泡茶者需要用右手的拇指和中指捏住盖碗的两个边沿，用食指按住盖碗上的盖钮，使盖子与碗身之间露出一条小缝。同时，倾斜盖碗，将里面泡好的茶汤注入公道杯中。接着将公道杯中的茶汤注入闻香杯中，这个过程需要注意，每个杯子里面的茶汤都要同样满，达到“普降甘霖”的作用。

普降甘霖

4. 扭转乾坤

将空的品茗杯倒扣在闻香杯上，手按紧，接着将两个杯子迅速翻转过来。这样，闻香杯里面的茶汤就都被注入品茗杯中了。而“扭转乾坤”这一过程恰好可以形象地比喻这个过程。

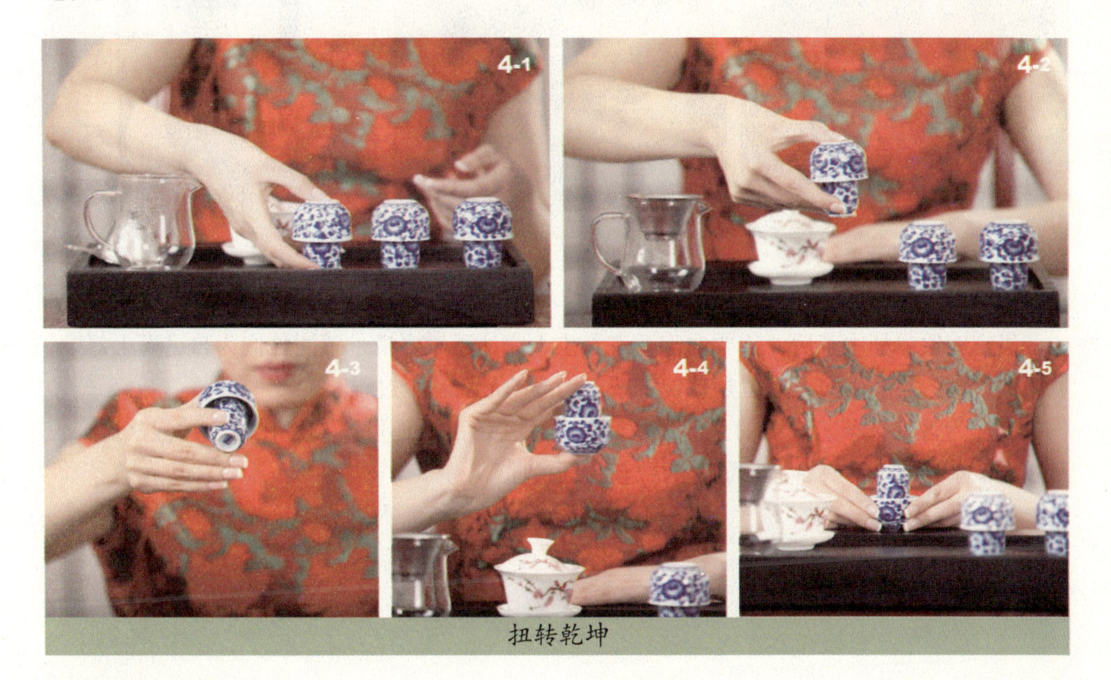

扭转乾坤

5. 闻香识茗

用左手扶住品茗杯，右手慢慢拿起闻香杯，并沿着品茗杯的杯沿轻轻绕一圈，让闻香杯中的茶汤全部注入品茗杯中。然后拿起闻香杯放在鼻尖下，双手搓动闻香杯，旋转闻香。

闻香识茗

6. 细品甘茗

闻香之后，就可以品茶了。缓缓地啜饮三口，之后就可以随意细品了。

细品甘茗

7. 尽杯谢茶

当宾客饮尽杯中茶后，需要向泡茶者及主人表达感激之情，感谢他们为自己奉上好茶，并感谢他们的完美表演，这也是盖碗茶茶艺表演的最后一个过程。

以上为盖碗茶茶艺表演的全部过程，不过用盖碗品茶还可以直接在碗中冲泡，这样也可以省下茶壶这个器具，比较适合人数较少的情况。

第三章 不可不知的茶礼仪

我国自古就被称为礼仪之邦，“以茶待客”历来是中国人日常社交与家庭生活中普遍的往来礼仪之一。因此，了解并掌握好茶礼仪，不仅表现出对家人、朋友、客人的尊敬，也能体现出自己的良好修养。从过程来看，茶礼仪大致可分为泡茶的礼仪、奉茶的礼仪、品茶的礼仪等多种，每一个过程都有许多标准，有些极为重要，我们不可不知。

泡茶的礼仪

泡茶可分为泡茶前的礼仪以及泡茶时的礼仪。

1. 泡茶前的礼仪

泡茶前的礼仪主要是指泡茶前的准备工作，包括茶艺员的形象以及茶器的准备。

（1）茶艺员的形象

茶艺表演中，人们较多关注的都是茶艺员的双手。因此，在泡茶开始前，茶艺员一定要将双手清洗干净，不能让手沾有香皂味，更不可有其他异味。洗过手之后不要碰触其他物品，也不要摸脸，以免沾上化妆品的味道，影响茶的味道。另外，指甲不可过长，更不可涂抹指甲油，否则会给客人带来脏兮兮的感觉。

除了双手，茶艺员还要注意自己的头发、妆容和服饰。茶艺员如果是长头发，一定要将其盘起，切勿散落到面前，造成邋遢的样子；如果是短头发，则一定要梳理干净，不能让其挡住视线。因为如果头发碰到了茶具或落到桌面上，会使客人觉得很不卫生。在整个泡茶的过程中，茶艺员也不可用手去拨弄头发，否则会破坏整个泡茶流程的严谨性。

茶艺员的妆容也有些讲究。一般来说，茶艺员尽量不上妆或上淡妆，切忌浓妆艳抹和使用香水影响整个茶艺表演清幽雅致的特点。

1-1

1-2

茶艺员的着装不可太过鲜艳，袖口也不能太大，以免碰触到茶具。不宜佩戴太多首饰，例如手表手链等，不过可以佩戴一个手镯，这样也能为茶艺表演带来一些韵味。总体来说，茶艺员的着装应该以简约优雅为准则，与整个环境相称。

除此之外，茶艺员的心性在整个泡茶前的礼仪中也占据着重要比重。心性是对茶艺员的内在要求，需要其做到神情、心性与技艺相统一，让客人能够感受到整个茶艺表演的清新自如、祥和温馨的气氛，这才是对茶艺员最大的要求。

（2）茶器的准备

泡茶之前，要选择干净的泡茶器具。干净茶器的标准是，杯子里不可以有茶垢，必须是干净透明的，也不可有杂质、指纹等异物粘在杯子表面。

茶器的准备

2. 泡茶时的礼仪

泡茶时的礼仪包括取茶礼仪和装茶礼仪。

（1）开闭茶样罐礼仪

茶样罐大概有两种，套盖式和压盖式，两种开闭方法略有不同，具体方法如下：

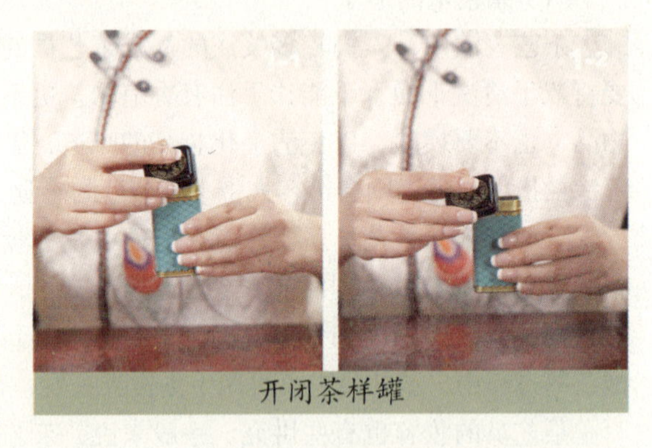
开闭茶样罐

套盖式茶样罐。两手捧住茶样罐，用两手的大拇指向上推外层铁盖，边推边转动罐身，使各部位受力均匀，这样很容易打开。当它松动之后，用右手大拇指与食指、中指捏住外盖外壁，转动手腕取下后按抛物线轨迹放到茶盘右侧后方角落，取完茶之后仍然以抛物线的轨迹取盖扣，用两手食指向下用力压紧盖好后，再将茶样罐放好。

压盖式茶样罐。两手捧住茶样罐，右手的大拇指、食指和中指捏住盖钮，向上提起，沿抛物线的轨迹将其放到茶盘右侧后方角落，取完茶之后按照前面的方法再盖回放下。

（2）取茶礼仪

取茶时常用的茶器具是茶荷和茶匙，有三种取茶方法。

茶匙茶荷取茶法。这种方法一般用于名优绿茶冲泡时取样，取茶的过程是：左手横握住已经开启的茶罐，使其开口向右，移至茶荷上方。接着用右手手背向下，大拇指、食指和中指捏茶匙，将其伸进茶叶罐中，将茶叶拨进茶荷内。放下茶叶罐盖好，再用左手托起茶荷，右手拿起茶匙，将茶荷中的茶叶分别拨进泡茶器具中，取茶的过程也就结束了。

茶荷取茶法。这一手法常用于乌龙茶的冲泡，取茶的过程是：右手托住茶荷，令茶荷口朝向自己。左手横握住茶叶罐，放在茶荷边，手腕稍稍用力使其来回滚动，此时茶叶就

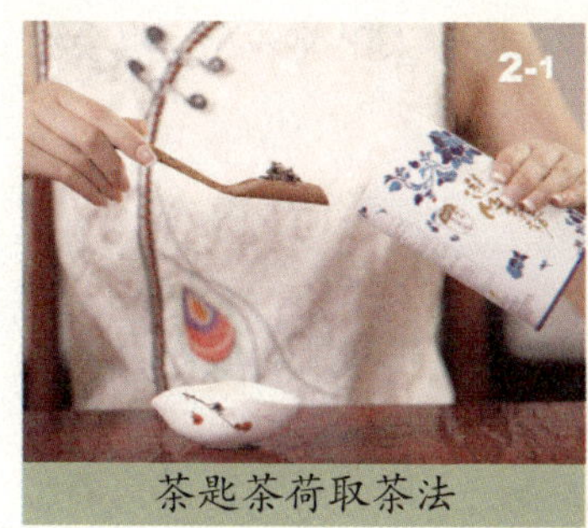

茶匙茶荷取茶法

茶荷取茶法

茶匙取茶法

会缓缓地散入茶荷之中。接着，将茶叶从茶荷中直接投入冲泡器具之中。

茶匙取茶法。这种方法适用于多种茶的冲泡，其过程为：左手竖握住已经打开盖子的茶样罐，右手放下罐盖后弧形提臂转腕向放置茶匙的茶筒边，用大拇指、食指与中指三指捏住茶匙柄取出，将茶匙放入茶样罐，手腕向内旋转舀取茶样。同时，左手配合向外旋转手腕使茶叶疏松，以便轻松取出，用茶匙舀出的茶叶可以直接投入冲泡器具之中。取茶完毕后，右手将茶匙放回原来位置，再将茶样罐盖好放回原来位置。

取茶之后，主人在主动介绍该茶的品种特点时，还需要让客人依次传递嗅赏茶叶，这个过程也是泡茶时必不可少的。

（3）装茶礼仪

用茶匙向泡茶器具中装茶叶的时候，也讲究方法和礼仪。一般来说，要按照茶叶的品种和饮用人数决定投放量。茶叶不宜过多，也不宜太少。茶叶过多，茶味过浓；茶叶太少，冲出的茶没啥味道。假如客人主动介绍自己喜欢喝浓茶或淡茶的习惯，那就按照客人的口味把茶冲好。这个过程中切记，茶艺员或泡茶者一定不能为了图省事就用手抓取茶叶，这样会让手上的气味影响茶叶的品质，另外也使整个泡茶过程不雅观，也失去了干净整洁的美感。

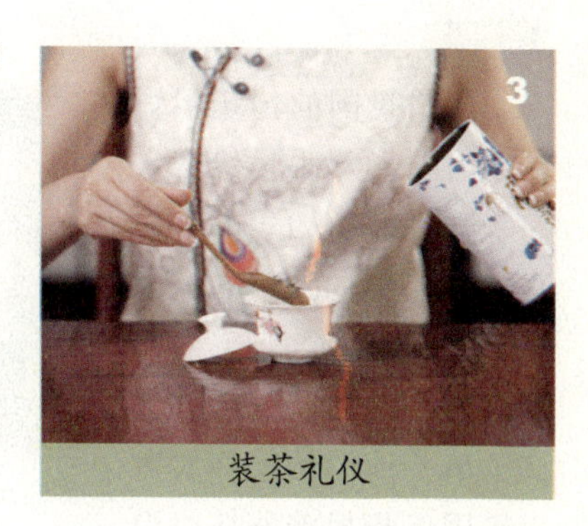

装茶礼仪

（4）茶巾折合法

此类方法常用于九层式茶巾：将正方形的茶巾平铺在桌面上，将下端向上平折至茶巾的 2/3 处，将茶巾对折。接着，将茶巾右端向左竖折至 2/3 处，然后对折成正方形。最后，将折好的茶巾放入茶盘中，折口向内。

除了这些礼仪之外，泡茶过程中，茶艺员或泡茶者尽量不要说话。因为口气会影响到茶气，影响茶性的挥发；茶艺员闻香时，只能吸气，挪开茶叶或茶具后方可吐气。以上就

茶巾折合法

是泡茶的礼仪，若我们能掌握好这些，就可以在茶艺表演中首先令客人眼前一亮，也会给接下来的表演创造良好的开端了。

奉茶的礼仪

关于奉茶，有这样一则美丽的传说：传说有种叫土地公的神明，他每年都要向玉皇大帝报告人间所发生的事。一次，土地公到人间去观察凡人的生活情形，走到一个地方之后，感觉特别渴。有个当地人告诉他，前面不远处的树下有个大茶壶。土地公到了那里，果然见到树下放着一个写有“奉茶”的茶壶，他用一旁的茶杯倒了杯茶喝起来。喝完之后感叹道：“我从未喝过这么好的茶，究竟是谁准备的？”走了不久，他又发现了带着“奉茶”二字的茶壶，就接二连三地用其解渴。旅行回来之后，土地公在自己的庙里也准备了带有“奉茶”字样的茶壶，以供人随时饮用。当他把这茶壶中的茶水倒给玉皇大帝喝时，玉皇大帝惊讶地说：“原来人世间竟然有这么美味的茶！”

虽然这个故事缺乏真实性，但却表达了人们“奉茶”时的美好心情，试想，人们若没有待人友好善意的心情，又怎能热忱地摆放写有“奉茶”字样的大茶壶为行人解渴呢？

据史料记载，早在东晋时期，人们就用茶汤待客，用茶果宴宾等。主人将茶端到客人面前献给客人，以表示对其的尊敬之意，因而，奉茶中也有着较多的礼仪。

1. 端茶

依照我国的传统习惯，端茶时要用双手呈给客人，一来表示对客人的诚意，二来表示对客人的尊敬。现在有些人不懂这个规矩，常常用一只手把茶杯递给客人就算了事，他们怕茶杯太烫，直接用五指捏着茶杯边沿，这样不但很不雅观，也不够卫生。试想一下，客人看着茶杯沿上都是主人的指痕，哪还有心情喝下去呢？

端茶

另外，双手端茶也有讲究。首先，双手要保持平衡，一只手托住杯底，另一之手扶住茶杯 1/2 以下的部分或把手下部，切莫触碰到杯子口。此时茶杯往往很烫，我们最好使用茶托，一来能保持茶杯的平稳，二来便于客人从泡茶者手中接过杯子。如果我们是给长辈或是老人倒茶时，身体一定要略微前倾，这样表示对长者的尊敬。

2. 放茶

有时我们需要直接将茶杯放在客人面前，这个时候需要注意的是，要用左手捧着茶盘底部，右手扶着茶盘边缘，接着，再用右手将茶杯从客人右方奉上。如果有茶点送上，应将其放在客人右前方，茶杯摆在点心右边。若是用红茶待客，那么杯耳和茶匙的握柄要朝着客人的右方，将砂糖和奶精放在小碟子上或茶杯旁，以供客人酌情自取。另外，放置茶

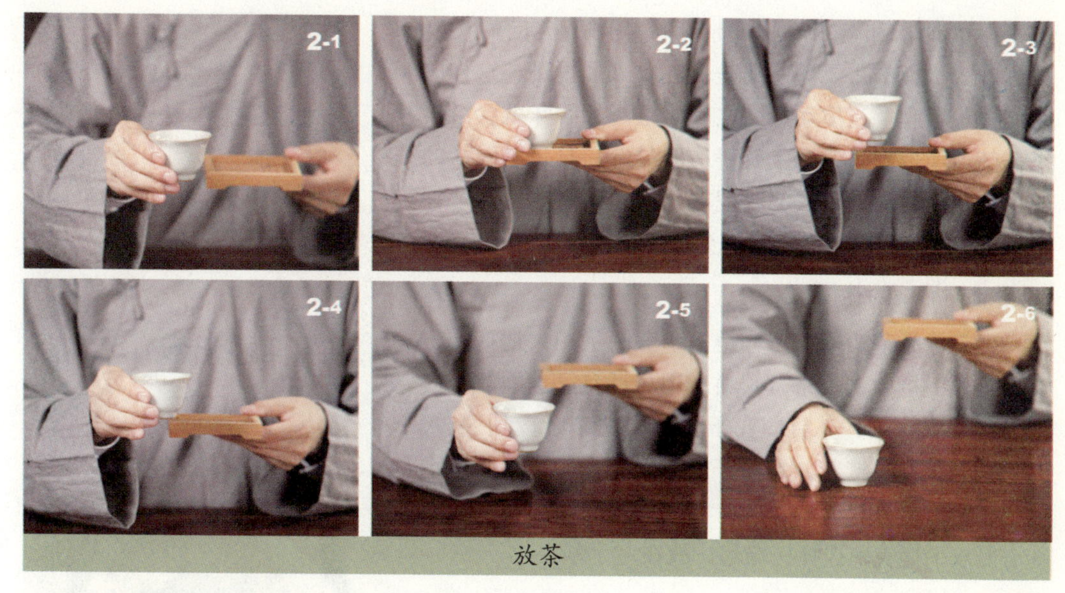

放茶

壶时，壶嘴不能正对他人，否则表示请人赶快离开。

3. 伸掌礼

伸掌礼是茶艺表演中经常使用的示意礼，多用于主人向客人敬奉各种物品时的礼节。主人用表示“请”，客人用表示“谢谢”，主客双方均可采用。

伸掌礼

伸掌礼的具体姿势为：四指并拢，虎口分开，手掌略向内凹，侧斜之掌伸于敬奉的物品旁，同时欠身点头并微笑。如果两人面对面，均伸右掌行礼对答；两人并坐时，右侧一方伸右掌行礼，左侧伸左掌行礼。

除了以上几种奉茶的礼仪之外，我们还需要注意：茶水不可斟满，以七分为宜；水温不宜太烫，以免把客人烫伤；若有两位以上的客人，奉上的茶汤一定要均匀，最好使用公道杯。

若我们按照以上礼仪待客，一定会让客人感觉到我们的真诚与敬意，还可以增加彼此间的关系，起到良好沟通的作用。

品茶中的礼仪

品茶不仅仅是品尝茶汤的味道，一般包括审茶、观茶、品茶三道程序。待分辨出茶品质的好坏，水温是否适宜，茶叶的形态之后，才开始真正品茶。品茶时包含多种礼仪，使用不同茶器时礼仪有所差别。

1. 用玻璃杯品茶的礼仪

一般来说，高级绿茶或花草茶往往使用玻璃杯冲泡。一般说来，用玻璃杯品茶的方法是：用右手握住玻璃杯，左手托着杯底，分三次将茶水细细品啜。如果饮用的是花草茶，可以用小勺轻轻搅动茶水，直至其变色。首先，把杯子放在桌上，一只手轻轻扶着杯子，另一手大拇指和食指轻捏勺柄，按顺时针方向慢慢搅动。这个过程中需要注意的是，不要来回搅动，这样的动作很不雅观。当搅动几圈之后，茶汤的香味就会溢出来，其色泽也发生改变，变得透明晶莹，且带有浅淡的花果颜色。品饮的时候，要把小勺取出，不要放在茶杯中，也不要边搅动边喝，这样会显得很没礼貌。

用玻璃杯品茶的礼仪

2. 用盖碗品茶的礼仪

用盖碗品茶的标准姿势是：拿盖的手用大拇指和中指持盖顶，接着将盖略微倾斜，用靠近自己这面的盖边沿轻刮茶水水面，其目的在于将碗中的茶叶拨到一边，以防喝到茶叶。接着，拿杯子的手慢慢抬起，如果茶水很烫，此时可以轻轻吹一吹，但切不可发出声音。女士则需要双手把盖碗连杯托端起，放在左手掌心。

用盖碗品茶的礼仪

3. 用瓷杯品茶的礼仪

人们一般用瓷杯冲泡红茶。无论自己喝茶还是与其他人一同饮茶，都需要注意男女握杯的差别：品茶时，如果是男士，拿着瓷杯的手要尽量收拢，这样才能表示大权在握；而女士可以把食指与小指弯曲呈兰花指状，左手指尖托住杯底，这样显得迷人而又优雅。总体说来，握杯的时候右手大拇指、中指握住杯两侧，无名指抵住杯底，食指及小指自然弯曲。

以上为用几种不同茶具品茶时的讲究与礼仪，需要我们每个人了解并掌握，以便于应对各种茶具。

用瓷杯品茶的礼仪

倒茶的礼仪

茶叶冲泡好之后，需要茶艺员或泡茶者为宾客倒茶。倒茶的礼仪包括以下两个方面，既适用于客户来公司拜访，同样也适用于商务餐桌。

1. 倒茶顺序

有时，我们会宴请几位友人或是出席一些茶宴，这时就涉及到倒茶顺序的问题。一般来说，如果客人不只一位，那么首先要从年长者或女士开始倒茶。如果对方有职称的差别，那么应该先为领导倒茶，接着再给年长者或女士倒茶。如果在场的几位宾客中，有一位是自己领导，那么应该以宾客优先，最后才给自己的领导倒茶。

简而言之，倒茶的时候，如果分宾主，那么要先给宾客倒，然后才是主人；宾客如果多人，则根据他们的年龄，职位，性别不同来倒茶，年龄按先老后幼，职位则从高到低，性别是女士优先。

这个顺序切不可打乱，否则会让宾客觉得倒茶者太失礼了。

2. 续茶

品茶一段时间之后，客人杯子中的茶水可能已经饮下大半，这时我们需要为客人续茶。续茶的顺序与上面相同，也是要先给宾客添加，接着是自己领导，最后再给自己添加。续茶的方法是：用大拇指、食指和中指握住杯把，从桌上端起茶杯，侧过身去，将茶水注入杯中，这样能显得倒茶者举止文雅。另外，给客人续茶时，不要等客人喝到杯子快见底了再添加，而要勤斟少加。

续茶

如果在茶馆中，我们可以示意服务生过来添茶，还可以让他们把茶壶留下，由我们自己添加。一般来说，如果气氛出现了尴尬的时候，或完全找不到谈论焦点时，也可以通过续茶这一方法掩饰一下，拖延时间以寻找话题。

另外，宾客中如果有外国人，他们往往喜欢在红茶中加糖，那么倒茶之前最好先询问一下对方是否需要加糖。

倒茶需要讲究以上的礼仪问题，若是对这些礼仪完全不懂，那么失去的不仅是自己的修养问题，也许还会影响生意等，切莫小看。

习茶的基本礼仪

习茶的基本礼仪包括站姿、坐姿、跪姿、行走和行礼等多方面内容，这些都是需要茶艺员或泡茶者必须掌握的动作，也是茶艺中标准的礼仪之一。

1. 站姿

站立的姿势算得上是茶艺表演中仪表美的基础。有时茶艺员因要多次离席，让客人观看茶样，并为宾客奉茶、奉点心等，时站时坐不太方便，或者桌子较高，下坐不方便，往往采用站立表演。因此，站姿对于茶艺表演来说十分重要。

站姿的动作要求是：双脚并拢身体挺直，双肩放松；头上顶下颌微收，双眼平视。女性右手在上双手虎口交握，置于胸前；男性双脚微呈外八字分开，左手在上双手虎口交握置于小腹部。

茶艺员的站姿

站姿既要符合表演身份的最佳站立姿势，也要注意茶艺员面部的表情，用真诚、美好的目光与观众亲切地交流。另外，挺拔的站姿会将一种优美高雅、庄重大方、积极向上的美好印象传达给大家。

2. 坐姿

坐姿是指曲腿端坐的姿态，在茶艺表演中代表一种静态之美。它的具体姿势为：茶艺员端坐椅子中央，双腿并拢；上身挺直，双肩放松；头正下颌微敛，舌尖抵下颚；眼可平视或略垂视，面部表情自然；男性双手分开如肩宽，半握拳轻搭前方桌沿；女性右手在上双手虎口交握，置放胸前或面前桌沿。

习茶坐姿

另外，茶艺员或泡茶者身体要坐正，腰干要挺直，以保持美丽、优雅的姿势。两臂与肩膀不要因为持壶、倒茶、冲水而不自觉地抬得太高，甚至身体都歪到一边。全身放松，调匀呼吸、集中思想。

如果大家作为宾客坐在沙发上，切不可怎么舒适怎么坐，也是要讲求一点礼仪的。如果是男性，可以双手搭于扶手上，两腿可架成二郎腿但双脚必须下垂且不可抖动；如果是女性，则可以正坐，或双腿并拢偏向一侧斜坐，脚踝可以交叉，时间久了之后可以换一侧，双手在前方交握并轻搭在腿根上。

3. 跪姿

跪姿是指双膝触地，臀部坐于自己小腿的姿态，它分为三种跪的姿势。

（1）跪坐

也就是日本茶道中的“正坐”。这个姿势为：放松双肩，挺直腰背，头端正，下颌略微收敛，舌尖抵上颚；两腿并拢，双膝跪在坐垫上，双脚的脚背相搭着地，臀部坐在双脚上；双手搭放于大腿上，女性右手在上，男性左手在上。

（2）单腿跪蹲

单腿跪蹲的姿势常用于奉茶。具体动作为：左腿膝盖与着地的左脚呈直角相屈，右腿膝盖与右足尖同时点地，其余姿势同跪坐一样。另外，如果桌面较高，可以转换为单腿半

跪坐

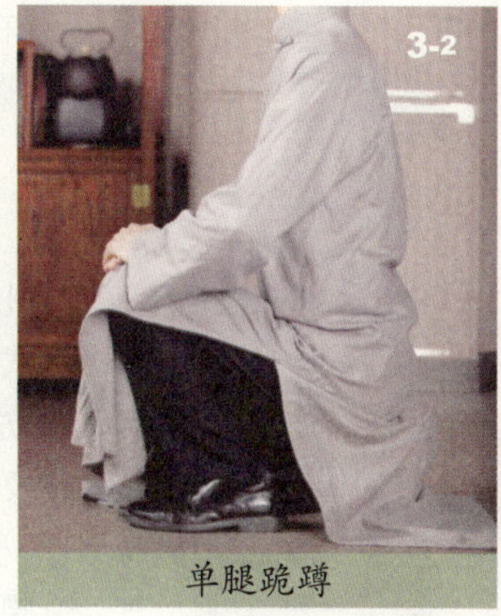

单腿跪蹲

盘腿坐

蹲式，即左脚前跨一步，膝盖稍稍弯屈，右腿的膝盖顶在左腿小腿肚上。

（3）盘腿坐

盘腿坐只适合男士，动作为：双腿向内屈伸盘起，双手分搭在两腿膝盖处，其他姿势同跪姿一样。

一般来说，跪姿主要出现在日本和韩国的茶艺表演中，另外，无我茶会上也常用这种姿势品茶。

4. 行走

行走

行走是茶艺表演中的一种动态美，其基本要求为：以站姿为基础，在行走的过程中双肩放松，目光平视，下颌微微收敛。男性可以双臂下垂，放在身体两侧，随走动步伐自然摆动，女性可以双手同站姿时一样交握在身前行走。

眼神、表情以及身体各个部位有效配合，不要随意扭动上身，尽量沿着一条直线行走，这样才能走出茶艺员的风情与雅致。

走路的速度与幅度在行走中都有严格的要求。一般来说，行走时要保持一定的步速，不宜过急，否则会给人急躁、不稳重的感觉；步幅以每一步前后脚之间距离 30 厘米为宜，不宜过大也不宜过小，这样才会显得步履款款，走姿轻盈。

行走过程中需要注意的是，当茶艺员走到来宾面前时，应该由侧身状态转成正面状

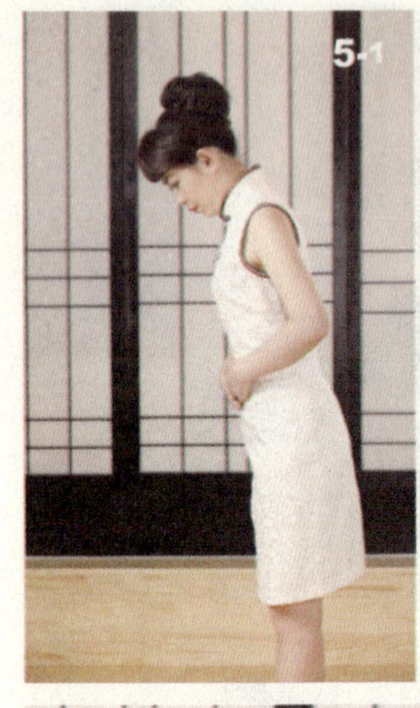

态，离开时应先后退两步再侧身转弯，切不可掉转头直接走开，这样会非常不礼貌。

5. 行礼

行礼主要表现为鞠躬，可分为站式，坐式和跪式三种。

站立式鞠躬与坐式鞠躬比较常用，其动作要领是：两手平贴小腹部，上半身平直弯腰，弯腰时吐气，直身时吸气，弯腰到位后略作停顿，再慢慢直起上身；行礼的速度宜与他人保持一致，以免出现不谐调感。

女性行礼

行礼根据其对象，可分为“真礼”、“行礼”与“草礼”三种。“真礼”用于主客之间、“行礼”用于客人之间，而“草礼”用于说话前后。“真礼”时，要求茶艺员或泡茶者上半身与地面呈90度角，而“行礼”与“草礼”弯腰程度可以较低。

除了这几种习茶的礼仪，茶艺员还要做到一个“静”字，尽量用微笑、眼神、手势、姿势等示意，不主张用太多语言客套，还要求茶艺员调息静气，达到稳重的目的。一个小小的动作，轻柔而又表达清晰，使宾客不会觉得有任何压力。因而，茶艺员必须掌握好每个动作的分寸。

男性行礼

习茶的过程不主张繁文缛节，但是每一个关乎礼仪的动作都应该始终贯穿其中。总体来说，不用动作幅度很大的礼仪动作，而采用含蓄、温文尔雅、谦逊、诚挚的礼仪动作，这也可以表现出茶艺中含蓄内敛的特质，既美观又令宾客觉得温馨。

提壶、握杯与翻杯手法

泡茶者在泡茶的时候可以有不同的姿势，并非只按照一种手法进行泡茶。提壶、握杯与翻杯都有几种不同的手法，我们可以根据个人的喜好以及不同器具转换。

1. 提壶手法

（1）侧提壶

侧提壶可根据壶型大小决定不同提法。大型壶需要用右手食指、中指勾住壶把，大拇指与食指相搭。同时，左手食指、中指按住壶钮或盖，双手同时用力提壶；中型壶需要用右手食指、中指勾住壶把，大拇指按住壶盖一侧提壶；小型壶需要用右手拇指与中指勾住壶把，无名指与小拇指并列抵住中指，食指前伸呈弓形压住壶盖的盖钮或其基部，提壶。

（2）提梁壶

提梁壶的提壶方法为：右手除中指外的四指握住提梁，中指抵住壶盖提壶。如果提梁较高，无法抵住壶盖，这时可以五指一同握住提梁右侧。

若提梁壶为大型壶，则需要用右手握提梁把，左手食指、中指按在壶的盖钮上，使用双手提壶。

（3）无把壶

对于无把壶这类茶壶的提壶方法为：右手虎口分开，平稳地握住茶壶口两侧外壁，也可以用食指抵在盖钮上，将壶提起。

侧提壶

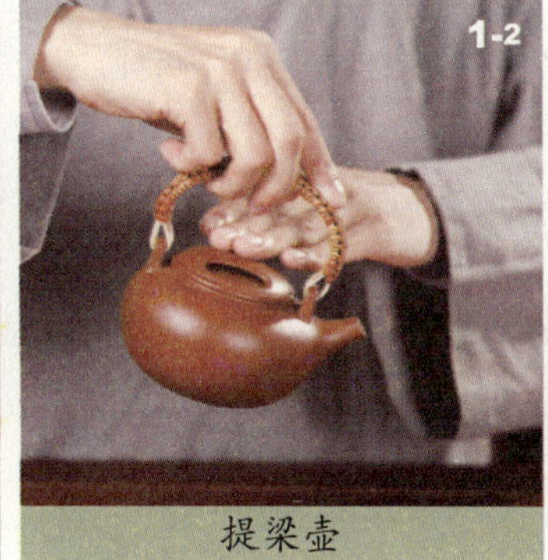

提梁壶

无把壶

2. 握杯手法

（1）有柄杯

有柄杯的握杯手法为：右手的食指、中指勾住杯柄，大拇指与食指相搭。如果女士持杯，需要用左手指尖轻托杯底。

（2）无柄杯

无柄杯的握杯手法为：右手虎口分开握住茶杯。如果是女士，需要用左手指尖轻托杯底。

有柄杯

无柄杯

（3）品茗杯

品茗杯的握杯手法为：右手虎口分开，用大拇指、中指握杯两侧，无名指抵住杯子底部，食指及小指自然弯曲。这种握杯的手法也称为“三龙护鼎法”。

品茗杯

闻香杯

（4）闻香杯

闻香杯的握杯手法为：两手掌心相对虚拢作双手合十状，将闻香杯捧在两手间。也可右手虎口分开，手指虚拢成握空心拳状，将闻香杯直握于拳心。

（5）盖碗

拿盖碗的手法：右手虎口分开，大拇指与中指扣在杯身中间两侧，食指屈伸按在盖钮下凹处，无名指及小指自然搭在碗壁上。

盖碗

3. 翻杯手法

翻杯也讲究方法，主要分为翻有柄杯和无柄杯两种。

（1）有柄杯

有柄杯的翻杯手法为：右手的虎口向下、反过手来，食指深入杯柄环中，再用大拇指与食指、中指捏住杯柄。左手的手背朝上，用大拇指、食指与中指轻扶茶杯右侧下部，双手同时向内转动手腕，茶杯翻好之后，将它轻轻地放在杯托或茶盘上。

有柄杯翻杯法

（2）无柄杯

无柄杯的翻杯手法为：右手的虎口向下，反手握住面前茶杯的左侧下部，左手置于右手手腕下方，用大拇指和虎口部位轻托在茶杯的右侧下部。双手同时翻杯，再将其轻轻放下。

需要注意的是，有时所用的茶杯很小，例如冲泡乌龙茶中的饮茶杯，可以用单手动作左右手同时翻杯。方法是：手心向下，用拇指与食指、中指三指扣住茶杯外壁，向内动手腕，轻轻将翻好的茶杯置于茶盘上。

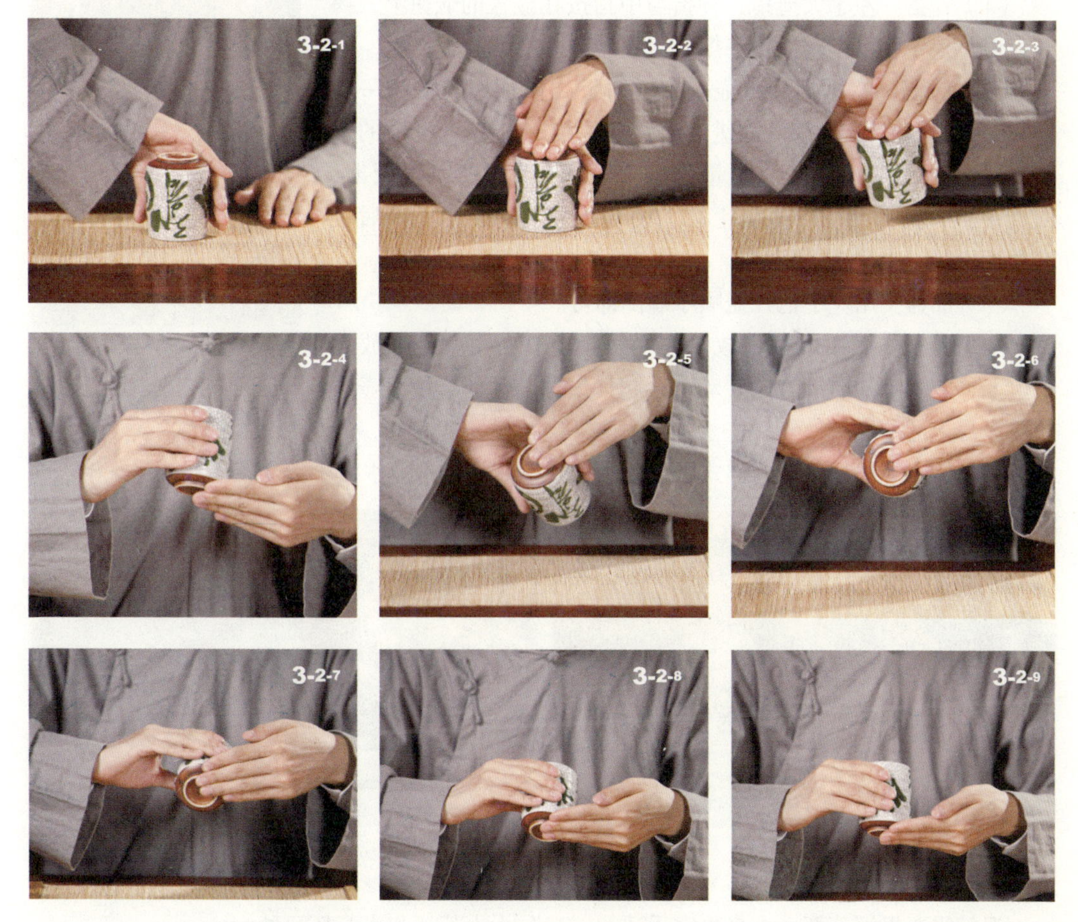

无柄杯翻杯法

提壶、握杯、翻杯的手法介绍到这里，也许开始学习比较复杂，一旦我们掌握了其中规律，就可以熟练掌握了。

温具手法

在冲泡茶的过程中，温壶温杯的步骤是必不可少的，我们在这里详细介绍一下：

1. 温壶法

（1）开盖。左手大拇指、食指与中指按在壶盖的壶钮上，揭开壶盖，提手腕以半圆形轨迹把壶盖放到茶盘中。

开盖

（2）注汤。右手提开水壶，按逆时针方向加回转手腕一圈低斟，使水流沿着茶壶口冲进，再提起手腕，让开水壶中的水从高处冲入茶壶中。等注水量为茶壶总容量的1/2时再低斟，回转手腕一圈并用力令壶流上翻，使开水壶及时断水，最后轻轻放回原处。

（3）加盖。用左手把开盖顺序颠倒即可。

（4）荡壶。双手取茶巾放在左手手指上，右手把茶壶放在茶巾上，双手按逆时针方向转动，手腕如滚球的动作，使茶壶的各部分都能充分接触开水，消除壶身上的冷气。

（5）倒水。根据茶壶的样式以正确手法提壶将水倒进废水盂中。

注汤

加盖

荡壶

倒水

2. 温杯法

温杯需要根据茶杯大小来决定手法，一般分为大茶杯和小茶杯两种。

（1）大茶杯

右手提着开水壶，按逆时针转动手腕，使水流沿着茶杯内壁冲入，大概冲入茶杯 1/3 左右时断水。将茶杯逐个注满水之后将开水壶放回原处。接着，右手握住茶杯下部，左手托杯底，右手手腕按逆时针转动，双手一齐动作，使茶杯各部分与开水充分接触，涤荡之后将里面的开水倒入废水盂中。

温大茶杯

（2）小茶杯

首先将茶杯相连，排成一字型或半圆型，右手提壶，用往返斟水法或循环斟水法向各个小茶杯内注满开水，茶杯的内外都要用开水烫到，再将水壶放回原处。接着，将一只茶杯侧放到临近的一只杯中，用无名指勾住杯底令其旋转，使上面放着的这个茶杯内外壁都接触到开水，接着将茶杯放回原处。按照这种手法，将每个茶杯都进行一次温洗，直到最后一只茶杯温洗之后时，将杯中的温水轻轻荡几下之后，将水倒掉。

温小茶杯

3. 温盖碗法

温盖碗的方法可分斟水、翻盖、烫碗、倒水等几个步骤，详细手法如下所述：

（1）斟水

将盖碗的碗盖反放，使其与碗的内壁留有一个小缝隙。手提开水壶，按逆时针方向向盖内注入开水，等开水顺小隙流入碗内约1/3容量后，右手提起手腕断水，开水壶放回原处。

斟水

翻盖

（2）翻盖

右手如握笔状取渣匙伸入缝隙中，左手手背向外护在盖碗外侧，掌沿轻靠碗沿。右手用渣匙由内向外拨动碗盖，左手大拇指、食指与中指迅速将翻起的碗盖盖在碗上。这一动作讲究左右手协调，搭配得越熟练越好。

烫碗

倒水

（3）烫碗

右手虎口分开，用大拇指与中指搭在碗身的中间部位，食指抵在碗盖盖钮下的凹处，同时左手托住碗底，端起盖碗，右手手腕呈逆时针运动，双手协调令盖碗内各部位充分接触到热水，最后将其放回茶盘。

（4）倒水

右手提起碗盖的盖钮，将碗盖靠右侧斜盖，距离盖碗左侧有一小空隙。按照前面方法端起盖碗，将其平移到废水盂上方，向左侧翻手腕，将碗中的水从盖碗左侧小缝隙中流进废水盂。

以上为几种主要器具的温洗手法，无论是哪一样茶具，在温洗的时候都要注意：不要让手碰触，这样会给人带来不正规、不干净的感觉。

常见的 4 种冲泡手法

冲泡茶的时候，需要有标准的姿势，总体说来应该做到：头正身直，目光平视，双肩齐平、抬臂沉肘。如果用右手冲泡，那么左手应半握拳自然放在桌上。以下是常见的 4 种冲泡手法，详细解释如下：

1. 单手回转冲泡法

右手提开水壶，手腕按逆时针回转，让水流沿着茶壶或茶杯口内壁冲入茶壶或茶杯中。

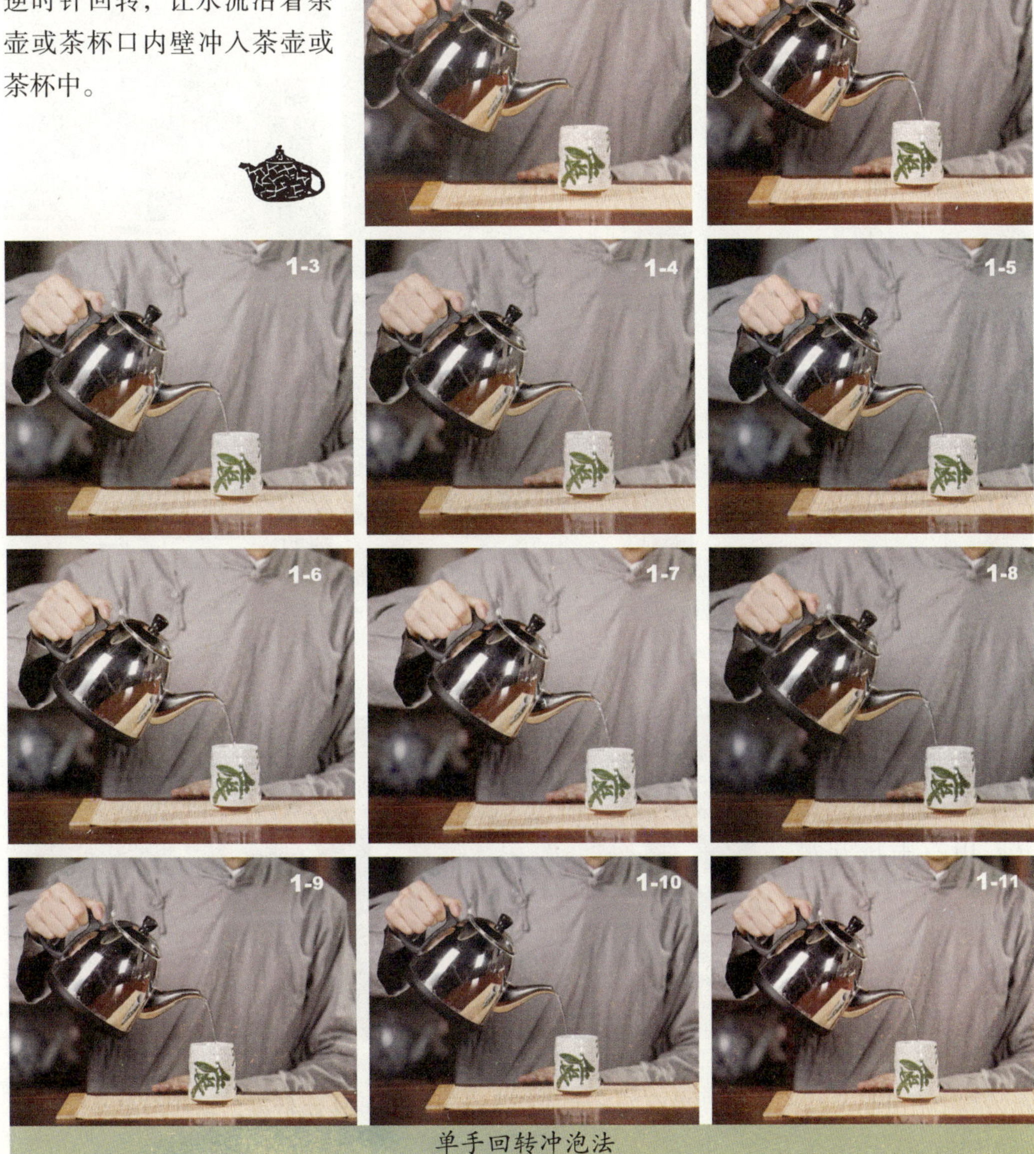

单手回转冲泡法

2. 双手回转冲泡法

如果开水壶比较沉，那么可以用这种方法冲泡。双手取过茶巾，将其放在左手手指部位，右手提起水壶，左手托着茶巾放在壶底。右手手腕按逆时针方向回转，让水流沿着茶壶口或茶杯口内壁冲入茶壶或茶杯中。

双手回转冲泡法

3. 回转高冲低斟法

此方法一般用来冲泡乌龙茶。详细手法为：先用单手回转法，用右手将开水壶提起，向茶具中注水，使水流先从茶壶茶肩开始，按逆时针绕圈至壶口、壶心，再提高水壶，使水流在茶壶中心处持续注入，直到里面的水大概到七分满的时候压腕低斟，动作与单手回转手法相同。

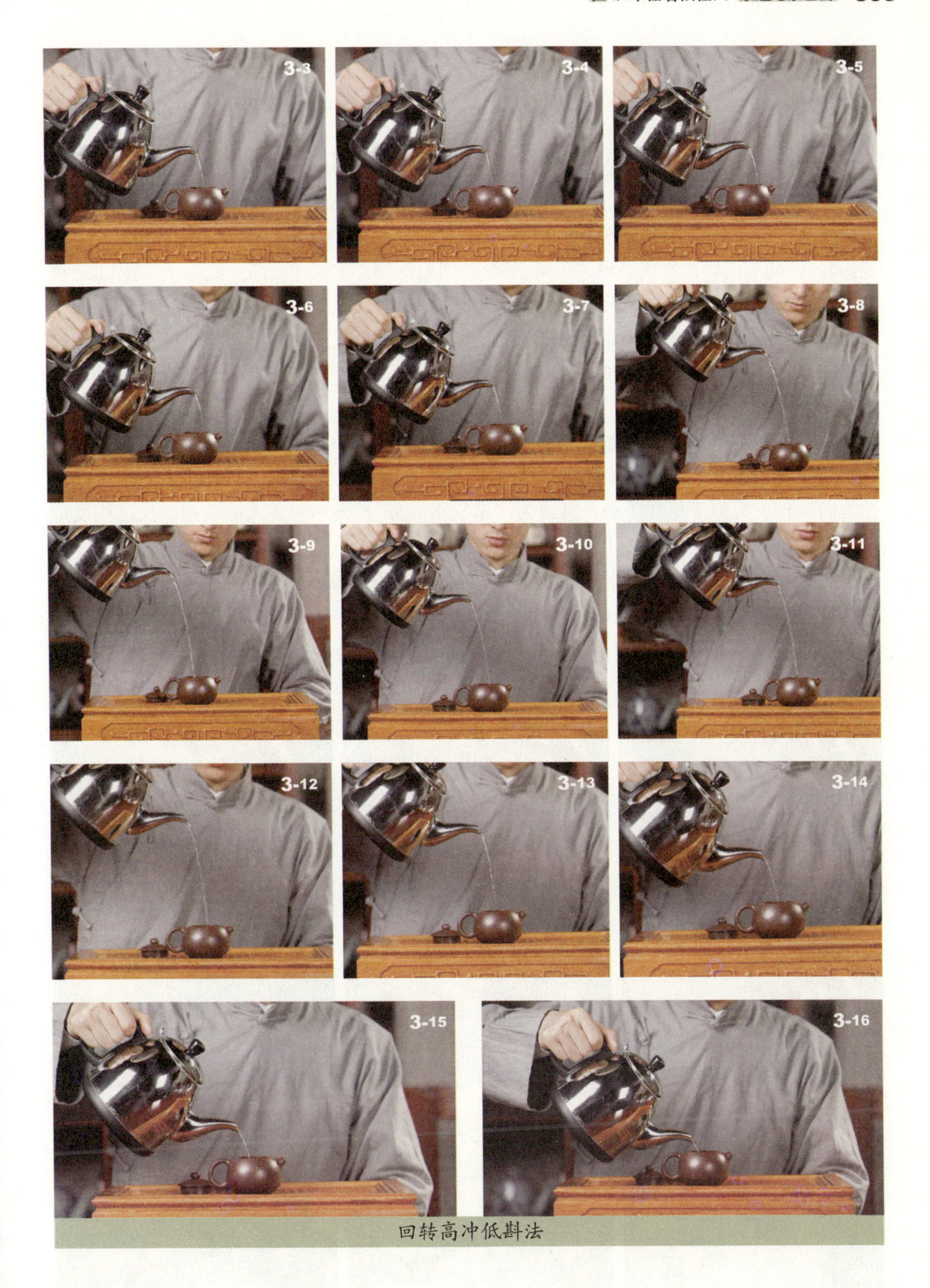

回转高冲低斟法

4. 凤凰三点头冲泡法

“凤凰三点头”是茶艺茶道中的一种传统礼仪，这种冲泡手法表达了对客人的敬意，同时也表达了对茶的敬意。

详细的冲泡手法为：手提水壶，进行高冲低斟反复 3 次，让茶叶在水中翻动，寓意为向来宾鞠躬 3 次以表示欢迎。反复 3 次之后，恰好注入所需水量，接着提腕断流收水。

凤凰三点头最重要的技巧在于手腕，不仅需要柔软，且要有控制力，使水声呈现“三响三轻”，同响同轻；水线呈现“三粗三细”，同粗同细；水流“三高三低”，同高同低；壶流“三起三落”，同起同落，最终使每碗茶汤完全一致。

凤凰三点头的手法需要柔和，不要剧烈。另外，水流 3 次冲击茶汤，能更多地激发茶性。我们不能以纯粹表演或做作的心态进行冲泡，一定要心神合一，这样才能冲泡出好茶来。

除了以上 4 种冲泡手法之外，在进行回转注水、斟茶、温杯、烫壶等动作时，还可能用到双手回旋手法。需要注意的是，右手必须按逆时针方向动作，同时左手必须按顺时针方向动作，类似于招呼手势，寓意为“来、来、来”，表示对客人的欢迎。反之则变成“去、去、去”的意思，所以千万不可做反。

冲泡手法大致为以上几种，使用正确方法泡茶，不仅可以使宾客觉得茶艺员或泡茶者有礼貌、有修养，还会增添茶的色香味等，真是一举多得。

凤凰三点头冲泡法

喝茶做客的礼仪

当我们以客人的身份去参加聚会时，或是去朋友家参加茶宴时，都不可忘记礼仪问题。面对礼貌有加的主人，如果我们的动作太过随意，一定会令主人觉得我们太没有礼貌，从而影响自己在对方心中的形象。

一般来说，喝茶做客需要注意以下几种礼仪：

1. 接茶

“以茶待客”，需要的不仅是主人的诚意，同时也需要彼此间互相尊重。因此，接茶不仅可以看出一个人的品性，同时也能反映出宾客的道德素养，使主人与宾客间的感情交流更为真诚。

如果面对的是同辈或同事倒茶时，我们可以双手接过，也可单手，但一定要说声谢谢；如果面对长者为自己倒水，必须站起身，用双手去接杯子，同时致谢，这样才能显示出对老人的尊敬；如果我们不喝茶，要提前给对方一个信息，这样也能使对方减少不必要的麻烦。

接茶

在现实中，我们经常会看到一类人，他们觉得自己的身份地位都比倒茶者高，就很不屑地等对方将茶奉上，有的人甚至连接都不接，更不会说“谢谢”二字，他们认为对方倒茶是理所应当的。试想一下，对方为自己端上茶来，是表示对自己的尊重，如果我们非但不领情，还冷淡相待，这样倒显得自己极没有礼貌，有失身份了。如果你的注意力一时不在倒茶者的身上，没来得及接茶，那么也至少要表达出感谢之情，这样才不会伤害到倒茶者的感情。

2. 品茶

品茶时宜用右手端杯子喝，如果不是特殊情况，切忌用两手端茶杯，否则会给倒茶者带来“茶不够热”的讯号。

品茶讲究三品，即用盖碗或瓷碗品茶时，要三口品完，切忌一口饮下。品茶的过程中，切忌大口吞咽，发出声响。如果茶水中漂浮着茶叶，可以用杯盖拂去，或轻轻吹开，千万不可用手从杯中捞出，更不要吃茶叶，这样都是极不礼貌的。

品茶

除此之外，如果喝的是奶茶，则需要使用小勺。使用之后，我们要把小勺放到杯子的相反一侧。

3. 赞赏

赞赏的过程是一定要有的，这样可以表达出对主人热情款待的感激之情。赞赏主要针对茶汤、泡茶手法及环境而言。

一般来说，赞赏茶汤大致有以下几个要点：赞赏茶香清爽、幽雅；赞赏茶汤滋味浓厚持久，口中饱满；赞赏茶汤柔滑，自然流入喉中，不苦不涩；赞赏茶汤色泽清纯，无杂味。另外，如果主人或泡茶者的冲泡手法优美到位，还要对其赞赏一番，这并不是虚情假意的赞美，而是发自内心的感激。

我们在现实中常常遇到一类人，他们总会觉得自己很内行，对什么事都喜欢批评几句，认为这样可以显得自己很博学。提出批评与反对意见也可，但一定要根据客观事实，且对事不对人，尽量记得“多赞美少批评”。其实，人生的智慧就是不断去发现世间万物的优点，只有那些经常从事物中发现美好的人才算得上是聪明人。

4. 叩手礼

叩手礼亦称为叩指礼，是以手指轻轻叩击茶桌来行礼，且手指叩击桌面的次数与参与品茶者的情况直接相关。叩手礼是从古时的叩头礼演化而来的，古时的叩指礼是非常讲究的，必须屈腕握空拳，叩指关节。随着时间的推移，逐渐演化为将手弯曲，用几个指头轻叩桌面，以示谢忱。

现在流行一种不成文的习俗，即长辈或上级为晚辈或下级斟茶时，下级和晚辈必须用双手指作跪拜状叩击桌面两三下；晚辈或下级为长辈或上级斟茶时，长辈和上级只须用单指叩击桌面两三下即可。

有些地方也有着其他的方法，例如平辈之间互相敬茶或斟茶时，单指叩击桌面表示“谢谢你”；双指叩击桌面表示“我和我先生（太太）谢谢你”；三指叩击桌面表示“我们全家人感谢你”。这时我们就需要因各地习俗而定。

以上喝茶做客的礼仪是必不可少的，如果我们到他人家做客，一定不要忽视这些礼节，否则会使自己的形象大打折扣。

叩手礼

第四章 丰富多彩的茶文化

说到茶文化，茶自然是其中的主角之一。多年来，随着茶在人们生活中占据的地位越来越高，茶文化也逐渐发展完善，变得丰富多彩起来。与茶有关的文化包括各类著作、诗词、书画、茶联、歌舞、婚礼、祭祀等等，几乎涵盖了我国众多文化。茶由我国起源，又被各国所接纳，而种类繁多、历史悠久的茶文化俨然成了我国与世界联系的纽带。如果大家想了解茶文化的真正内涵，那就请随我们一同踏上茶文化之旅，去欣赏这些多姿多彩的茶之国度吧。

茶与名人

从古至今，茶穿梭于各种场合之中。它进入皇宫，成为宫中的美味饮品之一；它流入寻常百姓家里，成为待客的首选。除此之外，它还与各类人打交道，上至王公大臣，下至黎民百姓，其中不乏各类名人，古今皆有。

1. 神农

第一个闻到茶香味的可以说是神农了。《茶经》中记载，“茶之为饮，发乎神农氏，闻于鲁周公”。由此看来，早在神农时期，茶及其药用价值已被发现，并由药用逐渐演变成日常生活饮品。

2. 陆羽

陆羽与茶也结下了不解之缘。他生前爱茶，并著有《茶经》一书，将与茶有关的知识介绍得极为详细。除此之外，陆羽开创的茶叶学术研究，历经千年，研究的门类更加齐全，研究的手段也更加先进，研究的成果更是丰盛，茶叶文化得到了更为广泛的发展。陆羽的贡献也日益为中国和世界所认识。陆羽逝世后不久，他在茶业界的地位就渐渐突出了起来，不仅在生产、品鉴等方面，就在茶叶贸易中，人们也把陆羽奉为神明，凡做茶叶生意的人，多用陶瓷做成陆羽像，供在家里，认为这样做对其生意有帮助。

3. 皎然

说到诗僧，大家一定会想到皎然，他是南朝大诗人谢灵运的十世孙。其实，他不仅爱诗，更爱茶。他与陆羽常常论茶品味，并以诗文唱和。其作品之中对茶饮的功效，地方名茶特点等都有介绍。

皎然博学多识，著作颇丰，有《杼山集》十卷、《诗式》五卷、《诗评》三卷及《儒释交游传》、《内典类聚》、《号呶子》等著作，时至今日仍被无数茶人捧读。

4. 卢仝

卢仝，唐代诗人，他好茶成癖，诗风浪漫。他曾著《走笔谢孟谏议寄新茶》诗，传唱千年而不衰。其中最为著名的是“七碗”之吟，即：“一碗喉吻润，二碗破孤闷。三碗搜枯肠，唯有文字五千卷。四碗发轻汗，平生不平事，尽向毛孔散。五碗肌骨清。六碗通仙灵。七碗吃不得也，唯觉两腋习习清风生。”其诗中将他对茶饮的感受及喜爱之情皆展现出来，由此我们也能看出他与茶的感情至深，真可谓“人以诗名，诗则又以茶名也”。

5. 张岱

张岱认为人的一生应有爱好嗜好，甚至应该有“癖”，有“瘾”。那么，他的诸多爱好与嗜好中，称之为“癖”的非“茶癖”莫属了，这决非溢美之辞。种种史料表明，他对绍兴茶业的发展作出过极大的贡献，在《兰雪茶》一文中他说：“遂募歙人人日铸。勺法、掐法、挪法、撒法、扇法、炒法、焙法、藏法，一如松萝。”兰雪一经出现后，立即得到人们的好评，绍兴人原来喝松萝茶的也只喝兰雪茶了，甚至在徽州各地，原来唯喝松萝茶的也改为兰雪茶，只喝兰雪茶了。他不仅创制了兰雪茶新品种，还发现和保护了绍兴的几处名泉，如“禊泉”、“阳和泉”等，使绍兴人能用上上等泉水煮茶品茗。由此看来，张岱与茶真如莫逆之交一样。

6. 曹雪芹

一部《红楼梦》让人记住了曹雪芹的名字，也同时看出了作者是个品茶好手。曹雪芹创作的许多诗词都可以在《红楼梦》中寻找到踪迹，例如“倦乡佳人幽梦长，金笼鹦鹉唤茶汤 ”；“ 静夜不眠因酒渴，沉烟重拨索烹茶”；“却喜侍儿知试茗，扫将新雪及时烹”。这些诗词将他的诗情与茶意相融合，为后人留下的不仅是诗词，同时也是无数与茶相关的知识。

另外，妙玉以雪烹茶等详细描写，更衬托出作者对茶的热爱；贾府中不同院落里的精致茶器，也从另一个角度突出了院落主人的性情以及贾府的奢华。我们不难看出，曹雪芹的确可称为爱茶之人。

7. 巴金

著名文学家巴金老人很早就与潮汕工夫茶结缘。已故作家汪曾祺在《寻常茶话》中记载：“1946 年冬，开明书店在绿杨村请客。饭后，我们到巴金先生家喝工夫茶。几个人围着浅黄色老式圆桌，看陈蕴珍（萧珊）表演：濯器、炽炭、注水、淋壶、筛茶。每人喝了三小杯。我第一次喝工夫茶，印象深刻。这茶太酽了，只能喝三小杯。在座的除巴先生夫妇，有靳以、黄裳。一转眼，四十三年了。靳以、萧珊都不在了。巴老衰病，大概没有喝一次工夫茶的兴致了。那套紫砂茶具大概也不在了。”

巴金老人平时喝茶很随意，用的是白瓷杯，后来，著名制壶大师许四海去拜访，用紫砂壶冲泡法为他冲泡了乌龙茶。茶还没喝时，一股清香就已经从壶中飘出，巴金老人一连喝了几盅，连连称赞。

8. 汤玛士·立顿

提到汤玛士·立顿，可能有许多人不知道他是谁，但提起“立顿”这个品牌，相信大家一定不会陌生。他就是立顿红茶的创办人，以“让全世界的人都能喝到真正的好茶”为口号，让“立顿”这个品牌响彻全球。

汤玛士对红茶极其热衷，他发现红茶会因水质不同有口味上的微妙差异，例如：适合曼彻斯特水质的红茶来到伦敦便完全走味，于是他想了个办法，让各地分店定期送来当地的水，再配合各地不同的水质创立不同的品牌。除此之外，他卖茶的方式也与众不同，以前的茶叶都是称重量，而他将茶叶分为许多不同重量的小包装，并在上面印有茶叶品质，这种独特的方式令许多人争相购买起来。

时至今日，由汤玛士奠定的基础，及后人对的求新求变，使立顿红茶行销全世界。“立顿”几乎成为红茶的代名词，在世界各个角落都能品尝到它的芳香。

从古至今，从中国到海外，茶与无数名人都结下了深厚的缘分。人们爱茶、敬茶，而茶叶将其独特的馥郁芬芳留给了每个喜爱它的人。到了今天，仍有无数名人与茶为伴，品味着一个又一个清幽雅致的故事。

有关茶的著作

一代又一代名人留下无数与茶相关的作品，其中对茶叶的记载算得上极尽详细，这些著作可以称得上是我国无数瑰宝之一，值得现今所有爱茶之人借鉴。

1.《茶经》

《茶经》创作于“茶圣”陆羽之手，是世界历史上第一本全面介绍茶的概况的专著，被誉为“茶叶百科全书”。这本书分别从茶的起源、采茶的用具、采茶的方法等10个方面详细地论述了茶叶生产的历史、现状、生产技术以及饮茶技艺，茶道原理。它不仅是一部精辟的农学著作，还是一本阐述茶文化的书，同时也将普通茶事升格为一种美妙的文化艺能，不仅推动了中国茶文化的发展，也在世界范围内广为流传，开创了中华茶艺与茶道的先河。

2.《茶录》

《茶录》是宋代重要的茶学专著，作者蔡襄。全书分为两篇。其文虽不长，但自成系统。全书分为两篇，上篇论茶，下篇论茶器。上篇中对茶的色、香、味和藏茶、炙茶、碾茶、罗茶、候汤、盏、点茶作了简明扼要的论述，主要论述茶汤品质和烹饮方法。在下篇中，分茶焙、茶笼、砧椎、茶铃、茶碾、茶罗、茶盏、茶匙、汤瓶9目。下篇中对制茶用具和烹茶用具的选择，均有独到的见解。值得注意的是，全书各条均是围绕着“斗试”这一内容的，其上篇各条，与下篇各条均成一一对应，形成一个完整的体系。因而，《茶录》应是一部重要的茶艺专著，也是继陆羽《茶经》之后最有影响的论茶专著。

3.《煎茶七类》

从茶史上论，徐渭的《煎茶七类》稿是中国茶道之至论，而且这文稿的形成和出现，又有着引人导幽探秘之魅力。全书250字左右，分为人品、品泉、煎点、尝茶、茶候、茶侣、茶勋七则。

4.《僮约》

《僮约》是王褒的作品中最有特色的文章，也是一篇极其珍贵的历史资料，文章中记述了他在四川时亲身经历的事。在《僮约》中有这样的记载："脍鱼炮鳖，烹茶尽具"；"牵犬贩鹅，武阳买茶"。由此我们可以知道，四川地区是全世界最早种茶与饮茶的地区；武阳地区是当时茶叶主产区和著名的茶叶市场。因而，《僮约》这篇文章可称得上是我国，也是全世界最早的关于饮茶、买茶和种茶的记载。

5.《大观茶论》

《大观茶论》是宋代皇帝赵佶关于茶的专论。全书共20篇，其中对北宋时期蒸青团茶的产地、采制、烹试、品质、斗茶风尚等均有详细记述。其中"点茶"一篇，见解精辟，论述深刻，书中记载：点茶讲究力道的大小，力道和工具运用的和谐。它对手指、腕力的描述尤为精彩，整个过程点茶的乐趣、生活的情趣跃然而出，这不仅从一个侧面反映了北宋以来我国茶业的发达程度和制茶技术的发展状况，也为我们认识宋代茶道留下了珍贵的文献资料。

就内容而言，《大观茶论》可以说是有关茶的知识的入门之作，主要在于它提出了以下几种观点：提出了"阴阳相济，则茶之滋长得其宜"的观点；关于天时对茶叶优劣的影响，它提出了"焙人得茶天为庆"的观点；对制茶过程，它提出了"洁净宜热良"的要求。《大观茶论》的最大特点就是把深刻的哲理与生活情趣寓于对茶的极其简明扼要的论述中，使后人能够更容易理解。

6.《品茶要录》

《品茶要录》是黄儒著于宋代熙宁八年（1075年）的茶学专著。全书10篇，分别提出与茶有关的10种方法：一说采造过时，则茶汤色泽不鲜白，水脚微红，及时采制的佳品茶汤色鲜白；二说白合盗叶，茶叶中掺入了鳞片、鱼叶而使茶味涩谈；三说入杂，讲如何鉴别掺入的其他叶片；四说蒸不熟；五说过熟；六说焦釜；七说压黄；八说渍膏；九说伤焙；十说辨，谈壑源、沙溪两块茶园，其地相比虽只隔一岭，相距无数里，但茶叶品质相差很大，说明自然环境对茶叶品质的影响。最后指出芽细如麦，鳞片未开，阳山砂地之茶为佳品。

本书对茶叶采制得失对品质的影响作出了仔细分析，并提出对茶叶欣赏鉴别的标准，对审评茶叶具有一定参考价值，值得爱茶之人借鉴参考。

7.《茶谱》

《茶谱》的作者为朱权，他是明太祖朱元璋之第十七子。全书除了绪论外，可分为十六则，其中绪论部分简单地介绍了茶事是雅人之事，可用于修身养性。正文首先指出了茶的功效，包括“解酒消食，除烦去腻”、“助诗兴”、“倍清淡”、“伏睡魔”、“中利大肠，去积热化痰下气”等。除了对茶功效的记载，《茶谱》中还提到了饮茶器具，例如炉、灶、磨、碾、罗、架、匙、筅、瓯、瓶等，列举得极为详细。

朱权在这本专著中提出了许多观点，例如：他觉得在诸多茶书之中，唯有陆羽和蔡襄得到了茶中的真谛，对茶的理解较为深刻；他还认为，饼茶不如叶茶好，原因是叶茶保存了可以保留原有茶叶的色香味形等特色。朱权对茶的领悟可谓极高，他将品茶提升到一个全新的层次，以他所言为：“会泉石之间，或处于松竹之下，或对皓月清风，或坐明窗静牖，乃与客清淡款语，探虚立而参造化，清心神而出神表。”他在著作中指出，这是饮茶的最高境界。

我国留下的有关茶著作很多，每一部都是茶文化的精髓，亦是中国传统文化的瑰宝，值得每个爱茶之人学习。

茶诗

诗，文学体裁的一种，通过有节奏、韵律的语言反映生活，抒发情感。在茶文化中，茶诗是很有特色的。翻开中国茶文化史，我们可以看到无数与茶相关的诗词，既表达了诗人对茶的喜爱之情，同时也将茶与诗的魅力结合在一起。由此看来，茶诗不愧为中华茶文化宝库中的灿烂明珠。

1.《荈赋》

有关人士分析，最早的茶诗要数晋代杜育所写的《荈赋》了，但也有人认为，“赋”并不算是诗，只是古代文体的一种。但无论如何，茶诗源于晋代，这是个不争的事实，现在，我们将《荈赋》的全诗呈上：

灵山唯岳，奇产所钟。
厥生荈草，弥谷被岗。
承丰壤之滋润，受甘霖之霄降。
月唯初秋，农功少休，结偶同旅，是采是求。
水则岷方之注，挹彼清流；器择陶简，出自东隅；
酌之以匏，取式公刘。唯兹初成，沫成华浮，焕如积雪，晔若春敷。

该诗简单地从茶叶的生长环境开始介绍，又描述了茶农不辞劳苦采茶的情景，接着描写烹茶所选择的水源、器具以及品茶之后的艺术美感。可以说，全诗将与茶有关的事宜描述得极为详细，给人一种身临其境的感觉，仿佛这幅画面呈现在人们眼前一样。

2.《答族侄僧中孚赠玉泉仙人掌茶》

常闻玉泉山，山洞多乳窟。
仙鼠如白鸦，倒悬清溪月。
茗生此中石，玉泉流不歇。
根柯洒芳津，采服润肌骨。

从老卷绿叶，枝枝相接连。
曝成仙人掌，似拍洪崖肩。
举世未见之，其名定谁传。
宗英乃禅伯，投赠有佳篇。
清镜烛无盐，顾惭西子妍。
朝坐有馀兴，长吟播诸天。

此诗是一首咏茶名作，字里行间无不赞美饮茶之妙，为历代咏茶者赞赏不已。由此可以看出，诗仙李白是一个评茶行家，诗中仅寥寥几句，就把茶叶的生长环境、药用功效以及制作方法描述得惟妙惟肖。

3.《双井茶》

西江水清江石老，石上生茶如凤爪。
穷腊不寒春气早，双井芽生先百草。
白毛囊以红碧纱，十斤茶养一两芽。
宝云日铸非不精，争新弃旧世人情。
君不见建溪龙凤团，不改旧时香味色。

这首诗的作者是北宋诗人欧阳修，也是一位嗜茶爱茶之人，他的诗文不算多，但却很精彩。他沉宦40年，上下往返，窜斥流离。晚年他作诗自述，欲借咏茶感叹世路之崎岖，却也透露了他仍不失早年革新政治之志。本诗说的是人与茶的关系，以茶喻人。其中含义为：佳茗不可得，就好比君子之质，也是可遇而不可求的。当然，这里更直接的是述说了他一生饮茶的癖好，至老亦未有衰减。

4.《观采茶作歌》

前日采茶我不喜，率缘供览官经理；
今日采茶我爱观，吴民生计勤自然。
云栖取近跋山路，都非吏备清跸处，
无事回避出采茶，相将男妇实劳劬。
嫩荚新芽细拨挑，趁忙谷雨临明朝；
雨前价贵雨后贱，民艰触目陈鸣镳。
由来贵诚不贵伪，嗟哉老幼赴时意；
敝衣粝食曾不敷，龙团凤饼真无味。

相传，这首诗是乾隆皇帝巡视杭州时在龙井茶区所作。本诗先写的乾隆去观采茶前的心情，以前不喜欢是因为由官员经理，现在是看百姓采茶，自己却有兴趣了。后三句写的是期间经历所见。后面又写了观采茶后的想法。本诗既体现出乾隆观农务时的欢乐心情，康乾盛世，国泰民安，故而有闲观采茶，体民情；还表现了乾隆观采茶后心底油然发觉诚信最可贵，为政者要真切体察百姓的辛苦，而不是虚伪的关怀，如果不是今天看到茶农如此艰苦辛劳，自己喝再好的茶叶也无法体会茶的真实味道。

5.《一言至七言诗》

茶
香叶，嫩芽。
慕诗客，爱僧家。
碾雕白玉，罗织红纱。
铫煎黄蕊色，碗转曲尘花。
夜后邀陪明月，晨前命对朝霞。
洗尽古今人不倦，将知醉后岂堪夸！

这首《一言至七言诗》是我国唐朝诗人元稹所作。这种“一七体”诗歌是唐朝一种古体诗种，常称“宝塔诗”，由于这种诗体格律规范较严，过分讲究形式，因此，创作难度极大。此诗将“一七体”这种诗体运用如神、对仗工整、妙趣横生。

元稹与白居易为挚友，此诗是元稹等人欢送白居易以太子宾客的名义去洛阳，在兴化亭送别时，白居易以“诗”为题写了一首，元稹以“茶”为题写了这首诗。当时白居易心情较为低落，临别之际，元稹咏诗劝慰。

诗人咏茶，起句点题。诗中二三句赞茶质优，暗喻白居易品质优秀。四五句写茶受诗客与僧家爱慕，实言好友深受爱慕。“碾雕白玉，罗织红纱。铫煎黄蕊色，碗转曲尘花。”写茶的外形和碾磨，煎茶及茶汤的色泽、形态。接着写诗人与茶的情谊深厚。最后夸茶“洗尽古今人不倦”的功效。元稹用诗劝慰白居易，表达了两人之间真挚的感情，同时，这种诗歌也将元稹的才情展露无余。

6.《谢李六郎中寄新蜀茶》

故情周匝向交亲，新茗分张及病身。
红纸一封书后信，绿芽十片火前春。
汤添勺水煎鱼眼，末下刀圭搅麴尘。
不寄他人先寄我，应缘我是别茶人。

这首诗的作者是我国唐代诗人白居易，他是我国伟大的现实主义诗人，也是在文学史上负有盛名且影响深远的文学家。白居易不仅诗写得好，还是一个品茶行家。他本人亲自种过茶树，对茶叶了解颇深，也常常得到亲友们馈赠的茶叶。

这首《谢李六郎中寄新蜀茶》描写了与李六郎中之间的深厚交情，同时，最后两句“不寄他人先寄我，应缘我是别茶人”表明了白居易是一个品茶行家。

茶诗

我国流传下来的茶诗数以千计，各种诗词体裁一应俱全。诗是有感而发、触景生情的产物。一首好诗，寥寥几字，却饱含着千言万语。当我们读着那些散发着墨香的文字时，一定会领悟当时诗人那种旷达幽怨的宁静心绪与对茶的浓浓喜爱之情。

茶画

茶与画的关系既简单又微妙，画与象形文字有关，而茶能催发人的灵感，因此，有关茶的画作很多。茶入画后可以提升画的意境，而通过画的衬托又可以使茶更添加几分雅致。以茶为画的主题一来能使茶画区别于其他画作，二来也可以反映出当时社会对茶事的热衷程度以及社会史实与茶事变迁的关系。我国的茶画很多，茶画艺术也是始终遵循着生活轨迹而发展的，但也像书法一样，建立在毛笔和绢纸等工具基础上。以下我们简单介绍一下我国比较著名的茶画：

1.《惠山茶会图》

《惠山茶会图》为明代画家文徵明所作。在诗文上，他与祝允明、唐寅、徐真卿并称“吴中四才子”；在画史上与沈周、唐寅、仇英合称“吴门四家”。文徵明的艺术造诣极为全面，其诗、文、画无一不精，能青绿，亦能水墨，能工笔，亦能写意，山水、人物、花卉、兰竹等无一不工，并具有其独特的风格，人称是“四绝”的全才。

文徵明画风重于“神会意解”而不拘泥于“一笔一墨之肖”，故文徵明画个性鲜明，神韵流动。他曾创作大量有关茶事的绘画作品，其中以《惠山茶会图》最为著名。

《惠山茶会图》描绘的是清明时节文徵明与友人游惠山时煮茗品饮的情景。茶会的地点山岩突兀，繁树成阴，树丛有井亭，岩边置竹炉，文徵明与友人围坐井亭。幽静的林间，有的人在亭中休息待饮，有的观赏山景，一茶童忙碌备茶，由此看来，整幅画正是茶会未开之时。整幅画面人物古雅，线条简洁流畅，充分展现了古时文人淡泊高远的精神面貌。

2.《玉川烹茶图》

《玉川烹茶图》为明代画家丁云鹏所作。他早年人物画工整秀雅，晚期趋于沉着古朴，前后变化比较明显。丁云鹏最擅长的是佛教题材，佛祖、菩萨、罗汉在他笔下既栩栩如生，又庄严肃穆。除此之外，他在山水画上也有一定造诣，在师法宋元基础上，自具风格，亦能作兰草，有《楚泽流芳图》存世。丁云鹏生活于雕板、制墨业发达的徽州，还为书刊画了不少插画，对于新安木刻画的发展起到了一定作用。

《玉川烹茶图》中画的是花园的一隅，两棵高大芭蕉下的假山前坐着主人卢仝，也就是玉川子，这也是该画名字的由来。图中还画了一个老仆提壶取水，另一老仆双手端来捧盒，卢仝身边石桌上放着泡茶所用的茶具，只见他左手持羽扇，眼睛凝视着炉火上的茶壶，栩栩如生，如同卢仝真正在烹茶一样。整幅画造型优美典雅，风格独特。

3.《调琴啜茗图》

《调琴啜茗图》为唐代画家周昉所作。据当时人记载，周昉画作的特点是：“衣裳劲简”，“彩色柔丽”，其所描绘的妇女形象是“以丰厚为体”，这些特点都可以在他现存的作品《挥扇仕女图》、《簪花仕女图》中见到。

《调琴啜茗图》画的是三个贵族女子，一个调琴，一个拢手端坐，一个侧身向调琴者，手持盏向唇边，另外还有两个侍女站立。画中表现两个妇女在安静地期待着另一个妇女调弄琴弦准备演奏。其中啜茶的背影和调弄琴弦的细致动作，都被描画得很精确而富有表现力。这幅画，旁边衬以树木浓阴，嶙峋怪石，渲染出十分恬适的气氛。又通过刹那间的动作姿态，描绘出古代贵族妇女在无所事事的单调生活中的悠闲心情。

4.《萧翼赚兰亭图》

《萧翼赚兰亭图》为唐代阎立本根据唐代何延之《兰亭记》的故事所作。画面中描绘的是唐太宗御史萧翼从王羲之第七代传人的弟子袁辩才的手中将“天下第一行书”《兰亭集序》骗取真迹的故事。画面中狡猾的萧翼向袁辩才索画，当时辩才已年逾古稀，但神情淡定，有佛门二人相对而坐，侍者僧立于其间，右为烹茶的老者和侍者。老者端坐在蒲团上，手持“茶夹子”准备搅动釜中刚投入的茶末，侍童弯腰手持茶托茶盏，准备“分茶”入盏，右下角还画有方茶桌，放着茶碾、茶罐等器物。图中的每个人物及细节都被他刻画得细致入微。

由这幅画中，我们不仅看出了阎立本高超细致的画图技巧，同时也能看到当时社会与茶的关系是紧密相连的。

5.《事茗图》

茶画

《事茗图》为明代唐寅所作。据史料记载，唐寅玩世不恭而又才气横溢，他擅画山水、人物、花鸟；其山水画中山重岭复，以小斧劈皴为之，雄伟险峻，而笔墨细秀，布局疏朗，风格秀逸清俊；人物画多为仕女及历史故事，线条清细，色彩艳丽清雅，体态优美，造型准确；其花鸟画，长于水墨写意，洒脱随意，格调秀逸。

这幅《事茗图》所描绘的是文人雅士夏日品茶的生活景象。群山飞瀑，巨石巉岩，山下翠竹高松，山泉蜿蜒流淌，一座茅舍藏于松竹之中，环境清幽。屋中厅堂内，一个人伏案观书，案上放置着书籍、茶具等物品，一童子煽火烹茶。屋外板桥上有客来访，一童携琴随后。整幅画面线条秀润流畅，笔工精致细腻，墨色渲染得也极其柔和，似乎能使人透过画面听见潺潺水声，闻到淡淡茶香，生动至极，也代表了唐寅独特的艺术风格。

画是独特的传统文化，经过层层积累而炼就的综合艺术。茶画也是如此，它记载了我国从古至今的社会与生活图景，同时也向世界展示出茶文化的魅力。

茶联

茶联是以茶为题材的对联，是茶文化的一种文学艺术兼书法形式的载体，也是中国茶文化中的一朵奇葩。茶联包括：茶的对联，茶店对联，茶庄对联，茶文化对联，茶楼对联，茶馆对联，等等。在各地的茶馆、茶道馆、茶艺馆、茶楼、茶坊、茶室、茶叶店等地都可以见到茶联的风采。在此，我们共同欣赏一下它们的魅力吧：

（1）北京前门“老舍茶馆”的门楼两旁挂有这样一副对联：大碗茶广交九州宾客；老二分奉献一片丹心。

（2）杭州“茶人之家”正门门柱上的茶联是：一杯春露暂留客；两腋清风几欲仙。店中会客室门前木柱上的茶联是：得与天下同其乐，不可一日无此君。陈列室中的茶联是：龙团雀舌香自幽谷；鼎彝玉盏灿若烟霞。

（3）福州南门外的茶亭悬挂的茶联是：山好好，水好好，开门一笑无烦恼；来匆匆，去匆匆，饮茶几杯各西东。

（4）绍兴的驻跸岭茶亭曾挂过一副茶联为：一掬甘泉好把清凉洗热客；两头岭路须将危险话行人。

（5）蜀地早年有家茶馆，同时也经营酒业。其大门两边有这样一幅茶酒联：为名忙，为利忙，忙里偷闲，且喝一杯茶去；劳心苦，劳力苦，苦中作乐，再倒一杯酒来。

我国还有一些茶联所写的内容都是各类名茶，有的形容茶叶外形，有的形容冲泡后的色泽以及香味，总之，五花八门，种类繁多，那么我们就看一下这类茶联究竟有哪些：

（1）题西湖龙井茶：

院外风荷西子笑；明前龙井女儿红。

（2）题太湖碧螺春：

碧螺飞翠太湖美；新雨吟香云水闲。

试待清明风景画；素描谷雨碧螺春。

（3）题黄山毛峰茶：

毛峰竞翠，黄山景外无二致；兰雀弄舌，震旦国中第一奇。

（4）题庐山云雾茶：

秀出东南，匡庐奇秀甲天下；香飘内外，云雾醇香益寿年。

欲识庐山真面目；兴吟云雾好茶诗。

（5）题君山银针茶：

川迴洞庭开，君山拔萃尘心去；境清天趣尽，云彩镶金好月来。

淡扫明湖开玉镜；妙着神笔画君山。

川迴洞庭开美景；金镶玉色画君山。

金镶玉色尘心去；川迴洞庭好月来。

（6）题武夷岩茶：

碧玉瓯中翠涛起；武夷山外美名扬。

（7）题安溪铁观音茶：

七泡余香溪月露；满心喜乐岭云涛。

茶与茶联

（8）题祁门红茶：

祁红特绝群芳最；清誉高香不二门。

（9）题冻顶乌龙茶：

冻顶乌龙腾四海；茶中圣品味一流。

（10）题云南普洱茶：

香陈九畹芳兰气；品尽千年普洱情。

（11）题苏州茉莉花茶：

窨得茉莉无上味；列作人间第一香。

除此之外，我国还有许许多多的茶联，它们有的被注册为商标，有的被作为签名，有的被用于茶叶外包装，还有的被网友注册为网名昵称。以下列举一些，仅供大家参考：

（1）趣言能适意；茶品可清心。

（2）草泥来趁蟹傲建；茗鼎香伴小龙团。

（3）四大皆空，坐片刻无分你我；两头是道，吃一盏莫问东西。

（4）韩信点兵，多多益善；关公仗义，旺旺大吉。

（5）扫来竹叶烹茶叶；劈碎松根煮菜根。

（6）人间珠宝何足取；宜兴紫砂最要得。

（7）争新买宠各出色；献艺看茶三咏香。

（8）诗写梅花月；茶烹谷雨香。

（9）若能杯酒比名淡；应信村茶比酒香。

（10）汲来江水烹新茗；买尽青山当画屏。

（11）陆羽知音偏好饮；清风无处不宜人。

（12）花笺茗碗香千载；云影波光活一楼。

（13）酒醒饭饱茶香；花好月圆人寿。

（14）泉从石出情宜冽；茶自峰生味更圆。

（15）茗外风清移月影；壶过夜静听松涛。

（16）紫芽白蕊岭头来，吃茶且坐；陆羽觉农圣驾去，余韵犹香。

如果有条件，我们也可以在家庭茶室中悬挂这样的茶联，既可以美化环境，同时又能增强文化气息，促进品茗的乐趣。相信在品茶之余，细细读来，一定更能体会到中国茶文化的魅力。

茶与歌舞

茶歌与茶诗、茶画的情况一样，都是由茶文化派生出来的一种与茶相关的文化现象。现存资料显示，最早茶歌是陆羽茶歌，皮日休在《茶中杂咏序》中就这样记载："昔晋杜育有荈赋，季疵有茶歌。"但可惜的是，陆羽的这首茶歌已经散佚，具体内容已无从考证。

不过在唐代中期，一些茶歌还能被找到，例如皎然的《茶歌》、卢仝的《走笔谢孟谏议寄新茶》、刘禹锡的《西山兰若试茶歌》等几首。

到了宋代，由茶叶诗词而传为茶歌的这种情况较多，如熊蕃在十首《御苑采茶歌》的序文中称："先朝漕司封修睦，自号退士，曾作《御苑采茶歌》十首，传在人口。"这里所说的“传在人口”，就是指在百姓间传唱歌曲。

有些人对卢仝的《走笔谢孟谏议寄新茶》有些疑问，认为这首诗在唐代并没有当作茶歌来唱。这虽然没有详细资料查考，但宋代王观国的《学林》就提到了“卢仝茶歌”或“卢仝谢孟谏议茶歌”，由此看来，至少在宋代，这首诗已经配乐演唱了。

以上介绍的茶歌都是诗歌加以配乐得成，正如《尔雅》所说：“声比于琴瑟曰歌”；《韩诗章句》也有记载：“有章曲曰歌”，它们都认为诗词只要配以章曲，声之如琴瑟，那么这首诗也就可以称其为歌了。

茶歌的另一种来源是由茶谣开始，即完全是茶农和茶工自己创作的民歌或山歌。茶农在山上采茶，面对着鸟语花香、天高气爽的环境，忍不住就开始放声歌唱。如清代流传在每年到武夷山采制茶叶的江西劳工中的歌，其歌词称：

清明过了谷雨边，背起包袱走福建。
想起福建无走头，三更半夜爬上楼。
三捆稻草搭张铺，两根杉木做枕头。
想起崇安真可怜，半碗腌菜半碗盐。
茶叶下山出江西，吃碗青茶赛过鸡。
采茶可怜真可怜，三夜没有两夜眠。
茶树底下冷饭吃，灯火旁边算工钱。
武夷山上九条龙，十个包头九个穷。
年轻穷了靠双手，老来穷了背竹筒。

类似由民谣改编的茶歌还有许多，不过当时茶农采制的茶往往都要作为贡茶献给宫廷，其辛苦程度也可想而知。因此，不少茶歌都是描绘茶农悲苦生活的，例如《富春江谣》，歌是这样唱的：

富春江之鱼，富阳山之茶。
鱼肥卖我子，茶香破我家。
采茶妇，捕鱼夫，官府拷掠无完肤。
昊天何不仁？此地亦何幸？
鱼何不生别县。茶何不生别都。
富阳山，何日摧？富阳水，何日枯？
山摧茶亦死，江枯鱼始无！
戏，山难摧，江难枯。
我民不可苏！

有个官吏韩邦奇，给皇上奏章，用了这首歌谣，皇上大怒，说：“引用贼谣，图谋不轨。”韩邦奇为此差点丢了命。由此看来，君王杯中茶，俨然是百姓辛酸泪啊！

这些茶歌开始并没有形成统一的曲调，后来唱得多了，也就形成了自己的曲牌，同时还形成了“采茶调”，致使采茶调和山歌、盘歌、五更调、川江号子等并列，发展成为我国

南方的一种传统民歌形式。当然，采茶调变成民歌的一种格调后，其歌唱的内容，就不一定限于茶事或与茶事有关的范围了。

边唱茶歌，边手足起舞，便成了茶舞。以茶事为内容的舞蹈可能发展较早，但在元代和明清期间，我国舞蹈经历了一段衰败阶段，因而在史料中对我国茶舞的记载很少。现在能被人们所知道的，仅仅是流行于我国南方各省的“茶灯”或“采茶灯”。

茶灯是福建、江西、湖南、湖北、广西等省采茶灯的简称，是过去汉族比较常见的一种民间舞蹈形式。茶灯在广西被称为壮采茶和唱采舞；在江西，人们还称其为茶篮灯和灯歌；在湖南湖北，也被称为采茶和茶歌。

这种茶舞在各地有着不同的名字，连跳法也有所不同。但一般来说，跳舞的人往往是一男一女或一男二女，有时人数会更多。跳舞者腰中系着绸带，女人左手提着茶篮，右手拿着扇子，边唱边跳，清新活泼，表现了姑娘们在茶园劳动的勤劳画面；男人则手拿钱尺，以此作为扁担或锄头，同样载歌载舞。

这种茶灯舞属于汉族的民间舞蹈，而我国其他民族也有类似的以敬茶饮茶为内容的舞蹈，也可以看成一种茶舞。例如云南白族的人们，他们手中端着茶或酒，在领歌者的带领下，唱着茶歌，弯着膝盖，绕着火塘转圈圈，以歌纵舞，以舞狂歌；彝族与白族类似，老老少少也会在大锣和唢呐的伴奏下，手端茶盘或酒盘，边舞边走，把茶、酒一一献给每位客人，然后再边舞边退。

中国现代最著名的茶舞，当推音乐家周大风先生作词作曲的《采茶舞曲》。这个舞中有一群江南少女，载歌载舞，将江南少女的美感与茶的风韵融合在一起，使满台生辉，将茶文化的魅力与精髓表现得淋漓尽致。

茶歌、茶舞的兴起，让我国的茶文化变得更加鲜活灵动、多姿多彩。试想一下，当人们在茶园中采茶时，面对着绿油油的茶树，温暖和煦的阳光，唱起歌跳起舞，一定会是一副极其美妙的画面。

茶与婚礼

我国古人常把茶与婚姻联系起来，他们认为，茶代表坚贞、纯洁的品德，也象征着多子多福。且有人认为“茶不移本，植必生子”，与我国古代广泛流行的婚姻观念极其吻合，所以茶与婚礼的各种习俗一直流传至今。如果想知道茶与婚礼有什么习俗，就请看以下的的简单介绍：

1. 送茶

送茶即男方家向女方家“求喜”、“过礼”。我国云南一些少数民族，男方向女方求婚时要带上茶叶等物品，只有女方收下“茶礼”，婚事才算定下，否则，女方就要把这些礼物退给男方。另外，在我国湖南的一些民族中，男方向女方送茶时，必须要带上“盐茶盘”，即用灯芯染色组成“鸾凤和鸣”、“喜鹊含梅”等图案，又用茶和盐将盘中的空隙堆满。如果女方接受盐茶盘，那么就表示答应男方的求喜，双方确定婚姻关系。

送茶的这一过程与订婚相似，我国各地都有类似的仪式，虽然相差很大，但有一点却是共同的，即男方都要向女家送一定的礼品，即“送小礼”和“送大礼”。这样才会把亲事定下来。但无论送什么礼品，除首饰、衣料、酒与食品之外，茶都是不可少的。送过小礼之后，过一定时间，还要送大礼，有些地方送大礼和结婚合并进行，也称“送彩礼”。大礼送的衣料、首饰、钱财比小礼多；视家境情况，多的可到二十四抬或三十二抬。但大礼中，不管家境如何，茶叶、龙凤饼、枣、花生等一些象征性礼品，也是不可缺少的。当女方收到男家的彩礼之后，也要送些嫁妆，虽然嫁妆随家庭经济条件而有多寡，但不管怎样，一对茶叶罐是省不掉的。由此看来，茶与婚礼的关系实在紧密。

2. 吃茶

明人郎瑛在《七修类稿》中，有这样一段说明：“种茶下子，不可移植，移植则不复生也，故女子受聘，谓之吃茶。”在婚俗中，“吃茶”意味着许婚。在浙江某些地区媒人奔波于男女双方之间的说合，俗称“食茶”，是旧时的汉族的一种婚俗。媒人受到男方之托，向女方提亲，如果女方应允，则用桂圆干泡茶、或用三只水泡蛋招待，俗称“食茶”。当地将其称为“圆眼茶”和“鸡子茶”。

汉族“吃茶”和订婚的以茶为礼一样，都带有“从一”的意思，而我国其他民族结婚时赠茶和献茶，多数只将其作为生活的一种礼俗而已。例如宁浪地区的普米族结婚，还残留有古老的“抢婚”风俗。男女两家先私下商定婚期，届时仍叫姑娘外出劳动，男方派人偷偷接近姑娘，然后突然把姑娘“抢”了就走。边跑边高声大喊：“某某人家请你们去吃茶！”女方亲友闻声便迅速追上“夺回”姑娘，然后再在家正式举行出嫁仪式。由此看来，这与汉族的“吃茶”在很大程度上有所不同，因此，“吃茶”这个词也不能一概而论。

3. 三茶

三茶是旧时汉族的婚俗之一，指订婚时的“下茶”，结婚时的“定茶”，同房时的“合茶”。这种习俗现在虽然已经不常见了，但在某些地区仍然还有些痕迹。“三茶”有其独特的意义：媒人上门提亲，沏以糖茶，含有美言之意；男子上门相亲，置贵重物品或钱钞于杯中送还女方，如果姑娘收下则为心许，随即会递送一杯清茶；入洞房前，还要以红枣、花生、龙眼等泡入茶中，并拌以冰糖招待客人，为早生贵子跳龙门之美意。

4. 新婚请茶

新婚请茶是汉族的婚俗，现在许多地方仍有人使用。婚礼宴请男女双方的至亲好友外，为表达对他们的感激，泡清茶一杯，摆糖果、瓜子等几种茶点招待，既节约又热闹亲切。

5. 新婚三道茶

新婚三道茶也被称为“行三道茶”，主要用于新婚男女在拜堂成亲后饮用，通常饮用三道：第一道是两杯白果汤，新郎新娘双手接过第一道茶，对着神龛作揖以敬神；第二道是

莲子红枣汤，新郎新娘将其敬给父母，感谢父母养育之恩；第三道是茶汤，需要两人一饮而尽，意在祈求神灵保佑新人白头到老，夫妻恩爱。

5. 退茶

有的少数民族旧时退茶意味着退婚，退掉了“定亲礼”。如果女方对父母包办的婚姻不满意，不愿意出嫁，就用纸包一包干茶亲自送到男家，把茶叶包放在堂屋桌子上转身就走。这样是含蓄地向男方父母表达辞谢之意，只要不被男家人抓住，婚约就算废除。

6. 离婚茶

离婚茶的习俗来源于滇西的一个地方，也被称为好聚好散茶。这里的人面对离婚时，既不会大吵大闹，也不会出口伤人，他们会选择一个吉日，用喝茶的方式解决自己的感情问题，顺其自然地走向各自的生活。

离婚的过程简单叙述如下：男女双方谁先提出离婚就由谁负责摆茶席，请亲朋好友围坐。长辈会亲自泡好一壶“春尖”茶，递给即将离婚的男女，让他们在众亲人面前喝下。如果这第一杯茶男女双方都不喝完，只象征性地品一下，那么就证明婚姻生活还有余地；如果双方喝得干脆，则说明要继续生活下去的可能很小。

第二杯还是要离婚的双方喝，这一杯较前一杯甜，是泡了米花的甜茶，这样的茶据说是长辈念了 72 遍祝福语的，能让人回心转意。可是如果这样的茶，还是被男女双方喝得见杯底的话，那么就只有继续第三杯。

第三杯是祝福的茶，在座的亲朋好友都在喝，不苦不甜，并且很淡，喝起来简直与温水差不多。这杯茶的寓意很清楚，从今以后，离婚了的双方各奔前程，说不上是苦还是甜。因为离婚没有赢家，先提出离的一方不一定会好过，被背弃的一方说不定因此找到真正的知音。

喝完三杯茶，主持的长辈就会唱起一支古老的茶歌，旋律让人心伤，即将各奔东西的男女听完也会不住地抹眼泪。如果男女双方此刻心生悔意，还来得及握手言和。

整个过程虽然朴素，它送别过无数从此分道扬镳的夫妻，也挽留过不少裂痕不深的婚姻。试想一下，若是现今社会的人们在离婚时能添加这样一个过程，相信也能挽救不少婚姻吧？

茶与祭祀

在我国五彩缤纷的民间习俗中，茶与丧祭的关系也是十分密切的。《南齐书》中就有记载：齐武帝萧赜永明十一年（493 年）在遗诏中称：“我灵上慎勿以牲为祭，唯设饼果、茶饮、干饭、酒脯而已。”由此看来，早在南北朝时就已经将茶与丧祭联系在一起。因此，“无茶不在丧”的观念，在中华祭祀礼仪中根深蒂固。

1. 以茶陪丧

古人认为茶叶有洁净、干燥的作用，茶叶随葬有利于墓穴吸收异味、有利于遗体保存。因此，无论是汉族，还是少数民族，都在较大程度上保留着用茶陪丧的古老风俗。在我国安徽、浙江等某些地区，人们总会先用甘露叶做成一个菱形的附葬品，再在死者手中放一包茶叶。因为人们迷信地认为，人死之后会被灌下“孟婆汤”，目的是为了让死者忘却人间旧事，甚而要将死者导入迷津备受欺凌或服苦役，而如果用这两样东西陪丧，死者的灵魂过孟婆亭时即可以不饮孟婆汤，从而保持清醒，不受鬼役蒙骗。因此，茶叶就成了重要的随葬品之一。

另外，我国湖南某些地区旧时还会在棺木中放置茶叶枕头，即白布制作枕套，用茶叶作为填充料制成枕头。死者枕茶叶枕头的寓意为死者到达阴曹地府之后，如果想喝茶就可以随时取出泡茶；另外，将茶叶放置在棺木内，可消除异味。而在我国江苏的有些地区，死者入殓时要先在棺材底撒上一层茶叶、米粒，到出殡盖棺时再撒上一层茶叶、米粒，这样做的目的在于更好地保存遗体，不受潮，也可除去异味。

2. 以茶驱妖除魔

一般来说，丧葬时使用茶叶多是为死者而准备，但我国福建福安地区却是为活人准备的，也就是当地的“龙籽袋”习俗。旧时，如果当地人家里有人亡故，都要请风水先生选择一块风水宝地以便于埋葬死者。棺木入穴前，香火缭绕，鞭炮齐响，此时风水先生需要在穴中铺上地毯，并洒些茶叶、谷子、豆子以及钱币等物品，接着让亡者家属用地毯将里面的东西收集起来，用布袋装好并封口，将其挂在自家房梁上，以便于长期保存，当地人称其为“龙籽袋”，象征着死者留给家属的“财富”。

当地人认为，茶叶是吉祥之物，能够“驱妖除魔”，保佑死者的子孙财源茂盛，吃穿不愁，同时里面的豆子、谷子也象征着五谷丰登，六畜兴旺。

3. 以茶祭祀

古人还以茶祭祀。古代用茶作祭，一般有三种形式：在茶碗、茶盏中注以茶水；不煮泡只放干茶；不放茶，只置茶壶、茶盅作象征。茶叶不是达官贵人才能独享，用茶叶祭扫也不是皇室的专利。上到皇宫贵族，下至庶民百姓，在祭祀中都离不开清香芬芳的茶叶。他们用茶祭天、地、神、佛，也用来祭鬼魂。无论我国哪一民族，都在较大程度上保留着以茶祭祀的风俗。

湘西有的民族旧时祭祀分为三种：早晨祭早茶神，正午祭日茶神，夜晚祭晚茶神。其

中，祭祀所用的物品以茶为主，并辅以纸钱、米粑等物品。

云南西双版纳有的少数民族地区也有其独特的祭祀习俗。每年夏历正月间，各家派出男性家长，在清晨带一只公鸡到茶树下宰杀，拔下鸡毛连血贴在树干上，边贴边说一些吉利话，据说这样可以使茶树有好收成，表达了他们的期待与盼望。

云南丽江有的少数民族在办丧事时，家人备好点心、米粥供于灵前，一般在吊唁当天五更鸡叫时分进行。此时，子女用茶罐泡茶，再将其倒入茶盅祭祀亡灵。这种祭祀方式被称为“鸡鸣祭”，它表达了家人对死者的怀念。

茶是在我国祭祀发展的较迟阶段上才加入祭品的，以茶祭祀的活动可以说是茶文化发展过程中衍生出来的一种带有封建迷信的副文化。虽然说部分祭祀活动是一种迷信的社会现象，但在某种程度上来说，它减轻了祭祀过程中的浪费，也有一些积极作用。随着国家建设的不断发展，旧有的一些祭祀活动已经被取代，发生了根本性的变化。

茶与谚语

谚语是流传于民间的比较简练而且言简意赅的话语，多数反映了劳动人民的生活实践经验。而茶谚是指关于茶叶饮用和生产经验的概括和表述，并通过谚语的形式，采取口传心记的办法来保存和流传。

茶谚并不是与茶同时产生的，而是在茶叶生产、饮用发展到一定阶段才产生的一种文化现象。可以说，茶谚是人们在种茶采茶制茶等过程中留下的珍贵经验。

我国对茶谚的最早文字记载是唐代苏广的《十六汤品》，里面写道：“谚曰，茶瓶用瓦，如乘折脚骏马登高。”也就是说，当时就已经有茶谚产生了。茶谚不只是我国茶学或茶文化的一宗宝贵遗产，从创作或文学的角度看，它又是中国民间文学中的一朵奇葩。

我国茶谚有很多种，分别讲述与茶相关的不同类别事宜，大概分为以下几类：

1. 揭示茶产地与茶质

“鸟语茶香”，意思是说当百鸟来栖息时，由于茶树上害虫的天敌数量增多，那么茶树必定少受虫害，茶树自然生长得欣欣向荣。

“高山雾多出名茶”，意思是说，名茶与山高多雾有关，包括顾渚紫笋、莫干黄芽等，茶品质好都与雾多有关。

2. 介绍采茶要领与诀窍

采茶要领因春、夏、秋三季茶叶的不同情况而不同，一般来说，这部分茶谚都是教人们适时采摘，合理采摘，合理留养的内容。例如“头茶勿采，二茶勿发”、“清明发芽，谷雨采茶”、“春茶一把，夏茶一头”、“茶叶本是时辰草，早三日是宝，迟三日是草”、“采高勿采低，采密不采稀”、“清明时节近，采茶忙又勤”、“谷雨茶，满地抓”、“立夏茶，夜夜老，小满过后茶变草”、“尖对尖，四十天，混茶当中间”、“插得秧来茶又老，采得茶来秧又草”等。

3. 传授植茶技术与经验

“惊蛰过，茶脱壳。”意思是说，惊蛰雷声起，大地春回，气温逐渐升高，孕育和保护越冬芽的鳞片逐渐张开，也就是说，新茶叶的潜育期到来了。

“留叶采摘，常采不败。”“拱拱虫，拱一拱，茶农要吃西北风。”“茶籽采得多，茶园发展快。”“茶叶不怕采，只要肥料待。”这些茶谚都向人们传授了种植茶叶的经验。

除此之外，还有以下这些：“正月栽茶用手捺”、“向阳好种茶，背阳好插衫”、“桑栽厚土扎根牢，茶种酸土呵呵笑”、“槐树不开花，种茶不还家”、“一年种，二年采”等。

4. 茶叶制作

有一些茶谚是讲茶叶如何制作的，例如：“茶之否臧，存于口诀”、“大锅炒茶对锅保”、“小锅脚，对锅腰，大锅帽”、“抛闷结合，多抛少闷”、“高温杀青，先高后低”、“嫩叶老杀，老叶嫩杀”。

5. 讲述茶品

“山间乃是人家，清香嫩蕊黄芽。”意思为，茶的产地以山区为佳，以嫩蕊黄芽之鲜美与清香作为茶叶高品质的标准。

“嫩香值千金”是对新茶嫩芽的赞美，新茶嫩芽多有茸毛，是白毫的特点。另外，因白毫富含的咖啡碱是茶叶片上的精华，对人们的健康极其有利，因此才有“千金”之称。

6. 讲究茶的泡饮方法

“头交水，二交茶。”意思是说，有的好茶头交水不能将其茶汁充分泡出来，直到第二、三次才能使茶叶的精华释放，这时的茶汤才算真正的茶，味道也较先前好很多。

“头茶气芳，二茶易馊，三茶味薄。”“头茶苦，二茶补，三汁四汁解罪过。”所说的都是头茶、二茶、三茶在品质上的差别。

另外，还有以下这些：“山水上，江水中，井水下”、“水忌停，薪忌熏”、“扬子江中水，蒙山顶上茶”、“龙井茶，虎跑水”。

7. 倡导茶礼

例如我们大家都熟悉的“客来敬茶”、“客到茶烟起”，这些讲的都是茶礼问题。“茶七饭八酒加倍”意思是说，倒茶时，水以茶碗的七分为宜。

8. 提倡种茶树

“千茶万桑，万事兴旺”、“千杉万松，一生不空，千茶万桐，一世不穷”等，这些茶谚都比较古朴，意为提倡人们种植茶树。

9. 提醒饮茶与健康

“清晨一杯茶，饿死卖药家。”“食了明前茶，使人眼睛佳。”“常喝茶，少烂牙。”“姜茶治病，糖茶和胃。”这些都是讲茶的功效，茶与健康的关系。

我国茶谚很多，包含了与茶相关的诸多内容。它们虽然是民间流传下来的通俗语言，但数千年来，这些茶谚在种茶、采摘、茶品、茶礼以及饮茶保健等方面一直发挥着教科书的作用，使无数茶农、茶人受益匪浅，是我国茶文化中不可缺少的一部分。

茶与棋

南宋诗人陆游曾写过这样两句诗："茶炉烟起知高兴，棋子声疏识苦心。"此句诗中，将茶与棋联系在一起。除了他以外，我国有很多诗人都吟咏过类似的诗句，例如曹臣《舌花录》中，曾把琴声、棋子声、煎茶声等并列为"声之至清者也"，还说"琴令人寂，茶令人爽，竹令人冷，月令人孤，棋令人闲"。由此看来，我国很早以前就将茶与棋看作一体，"茶诗琴棋酒画书"还被自古以来的文人雅士列为引以为豪的七件雅事。

棋与茶是亲密的伙伴，它们在唐朝一同兴盛，又一同作为盛唐文化经典漂洋过海，在东瀛扎根。同时，它们还传入朝鲜半岛和周边地区，如今，茶与棋已经进入全世界几十个国家和地区，将古老东方的文化播撒向全球，被全世界的人所深深喜爱。

人们将茶与棋联系起来也是有原因的，因为两者有着较为相似的地方。例如，下围棋时讲究下本手，其特点是：下这步棋的时候，功用不明显，但如果不走，需要时又无法补救，因此，为了防患于未然必须舒展宽裕地下出本手来。一般来说，那些华而不实的虚招往往会令对手反感。棋下得厚，积蓄的力量就会越来越大，围棋术语称之为"厚味"；但棋又不可下得太厚，否则赢棋的几率又会变低；另外，棋下得厚实，借力处就多，让对方处处受掣，时时小心提防，着子也得远些，免得被强大的厚味吞噬。因而，在这两者之间能够保持平衡的人才算得上是高手。

由此我们一定会联想到茶的某些特性吧？茶在某些方面也讲求这样的平衡，茶采摘得不能太早也不能太迟，若太早，其精华还未凝聚，制成的茶经不起冲泡，且味道很淡；若采得太迟又会太过粗老，因而，采摘的时候也需要掌握一定的平衡。除了茶的采摘，泡茶的时间也需要保持平衡，不可冲泡太久，亦不可冲泡太短；不可用太烫的水冲泡，又不能让温度降得太低；喝茶虽然有许多功效，但又不宜多饮，否则单宁酸摄入过剩，又会对身体有些损伤……总之，从茶的采摘开始，到品饮结束，许多环节都需要把握一个度，掌握平衡。

另外，茶产于名山大川之间，其性平和而中庸；棋崇尚平等竞技，一人一手轮流下子，棋逢对手本身就是一种平衡，完全符合中庸之道。中国茶道通过茶事，创造一种平和宁静的氛围和一个空灵虚静的心境，而曲径通幽，远离杂乱喧嘈是弈者追求的一种棋境；而对弈过程中，胜负乃是其次，重要的是于棋艺中彼此切磋，悟出棋中的精髓，与饮茶的意境又相辅相成。由此可以说，对弈成了双方心灵的交流，无声的语言沟通。而茶道与棋道也自然紧密地联系起来，一同称为东方文化的瑰宝。

除了两者在某些方面的相似，饮茶对于下棋来说还有许多益处：饮茶能令下棋之人思维敏捷、清晰，帮助其增加斗志，这是其他饮品难以企及的。正因为茶、棋相近相似的品性，我国才出现了许多以茶会友、以棋会友的茶艺馆。这些茶艺馆在表演茶文化魅力的同时，也为对弈者提供了远离尘嚣、曲径通幽的良好棋境。在这些地方，爱下棋的人们可潇洒驰骋于天地间，心清气爽，喝着并不贵的盖碗茶，以茶助弈兴，把棋盘暂作人生搏击的战场，暂时忘却生活的烦扰，沉浸在棋局与茶香里；而茶客也可以边饮茶，边观看对弈，其乐趣尽在其中。因此，茶也就被认为世外桃源中的"忘忧君"，这些茶艺馆也被茶人棋人看做"世外桃源"一样。

茶与棋的关系并不是三言两语就能讲透，需要每个爱茶与爱棋之人细细体味之后才能得到它的韵味。看似遥不可及的两种事物，其中丝丝相连的意味却渗入每个人的心中，一同转化为中国文化几千年来的魅力。

茶和道家

道教是起源于我国的宗教，因以"道"为最高信仰，认为道是化生宇宙万物的本源。道教产生时间较早，而茶与道教的关系历史也较为久远。我国许多关于茶叶的神话和传说都证明两者关系密切，我们首先看一看史籍上有关茶和道教的文献记载：

南北朝著名道家思想家陶弘景在《茶录》中说："苦茶轻身换骨，昔丹丘子，黄山君服之。"由此看来，茶叶的药用和饮用功效可以轻身换骨，这也是道士们经常服用茶叶以达到修炼成仙的目的所在。

《神异记》中讲述过这样的故事：余姚人虞洪上山采茶，路上遇见了一个道士，他牵着三头青牛，把虞洪领到一个大瀑布下并对他说："我便是神仙丹丘子，听说你善于煮茶，常想得到你的惠赐。"于是指示给他一棵大茶树，从此虞洪常以茶祭丹丘子。

《武夷茶歌》中也记载："相传老人初献茶，死为山神享庙祀。"相传，福建武夷山的茶树最先也是道教发展起来的。

《广陵耆老传》记载过这样一个故事：晋代有个卖茶的老婆婆，终日提壶卖茶，可壶中的茶水却丝毫不减少，官吏认为她是邪道中人，于是把她抓了起来。可到了晚上，老婆婆带着茶具从窗户飞走了，后来人们议论说老婆婆是仙人。后世道家的许多成仙飞升的故事，往往与茶有关。

《后汉书徐登传》中记载：泉州道士徐登，精医善巫，贵尚清俭。曾以茶济世，据传曾在莲花山摩崖石刻“莲花茶襟”，提出保护这一片的茶园。这记录的也是道士与茶的故事。

唐德宗时期的李季兰就是一位颇有名气的女道士，她在江南与茶圣陆羽、诗僧皎然一起组织苕溪诗会、共襄茶事。有人认为正是这一儒（陆羽）、一僧（皎然）、一道（李季兰）共同开创了唐代文士茶格局，这些对后世中国茶道形成回归自然、参天地造化的品格，都有很大的影响。

明代道士朱权是朱元璋的第十七子，他在《茶谱》中写道：“凡鸾俦鹤侣，骚人羽客，皆能志绝尘境，栖神物外，不伍于世流，不污于时俗。”“探虚玄而参造化，清心神而出尘表。”

以上这些史料记载都表示出茶与道家密不可分的关系。那么，道家为什么这么喜欢茶呢？这要从茶性开始说起，茶性自然、纯朴、平和，这与道家崇尚节俭、清静无为的思想在很大程度上都相当契合。茶叶的保健功能也被道教中人无限放大，他们认为，茶可以健身、修心、养性，喝茶还可以羽化成仙，因而，他们将茶称为甘露、仙草、仙茗、仙茶、灵草等。朱权在《天皇至道太清玉册》中借用老子的话说：“食是茶者，皆汝之道徒也。”由此看来，有些道教人士竟以喝茶作为标志，这也表明了道家与茶的关系之密切。

除了饮茶之外，道教人士早期便开始种植茶树，葛玄在天台山建圃种茶，吴理真在蒙山上清峰手植茶树，武夷山、杭州西湖的茶树最先为道教徒所种。他们种茶、采茶、饮茶，完全可以算作“爱茶一族”了。

另外，道家思想中的清、静、和等观念，也对品茗艺术产生了深刻的影响。“清”是道家的一个重要概念。《老子》和《庄子》中经常提到“清”：《老子》中记载，“天得一以清，地得一以宁，清静为天下正。”《庄子·至乐》中也记载，“天无为以之清，地无为以之宁。”它与茶人们所追求的品茗意境有共通之处，用以表达经过修行得道后一种清虚明澈的精神状态。

“静”也是道家哲学的重要范畴。《道德经》中写道：“致虚极，守静笃，万物并作，吾以观其复。夫物芸芸，各复归于其根。归根曰静，静曰复命。”《庄子》也说：“水静伏明，而况精神。圣人之心，静乎？天地之鉴也，万物之镜也。”因而，道家把“静”看成人与生俱来的本质特征，他们主张“无欲故静”，追求起杂欲而得内在之精微。道家所崇尚的这种“静”与茶叶的自然属性中的“静”是相通的。因而，茶人们自然会将道家这种思想融入到茶事之中，整个品茗的环境也追求一种“静”的感觉，达到“无我”的境界。

“和”也是道家的重要思想。《道德经》中提到：“道生一，一生二，二生三，三生万物。万物负阴而抱阳，冲气以为和。”道家认为人和自然界万物都是阴阳两气相和而生，本为一体，其性必然亲和。他们所强调的“和”是指人与自然之间的和谐，强调要“法天顺地”，将自己融入大自然中去，追求物我两忘、天人合一的和美境界。由此来看，道家的这种思想与茶又息息相关了。

以上皆可以证明，茶和道家的关系极为紧密。茶所具有的那些清净、自然、纯朴的特性，不仅被道家深深喜爱，也让世间每一个人着迷，想必这就是茶的魅力所在吧。

茶和儒家

儒家的学说与思想一直是中国古代封建社会的精神支柱，它作为“庙堂之教”，对中国人影响深远。茶与儒家的关系也是极为密切，主要表现在以下几个方面：

1. 静

茶树生长在山野之中，由于其自然条件与其他树木不同，这也决定了茶性微寒，味道醇厚而不浓烈，使人提神醒脑而不过于兴奋以至迷惘、狂躁。与一般烈性的饮料大不相同，茶叶具有平和、冲淡、闲洁的特性，饮茶之后，人们会有宁静、冷静、闲静之感。而进行茶艺的过程中，茶的这一特性也表现出来，使整个茶艺也具有相同的功能。这一现象被儒家发现并重视起来，也可以说，茶叶与儒家的思想在“静”这个字上有共通之处。

《礼记·乐记》曰：“人生而静，天之性也。”《礼记·大学》也说：“知止而后有定，定而后能静，静而后能安，安而后能虑，虑而后能得。”因此，儒家认为静是人的天性，这也是作为农耕社会产物的儒家思想，故儒家以静为本。

2. 雅

唐代刘贞亮在《茶十德》中提到，“以茶可雅志”，他认为品茗活动不但是一种高雅的活动，还可以使人的品格更加高雅。“雅”是儒家文化中的一个重要概念，它是在“静”、“和”的基础上形成的一种气质、风度和神韵。它与品茗艺术的儒雅之美是相通的。在茶艺与茶道中，无论是煮茶过程、茶具使用、茶汤品饮还是茶礼仪等多方面动作要领，都不失儒家端庄典雅的风韵。儒家将品茗活动称为“雅尚”，心志之雅，使茶性与人性相契合，由茶性之雅，到茶艺之雅，至茶道之雅，最后造就茶人之雅。可见中国茶艺受儒家思想的影响之深。由此看来，两者有着不可忽视的关系，而推广茶艺也成了一种必不可少的修身养性方法。

3. 礼

中国自古被誉为“礼仪之邦”，从唐代开始，宫廷的许多重要活动，例如春秋大祭、殿试、大宴等都有茶仪茶礼，以表示尊崇。到了宋明两个朝代，儒家更是把茶礼引入“家礼”，用在婚丧、祭祀、待客等时候，这都是儒教“礼制”思想的一个重要体现，以致后世有了“无茶不礼”的说法。同时，儒家也用“茶礼”作为正伦序、明典章的手段，将茶与儒家的关系进一步联系在一起。

4. 德

刘贞亮总结过茶之“十德”，除了“以茶尝滋味”、“以茶养身体”、“以茶散郁气”、“以茶驱睡气”、“以茶养生气”、“以茶除病气”这六德之外，他似乎更看重精神性的“四德”，即“以茶利礼仁”、“以茶表敬意”、“以茶可雅志”、“以茶可行道”，这些都代表了儒家的观点。

在我国历史上，各朝各代对茶与品德之间的关系也有记载：从唐代的陆羽到明代的屠隆，都提出了一个观点，即茶“最宜精行俭德之人”。明确论述了对饮茶之人的品德要求，强调了茶对于人格自我完善的重要性。另外，欧阳修《双井茶》诗曰：“岂知君子有常德，

至宝不随时变易。”就是借茶的品性比喻人的情操。

当茶上升到了精神境界，即茶品上升到与人品相对应的高度时，就使茶的清淡宁静与人的品格统一起来，这种自然与人文的高度契合也体现出儒家对真、善、美境界的追求，而茶叶沟通了人与人、人与器、人与环境之间的关系，不再有界限，整个世界都统一和谐起来，这也是儒家所追求的“天人合一”的境界。

5. 中庸

“中庸”被看成是中国人的智慧，反映了中国人对和谐、平衡以及友好精神的认识与追求，同时，它也是儒家基本精神之一。茶虽然对人有一定程度的刺激，令人产生兴奋的情绪，但总体来说，它对人的总体效果是亲而不乱的，这正与儒家尊崇的中庸之道相吻合。

正因为儒家这种积极入世的思想，古代文人非常关注人际关系的和谐与社会秩序的稳定，即便是日常生活中的小事也常常被赋予伦理道德的色彩。于是，从古时的茶宴开始，儒家常常通过这种方式沟通人们之间的情感与维系人际关系，让众人在品茶的活动中体会到茶的魅力与生活的乐趣，同时也受到这种“中庸”思想的教化与熏陶。不仅在古代，时至今日，人们仍然在聚会、访友等活动中品一杯香茗，将茶与儒家思想运用在日常生活之中。

儒家主张“寓教于乐”，并在茗饮艺术中发现了“修、齐、治、平”的人伦大道，应对进退的规矩法度，乃至怡情悦性的艺术，等等。由此来看，茶与儒家有着千丝万缕的联系，而儒家的思想也通过茶融入每一个生活细节之中，被寻常人所接受并推崇。

茶与旅游

随着我国经济水平的不断提高，人们开始利用闲暇时间追求健康生态的生活方式，旅游就是其中一种。人们在蓝天碧水间自由驰骋，闻着花香，听着鸟鸣，心情也在一瞬间得以释放。近年来，旅游业又与茶产业相互交融，为人们展现出一种全新的休闲方式，在发扬茶文化的同时，也进一步地拓宽了旅游业的发展渠道。

以下，我们向大家介绍一下世界各地与茶相关的旅游景点，希望给大家提供一些参考：

1. 中国茶叶博物馆

中国茶叶博物馆位于西湖边著名的“茶乡”龙井，是我国唯一的以“茶”为专题的国家级博物馆。博物馆倚山而筑，背倚吉庆山，面对五老峰，东毗新西湖，四周茶园簇拥，举目四望，粉墙、黛瓦、绿树与透迤连绵、碧绿青翠的茶园相映成趣。

博物馆内部设茶史、茶萃、茶事、茶具、茶俗等展厅和茶艺区，彼此独立而又相互联系，从多种方位和层次上立体地展示出茶文化的无穷魅力。茶艺区设在典型的饮茶场景建筑内，表演现代茶艺、古代茶艺、日本茶道、径山茶道、台湾茶道等。每年清明后，该馆都举办国际性的“西湖茶会”，吸引大批海内外游客前来。

2. 武夷山

武夷山所产的大红袍在世界上享有较高的声誉，因此，每年来武夷山的游客络绎不绝。关于武夷山还有一段美丽而浪漫的爱情故事，这也是张艺谋导演的作品——《印象大红袍》中一段重要的故事：相传玉帝的女儿来到武夷山，与淳朴善良的青年大王相爱，但凡人与神仙的爱情终究不被接受，最后玉帝将这对不愿分离的痴男怨女变成了石头，化作大王峰与玉女峰。这如痴如醉的爱情故事不仅感动了人们，同时还增添了武夷山茶文化的魅力。

武夷山以茶文化为噱头，将茶文化与武夷山民俗结合，使那些来当地做客的人们不仅可以免费观看武夷岩茶的制作过程，还能欣赏到别具一格的茶俗。现在，人们已经说不清是茶产业带动了旅游业，还是旅游业带动了茶产业。总之，两者达到了互惠互利的目的，使登上艺术殿堂的茶元素获得了更多的价值。

3. 加尤镇

地处云贵高原东南山麓的加尤镇，由于土壤肥沃深厚，结构疏松，富含有机质，发展茶产业的条件得天独厚。近年来，为把白毫茶资源优势转化为经济优势，加尤镇积极推出生态旅游项目，开辟集茶园风光、摄影、采茶、制茶、品茶、旅游购物、吃农家饭、听民族山歌、观茶艺表演、享受天然氧吧等于一体的生态旅游度假项目，为游客带来多元化的选择。

2010 年 10 月该景区成功晋级国家 4A 级景区，由于其项目丰富多元，游人在观赏风景如画自然景观的同时，还可参与采茶、制茶、品茶等活动，其妙趣不言而喻。

4. 临沧茶区

临沧既是一个古老的茶区，又是一个完整保留悠久饮茶习俗的地区。临沧茶区以滇茶文化及少数民族茶文化为主，兼顾中国及世界茶文化，展现了古老的茶经、茶礼、茶道、茶俗、茶歌、茶舞等茶文化精华。可以说，临沧有多少年的人类文明史，就有多少年的茶文化。

近年来，临沧又以临沧茶为灵魂建成了东南亚最大的茶文化风情园，将民族风情融为一体，集食、宿、行、游、购、娱乐等功能的综合性人文旅游景点，其品位以滇茶文化和临沧大叶茶为龙头。

5. 安溪茶叶大观园

安溪茶叶大观园位于凤城北侧凤冠山，是国家 AAA 级旅游景区。茶叶大观园分为茶树品种观赏园、茶作坊、凤苑三大部分，它融科学性、趣味性为一体，是一本茶文化百科全书。

进入茶树品种园，一眼就可以览尽全国茶树之精华，里面种植着国内外 50 多种名茶品种；在茶作坊里，游客可以亲眼目睹世界名茶铁观音制作的整个工艺流程，晒青、晾青、摇青、炒青、揉捻、包揉、烘焙等，亦可以亲自动手制作一泡芳香的铁观音；凤苑是富有园林韵味建筑群体，分设挹翠院、虹桥、鹅潭、掬月台、沁香阁、水帘洞、醉墨轩、沉香谷、龙凤精舍等，给人以温馨的享受。

茶叶大观园是安溪茶文化的缩影，只要一进入茶叶大观园，所有与茶有关的东西应有尽有，一同构筑成安溪茶文化旅游亮丽的风景线。

6. 韩国旅游景点之宝成茶园

看过《夏日香气》的人都会被片中那片茶园深深地吸引，其实那片茶园的名字叫宝成茶园，是韩国很著名的一个休闲景点，也是天然的氧吧。每年，茶园的秀美风景都会吸引大量国内外的游客。

宝成茶园是一个很有特色的地方，无论是里面绿油油的茶田还是路两旁的银杉树，亦或是用绿茶制作的冰激凌，都有其独特的魅力。曲折蜿蜒的小路，明媚的阳光，新鲜的空气，相信每一个从这里走过的人，整个人都会因这里的风景而变得清爽起来。

茶与旅游业的完美组合，可以算是一种别开生面的艺术。人们在观赏茶文化的同时，身心也得到了充分的放松，真是一举多得的休闲放松方式。

陆 君不可一日无茶

茶生活篇

茶是爱茶者生活中一道靓丽的风景。它不仅是人们日常养生中的好帮手，还为各类人群带来了与众不同的健身选择。有了茶的帮助，人们可以轻松地强身健体，可以快乐地拥抱青春，可以乐观地面对各类疾病。“君不可一日无茶”便道出了这样的真理：没有茶的参与，生活将多了几分烦躁的黑色，少了几分放松的亮色。本篇所要讲述的就是茶与我们甜蜜共处的生活中的种种细节。

第一章 幸福每一天的保健养生茶

如何才能保证自己有个健康的身体呢？随着社会发展节奏的不断加快，工作和生活压力的逐渐攀升，越来越多的人开始思考这个问题，而且为了得出准确的答案而进行多种尝试，可是多次尝试的结果却很难令人满意。其实，日常的保健养生并没有想象中那样复杂，除了要注意日常的饮食安排，适量参加运动之外，每天喝上一杯保健养生茶也是一种不错的选择。

每日 4 款幸福养生茶饮

时下喝茶已经成为深受大家欢迎的流行的保健养生方式。如何才能使自己科学地饮用保健养生茶呢？下面我们就将为大家推荐 4 款常见的养生茶饮。

1. 绿茶

绿茶是一种古老的茶类，我国在明朝之前所饮用的茶基本上都是绿茶。虽然，从明朝中后期开始，红茶等其他茶类陆续出现，但时至今日绿茶仍在我国的茶叶市场中占据龙头老大的地位。那么这个古老的茶类为什么会成为常见的养生茶饮之一呢？这就要从它的保健养生功效说起。

绿茶是一种完全不发酵茶。所以它当中尽可能多地保留了原茶中的营养成分，而且这些营养成分在防癌抗癌、杀菌消炎、防衰老等方面有着其他茶类所不能及的优势。

2. 铁观音

铁观音是中国十大名茶之一，属于乌龙

绿茶

铁观音

绿茶冲泡后效果

铁观音冲泡后效果

茶（即青茶）。饮用铁观音不仅可以品尝到独具“观音韵”、清香雅韵的茶汤，还可以实现抗衰老、抗癌症、抗动脉硬化、防治糖尿病、减肥健美、防治龋齿、清热降火，敌烟醒酒等多种目标。

3. 花茶

花茶在健康养生茶饮中是一种特别的存在。它是以红茶、绿茶、乌龙茶等茶叶作为茶胚，加入鲜花窨制而成的。饮用花茶不仅可以品到花香和茶香，更重要的是可以帮爱美的人们实现抗衰美容的目标。

白龙珠花茶

花茶冲泡后效果

4. 普洱茶

普洱茶素来有越陈越香的特点。饮用

普洱茶

普洱茶冲泡后效果

普洱茶不仅可以达到一般茶叶去油腻等功用，更可以帮助人们实现防癌抗癌、养胃护胃、健牙护齿、美容等多方面的愿望。

立春来杯养肝护肝茶饮

立春是一年中的第一个节气。“立”有开始之意，立春揭开了春天的序幕，表示万物复苏的春季的开始。不过，这春风送暖的时节却为人们的养生保健带来一些危险的讯息。民谚有云：“百草回芽，百病易发。”由此可知，如果顺应季节的变化，能在春季进行科学的养生，将会对自己全年的健康产生积极的影响。

具体来说，对于立春时节的养生来讲，关键就在于一个“生”字。立春是人体阳气生发时节的起始点，又加上人体同大自然息息相通，所以养好人的阳气，使之尽快生发以适应人体正常的运行机制是此时养生的重点。

另外，按照中医五行理论，春季万物滋生，欣欣向荣，生机盎然，因而树木生长，并与肝脏相应。肝主疏泄，在志为怒，恶抑郁而喜调达。因此，养肝就成为春季养生方面的一件大事，要注意戒暴怒，忌忧郁，做到开朗乐观，心境平和，使肝气得以生发，达到养肝护肝之目的。

那么在立春时节要饮用什么茶才是适合的呢？以下便为大家推荐一款适合在立春时

菊花枸杞茶（原料）

菊花枸杞茶（成品）

节饮用的养生茶。

名称：菊花枸杞茶

材料：菊花4朵，枸杞子适量。

制作方法：❶将菊花加入热水中煮开。❷再加入枸杞用小火煮约1分钟即可。也可以直接放入菊花和枸杞用开水冲泡。

雨水要喝缓解春困的茶饮

立春过后，紧接着就是“雨水”。“雨水”的到来预示着寒冷冬天的彻底告别与温暖春天的真正来临，雨水逐渐增多就是其最重要的标志。进入雨水这一节气之后，北方冷空气活动仍很频繁，天气变化多端，此时是全年寒潮出现最多的时节之一，经常伴有“倒春寒”的现象出现。

同时，人们的皮肤为了适应阳气的生发已经开始疏松。但是，此时却不宜过早脱去棉衣。因为人体初生的阳气尚不足以与春寒相抗衡，寒气入侵会让人们由于抵抗能力下降而极容易遭受各种疾病的困扰。

虽然进入雨水时节之后，雨水已经逐渐变得多了起来，但是就在这冬春换季之时还是会有很多地方出现大旱。干燥缺水的环境更容易让人产生困乏感——春困。所以，破除春困这一咒语，过一个神清气爽的“雨水”便成为春季养生保健中一个非常重要的方面。

其实，一般的春困并不是病，而是由于气温变化等原因引起的。此时，人会变得无精打采、昏昏欲睡，有人也称之为“春天疲劳综合征”。

如何才能顺利地使春困的症状得以缓解呢？除了采用饮食、运动和保持情绪开朗外，喝花茶也是不错的选择。下面，我们就将为大家介绍一款帮助大家在雨水节气赶走“春困”的茶品。

名称：柠檬薰衣草茶

材料：柠檬1~2片（或者柠檬汁），薰

柠檬薰衣草茶（原料）

柠檬薰衣草茶（成品）

衣草花蕾2克。

制作方法： ❶将干燥的薰衣草花蕾、柠檬片一起放入茶杯中。❷加入沸水加盖5~10分钟，如果是与柠檬汁一起搭配，待茶呈淡绿色温凉后加入即可。

惊蛰一杯防肌肤干燥的茶饮

惊蛰在二十四节气中位居第三，意为天气回暖，春雷始鸣，惊醒蛰伏于地下冬眠的昆虫。虽然到了这一节气，气温有所回升，雨水也逐渐多了起来，但还是有很多人的皮肤非常容易干燥起皮，特别是一些女士的脸上甚至会泛起一层干皮。这无疑令爱美的女性们心中生出无限烦恼。

那么，大家的皮肤为什么会在这个时候如此干燥呢？究其原因，同人体内微生物开始变得活跃有着密不可分的关系。从惊蛰开始，人体内的微生物（包括毒素）逐渐从冬眠潜伏的状态中醒来，并逐渐活跃起来。于是，人体便需要通过汗液，体液，特别是二便将毒素排出。肺、脾、肾三脏是人体水液代谢调节的核心脏腑。肺主身体之表，调理皮肤汗孔的开阖，脾主运化水湿；肾主水，调理二便。因此，就在毒素等微生物排出体外的同时，人体会丧失大量的水分，皮肤就会出现干燥的情形。也正因为如此，滋润肌肤就在此时变得尤为重要。

银花桑菊茶（原料）

银花桑菊茶（成品）

水是肌肤健康的原动力，是美丽容颜的保证。所以，只要让肌肤喝饱水，皮肤干燥起皮的情形就能够得以缓解并消失。虽说道理并不难懂，但“喝水”也是有讲究的。下面我们将为大家推荐一款惊蛰节气时有助于保持皮肤滋润的茶品。

名称： 银花桑菊茶

原料： 银花8克，桑叶4克，菊花6克。

制作方法： ❶将银花、桑叶与菊花放入保温杯中，冲入适量沸水。❷冲泡10~15分钟之后即可饮用。❸冲泡2次之后，须将杯中原料换掉。此茶不宜煎熬，以免茶中有效成分被破坏。

春分喝温补阳气茶饮

3月21日是“春分”节气。“春分者，阴阳相伴也。故昼夜均而寒暑平。”一个“分”字道出了昼夜、寒暑的界限。由于春分平分了昼夜、寒暑，所以人们在此时应特别注意保持人体的阴阳平衡。

现代医学研究证明：在人的生命活动过程中，新陈代谢的不协调会导致体内某些元素的不平衡状态出现，并由此导致疾病或早衰现象的发生。而心血管病、癌症等一些非感染性疾病的发生都与体内物质交换平衡失调有着非常密切的关系。

至于保持人体平衡的方法，《黄帝内经·素问》中谈道：“调其阴阳，不足则补，有余则泻。”也就是说，虚补实泻是保持人体平衡的两种重要方法。只有根据自身实际情况进行人体的阴阳调和，人们才能有效地强身健体，防治疾病。

从严格意义上来讲，到了春分时节之后，冬季到春季的转变才真正完成。冬季是人体阳气最弱的时候。为了配合储存阳气目标的实现，人体的血流量会逐渐减缓。而春季是阳气生发的季节。随着气温的逐渐升高，身体上的毛孔、汗腺、血管开始舒张，皮肤血液循环开始旺盛起来，供给大脑的血液就会明显不足，也就是中医上所说的阳气生发不足。因此，春分时节的养生要以顺应大自然变化补充自身阳气为主。这点对于女性来说尤其重要。

接下来，我们就为大家详细介绍一款在春分时节适合饮用的茶品，以让朋友们在日常生活的饮茶中便做到轻松养生保健。

名称：核桃茶

原料：红茶3克，核桃仁3克，红枣2枚，桂圆肉3克。

制作方法：❶将核桃仁碾成粉。❷将上述的几种材料混合与核桃仁粉混合，加入适量的水，煮20分钟左右。❸代茶温饮即可。

核桃茶（原料）

核桃茶（成品）

清明喝调节血压茶饮

我国向来就有“清明前后，点瓜种豆”、“植树造林，莫过清明”的农谚。清明一到，气温升高，雨量增多，正是春耕春种的大好时节。不仅如此，清明也是一个需要养生的重要时节。

对于不少人来说，清明的来临也就意味着身体不适的开始。很多人在此时都会出现头痛、眩晕、失眠、健忘等不适症状。究其原因，同他们血压的升高有着密不可分的关系。在五行中，春属木，与人体肝脏相对应。肝主疏泄，调节全身的气血运行，清明是肝气向外舒展的节气，如果肝气郁结无法向外舒发，人体气血运行便会紊乱，进而诱发高血压等。如果血压反复升高，还会有中风等心脑血管疾病的危险。

预防高血压需要调理肝脏，调畅肝阳。高血压属于“眩晕”的范畴，多因精神紧张，思虑过度，七情五志过极而化火，所以在日常生活中，要保持心情舒畅，要学会制怒，保持心态平和，使肝火熄灭，肝气顺畅。

此外，高血压还与人体阴阳失衡有着密切的关系。平时，人们可能会由于劳累过度、嗜食肥甘、饮酒过度等方面的因素而使人体阴阳失衡，血压升高。所以，健康的生活起居方式对于高血压患者有着非常重要的意义。

目前，大部分高血压患者选择的是药物治疗。不过，除此之外，经常用中药泡茶饮用也能起到很好的辅助治疗作用。下面就是一款适合大家在清明时节调节血压的茶饮。

名称：荷叶茶

原料：干荷叶半张。

制作方法：❶将半张干荷叶洗净，切成碎片。❷放入锅中煮10~15分钟。❸取荷叶汤，代茶饮用。

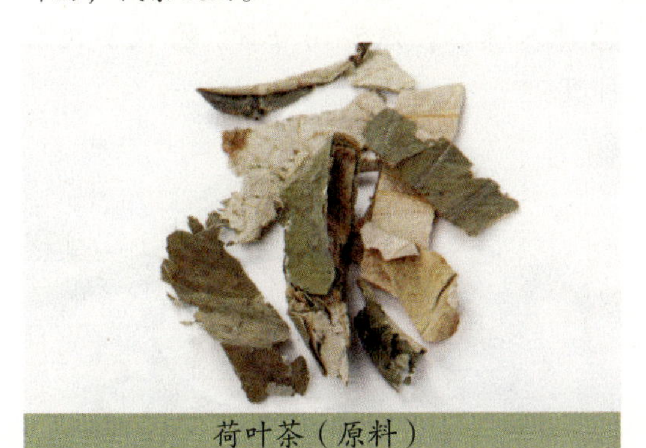
荷叶茶（原料）

荷叶茶（成品）

谷雨喝调理肠胃茶饮

古籍记载："三月中，自雨水后，土膏脉动，今又雨其谷于水也。"每年的4月19～21日前后，我国便进入了谷雨时节。一方面，温和的天气，增多的江水将会促进谷类作物的生长；另一方面，由于气候转变比较强烈，人们要注意自身的养生保健。

针对谷雨时节的天气特点，我们需要在以下三个方面多加注意：第一，春天肝木旺盛，脾衰弱，可谷雨时节却是脾的旺盛时期，所以大家在进行养生保健时应多做些体育运动，并可适当进补，但不易过。第二，谷雨时节肝肾处于衰弱状态中，所以应注意加强对肝肾的保养。第三，脾的旺盛会使得胃强健起来，使消化功能处于旺盛的状态中。

在上述三方面，第三点是重中之重。因为人们的脾胃会在谷雨前后处于旺盛状态，消化功能旺盛有利于营养的吸收，以便身体能够适应夏季的气候变化。而不注意饮食，就容易使肠胃受损，导致胃肠疾患乘虚而入。

正因如此，这一时期也是肠胃病的易发期，很多医院胃肠科门外长长的患者大队就是最好的证明。

对此，大家可以通过饮用适当的茶品来调养肠胃。当然，喝茶也要适量，否则不但起不到养胃的作用，反而会伤身。下面，就为大家介绍一款能够养胃的茶，让大家在日常生活中就能预防、治疗肠胃病。

名称：陈皮甘草茶

原料：陈皮3克，甘草3克。

制作方法：❶将上述材料倒入杯中。❷冲入沸水，泡8~10分钟。❸代茶饮用。

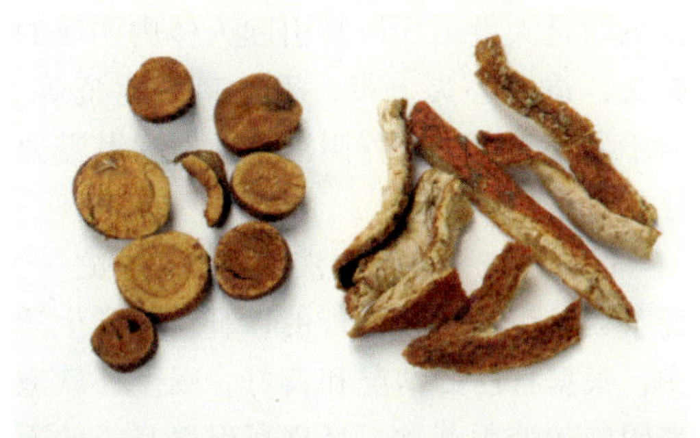
陈皮甘草茶（原料）

陈皮甘草茶（成品）

立夏喝滋养阴液茶饮

立夏大致会在每年5月5～6日来临。“斗指东南，维为立夏，万物至此皆长大，故名立夏也。”立夏到来意味着春天的结束与夏天的开始。就在这个春夏交替的时节，温度会出现明显的上升，雷雨也会逐渐增多，农作物开始进入旺季生长。所谓“立夏不下，犁耙高挂。”“立夏无雨，碓头无米。”讲的就是这个道理。

另外，随着气温的大幅提升，人们在养生保健方面也要注意根据节气的变化来采取一些新的方法。立夏时节，人们常会出现烦躁上火的倾向，食欲也会随之受到一定的影响。又加之此时是人体新陈代谢旺盛的时期，阳气外发，伏阴在内，气血运行会变得更加旺盛，并且活跃于机体表面。为了适应天气的变化，人体会通过排汗来调理体温，适应暑热的气候。但需要注意的是大量出汗极易引起人体内阴液的丧失，造成心火上炎，引起口舌生疮等。对于大家来说，滋养阴液是此时尤其需要注意的。

饮食补充是滋养阴液的主要方法之一。而茶饮是目前比较流行的饮补。日常生活中，根据自己的情况和喜好，喝上一款滋养阴液的养生茶饮，是立夏保养身心的不二之选。

五味二冬茶（原料）

名称：五味二冬茶

原料：五味子3克，天冬、冬麦各3克。

制作方法：❶将以上食材放入茶杯中。❷冲入沸水，泡5~10分钟。❸代茶饮用即可。

五味二冬茶（成品）

小满喝清利湿热茶饮

“斗指甲为小满，万物长于此少得盈满，麦至此方小满而未全熟，故名也。”小满节气正值五月下旬，气温明显增高，是风湿症、湿性皮肤病的高发期。小满时节，随着气温不断攀升，雨水也多了起来，这就使得空气中的湿度变得很大。此时，人们常会由于外伤暴露、贪凉饮冷、汗出沾衣、涉水淋雨、居处潮湿等方面的因素而感受到湿邪入侵，以至于引发风湿病或湿性皮肤病。中医理论认为，湿为阴邪，易伤人体阳气，其性重浊黏滞，故易阻遏气机，病多缠绵难愈，因此很多皮肤病都难以根治。

这就需要我们在小满时节的养生中注意外界环境湿热的自然规律，顺应自然界的变化，保持体内外环境的协调。进一步说，疾病的发生关系到正气与邪气两个方面的因素。体内正气始终能够战胜邪气、压制邪气、驱逐邪气，人才能保持健康；体内邪气如果“打败”了正气，人就会表现出相应的病症。由于邪气是导致疾病发生的重要条件，而湿和热又属于大害于人体的邪气，因此，小满时节养生应该从去湿热、增强机体正气和防止病邪的侵害入手。

鉴于上述分析，养生专家推荐我们在此节气时宜科学饮用清利湿热的茶饮。那么，有什么茶饮具有清利湿热的功效呢？下面我们一起来看一下吧！

名称： 竹叶茅根茶

原料： 竹叶3克，白茅根3克。

制作方法： ❶ 将竹叶、白茅根放入杯中。❷ 冲入沸水冲泡5分钟。❸ 代茶饮。

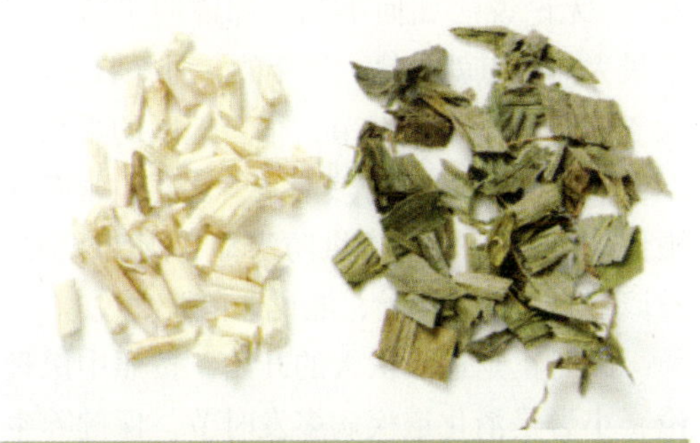

竹叶茅根茶（原料）

竹叶茅根茶（成品）

芒种喝清热降火茶饮

芒种，意为农作物成熟，是二十四节气中的第九个节气。农谚有云："芒种夏至天，走路要人牵；牵的要人拉，拉的要人推。"短短几句话，揭示出了芒种时节人们的一种通病——懒散。究其原因同气温升高、空气中湿度增加有着密切的关系。在这样的天气环境下，人体的汗液便无法通畅地发散出来，空气中弥漫的都是湿热之气，人们呼吸的也都是湿热之气。

另外，中医还指出芒种时节，人体阳气在逐渐上升将至最高点。同时，脏腑对气血津液等营养物质的需求也将最大。此时，如果不注意体内的气血运行，或经络不畅，脏腑的营养物质供给不周，代谢产物排出不顺，火热之邪就会乘虚而入，导致人体阴阳失衡，使人睡眠不安或不足、困倦劳乏之态，血虚者甚至会出现心动过速等。

所以，选择清热降火的茶饮是芒种时节保健养生的主要途径之一。对此，我们接下来就为大家推荐一款制作简单而功效显著的清热降火茶饮，以帮助大家度过一个健康轻松的芒种节气。

名称： 金银花胖大海茶

原料： 金银花3克，胖大海1个，菊花

金银花胖大海茶（原料）

金银花胖大海茶（成品）

2克。

制作方法：❶将金银花、胖大海、菊花一同放入杯中。❷用沸水冲泡，待胖大海张开后。❸代茶饮即可。

夏至喝退热降火茶饮

民谚有云："不过夏至不热"，"夏至三庚数头伏"。每年的6月21日或22日就是夏至日。虽然夏至日不是一年中天气最热的时节，但不断的升温亦主导了这个节气的走向。由于夏至后便是三伏天，即一年之中最炎热的时期。所以，夏至节气的炎热天气对人体的消耗也是较大的。很多人都会由于吃不好、睡不实而受到炎热的煎熬。这便是众所周知的"苦夏"。人在此后很容易发生中暑、生病的情况。也正因如此，旧时在这时多驱鬼以求安，而且还讲究中午歇晌，讲究吃补食。

所以，人们在进行夏至时节养生的时候要非常讲究。从养生学角度看，夏至多饮些退热降火的健康茶，可以轻松而有效应对气候带给人体的不良影响。在诸多退热降火类茶饮中，干姜茶就是不错的选择。

名称：冬瓜皮干姜茶

原料：冬瓜皮3克，干姜1克。

制作方法：❶将冬瓜皮、干姜一同放入杯中。❷冲入沸水泡10分钟。❸汤代茶饮。

冬瓜皮干姜茶（原料）

冬瓜皮干姜茶（成品）

小暑喝裨益消化茶饮

"夏满芒夏暑相连"。过了夏至，就是相连的两个叫"暑"的节气了。俗话说，"小暑接大暑，热得无处躲"，"小暑大暑，上蒸下煮"。无论说法如何不同，都说明了这个时节最大的特点就是热。每年的7月7日左右，天气就进入了小暑时节，很多地区的平均气温已接近30℃，时有热浪袭人之感，常有暴雨倾盆而下，所以防洪防涝显得尤为重要。农谚就有"大暑小暑，灌死老鼠"之说。

此时正是进入伏天的开始，按照中医理论，小暑是消化道疾病多发时节，保健养生重在清热祛暑，健脾化湿，促进消化。所以在此时能够喝一些对消化功能有益的茶饮是十分有用的。在众多茶饮中，薄荷茶就是不错的选择。

名称：薄荷茶

原料：干薄荷3克，冰糖少许。

制作方法：❶将薄荷放入杯中。❷冲入开水泡3分钟。❸放入冰糖调匀，即可饮用。

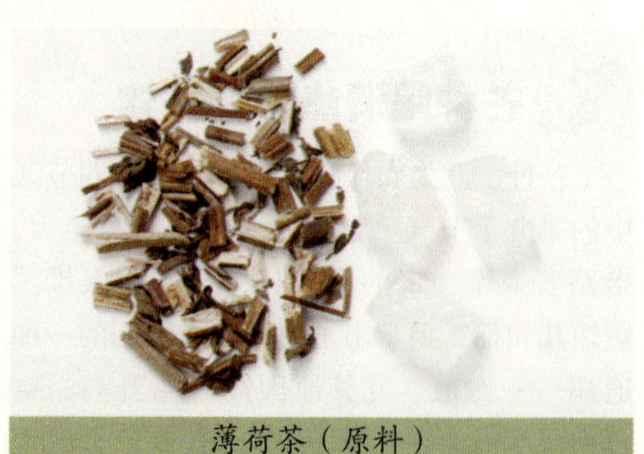

薄荷茶（原料）

薄荷茶（成品）

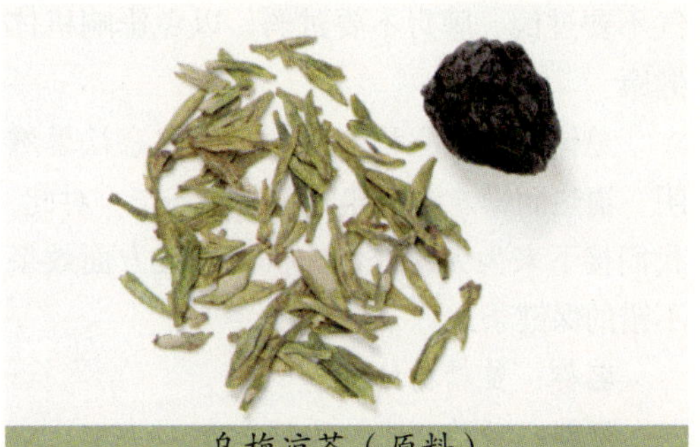
乌梅凉茶（原料）

乌梅凉茶（成品）

大暑喝预防中暑茶饮

大暑，顾名思义，跟小暑相比，天气会更加炎热。人们常说"热在三伏"，大暑就通常处于三伏里的中伏阶段。此时，我国大部分地区普遍都处于一年中最热的时候，且全国各地的温差并不大。古人用"斗指丙为大暑，斯时天气甚烈于小暑，故名曰大暑"的句子来概括此时的气候特征。

由于大暑天气炎热，酷暑多雨，暑湿之气容易乘虚而入且暑气逼人，心气易于亏耗。尤其是老人、儿童、体虚气弱者往往难以将养，并会出现疰夏、中暑等疾病。不仅如此，即便是身体健壮的成年人，在此时也容易出现全身明显乏力、头昏、心悸、胸闷、注意力不集中、大量出汗、四肢麻木、口渴、恶心等中暑的先兆症状。

所以，防暑降温是此时非常重要的一项工作。对此，我们可以采取饮用一些具有芳香化浊、清解湿热功效的茶饮来预防上述症状的出现。以下便是一款不错的适合在大暑节气饮用的防暑降温茶。

名称：乌梅凉茶

原料：乌梅1颗，绿茶3克。

制作方法：❶将乌梅、绿茶一同放入杯中。❷用开水冲泡5分钟，过滤出茶汤。❸温饮即可。

立秋喝养胃润肺茶饮

大暑之后，时序到了立秋。有谚语说："立秋之日凉风至"，即立秋是凉爽季节的开始。不过，若从气候特点上来看，立秋前后仍有很多地区盛夏余热未消，秋阳肆虐。所以，在立秋时节的养生过程中，人们需要从以下两个方面来多加考虑。

一方面，随着气温由热转凉，人体消耗逐渐减少，食欲开始增加。所以，根据季节特点对饮食进行科学地调整有利于补充夏季的消耗，并为越冬做好充分的准备。由于秋季气候干燥，夜晚虽然凉爽，但白天气温仍较高，所以根据"燥则润之"的原则，应以养阴清热、润燥止渴、清心安神为主。

另一方面，根据中医五行学说，秋季对应着肺。而秋季干燥，气燥伤肺，容易产生疾病，尤其需要润燥、养阴、润肺。但是，此时肝脏、心脏及脾胃还处于衰弱阶段。因此，立秋过后要加强调养肺脏和脾胃，使肺气不要过偏、脾胃不要过弱，以免影响机体健康。

总体来讲，立秋养生务必要注意祛暑滋阴、清热润燥、润肺养胃的保健工作。对此，我们接下来为大家推荐一款在这几方面效果不错的保健茶饮。

名称：黄精枸杞茶

原料：黄精2克，枸杞3克。

制作方法：❶将黄精、枸杞放入杯中。❷倒入开水冲泡。❸代茶饮即可。

黄精枸杞茶（原料）

黄精枸杞茶（成品）

处暑喝清热安神茶饮

每年的8月23日前后便进入了处暑时节。处暑的到来，意味着我国许多地区将陆续开始了夏季向秋季的转换。虽然处暑之后，天气炎热程度会大大减弱，但还未实现真正意义上的秋凉。“秋老虎”还是发挥着非常大的威力。此时，人体的肺经削弱、肺燥明显，容易出现咳嗽、便秘、支气管炎等症状，有慢性哮喘或肺部肿瘤的病人症状尤其明显。若能在每天早上喝点盐水、晚上喝点蜜水，则既可以实现补充人体水分的目标，又能够防止便秘的发生。

与此同时，由于在炎热的夏季，人的皮肤温度和体温升高，大量出汗使水盐代谢失调，胃肠功能减弱，心血管和神经系统负担增加，再加上得不到充足的睡眠和舒适的环境调节，人体过度消耗了能量。而进入处暑之后，同炎热的夏季相比，人体出汗频率已经大大减少，体热的产生和散发以及水盐代谢也逐渐恢复到原有的平衡状态。人体从此进入了一个生理休整的阶段。而就在人体进行休整的过程中，一些以前潜藏的症状或疾病就会出现，人们就会产生种种不适之感，尤其是会出现一种莫名的疲惫感。对此，我们可以选择滋阴润燥、清热安神之品，特别是在中午、下午时冲泡些茶饮来清热安神，非常裨益保健养生。

那么，什么茶饮是此时比较适合的选择呢？下面，我们为大家推荐并详细介绍

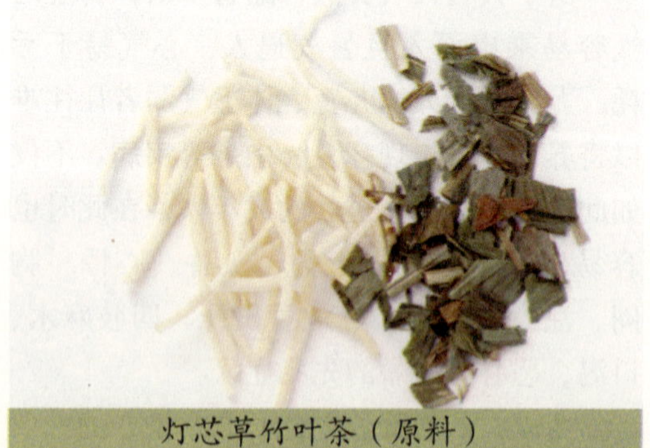

灯芯草竹叶茶（原料）

灯芯草竹叶茶（成品）

一下。

名称：灯芯草竹叶茶

原料：灯芯草3克，竹叶3克。

制作方法：❶将灯芯草、竹叶置于杯中。❷冲入开水，泡10分钟。❸代茶饮用。

白露喝滋阴益气茶饮

处暑之后是白露，具体时间为每年的9月7日前后。白露的到来预示着天气转凉。“白露秋分夜，一夜冷一夜”，白露时节，暑气已消，虽然有时白天还较热，但夜间往往已凉意袭人，有一条谚语说“白露身勿露，免得着凉与泻肚”，就是提醒大家早晚要注意预防着凉，尤其是腰腹部。另外，由于此时气候干燥，人们还容易患过敏、呼吸系统、胃肠道等方面的疾病。所以，对于大家来说，白露节气的养生重点就是“润秋燥，除积寒”。

此时，我们应适当多摄入一些富含维生素和润肺化痰润燥、滋阴益气的食物及茶饮。食物方面可考虑芋头、山药、百合、莲子、鸽子、鸭子、梨、栗子、柚子、甘蔗、葡萄、罗汉果等。茶饮方面则可以选择天麦冬茶等为主。

名称：天麦冬茶

原料：天冬、麦冬各3克。

制作方法：❶将天冬、麦冬一起放入杯中。❷冲入沸水冲泡10分钟。❸代茶饮，每日一剂。

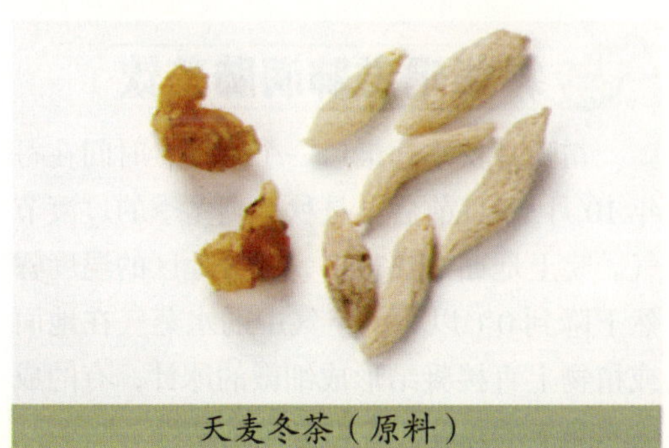

天麦冬茶（原料）

天麦冬茶（成品）

秋分喝调养脾胃茶饮

“斗指已为秋分，南北两半球昼夜均分，又适当秋之半，故名也。”每年9月23日前后就是秋分。它同春分一样，阳光几乎直射赤道，昼夜时间再次相等。从此之后，北半球就要开始变得昼短夜长。中医讲究“天人合一”，养生防病要根据季节变化做出相应的调整。那么，就让我们来看看，秋分到来之际养生该注意些什么。

四季的季节特点是春生、夏长、秋收、冬藏，秋季是一个“阳消阴长”的过渡阶段，尤其在秋分以后，秋主收的特点更为明显，阳气、阴津等都要进入收藏、收敛的状态，为冬季做准备。精神调养最主要的是培养乐观情绪，保持神志安宁，避肃杀之气，收敛神气，适应秋天平容之气。体质调养可选择登高观景之习俗，登高远眺，释放内心的情绪。调节饮食应以清润、温润为主，以润肺生津、养阴清燥。但同时注意不要过补，否则会给肠胃造成负担，以致胃肠功能失调。

这就需要我们在平日的饮食搭配上应根据食物的性质和作用合理调配，以避免机体早衰、保证机体正气旺盛。接下来便为大家介绍一种适合在秋分时节饮用，用来调节脾胃的茶饮。

名称：甘松茶

原料：甘松2克，陈皮3克。

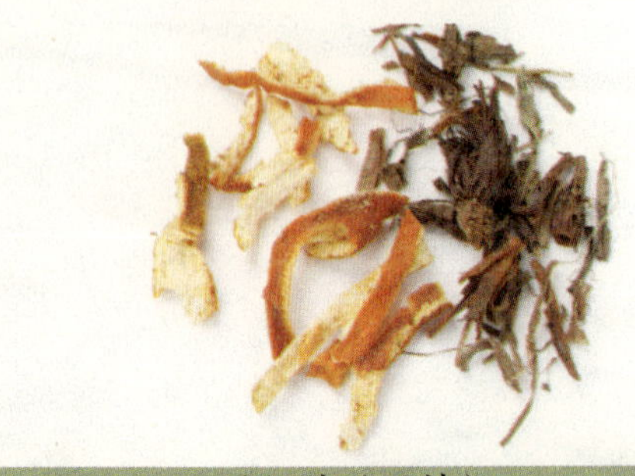

甘松茶（原料）

甘松茶（成品）

制作方法：❶将陈皮、甘松一起放入杯中。❷冲入沸水，泡10分钟。❸代茶饮即可。

寒露喝强身健体茶饮

每年10月8日前后便进入了寒露时节。同白露时相比，气温已经有了大幅的下降，而且地面的温度也变得更低了，甚至很可能会成为冻露。所以民谚中有“露水先白而后寒”的说法。

寒露是热与冷交替的季节的开始，在这段时间里，我们应该注意什么呢？

中医学在四时养生中强调“春夏养阳，秋冬养阴”。因此，寒露时节必须注意保养体内之阳气。当气候变冷时，正是人体阳气收敛，阴精潜藏于内之时，故应以保养阴精为主，也就时说，秋露时节养生不能离开“养收”这一原则。

同时，寒露时节燥邪之气易侵犯人体而耗伤肺之阴精，如果调养不当，人体会出现咽干、鼻燥、皮肤干燥等一系列的秋燥症状。因此暮秋时节的饮食调养应以滋阴润燥(肺)、强身健体为宜。

为了顺应寒露时节的节气，我们专门为大家推荐一款针对此时的强身健体茶饮。

名称：五味子红枣茶

原料：五味子3克，红枣3枚，冰糖适量。

制作方法：❶将五味子、红枣放入杯中。❷冲入沸水，泡10~15分钟。❸代茶饮用。

五味子红枣茶（原料）

五味子红枣茶（成品）

霜降喝滋肺润肺茶饮

霜降是秋季的最后一个节气，时间在每年10月23日前后，是秋季到冬季的过渡节气。晚上地面散热很多，部分地区的温度骤然下降到0℃以下，空气中的水蒸气在地面或植物上直接凝结形成细微的冰针，有的成为六角形的霜花，色白且结构疏松。

中医认为，霜降之时乃深秋之季，在五行中属金，五时中（春、夏、长夏、秋、冬）为秋，在人体五脏中（肝、心、脾、肺、肾）属肺。若要进行养生保健的话，最好在四季五补（春要升补、夏要清补、长夏要淡补、秋要平补、冬要温补）中选择平补，并对饮食中食物的性味、归经等加以区别。

同时，由于秋季气候干燥，人体肺部极易因为干燥引起不适、病变，所以霜降时节也是容易反复咳嗽、慢性支气管炎复发或加重的时期。对此，大家可以选择多吃具有生津润燥、宣肺止咳作用的食物，如生梨、苹果、橄榄等，或者可以饮用一些养肺润肺的茶品。黄精冰糖茶就是不错的选择。

名称：黄精冰糖茶

原料：黄精2克，冰糖适量。

制作方法：❶将黄精、冰糖放入杯中。❷冲入开水泡10分钟。❸代茶饮用。

立冬喝补充热量茶饮

立冬节气，在每年的11月7日或8日，古时民间习惯以立冬为冬季开始。立冬之后，草木凋零，蛰虫休眠，万物活动趋向休止。人类虽没有冬眠之说，但民间却有立冬补冬的习俗。那么，在这段时间里，我们应该注意什么，又该有选择地摄取哪些饮食来保养自己呢？

医学上认为立冬进补能提高人体的免疫功能，不但使畏寒的现象得到改善，还能调节体内的物质代谢，使能量最大限度地贮存于体内，为来年的身体健康打好基础，在四季五补的相互关系上，此时应以温补，即补充热量为原则。

立冬时节温补，要少摄入生冷之物，但也不宜燥热，有的放矢地摄入一些滋阴潜阳，热量较高的膳食为宜。此时，饮茶也是一种不错的养生方式。以下便是一款适合在

黄精冰糖茶（原料）

黄精冰糖茶（成品）

黄芪红枣茶（原料）

黄芪红枣茶（成品）

立冬时节饮用的茶品。

名称：黄芪红枣茶

原料：黄芪2克，红枣3枚，白糖适量。

制作方法：❶将黄芪、红枣放入杯中。❷冲入沸水泡10分钟。❸加入白糖调匀，代茶饮用。❹也可将以上茶材按比例放入锅中煮30分钟，去汤饮用。

小雪喝缓解心理压力茶饮

二十四节气的小雪，大致是每年11月22日前后开始的。它是寒冷开始的标志。小雪节气中，天气时常阴冷晦暗，人们此刻的心情也会受到一定的影响，易于引发抑郁症。

抑郁症的发生在大多情况下同内心压力过大有非常密切的关系。日常生活中，人们常会由于外界事物的变化而出现不同的情绪变化。这些变化属于正常的精神活动和正常的生理现象。只有在突然、强烈或长期持久的情志刺激下，才会影响到人体的正常生理，使脏腑气血功能发生紊乱，导致疾病的发生。

人们常说："怒伤肝、喜伤心、思伤脾、忧伤肺、恐伤肾。"这表明，人的精神状态反映和体现了人的精神心理活动，而精神心理活动的健康与否直接影响着精神疾病的发生发展，也可以说是产生精神疾病的关键。因此，中医认为精神活动与抑郁症的关系十分密切，把抑郁症的病因归结为压力过大所致不无道理，于是调神养生对患有抑郁症的朋友就显得格外重要。

可见，小雪节气尤其需要注重抑郁症的预防。在诸多方法中，饮茶不失为一种有效的减压方式。

名称：合欢山楂饮

原料：山楂3克，合欢茶3克。

制作方法：❶将山楂、合欢茶一同放入

合欢山楂饮（原料）

合欢山楂饮（成品）

杯中。❷冲入沸水泡8分钟。❸代茶饮用。

大雪喝预防哮喘茶饮

大雪节气，通常在每年的12月7日（也有个别年份的6日或8日）。相对于小雪，大雪时的天气更冷了。此时我国黄河流域一带渐有积雪，北方则呈现万里雪飘的迷人景观。

大雪以后，北方诸省容易出现大雾天气，由于烟雾中存在大量的细菌，容易导致呼吸道疾病尤其是哮喘的发生。通常哮喘发作前几分钟会有过敏症状，如鼻痒、眼睛痒、打喷嚏、流涕、流泪和干咳等，这些表现叫先兆症状。随后出现胸闷，胸中紧迫如重石压迫，约10分钟后出现呼气困难，这时甚至不用医生的听诊器就可以听到"哮喘音"，病人被迫端坐着，头向前伸着，双肩耸起，双手用力撑着，用力喘气。这样的发

作可持续十几分钟至半小时。有时哮喘没有先兆症状即开始发作，患者常常因为呼吸极困难而窒息，会导致心力衰竭、体力不支而死亡。

哮喘不但本身不易治疗，它还会引起许多其他疾病，它可以引起自发性气胸、肺部感染、呼吸衰竭、慢性支气管炎、肺气肿、肺心病等等，严重影响人们的生活质量。所以，在大雪时节，预防哮喘便成了养生保健中的重中之重。接下来，我们就为大家介绍一款可以降低哮喘发生的保健茶饮，以期让广大朋友们安度寒冷的大雪时节。

名称： 党参陈皮茶

原料： 党参2克，陈皮3克，茯苓2克，冰糖适量。

制作方法： ❶ 将党参、茯苓、陈皮放入杯中。❷ 冲以沸水，泡约10分钟。❸ 加入冰糖调匀，代茶饮用。

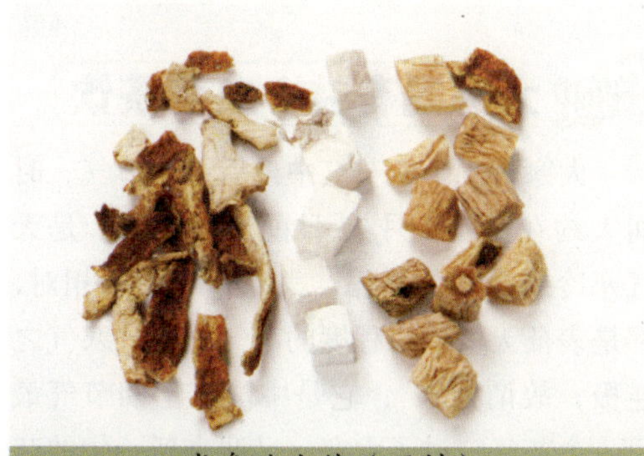

党参陈皮茶（原料）

党参陈皮茶（成品）

冬至喝滋补养生茶饮

冬至是我国二十四节气中最早制定的节气之一。冬至这天，北半球将迎来一年中白昼最短的一天。古人对冬至的说法是：阴极之至，阳气始生，日南至，日短之至，日影长之至，故曰“冬至”。在二十四节气中，冬至最受重视，人们尤其关注冬至前后的养生与保健。

从养生学角度，冬至是滋补的大好时机。这主要是因为“气始于冬至”。从冬季开始，生命活动开始由盛转衰，由动转静。此时科学养生有助于保证旺盛的精力而防早衰，达到延年益寿的目的。

而关于“补”，尽管药补与食补都属于中医进补的范畴，但有所不同。食补是应用食物的营养来预防疾病，药补主要运用补益药物来调养机体，增强机体的抗病能力。食补一般没有副作用，而且可引起药物起不到的作用，但必须根据体质情况适当进补。饮茶作为食补中的一种有效方式，在冬至前后是非常不错的滋补选择。下面，我们就为大家介绍一款针对冬至的滋补养生茶：

名称： 洋参麦冬茶

原料： 西洋参2克，麦冬2克，红枣2枚，冰糖适量。

制作方法： ❶ 将西洋参、红枣、麦冬放入杯中。❷ 冲入沸水泡10分钟。❸ 加入冰糖，

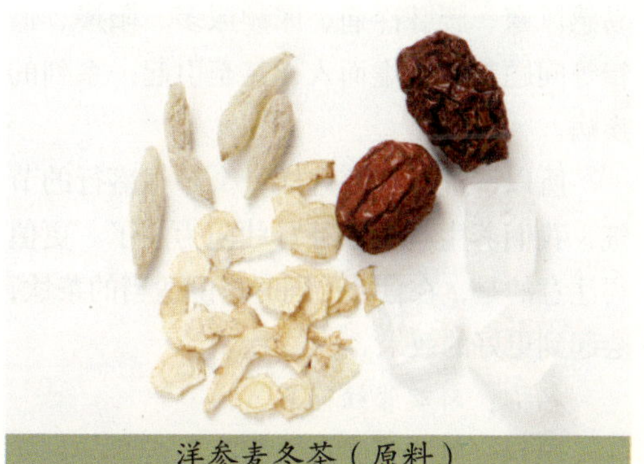

洋参麦冬茶（原料）

洋参麦冬茶（成品）

调匀即可。

小寒喝补肾壮阳茶饮

小寒是二十四节气中的第二十三个，时间大概在每年的1月5～7日之间。小寒的来临标志着一年中最冷的日子到来了。具体来说，小寒的天气特点是：天渐寒，尚未大冷。隆冬“三九”也基本上处于本节气内，因此有“小寒胜大寒”之说。而“小寒大寒，冻作一团”这句古代民间谚语，就是形容这一节气的寒冷。在此节气时，我国大部分地区已进入严寒时期，土壤冻结，河流封冻，加之北方冷空气不断南下，天气寒冷，人们也叫作“数九寒天”。

中医指出：寒属于阴邪的一种，容易损伤人体的阳气，而肾脏是人体阳气生发之处，故寒气最容易损害人的肾脏。一旦肾阳不足，人体的正常功能就会大受影响，那些易感风寒、腰膝冷痛、尿频尿多、阳痿、遗精等问题都会乘虚而入，甚至引起一系列的疾病。

所以，进入小寒这样一个寒气盛行的节气，我们养生就要以补肾壮阳为主了。更值得注意的是，在食补的同时搭配适当的茶饮，会起到更好的效果。

名称：肉苁蓉红花茶

原料：肉苁蓉3克，红茶3克。

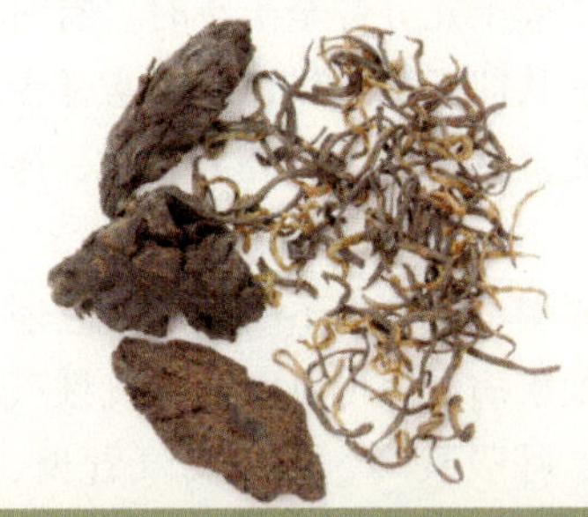
肉苁蓉红花茶（原料）

肉苁蓉红花茶（成品）

制作方法：❶将肉苁蓉、红茶放入杯中。❷冲入沸水泡10分钟。❸代茶饮用。

大寒喝有益心血管茶饮

大寒是二十四节气中最后一个节气，时间大约在每年1月20日前后。大寒，是天气寒冷到极点的意思。大寒，与小寒相对，都是表征天气寒冷程度的节气，因“寒气之逆极，故谓大寒”，它是中国二十四节气最后一个节气，过了大寒，又迎来新一年的节气轮回。

由于天气寒冷，为了维持体温恒定，人体全身的血管一直处于收缩状态，以至于容易出现血管阻力增强，血流不畅等情形，并极易发生心血管疾病。因此，心血管患者要做好大寒时节的预防措施。具体来说，就需要从改变生活方式、控制好血压、合理用药等方面入手。

此外，饮用一些辅助的茶饮也是非常必要的。在众多适合大寒时节饮用的茶品中，补益麦冬茶正是不错的选择。

名称：补益麦冬茶

原料：麦冬 3 克，生地 2 克。

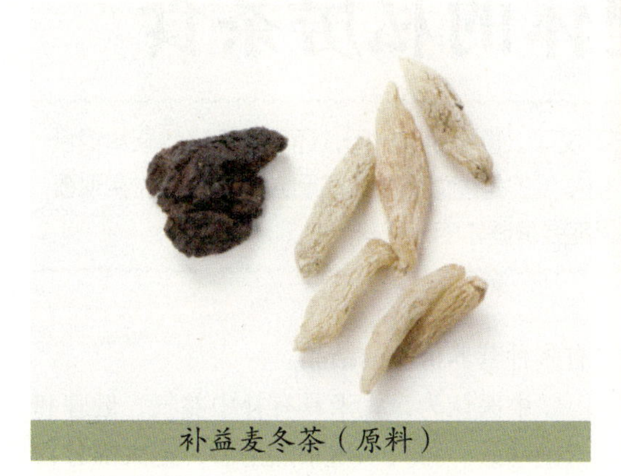

补益麦冬茶（原料）

制作方法：❶ 将麦冬、生地放入杯中。❷ 冲入沸水泡 10 分钟。❸ 代茶饮服。

补益麦冬茶（成品）

第二章 强身健体的私房茶食

茶是人们日常养生保健过程中的好帮手。它不仅可以直接冲泡饮用，还可以同其他原料组合做成各种各样的茶食。这些茶食不仅色味俱佳，更重要的是能够令大家在品尝美味的同时实现强身健体的目标。下面我们就将为大家介绍几款常见的强身健体的私房茶食。

八宝茶粥

众所周知，八宝粥不仅是农历腊八的传统习俗之一，更是一种深受大家喜爱的常用粥品。按照传统的做法，制作八宝粥的原料主要有8种，它们分别是桂圆、莲子、葡萄干、花生米、红枣、红小豆、绿豆、芸豆、大米等。后来的八宝粥做法虽然几经变化，但上述大部分原料还被保留着。将这些原料放在一起熬煮，熬成的不仅是美味的粥，还有多种营养价值的结晶。

八宝茶粥（原料）

八宝茶粥（成品）

中医认为，大米具有补中益气、健脾和胃的功效。将大米用来熬粥后，绝大部分营养都会进入到粥中，其中又以粥油最有价值，其滋补的效用丝毫不逊于人参等名贵药材。再加上其他七味原料所含蛋白质、维生素等营养物质丰富，所以食用八宝粥之后可以有效地提高人体免疫力，保护脾胃，减少失眠等症状的发生。如果在上述原料中加入茶汤做成八宝茶粥，其功效更是如虎添翼。除了保留原有的疗效以外，茶汤的加入还会使其增加了增进食欲、抗菌降脂的功能。因此，八宝茶粥是一款老少皆宜的保健粥。

原料： 龙井茶5克，红枣10克，银耳5克，银杏仁20克，核桃仁10克，莲子15克，粟米30克，糯米50克。

制作方法： ❶龙井茶冲泡后取汁。❷放入红枣、银耳、银杏仁、核桃仁、莲子、粟米、糯米同煮。❸八成熟后放入龙井茶汁，再煮一会儿即可。也可根据个人需求放入适量白糖。

绿茶粥

绿茶粥不仅具有清淡滑爽的口感，而且能利胃提神，使胆汁分泌流畅，保护胆、肝的正常机能，治疗和预防消化不良。最重要的是它能够促进血液循环以及新陈代谢，对

绿茶粥（原料）

绿茶粥（成品）

治疗感冒有显著疗效。

接下来，就为大家详细介绍一下如何做出爽口养人的绿茶粥。

原料： 粳米150克，绿茶25克，白砂糖2小匙（可依据个人口味增减）。

制作方法： ❶ 将绿茶煮成浓茶汁300毫升并去渣，粳米洗净备用。❷ 锅内加入粳米、绿茶汁和适量的清水，以中火煮沸后转小火熬至汤汁黏稠，再依照个人喜好放入白砂糖，拌匀即可。

不过，绿茶粥虽然是强身健体的美味茶膳，但并非每个人都适合饮用此粥。处于孕期、哺乳期、生理期的女性及容易胃寒的人士就不宜饮用此粥。这是因为，茶叶中的咖啡碱会增加孕妇心、肾的负荷；茶叶中所含的鞣酸会影响乳腺的血液循环，抑制乳汁的分泌；而胃寒人士饮用此粥之后容易生出胃肠胀气。所以，大家在选用绿茶粥治疗感冒时，一定要从自身具体情况出发，以免形成不必要的伤害。

普洱茶猪手

猪蹄是一款既美容养颜又营养补身的食材。关于其制作方法各式各样，搭配的材料也五花八门。其实不少朋友都想知道：怎样才能做出一道既营养健康又美味独特的猪手呢？对此，我们在这里将给大家介绍这款普洱茶猪手。

加入普洱茶烹制的猪手，在肉香中泛着阵阵普洱茶香，使猪手不会过于油腻。它不仅可以满足大家在口感上的追求，还能获得更多的营养保健功效。经常食用，可以给皮肤补充必要的水分，防止过早褶皱，延缓皮肤的衰老过程。此外，它还是经常性的四肢疲乏、腿部抽筋、麻木、消化道出血等疾病重要的辅助药膳。

原料： 猪手500克，普洱茶茶叶、茶油、蚝油、酱油、八角、茴香、桂皮、冰糖、红糖粉、蒜头、蒜苗、精盐、味精适量。

制作方法： ❶ 首先将普洱茶放入茶壶，用90℃的热水冲泡，约2~3分钟后滤出茶叶沥干水分，留取茶汁茶叶，将其中一部分茶叶烘干磨成粉末状，备用。❷ 将猪手、蒜头、蒜苗分别洗净，切好放入盘中，待用。❸ 把锅洗净，倒入适量茶油，待茶油烧热冒小泡时，将备好的蒜头放入爆香，加入适量的八角、茴香、桂皮，再放入切好的猪手一起炒香。❹ 当猪手散发出浓郁的香味时，加入少量的冰糖，用小火翻炒。❺ 待冰糖完全融化后，倒入事先备好的普洱茶汁，用大火将其煮沸至翻滚，然后加入适量的酱油，稍拌片刻后，倒入适量的蚝油使其入味，充分搅拌均匀。❻ 接着放少量的红糖粉末，炒至红糖融化后加入备好的普洱茶叶，转小火焖煮一到两个小时，直至猪手酥软。❼ 待猪手煮软后，开盖加入切好的蒜苗翻炒至蒜香溢出。❽ 将烘干磨好的普洱茶粉撒入锅中，

普洱茶猪手（原料）

普洱茶猪手（成品）

搅拌均匀，起锅装盘即成。

茶香鳜鱼片

鳜鱼，又名鳌花鱼，是一种十分名贵的鱼类，其肉质洁白，肥厚鲜美。据说，在晋代，人们将其称之为“龙肉”，评价极高。唐代著名诗人张志和在《渔歌子》中描述：“西塞山前白鹭飞，桃花流水鳜鱼肥。青箬笠，绿蓑衣，斜风细雨不须归。”渔夫看到肥美的鳜鱼们都忘了“斜风细雨”，不愿归去。而在民间也一直流传着“八月桂花香，鳜鱼肥而壮”的说法。可见，鳜鱼在古代就深受人们的喜爱，是一道传统美味。

关于鳜鱼的做法也多种多样，红烧、清蒸、炖煮、油炸等，而这道“茶香鳜鱼片”的做法较为独特，与传统的制作方法不同，它将鳜鱼与茶叶一起用烟熏烤，不仅保持了鱼肉的鲜美，而且有着清淡的茶香和浓郁的烟香，风味独特。此外，这道菜还可以帮助人们达到补气血、益脾胃的目标。

原料：竹叶青茶叶10克，鳜鱼肉250克，西兰花250克，青红椒丝少许、生姜5克，葱30克，大蒜10克，黄酒6克，盐3克，鸡精、胡椒粉适量。

制作方法：❶将鳜鱼肉用清水洗净、沥干水分后，用刀片成3厘米长、2厘米宽、0.5厘米厚的鱼片，装入较大的盆中待用。竹叶青茶叶10克冲泡取汁待用。❷分别将生姜、葱、蒜洗净，然后用刀背把姜和蒜拍碎、葱拍松取汁，加少许盐、淀粉、色拉油腌渍，鳜鱼头由中间劈开，不要劈断，待用。❸炒锅上火，放入清水，加葱、姜、料酒烧开，放入鱼头煮熟，捞出放入鱼盘中待用。❹西兰花炒熟待用。❺炒锅上火烧热，放入色拉油，待油温升至三成热时放入鱼片，过油滑熟倒入漏勺。❻炒锅上火加少许底油加入茶汁、盐、味精、鸡粉、少许胡椒粉，放入鱼片翻炒。❼勾入水淀粉出锅装入盘中，西兰花围边，将青红椒丝洒在鱼肉上边，放入几叶泡好的茶叶即成。

茶香鳜鱼片（原料）

茶香鳜鱼片（成品）

红茶炒鸡丁

鸡肉是家常菜中最常出现的食材，可以用来炖汤，也可以用来红烧，或者爆炒……鸡肉各式各样的制作方法，在近几年层出不穷，关于鸡肉营养价值的报道也越来越多。

经科学研究发现吃鸡肉能够提高人的免疫力，并且这一观点在“生物活性肽营养与健康国际研讨会”上得到了证明。研讨会上发表的一份最新报告表明，鸡及其萃取物具有显著提高免疫机能的效果。鸡肉具有如此高的营养价值，使得人们不断地推崇关于鸡的各种美食制作方法，创新出花样繁多的菜肴。

这道红茶炒鸡丁就是一款色泽诱人，口感独特的炒制品。用红茶入味鸡丁中，配以青红双色辣椒，不仅外形雅观，其味道也十分可口。

红茶炒鸡丁（原料）

红茶炒鸡丁（成品）

原料： 鸡胸脯肉200克，红茶30克，红辣椒1个（或胡萝卜1根），青椒4个（或黄瓜1根），花生油（植物油）、酱油、味精、淀粉各适量。

制作方法： ❶首先将鸡胸脯肉洗净切成丁，取一干净的碗，放入适量酱油、味精及淀粉混合拌匀，将切好的鸡丁倒入碗中腌渍。❷将青、红椒洗净切片，取干净的锅置于火上放入适量花生油，待油热后，将青、红椒放入锅中略炒一下即捞出装盘备用。（如果有不吃辣的人想要制作这道菜时，就分别用黄瓜和胡萝卜代替青、红椒。那么，在此就需要将黄瓜、胡萝卜洗净切丁，然后把切好的胡萝卜与黄瓜丁置于油锅中翻炒至七成熟铲起备用。）❸把锅洗净，放入适量的花生油，将红茶入锅爆香，再放入腌渍好的鸡胸脯肉炒至九成熟，再倒入备好的青、红椒（或者黄瓜和胡萝卜）同炒至熟即可出锅装盘。

碧螺春鲜鱿

碧螺春是我国十大名茶之一，不仅营养丰富，口感也很独特，一直以形美、色艳、香浓、味醇“四绝”闻名于中外。将其与海产品鱿鱼一起制作成菜肴，不但在色泽上诱人，而且在味道上也让人难以忘怀。

香浓的碧螺春恰到好处地掩盖了鱿鱼的腥味，却又不失去鱼肉原本的鲜美，在肉中散发着茶的清香，在茶中伴着浓浓的鱼肉香，别有一番风味。味道鲜美固然是碧螺春鲜鱿的重要优点之一，但更重要的是其出色的保健功能。食用这道菜不仅可以获得蛋白质、钙、铁等人体必需的营养物质，还可以帮助人们降低胆固醇，减少胆固醇在血液中堆积的危险。

原料： 鲜鱿鱼250克，碧螺春茶6克，花生油90克，青、红圆辣椒各2个，小黄瓜半根，西红柿1个，精盐、味精适量，大葱、生姜少许。

制作方法：❶首先将碧螺春茶放入茶壶中，用温开水冲泡约3分钟，滤除茶水，留取茶叶，沥干水分备用。❷将鲜鱿鱼放入水中，清洗干净，注意在清洗的时候放入一些食盐揉搓，因为鱿鱼属于软体动物，表层有粘稠物，所以用盐杀菌，并且更容易将其清洗干净。❸鱿鱼洗净后，用刀在其身上雕成榄核花纹，再将其切成长方形片，放入盘中，备用。❹将青、红椒清洗干净，分别切成粗细适中的椒丝，放入盘中；然后把葱、姜也分别清洗干净，葱切成段，姜切片，备用。❺将炒锅洗干净，置于火上，下花生油，烧至油温八成热，投入鱿鱼片，迅速翻炒，放入椒丝、碧螺春茶叶、葱段、姜片、食盐、少量味精，再次翻炒，待鲜鱿片卷成筒状，花纹显出时，装盘，备用。❻将小黄瓜、西红柿分别清洗干净，切成片状，摆放在盘子周围做装饰点缀，即成。

洛神优酪乳

洛神花香浓味酸，色泽鲜红，如同宝石般璀璨艳丽。它独特的口感和色泽，经过人们的不断创新加工，将其运用到多种饮食产品中。例如，在瑞士，人们用它来生产果酱、果汁和酒；在牙买加地区，它被用来作为红色饮料的原料；在西印度群岛、埃及和非洲热带地区，人们用它来泡制洛神花酒，制出果汁、果酱、新鲜饮料、布丁、糕点，有的还制成冰淇淋、冰果汁、奶油、果馅饼及其他西点……在浓醇的花香中伴着酸爽的口感，使各种美食别有一番风味。

这道洛神优酪乳，将洛神花与优酪乳搭配，制作出独特的口味，不仅在色泽上吸引眼球，其清爽的口感、浓郁的花香和丰富的营养也让人迷恋。在炎热的夏季，

碧螺春鲜鱿（原料）

洛神优酪乳（原料）

碧螺春鲜鱿（成品）

洛神优酪乳（成品）

自制一杯洛神优酪乳，清凉酸爽的感觉，让人回味无穷。

原料：洛神花4克，优酪乳100毫升，水600毫升。

制作方法：❶首先将锅洗净，置于火上，把洛神花与水一同放入锅中，以大火煮至沸腾后，转小火再煮5分钟即熄火，滤出洛神花，茶汤静置待凉备用。❷取一干净的玻璃杯，倒入优酪乳，然后慢慢加入煮好的洛神茶汤，搅拌均匀。放进冰箱稍微冷藏，口感更加。

其实，除去口感颇佳，洛神优酪乳的营养也非常丰富。它除了可以提供人体必需的维生素及多种矿物质之外，还可以帮助有益菌抑制坏菌生长，改善肠内的菌群比例，促进肠胃的正常蠕动，特别适合因过食油腻而造成的肠胃不适，可有效分解多余油脂。不过，洛神优酪乳虽好，却并非适合所有人食用。肥胖症患者、肠胃虚冷者、胃酸过多者及肾功能不好的人都应该慎食。

甘草酸梅汤

酸梅汤是深受大家欢迎的一种饮品。特别是到了夏季，烈日炎炎、天气闷热，喝上一杯凉爽的酸梅汤，可谓是神仙般的享受了。正如一句广告语所言：“没有最好，只有更好！”其实，我们在传统酸梅汤的基础上再科学地加工一下，往往会收到意想不到的保健功效。

原料：乌梅6粒，山楂10克，洛神花5克，甘草3片，桂花酱8克，水2500毫升，冰糖适量（依照个人口味酌量）。

制作方法：❶将锅洗净，置于火上，倒入2500毫升的清水，将乌梅、山楂、洛神花、甘草一同放入锅中与水同煮；以大火煮沸后，放入适量冰糖，转文火再煮1个小时左右即熄火。❷将煮好的酸梅汤中

甘草酸梅汤（原料）

甘草酸梅汤（成品）

的各种材料滤出，留取汤汁备用。❸取一干净的玻璃杯，将备好的酸梅汤倒入，再加入桂花酱搅拌均匀，静置待凉，放进冰箱冷藏约1~2小时取出即可食用。（如果不喜欢食用过于冰凉的食物，也可在凉凉后即食用。

甘草酸梅汤不仅继承了传统酸梅汤酸甜清爽、消暑止渴的优点，还多了开胃消食的功能。饭后饮上一小杯甘草酸梅汤，不仅可以去除腹中油腻，还可以补充多种营养元素。此汤虽然优点众多，但是胃酸分泌过多者一定要慎重食用。

双色绿茶饼干

双色绿茶饼干是一道色美味香的健康茶点。饼干中融合着绿茶淡淡的清香，搭配鸡蛋的营养与美味，加上香醇的黄油，融入奶香，色泽诱人，口感独特。特别适合在夏日惬意的午后，饮上一杯冰镇的绿

茶，配上这清新爽口的双色绿茶饼干，让人心旷神怡。

原料：绿茶粉20克，鸡蛋1枚，黄油100克，低筋面粉180克，白砂糖40克。

制作方法：❶首先将黄油提前从冰箱中取出，放在室温环境下使之软化。然后将软化后的黄油放入较大的器皿中，接着加入白砂糖，并用打蛋器不断搅打，直至呈现浅黄色，并且体积膨胀。❷在打发的黄油中加入鸡蛋，继续用打蛋器搅打，将鸡蛋与黄油全部融合，并平均分成两份。❸低筋面粉和绿茶粉分别过筛。然后取100克低筋面粉和一半份量的已经打发的黄油混合，揉成光滑的面团。❹将剩下的80克低筋面粉和绿茶粉混合均匀，加入剩余的另一半打发黄油并和成面团。将揉好的两个面团放入冰箱冷藏。❺10分钟后从冰箱取出两个面团，分别用擀面杖擀成1厘米厚的面饼，再用快刀切成1厘米宽的条状，这样就得到了两种颜色的四方柱形面片。分别取两条原色、两条绿色的面片，将不同颜色的面片上下交错着垒并在一起，然后轻轻将面片之间的缝隙压紧，制成饼干粗坯。放入冰箱冷冻10分钟。❻取出冷冻过的饼干粗坯，用快刀切成0.7厘米的厚片。在烤盘上铺好油纸，然后将切好的饼干坯码放在烤盘上，注意饼干之间要留有一定的距离（因为饼干发酵膨胀，如果没有空隙就会相互粘在一起）。❼最后将装有饼干坯的烤盘放进180℃的烤箱中，烤约20分钟即可。

双色绿茶饼干（原料）

双色绿茶饼干（成品）

双色绿茶饼干不仅味道清新爽口，营养价值也非常高。其成分中含有多种矿物质、微量元素、蛋白质、脂肪、卵磷脂、固醇类、蛋黄素等，能够给人体提供各种营养及能量。这使得人们在享受美味之余可以给身体很好的滋补。

抹茶泡芙

泡芙是一种西式甜点，源自法国。而抹茶泡芙则是在传统泡芙基础上做了一定程度的加工。这道甜点在金黄的色泽下流露出淳淳的奶白；甜美香脆的鸡蛋外层包裹着顺滑浓郁的奶香，再加入抹茶的清爽，真是一道让人难以抗拒的甜点。

原料：低筋面粉150克，抹茶粉4小匙，新鲜鸡蛋4个，水250毫升，无盐黄油100克，植物性鲜奶油150毫升，盐1/4小匙，糖1大匙。

制作方法：❶首先将低筋面粉过筛，放进大的容器中，将抹茶粉分成两等份，加入其中一半的抹茶粉，混合搅拌均匀，备用。❷将锅洗净，在锅内放入无盐黄油和水、盐、砂糖加热，并用打蛋器沿着顺时针方向不断搅拌，待黄油全部融化后，转小火加入备好的抹茶面粉。用力搅拌大约5分钟左右，锅底有薄膜出现时关火。

❸将鲜鸡蛋打入碗中用打蛋器打散，在锅内还有余热时，放入1/3打散的鸡蛋，用打蛋器迅速搅拌，搅拌均匀后，将剩余的鸡蛋液也全部投入锅内，拌匀，然后用勺子拉起来，面糊出现三角形时即可。❹将拌好的面糊加入裱花袋（小一点的圆口裱花嘴），在垫上烘焙纸的烤盘上挤压成一个个圆球状，然后用喷雾器在表面都均匀地喷上一层水雾。❺将烤箱预热至200℃，烘烤20分钟，接着调至160℃再烘烤15分钟即可，取出，待凉。❻将植物性鲜奶油和抹茶粉混合，打至湿发泡，装入裱花袋中。❼最后将放凉的泡芙用小刀剖开外壳，在里面注满奶油馅即可。

抹茶泡芙（原料）

抹茶泡芙（成品）

抹茶泡芙不仅味道绝佳，还是一道营养十分丰富的美食。其中，植物性鲜奶油以全脂牛奶为原料，从新鲜牛奶中提炼出乳脂肪制成，含有丰富的蛋白质、脂肪、维生素A、维生素D、维生素K和胡萝卜素等。将它与鸡蛋等食材搭配，使得整款茶膳的营养素成分及其含量都大大提升。

第三章 让青春永驻的抗衰美容茶

希望自己青春永驻是藏在无数人心中的梦想。为了能够使自己梦想成真，很多人尤其是女性朋友们开始了旷日持久的尝试，诸如使用高级化妆品，做皮肤紧致手术，等等。可是，这些尝试却为他们带来了一阵阵失望，不是收效甚微，就是费用过高难以承受。那么，有没有一种简单实用而又价格适中的方式呢？答案是“有”。此时，我们不妨尝试饮用一些抗衰美容茶，通过饮茶调理自己的身体，从而实现自己抗衰美容的愿望。

美容养颜茶

花草茶是纯天然的绿色健康饮品，特别是近年来，都市女性掀起了一股喝花草茶美容润肤的时尚热潮。其种类繁多，功效各异。经医学研究发现，多种鲜花有淡化脸上的斑点，抑制脸上的暗疮，延缓皮肤衰老，增加皮肤弹性与光泽等美容功效。

将这类鲜花与绿色草本植物、水果等搭配成美容润肤茶饮，在色彩缤纷、香馨沁人的茶中不仅让人们享受到美容润肤的功效，而且还享受到了精神上的愉悦、轻松。

1. 名称：芦荟椰果茶

原料：新鲜食用芦荟约20厘米长，椰果10克，红茶包1个，冰糖适量（依个人口味酌情增减）。

制作方法：❶首先将新鲜食用芦荟用清水洗净，去皮取肉，然后把芦荟肉切成小丁，用清水稍冲备用。❷将红茶包放入茶壶中，倒入400毫升的沸水冲泡约5分钟。❸红茶泡好后，取出茶包，将茶汁倒入干净的茶杯中，加入切好的芦荟丁和椰果，搅拌均匀，放温即可饮用。

2. 名称：柠檬甘菊美白茶

原料：柠檬2片，洋甘菊4克，枸杞若干。

柠檬甘菊美白茶（原料）

柠檬甘菊美白茶（成品）

芦荟椰果茶（原料）

芦荟椰果茶（成品）

制作方法：❶ 首先将枸杞洗净，与洋甘菊一同放入茶杯中。❷ 将400毫升的沸水倒入茶杯中，冲泡3~5分钟。❸ 待洋甘菊泡开后，加入柠檬片，放温即可饮用。

瘦身美体茶

纤体瘦身是当下最为时尚的话题之一，人们几乎把“瘦”定义为新的审美标准，甚至被诸多女性视为一种生活目标。于是，跟随着瘦身风潮的兴起，层出不穷的减肥产品也漫天铺盖，各式各样的减肥方法让人们眼花缭乱。其实，纯天然的花、草植物就是很好的瘦身良方，比如茉莉花、柠檬草、迷迭香等，将这些绿色健康的茶材制作成茶饮，坚持科学地服用，纤体瘦身效果尤佳。

1. 名称：茉莉减肥茶

原料：干茉莉花5克，薰衣草5克，蜂蜜适量。

制作方法：❶ 首先将干茉莉花、薰衣草一同放入干净的茶杯中。❷ 将500毫升的沸水倒入杯中，加盖闷泡5分钟。❸ 待泡至花茶散发出诱人的芳香时，滤出茉莉花和薰衣草的渣，留取茶汤，然后将适量蜂蜜加入茶汤中，搅拌均匀即可饮用。

茉莉减肥茶（原料）

茉莉减肥茶（成品）

2. 名称：陈皮车前草茶

原料：陈皮4克，车前草2克，绿茶4克。

制作方法：❶ 首先将车前草洗净，沥干水分备用。❷ 将陈皮、车前草、绿茶一同放入干净的茶杯中，倒入500毫升的沸水冲泡约3分钟。❸ 待茶泡好后，滤出茶渣，留取茶汤，温饮即可。

陈皮车前草茶（原料）

陈皮车前草茶（成品）

明目亮睛茶

如今，美瞳等品牌已经成为一些年轻人尤其是女孩子的最爱。这是因为，它们不仅可以帮助人们看到清晰的世界，更重要的是能够保持美观的外形。不过，并非每个近视者都适合佩戴这样的隐形眼镜。若想真正地做到明目亮睛，除了要注意避免视疲劳等之外，还可以选择下面的健康茶饮。

1. 名称：菊楂决明茶

材料：决明子5克，菊花10克，山楂10克，方糖25克。

制作方法：❶将准备好的菊花、山楂、决明子、方糖放入保温杯中。❷将开水倾入装有原料的保温杯中。❸加盖冲泡半个小时之后，即可开盖饮用。

菊楂决明茶（原料）

菊楂决明茶（成品）

2. 名称：杭白菊红糖饮

材料：杭白菊1茶匙，红糖适量。

制作方法：❶将准备好的杭白菊放入茶杯中。❷将滚烫的沸水冲入放有原料的杯中。❸加盖焖制10分钟之后即可饮用。饮用之前，可以根据个人口味酌情加入适量红糖。

杭白菊红糖饮（原料）

杭白菊红糖饮（成品）

抗衰防老茶饮

自古以来，抗衰老都是备受人们关注的话题。几乎每个女人都梦想自己能够“永葆青春容颜”。可是，如何才能实现这一梦想呢？实践证明，以天然的健康方式来抗衰老才是既安全又有效的。于是，抗衰防老的茶饮便在人们的保健生活中有了不可替代的一席之地。如果能够科学地选择并饮用适合自己的抗衰花草茶，远离岁月的魔手将不再是天方夜谭了。

1. 名称：黄精茶

原料：黄精10克，茯苓10克，茶叶5克。

制作方法：❶首先将黄精、茯苓研成如茶叶般大小的粗末，备用。❷然后将茶叶与磨好的黄精、茯苓一同放入干净的茶杯中，倒入500毫升的沸水，加盖冲泡10分钟，即可饮用。

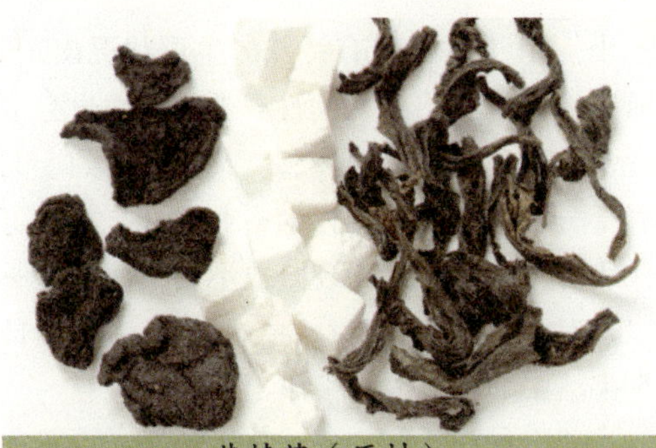
黄精茶（原料）

黄精茶（成品）

2. 名称：玫瑰甘菊茶

原料：干玫瑰花蕾5克，洋甘菊3克，蜂蜜适量。

制作方法：❶ 首先将干玫瑰花蕾与洋甘菊一同放入干净的茶杯中，倒入400毫升的沸水，加盖冲泡5分钟至散发出香气。❷ 然后放入适量的蜂蜜调味，搅拌均匀后即可饮用。

玫瑰甘菊茶（原料）

玫瑰甘菊茶（成品）

保持年轻活力茶饮

有人说：活力是生命的创造力。没错，保持年轻活力的状态，不仅可以让人看起来健康乐观，而且更加美丽动人。但是，随着年龄的增长，人们总是在不知不觉中逐渐失去活力。特别是面临着生活、工作、社会等多方面的压力与挑战时，想保持年轻活力似乎变得难上加难。

为此，我们接下来为大家介绍一些可以让人充满活力、激发身体能量的花草茶饮，从而使朋友们每天都能活出轻松、快乐与健康。

1. 名称：西洋参枸杞茶

原料：西洋参5克，枸杞5克。

制作方法：❶ 首先将西洋参切成薄片，枸杞洗净沥干水分。❷ 然后将切片的西洋参和枸杞一同放入干净的茶杯中，倒入300毫升的沸水，加盖冲泡5分钟，待茶温后即可饮用。

西洋参枸杞茶（原料）

西洋参枸杞茶（成品）

2. 名称： 菊普活力茶

原料： 菊花3克，罗汉果半个，普洱茶3克。

制作方法： ❶ 首先将半个罗汉果与菊花、普洱茶一同放入茶杯中。❷ 然后将300毫升的沸水倒入杯中，加盖闷泡10分钟，即可饮用。

菊普活力茶（原料）

菊普活力茶（成品）

补血益气茶

人们常说女人是由血液养起来的，此言不虚。由于时常会有特殊的生理状况出现，所以血亏经常出现在女性身上，女性也会由此常常生出疲惫不堪之感。又加之，如今的大部分女性都是有工作的职业女性，平时工作压力较大，容易出现气血不足的症状。所以，对于女性而言，补血养气就成为她们日常生活中非常重要的工作之一。

那么如何才能实现这一目标呢？除了注意食用大枣、饮用红糖水，注意调节自己的心情之外，女性们还不妨尝试饮用一些补血益气茶。下面，我们就将为广大女性朋友介绍几款补血益气茶，以便女性们能够根据自己身体的实际情况选择饮用。

1. 名称： 益母草红糖甘草茶

原料： 益母草200克（鲜品400克），绿茶2克，甘草3克，红糖25克。

制作方法： ❶ 将益母草、绿茶、甘草放入锅中，加水600毫升，煮沸。❷5分钟后取汁，即可饮用。（一次分3次温饮，每日

益母草红糖甘草茶（原料）

益母草红糖甘草茶（成品）

1剂。）

2. 名称：枸杞党参茶

原料：枸杞子15克，党参5克，红枣5颗。

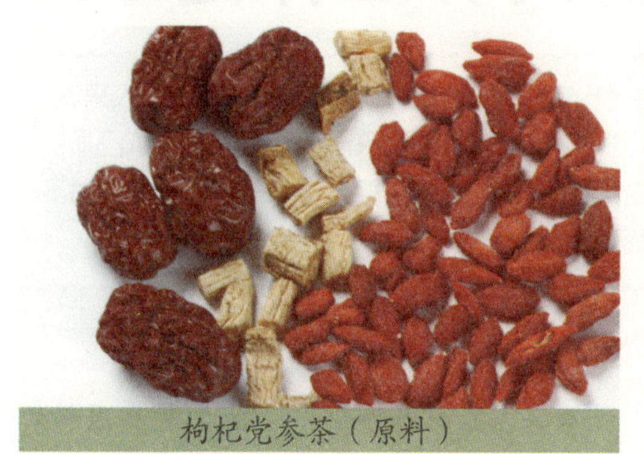
枸杞党参茶（原料）

制作方法：❶将枸杞子、红枣、党参洗净后，倒入砂锅中。❷加入适量的水煮沸，改小火煮20分钟。❸滤去渣即可饮用。

枸杞党参茶（成品）

第四章 不同人群的养生保健茶

随着社会的不断发展，人们的物质和精神生活也变得更加丰富多彩起来。对于很多人来说，生活有了更多的选择。但与此同时，更多的问题也随之出现或凸现出来。而在众多出现或凸显的问题当中又以养生保健问题最为引人注目。如何才能让不同的人群实现各自的保健目的呢？时下颇为流行的养生保健茶为大家提供了一个崭新的思路。

银发族的长寿茶

人们常用早上八九点钟的太阳来形容朝气蓬勃的青年，而用日薄西山来描述垂垂老矣的老人。衰老是不可避免的自然规律。我们任何人都不能躲过岁月的刻刀。当老年向我们姗姗走来时，我们心中会生出一种莫名的恐惧。因为我们的身体会变得衰弱，动作会变得僵硬，皮肤会变得松弛，各种疾病会成为拜访我们的常客。如何才能提升自身的阳气，减少衰老带来的病痛呢？这时，老年朋友们不妨试试菖蒲茉莉茶。

名称：菖蒲茉莉茶

材料：石菖蒲、茉莉花各6克，乌龙茶10克。

制作方法：❶将准备好的石菖蒲、茉莉花及乌龙茶放入茶杯中。❷向装有原料的茶杯中倾入沸水。❸加盖静置10分钟之后即可开盖饮用。

孕妈妈的安胎茶

众所周知，孕妈妈就是指那些怀孕了、准备当妈妈的女人。说得专业些，她们就是即将分娩的女人。即将生下爱情的结晶让这些女性朋友心中充满了喜悦之情。不过，在此还要提醒她们需要格外小心照顾自己的身体。如想保胎，莲子、南瓜蒂等茶材是很好的选择。

下面，我们就以莲子茶材为主，为处于妊娠时期的孕妈妈们推荐一款健康保健茶饮，希望大家可以根据自身的需要有所选

菖蒲茉莉茶（原料）

菖蒲茉莉茶（成品）

莲子葡萄茶（原料）

莲子葡萄茶（成品）

择，从而实现母子健康平安。

名称：莲子葡萄茶

原料：莲子90克，葡萄干30克。

制作方法：❶将莲子去皮后用水洗净。❷与葡萄干一同加水800毫升煎煮，至莲子熟透即可。

老师的润喉茶

众所周知，老师是“人类灵魂的工程师”。他们不仅将知识传授给学生，还培养了他们的思想道德观。可以说这是个特殊的职业。不过，也正是由于职业的特殊性，很多疾病也是不断地困扰着他们。

首先，教师常需在黑板上书写、绘图进行讲解，在消磨了数以万计粉笔的同时，鼻孔也不可避免地吸入了大量的粉笔灰，鼻炎就这样悄悄来到身边。其次，由于工作性质关系，用嗓过度、发声不当引起声带息肉、声带小结所致声音嘶哑是教师的现代职业病。再次，教师工作压力大，事务性工作多，不少教师临睡前还在备课，考虑近期工作，因此有睡眠问题的教师就特别多。而长期睡眠不足，大脑得不到足够休息，还会出现头疼、头晕、记忆力衰退、食欲不振、抑郁等现象。最后，教师需要长时间伏案低头工作，姿势又持续固定不变，因此易犯肩颈痛。此外，长期面对电脑，近距离用眼，几乎是当下教师的通病。

毫无疑问，上述职业病很容易为教师们带来诸多严重疾病的隐患。为此，我们将为广大老师们推荐一款养生保健茶饮，兼顾日常保健与防病祛病双重目的。

名称：观音罗汉茶

原料：铁观音2.5克，罗汉果半颗。

制作方法：❶将罗汉果洗净后拍烂切碎，加水后用慢火煲约1小时。❷铁观音用滚水迅速洗茶，将水倒掉。❸用罗汉果水泡铁观音茶，约2分钟后即可饮用。

观音罗汉茶（原料）

观音罗汉茶（成品）

学生的健脑茶

众所周知，很多上班族都饱受职业病的侵袭。而如今，学生也逐渐出现了“职业病”的倾向。其中，视疲劳和注意力不集中是最为常见的。

现在的学生，大都会因为课业的压力在学校学习任务非常繁重，有的回到家还会经常看各类书籍或是使用电脑而又造成一定的视疲劳。于是，很多学生都戴上了近视眼镜。据一项权威调查显示，很多中学生的近视率已经超过了70%。除此以外，由于学业的压力以及正处于青春期的发育早期，很多少年儿童还会出现注意力不集中，甚至出现少年白发等问题。

对此，建议孩子们常喝一些保健茶饮。它们既能在一定程度上减轻孩子的疲劳，保护视力，还有利于孩子的健康成长。通常，适用于少年儿童的茶材有甘菊花、茉莉花、薄荷等。下面，让我们来看一个具体的配方。

名称：茉莉醒脑茶

原料：茉莉花15克，薄荷10克，肉桂7克，蜂蜜适量。

制作方法：❶将茉莉花，薄荷，肉桂用450毫升热开水冲泡15分钟。❷过滤出茶渣。❸倒入茶杯，加适量蜂蜜调味饮用。

茉莉醒脑茶（原料）

茉莉醒脑茶（成品）

吸烟族的健康茶饮

吸烟有害健康，吸烟容易致癌是众所周知的常识。但对于广大吸烟族而言，吸烟就像是伴侣一样不可或缺。那么如何才能保证广大吸烟族的身体健康呢？一些健康专家建议可以选择茶饮。这一建议得到了很多吸烟者的赞同。

许多吸烟者认为，喝茶时吸烟，会别有一种味道：烟会更香浓，茶会更甘口，这是不无道理的。因为茶饮中的茶多酚能抑制自由基的释放，控制癌细胞的增殖。它进入人体后能与癌物质结合，降低癌物质的活性，抑制致癌细胞生长，从而可以抑制由于吸烟引起的肿瘤的发生。我们知道，经常补充一定剂量的维生素C可避免吸烟所带来的危害，而绿茶等就含有非常丰富的维生素C。所以，吸烟者饮茶不仅可以适当补充由于吸烟造成的维生素C的不足，还可以保持人体内产生和消除自由基的动态平衡，提高人体的免疫力。

既然饮茶对吸烟者是一剂非常好的良药。那么具体都有哪些茶适合他们呢？在茶材方面，麦冬、百合、胖大海、灵芝等都是非常好的选择。至于具体茶饮，这里推荐一款麦参清肺茶。

名称：麦参清肺茶

原料：麦冬、太子参、百合、灵芝、

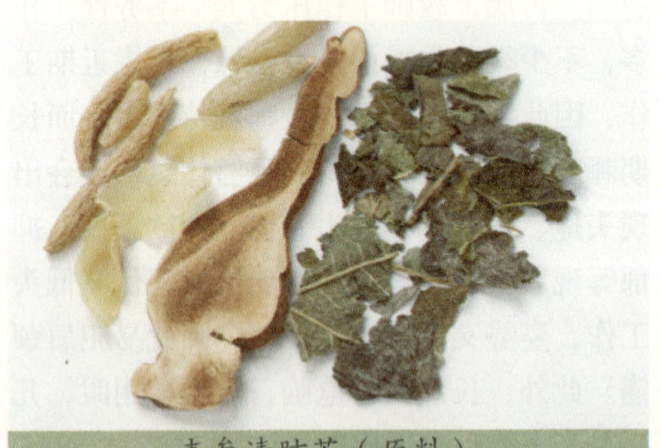

麦参清肺茶（原料）

麦参清肺茶（成品）

桑叶各1克。

制作方法：❶将锅内加入适量水，煮沸。❷将上述原料用沸水冲泡，即可。

体力劳动者的健康茶饮

一般来说，体力劳动者多以肌肉、骨骼的活动为主，他们能量消耗多，需氧量高，物质代谢旺盛。他们的健康与劳动条件和劳动环境有着密切的关系。很多时候，不同的体力劳动者在进行生产劳动时，身体都需保持一定体位，采取某个固定姿势或重复单一的动作，局部筋骨肌肉长时间地处于紧张状态，负担沉重，久而久之可引起劳损。故《素问·宣明五气篇》有"久视伤血、久卧伤气、久坐伤肉、久立伤骨、久行伤筋，是调五劳所伤"之论。另外，由于体力劳动者往往大汗淋漓，体内容易缺乏维生素、氧和钠等，造成营养比例失调。还有可能接触一些有害物质，如化学毒物、有害粉尘以及高温高湿等。

因此，体力劳动者应该为自己安排合理的膳食，并多吃些新鲜蔬菜和水果，以及咸蛋、咸小菜、盐汽水等。此外，茶饮也是必不可少的选择。有利于体力劳动者的健康茶饮药材有枸杞、干菊花、胡萝卜等，下面一款茶饮就是非常不错的选择。

名称：强力补心茶

原料：仙鹤草、枸杞子各10克，刺五加根茎15克，红茶3克。

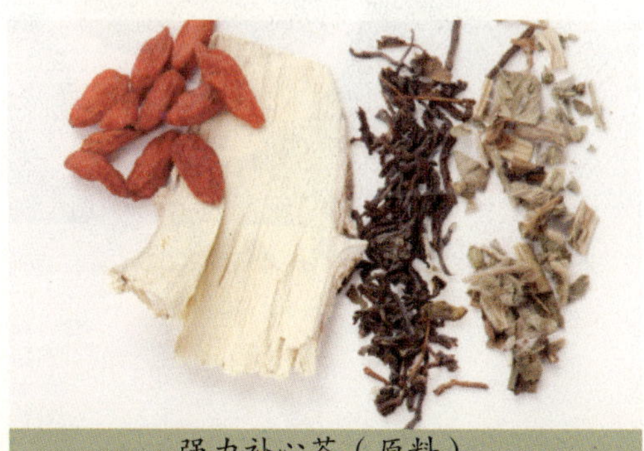

强力补心茶（原料）

强力补心茶（成品）

制作方法：❶将刺五加根茎切碎备用。❷将备用的刺五加根茎与其余三味原料一同放入锅中。❸向锅中加入适量清水，煎煮之后即可饮用。

应酬族的健康茶饮

在职场，应酬不可挡。临近过节过年，单位聚餐、酬谢客户、亲朋相聚，赶场吃饭是常见的事。但觥筹交错之间，几顿大餐下来，不少人的健康就出了问题。于是混乱的作息时间，暴饮暴食，饮酒过度就缠绕着现代人。再加上平时日常工作中坐多动少，以致不少应酬族都出现了消化不良、高血压、肥胖以及失眠等症状，严重者甚至还患上了胃出血、酒精性胃病、酒精肝、糖尿病等危险的疾病。因此如何在保证正常的社交应酬的基础上找到一种健康的生活方式，就成了很多应酬族需要思考的问题。

当然，平时尽量减少一些不必要的应酬，调整我们的休息时间，控制高热量食物的摄入，减少吸烟喝酒，尽量多做些运动都是非常必要的。不过，除此之外，应酬族们还可以通过喝茶这种简单的方式来实现自己健康养生的目的。以下便是一款特别适用于应酬族饮用的健康茶饮。

名称：洋甘菊茶

原料：洋甘菊3~5克，蜂蜜适量。

制作方法：❶将干燥的洋甘菊放入茶杯

中，倒入开水后闷泡10分钟。❷待到茶色变成金黄色后再酌加适量蜂蜜或冰糖，代茶饮用。

洋甘菊茶（原料）

洋甘菊茶（成品）

亚健康人群的健康茶饮

随意社会的发展，科技的进步，生活节奏的加快，文化、物质生活的丰富以及情感的变化等诸多因素，亚健康状态已困扰着社会各阶层的不同年龄的人们。

科学地讲，亚健康是一种临界状态，界于健康与疾病之间的状态，故又有“次健康”、“第三状态”、“中间状态”、“游移状态”、“灰色状态”等称谓。处于这一状态的人，虽然没有明确的疾病，但却出现精神活力和适应能力的下降，如果这种状态不能得到及时的纠正，非常容易引起身心疾病。例如，心理障碍、胃肠道疾病、高血压、冠心病、癌症、性功能下降、倦怠、注意力不集中、心情烦躁、失眠、消化功能不好、食欲不振、腹胀、心慌、胸闷、便秘、腹泻、感觉很疲惫，甚至有欲死的感觉等等。

那么如何才能从亚健康状态步入健康状态呢？下面这款保健养生茶就可以给你明确的答案。

名称：核桃苹果茶

原料：核桃仁60克，苹果2个，红糖适量。

制作方法：❶将苹果洗净后去皮剁碎。❷与核桃仁一并放入锅中，加水适量。❸先用大火煮沸，再改用小火熬煮30分钟。❹加入适量红糖调至均匀，代茶饮用。

核桃苹果茶（原料）

核桃苹果茶（成品）

第五章 各类疾病的茶疗验方

除去日常的养生保健之外，茶还是人们防治疾病过程中的好帮手。小到普通的伤风感冒，大到严重的高血压、冠心病，都可以在茶的国度中寻找到预防疾患发生的茶饮。有了茶的帮助，很多深受药物治疗之苦的患者便有了一种很好的辅助或替代手法。

防治感冒的茶疗验方

感冒是人们生活中最常见的呼吸系统疾病之一。它虽然不是大病，但往往给人们带来不少烦恼。比如，感冒会引起头疼、浑身乏力等症状，让人们无法正常地工作、生活等等。所以，了解感冒发生的原因，并尽快治好它便成为很多感冒者最强烈的追求。

感冒是由呼吸道病毒引起的，其中以冠状病毒和鼻病毒为主要致病病毒，临床表现为鼻塞、咳嗽、头痛、恶寒发热、全身不适等症状。在中医学中，感冒是因外邪侵袭人体所引起的，有伤风（普通感冒）和流行感冒之分。

普通感冒多发于初冬，但任何季节，如春天、夏天也可发生，不同季节的感冒的致病病毒并非完全一样。流行性感冒，全年均可发病，尤以春季多见。

治疗感冒的药物很多，其中中药因为具有副作用小、疗效好的特点，备受人们的青睐。中医根据病因将感冒分为风寒型感冒、风热型感冒、暑湿型感冒和时行感冒（流行性感冒）4种类型，并根据不同的类型选用不同的药物，使治疗更具有针对性。茶疗是中医疗法中一个简便、可行的方法，下面我们介绍一种针对不同类型感冒的药草茶。

桑菊茶（原料）

桑菊茶（成品）

名称：桑菊茶

配方：桑叶3克，菊花3克，薄荷3克，芦根3克，连翘3克，绿茶3克。

制法：❶ 将上述材料一同放入茶杯中，加入沸水，并加盖冲泡。❷ 冲泡约10分钟后便可饮用。

防治哮喘的茶疗验方

哮喘是支气管哮喘的简称，是机体对抗原性或非抗原性刺激引起的一种气管、支气管反应过度的疾病，是一种发作性的痰鸣气喘疾病。哮喘的临床表现为气急、咳嗽、咳痰、呼吸困难、肺内可听到哮鸣音等症状，严重者会出现面色发紫、静脉怒张、冷汗不止等症状。

导致哮喘病出现的原因众多，其中以患者自身体质与所处环境为最主要的治病原因。所谓体质主要是指患者自身的免疫力、内分泌和健康状况等，而环境因素包括各种变应原、刺激性气体、病毒感染、居住的地区、居室的条件、职业因素等等，环境质量差是导致哮喘的重要原因。

哮喘严重影响着人们的生活，呼吸不畅等病症让患者很难正常生活，早日摆脱哮喘的困扰是很多患者梦寐以求的事情。但是，哮喘是一种慢性疾病，不是一时半会就能治愈的，需要在日常生活中进行调理。这里为大家介绍一种可以辅助治疗哮喘的药草茶方，但需遵医嘱。

名称：橘红茶

配方：橘红5克，茯苓5克，生姜5克。

制法：❶将上述材料切碎，一起放入保温瓶中。❷用沸水冲泡，15分钟即可。

防治高血压的茶疗验方

高血压是世界最常见的心血管疾病之一。它发病率高，具有遗传的特点，而且会引发各种并发症，严重威胁着人们的身体健康和生命安全。

高血压发病的原因很多，可分为遗传和环境两个方面。研究表明大约半数高血压患者有家族史，此外空气中缺乏负离子也是导致高血压产生的一个重要的原因。从中医学角度来看，高血压病是由于机体阴阳平衡失调产生的结果。

此外，据一项相关调查发现，精神紧张者易患高血压病。从事驾驶员、证券经纪人、售票员、会计等行业的人群，是高血压病的高发群体。高血压病在早期通常表现为头痛、头晕、耳鸣、心悸、眼花、注意力不集中、记忆力减退、手脚麻木、疲乏无力、易烦躁等症状；后期血压常持续在较高水平，会出现脑、心、肾等器官受损的并发症。

若想对高血压进行有效地防治，除了

橘红茶（原料）

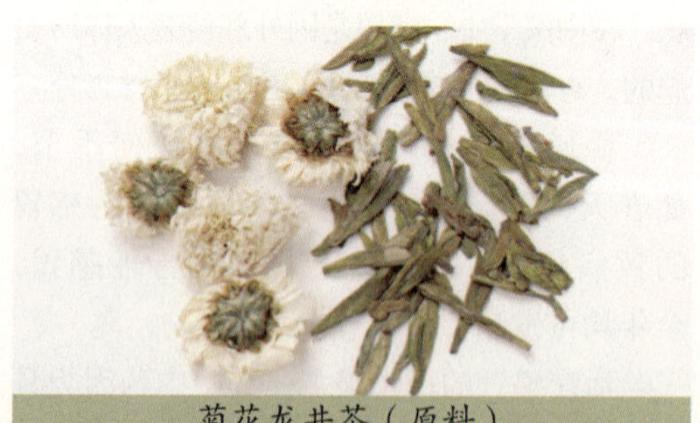
菊花龙井茶（原料）

橘红茶（成品）

菊花龙井茶（成品）

要经常进行血压测试、体育锻炼外，还可以通过中医疗法中的茶疗来减少患高血压的几率。据医学研究发现，喝茶可以减少高血压发生的机会，每天喝绿茶或乌龙茶120毫升以上，持续超过一年，发生高血压的几率就比不喝茶的人减少四成以上。以下便是一款对于高血压的防治有较好效果的药草茶，但需遵医嘱。

名称：菊花龙井茶

配方：菊花15克，龙井茶5克。

制法：❶将菊花、龙井茶一同放入茶壶内，用沸水冲泡。❷将壶盖盖严，冲泡10分钟即可。

防治冠心病的茶疗验方

人们通常认为，冠心病是老年人的常见病。但是，据最近的调查显示，现在35岁以下的青年人群患冠心病的比例在不断上升，较小的患者只有20岁。专家认为，冠心病的发病年龄年轻化的趋势与人们生活节奏加快、精神压力大、学业紧张等因素有很大关系。

冠心病是冠状动脉性心脏病的简称，指由于脂质代谢不正常，血液中的脂质沉着在原本光滑的动脉内膜上，在动脉内膜一些类似粥样的脂类物质堆积而成白色斑块，称为动脉粥样硬化病变。这些斑块渐渐增多造成动脉腔狭窄，使血流受阻，导致心脏缺血，产生心绞痛。

冠心病作为一种高危险、突发性强的疾病，严重威胁着人们的生命安全。很多患者常会因此产生悲观情绪。其实，针对冠心病的防治并非没有可能，茶疗就是其中的方式之一（需遵医嘱）。其中丹参绿茶在防治冠心病中效果就比较好。

名称：丹参绿茶

配方：丹参9克，绿茶3克。

制法：❶将丹参、绿茶一起放入茶壶内，用沸水冲泡。❷盖紧壶盖，冲泡30分钟后便可饮用。

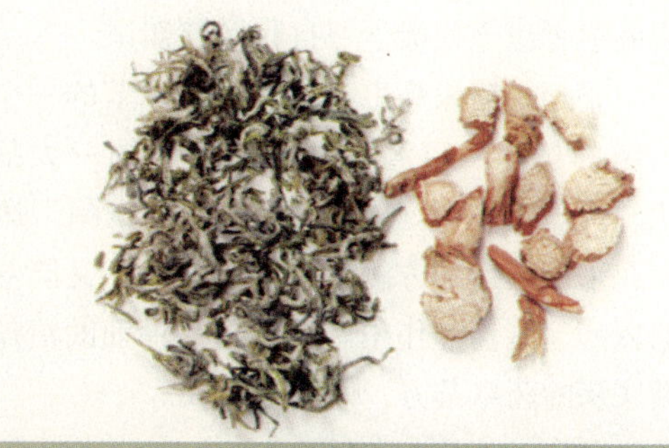

丹参绿茶（原料）

丹参绿茶（成品）

防治糖尿病的茶疗药方

糖尿病像杀手一样伤害着很多人的生命，据统计，我国目前的糖尿病患者有2000万～3000万之多。患了糖尿病之后，人们时常会觉得口干想喝水，因多尿而半夜多次醒来；尽管已吃了不少食物仍觉饥饿，体重减轻、嗜睡等等情形。

然而，上述情形并非糖尿病带来痛苦的全部。它的可怕还在于一旦控制不好会引发肾病、精神障碍及视网膜症等并发症，导致肾、眼、足等部位的衰竭病变，且无法治愈。针对此种情形，糖尿病专家指出，如果患者能够积极进行自我调节，正确运用好包括饮食、运动、降糖药物在内的综合疗法，并进行终生性治疗，绝大多数患者可以如正常人一样生活、工作、颐养天年。因此，糖尿病患者应该积极学习自我保健知识。

茶疗是糖尿病患者进行自我调节的一个不错的选择。口渴是糖尿病患者的一大症状，尤其是炎炎夏日，更觉口渴难耐。因此，采用茶疗的方法不仅可以解渴，又能对糖尿病起到治疗作用。下面是一种辅助治疗糖尿病的药草茶方，但需遵医嘱。

名称： 黄精玉米须茶

配方： 黄精10克，玉米须10克，绿茶5克。

制法： ❶将上述材料放入砂锅中，加清水煎20分钟。❷将汁倒出，变温后便可饮服。

黄精玉米须茶（原料）

黄精玉米须茶（成品）

防治脂肪肝的茶疗药方

脂肪肝的发病率近几年在我国迅速上升，成为仅次于病毒性肝炎的第二大肝病。肥胖、过量饮酒、糖尿病是脂肪肝的三大主要病因，其多发人群通常为肥胖者、过量饮酒者、高脂饮食者、少动者、慢性肝病患者及中老年内分泌患者。一般而言，脂肪肝属可逆性疾病，早期诊断并及时治疗常可恢复正常。否则，可能引发肝硬化、肝癌、消化系统疾病、动脉粥样硬化以及心脑血管疾病等。

因此，脂肪肝患者需要积极地配合医生的治疗，并在医生的治疗下保持合理的饮食，加强运动，进行适当的保健。如今，茶疗养肝护肝是进行日常调理比较流行的新方法。中药养肝茶既可为身体补充水分，压制身体的火气上串，还可对肝脏形成保养、修护。同时，茶疗还能够调节血液的pH值、降低血脂、带走血管壁上的黏稠物质，对预防心脑血管疾病有很大帮助。此外，茶疗相对于其他药物还具有绿色、健康的优势。下面我们将介绍一种对防治脂肪肝有较好疗效的药草茶。

名称： 夏枯草丝瓜保肝茶

配方： 夏枯草30克，丝瓜络10克（或新鲜丝瓜50克），冰糖适量。

制法： ❶将上述药材放入锅中，加水500毫升。❷用大火煎煮，再改小火煮至约200毫升，去渣取汁。❸将冰糖熬化，加入药汁煮10~15分钟即可。

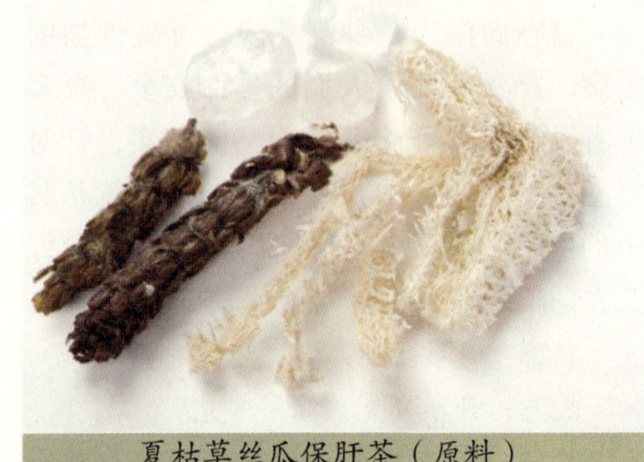

夏枯草丝瓜保肝茶（原料）

夏枯草丝瓜保肝茶（成品）

便秘的茶疗药方

人的身体就像一部机器一样，每个器官都是支持人体运作的零件，这样才保持了人体正常的新陈代谢。而便秘则使得人体正常的运作被破坏，使人体的垃圾不能顺利排出，不仅给身体带来不适，引起人们情绪的改变，使人心烦意乱、注意力涣散，影响日常生活与工作，而且还可能引发多种疾病。

便秘对人体的危害是多方面的。便秘时，排便困难可直接引起或加强肛门直肠疾患，如直肠炎、肛裂、痔等；粪便滞留，有害物质吸收可引起胃肠神经功能紊乱而致食欲不振，腹部胀满，嗳气，口苦等；因便秘而使肠内致癌物长时间不能排除而导致结肠癌，据资料表明，严重便秘者约10%患结肠癌。此外，便秘还可能引发心脑血管疾病、干扰大脑功能、影响皮肤健康等等。

目前，已经有越来越多的人开始关注便秘的危害了。在治疗便秘的众多疗法中，中医疗法因其可以从人体内部进行根本性调理且没有副作用而广泛应用。而茶疗则是其中一个不错的选择，如枳术生地黄茶。

名称：枳术生地黄茶

配方：枳实2克，炒白术3克，生地黄3克。

制法：❶将上述三味材料一同放入保温瓶中，用适量沸水冲泡。❷盖紧瓶盖，约15分钟后便可。

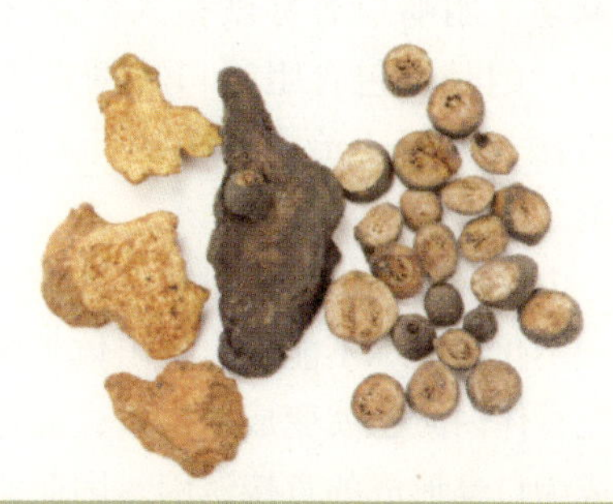
枳术生地黄茶（原料）

枳术生地黄茶（成品）

口臭的茶疗药方

口臭，亦称口腔异味，指口腔内的不良气味，是口内出气臭秽的一种症状。贪食辛辣食物或暴饮暴食、疲劳过度、感邪热、虚火郁结，或某些口腔疾病，如口腔溃疡、龋齿以及消化系统疾病都可能引起口臭。

口臭会对人们的身心都产生不好的影响。它不仅会影响自身食欲、加重口腔疾病，还与肠胃疾病有密切关系。调查表明，口臭严重者其口腔疾病的发病率比常人高出至少50倍。同时，口臭还会影响自身的心情和社交活动，心理学及生理学研究表明，清新的口气不但能够令人感觉愉快，增强自信，甚至能增强人的判断能力。

于是，防治口臭、摆脱口臭给自身带来的交际障碍和心理阴影，便成为很多患者梦寐以求的事情。如今，治疗口臭的方法众多。咀嚼口香糖就是人们常用的方法之一。但是，包含咀嚼口香糖在内的大多数方法是治标不治本，无法针对病因进行根治。

中医认为，口臭多由肺、脾、胃积热或食积不化所致。不能及时排出体外的废弃物长期在体内淤积就变成了毒素，而这些毒素就成为口臭形成的直接诱因。因此，消除口臭需要从根本上对身体进行调理，切不可急于求成用一些对肠胃刺激较大的药物。下面我们将为大家介绍一种可以从根本上调理脾胃、防治口臭的药草茶。

名称：荷草绿茶

配方：薄荷15克，甘草3克，绿茶5克，蜂蜜25克。

制法：❶将薄荷、绿茶、甘草一起放入砂锅内，加水适量。❷煮沸10分钟后，弃渣取汁。❸再调入蜂蜜，搅拌均匀即可。

荷草绿茶（原料）

荷草绿茶（成品）

胃痛的茶疗药方

生活中，我们经常会胃痛，而且一旦胃痛起来就不想进食，坐立不安，正常的生活就受到影响。胃痛，又称胃脘痛，是指凡由于脾胃受损、气血不调所引起胃脘部疼痛的病证，是临床上常见的一个症状，多见急慢性胃炎，胃、十二指肠溃疡病，胃神经官能症，也见于胃黏膜脱垂、胃下垂、胰腺炎、胆囊炎及胆石症等病。

导致胃痛发生的原因众多，但通常可以概括为两类：一类是由于忧思恼怒，肝气失调，横逆犯胃所引起，故治法以疏肝、理气为主；一类是由脾不健运，胃失和降而导致，宜用温通、补中等法，以恢复脾胃的功能。

众所周知，胃病有“三分治七分养”的说法。所以，自身调理在防治胃痛以及其他胃病的过程中起着非常重要的作用。除了在生活中要养成良好的生活习惯，保持心情愉快之外，我们还可以通过选择茶疗的方式来使脾胃康健，保证胃功能健全，这样才能有一个健康的身体和愉悦的生活。菖蒲和胃茶便是一种能够有效地保护脾胃、治疗胃痛的药草茶方，但需遵医嘱。

菖蒲和胃茶（原料）

菖蒲和胃茶（成品）

名称：菖蒲和胃茶

配方：石菖蒲10克，茉莉花3克，绿茶3克。

制法：❶将上述材料研成末状，放入保温瓶中。❷用沸水冲泡，盖紧瓶盖。❸约15分钟后即可饮用。

失眠的茶疗药方

“失眠”这个词对我们都不陌生，很多人都经历过失眠。在日常生活中，我们会因为一些精神因素而失眠，比如说思想的冲突、工作的紧张、学习的困难、希望的幻灭、亲人的离别等一些消极因素，或是成功的喜悦等积极因素，都可能带来不眠之夜。

其实，失眠并不只是单纯的难以入睡，它还包括一些其他的症状，比如说不能熟睡，早醒，醒后无法再入睡，频频从噩梦中惊醒，自感整夜都在做噩梦，容易被惊醒，对声音或灯光敏感等。造成失眠的原因有很多，主要包括环境的变化、不良的生活习惯、身体的不适以及精神的兴奋、情绪不稳定等。

失眠不仅会给人们带来很多烦恼，还会对人体产生不好的影响。于是，如何摆脱失眠便成为越来越多的人关心的问题。中医学

龙眼洋参茶（原料）

龙眼洋参茶（成品）

历来重视睡眠科学，有“不觅仙方觅睡方”之说，认为人体休息关键在于睡眠质量。针对失眠也有许多方法，龙眼洋参茶就是一种防治失眠的药草茶方，可遵医嘱。

名称：龙眼洋参茶

配方：龙眼肉30克，西洋参6克，白糖适量。

制法：❶将西洋参浸润切片，龙眼肉去杂质洗净，放入盆中。❷加入白糖，再加水适量，上锅蒸40分钟，将汁取出即可。

月经不调的茶疗药方

月经不调是一种常见的妇科疾病，经常为很多女性朋友带来困扰。患有月经不调的女性常会出现以下症状：一是不规则的子宫出血，包括月经过多或持续时间过长和月经过少，经量及经期均少；二是功能性子宫出血，内外生殖器无明显器质性病变，而由内分泌调节系统失调所引起的子宫异常出血，

常见于青春期和更年期。此外还包括绝经后阴道出血和闭经。

长时间的月经不调会对身体造成很多危害。首先，月经不调会引起头晕、乏力、心悸等症状，引起皮肤出现色斑、毛孔粗大、粗糙、提前衰老等，不但影响美观，还影响身体健康；其次，如果长时间月经过多，会导致失血性贫血，严重危害健康；再次，月经不调可能是由其他妇科疾病，比如说妇科炎症、子宫肌瘤等引起，如果不及时治疗可能引发不孕症。最后，月经不调还会导致其他疾病的发生，比如说月经性关节炎、月经性皮疹、月经性牙痛、月经性哮喘等疾病。所以，拥有一个正常的生理期便成为很多深受月经不调困扰的女性的愿望。

那么，如何做才能帮助女性朋友摆脱月经不调带来的苦恼呢？中医认为经水出于肾，故调理月经的根本在于补肾，通过调理使得肾气充足，精血旺盛，则月经自然通调。这种主张从内调节的中医疗法，可以从根本上进行调理，故可以起到标本兼治的效果。下面给大家介绍一种可以辅助治疗月经不调的药茶方。

名称：姜枣红糖茶

配方：生姜3克，大枣3枚，红糖6克。

制法：❶将上述三味材料一同放入砂锅中。❷加水适量煎汤，将熬制的汁液倒出即可。

前列腺炎的茶疗药方

前列腺炎已经成为很多男人的难言之隐，甚至不少人已经达到“谈前列腺色变”的地步。之所以会出现如此情形，不仅是因为事关面子问题，更是因为此种疾病会为身体带来很多不适。比如说排尿不适，产生放射性疼痛，造成性功能障碍等等。此外，慢性前列腺炎可合并神经衰弱症，表现出乏力、头晕、失眠等；长期持久的前列腺炎症甚至可引起身体的变态反应，出现结膜炎、关节炎等病变。

姜枣红糖茶（原料）

车前赤豆茶（原料）

姜枣红糖茶（成品）

车前赤豆茶（成品）

那么，如何才能有效治疗前列腺炎呢？中医在治疗前列腺炎方面，尤其是慢性前列腺炎方面有很多宝贵的经验，颇受广大患者的青睐。中医认为，该病的根本病因在于体内有寒积、热积、气积、血瘀等毒素存在，因此，治疗该病的关键在于排出体内毒素。茶疗是中医疗法中的重要部分，下面我们将为大家介绍一种对于防治前列腺炎有很好功效的药草茶方，但需遵医嘱。

名称：车前赤豆茶

配方：赤小豆60克，车前草150克。

制法：❶将赤小豆放入碗中冲泡半个小时左右，与车前草一同放入锅内。❷加水适量煎煮，煮后去除残渣，将汁倒出即可。

关节炎的茶疗药方

众所周知，关节炎的主要患病人群是中老年人。可是，据最新调查显示，近年来关节炎的患者中，年轻人的比例持续上升，特别是有职场“久坐族”之称的人们患病几率增长得非常快。这些长期坐于办公桌前、使用电脑、开车的人群逐渐成为关节炎的易患人群。

于是，关节炎作为一种高发病率的疾病便为很多人的生活带来了不便。这些不便具体表现为症状较轻者会经常关节疼痛，症状较重者会出现行走不便甚至瘫痪的情况。

虽然关节炎对于人们的日常生活带来不小的影响，但其并非没有有效的防治方法。治疗关节炎的方式众多，其中中医的推拿、按摩和中药的治疗深受很多人的信赖。不过，工作忙、时间少、费用高等原因使得很多人难以坚持做推拿、按摩。对此，我们推荐一种既简便又实用的中医疗法——茶疗。

中医对于关节炎治疗的传统理论认为“风寒湿邪，痹阻经脉，致使经脉不通，不通则痛”，所以中药治疗一般是以祛风散寒、解痉通络，活血化淤为目的，而茶疗中就有很多这样的方子。下面这款独活茶便是一种专门防治关节炎的药草茶，可遵医嘱。

名称：独活茶

配方：独活20克。

制法：❶将独活用水冲泡10分钟。❷将冲泡好的独活放入锅中煎煮，将汁倒出即可。

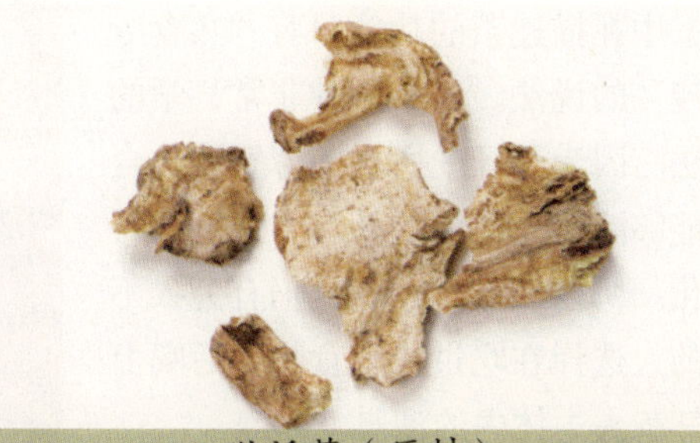

独活茶（原料）

独活茶（成品）

第六章 饮茶的宜忌

如今，饮茶养生已经成为很多人重要的保健方式，甚至有人到了“生活中不能一日无茶”的地步。当然，各种各样的茶可以满足不同人在保健养生方面的需求。但与此同时，还有一个非常重要的问题不容忽视，那就是饮茶的宜忌问题。这是因为即便茶的功能再多样，如果饮用方式不当，也会出现事倍功半的情况，严重的时候还会令人们的健康受到伤害。所以，饮茶的宜忌问题应该成为爱茶者需要特别注意的一个问题。

饮茶需“度”量

我国古代主要医学典籍《本草拾遗》中在描述茶的功能时有“久食令人瘦”的说法。这是一种非常科学的说法。因为茶汤中所含的芳香族化合物能够溶解人体中的油脂，帮助肠胃消化。所以，时至今日，仍有为数不少的人选择在吃过油腻食物之后喝上一杯茶去去体内的油腻。

茶固然具有去腻的功效，但大家切不可因此就不限制自己喝茶的次数。据医学调查发现，对于一般人而言，通常情况下，每天饮茶所用的茶叶量在 12 克左右，且最好分 3 ~ 4 次冲泡。而对于体力劳动量比较大、消耗较多、进食量也大的人来说，每天饮茶的用量在 20 克左右，而食用油腻食物较多，烟酒量较大的人也需要增加饮茶量。至于孕妇、儿童、神经衰弱者及心动过速的人饮茶量应适当减少。

若是不注意上述情况，仍然坚持大量饮茶的话，人们就容易出现焦虑、烦躁、失眠、心悸等症，并容易导致睡眠障碍和消化障碍及食欲不振等情况的发生。

基于上述因素，我们在饮茶时需要根据自己的实际情况进行“度”量，不宜一次性大量饮茶。

不要饮隔夜茶

我国自古以来便流传下来以茶待客的传统。客人来了，奉上一杯香茶，暖手，喝上一口，暖心。如此，一杯茶就将主人对客人的一番心意传达得淋漓尽致。可是，如果来客并不喜欢喝茶，这杯茶就失去了暖心的功效，变成了一杯剩茶。客人走后，主人感到

非常疲倦，没有及时清理茶具。这杯剩茶又成了隔夜茶。这杯一口未品的隔夜茶是否可以直接入口呢？答案是“不！”隔夜茶是不适宜饮用的。

究其原因，主要集中在两个方面：

第一，经过了长时间的冲泡之后，茶中的营养元素已经丧失殆尽，留下的多为一些难以溶解的有害物质。失去了营养元素，也就失去了营养价值。而如果将隔夜茶喝下去，有害物质就会随着茶汤进入人体，成为潜藏在人体中的威胁或是病灶。所以，失去营养价值的茶不宜再成为饮用的对象。

第二，隔夜茶容易变质，对人体本身造成伤害。蛋白质和糖类是茶叶的基本组成元素，同时也是细菌和霉菌繁殖的养料。一夜的工夫就足以使茶水变质，生出异味。若是这样的茶进入了口中，我们的消化器官就会受到严重的伤害，出现腹泻的情况。

由此可知，喝隔夜茶会为人体带来一定程度上的伤害。所以，为了健康着想，最好不要饮用隔夜茶。

饮茶忌空腹

古人云：“不饮空心茶。”意思就是不能空腹饮茶。由于茶叶中含有咖啡因等生物碱，空腹喝茶不仅无法实现传统的清肠胃的功效，还会使肠道吸收的咖啡碱数量过多，并最终导致心慌、手脚无力、心神恍惚等症状。这样，不仅会引发肠胃不适，影响食欲和食物消化，还可能损害神经系统的正常功能。

如果长期空腹喝茶，脾胃就会出现受凉症状，营养不良和食欲减退等情形就会出现。不仅如此，当情况变得严重时，负责消化的肠胃就会出现生理功能障碍，人们就会患上慢性肠胃病。

另外，千万不要对清晨空腹喝茶能清肠胃这个说法深信不疑。因为通常情况下，经过一夜的休息之后，晚饭时所吃的食物已经消化殆尽。早上醒来之后，人们实际上是处于一种饥饿的状态中的。所以此时饮茶并不能实现清肠胃的目标，反而会令肠胃受损。而清晨空腹喝一杯淡盐水或是蜂蜜水，才是比较好的清肠胃的方法。因此，我们在平常喝茶的时候还要注意“忌空腹”。

药茶要慎重选

药茶是中医的重要组成部分，至今已经有几千年的历史。早在春秋战国时期，药茶就已经出现了。不过，到了唐代，将茶叶用于防病治病的论述才逐渐变得多了起来。《唐本草》中就曾记载："茶叶甘苦，微寒无毒，去痰热消宿食，利小便，""下气消食，作饮加茱萸、葱、姜良。"如今，药茶已经成为中医防病治病、保健养生中的一大特色。

虽然药茶名为"茶"，但是实际上，它并非只包括茶叶一种。当代的药茶主要包括三类：茶叶单行、茶药相配合饮用及以药代茶。由于药茶很多时候是以药代茶，所以药茶的注意事项要比一般的茶饮要多一些。常见的药茶服用的注意事项有如下几个方面：

1. 饮茶者需要注意服用的适度问题

一切事都是"过犹不及"，服用药茶也是如此。通常情况下，药茶要以温热的状态服下。若是发汗类的药茶，就要以微微出汗作为标准。另外，药茶的冲泡或煎煮时间都不应该过长。一般不用隔夜茶。

2. 饮茶者需要注意所服药茶的时间性与季节性

药茶有很多种类，单从时间和季节性上来讲，就有睡前服用、多次频服、季节性及经常服用等若干种。在服用药茶之前，我们需要将它们所用的场合区别清楚，以免造成误服。

3. 饮茶者自己制茶时要注意选择适合自己的原料

药茶原料的选择主要需遵循两个原则：一是一定要选质量好的原料，不能用霉变或不洁的原料；二是要按照医嘱要求的配方选择。

4. 饮茶者需要学会选择制药的时机与贮药的方法

药茶的制作讲究趁热打铁，尽量缩短制作时间，以免药茶变质。而要避免药茶变质，我们就需要将药茶放置在通风干燥的地方。

药茶是中医药中一颗璀璨的明珠。当对它们的功用、服用方法及注意事项了然于胸时，我们就可以放下对药茶的几分怀疑与畏惧，尽情地享受药茶带来的身心通泰的滋味了。

喝茶要讲究中医五行

古人有言："茶中蕴五行，养生有讲究。"只要了解自身的身体情况，选择适合自我饮用的茶品，使五行相和谐，我们就能达到养生的目的。五行即我们平时经常提到的金木水火土。它最早出自于《尚书》，是一种整体的物质观。后来，我国古代中医的重要典籍《黄帝内经》将"五行"引入了中医。《黄帝内经》认为：五行和脏腑是相配属的，即五行与五脏是一一对应的。又加之茶有改善五脏功能、预防脏腑器官疾病的功效，所以，在选择用于养生的茶品之时，茶品需要与五行、五脏一一对应。

另外，在传统中医的理论中，五行与五色、五味与脏腑、脏腑与五经之间也是相互配属的。所以，在选择茶饮的时候，我们需要非常讲究，需要对茶品与五行、五脏、五色、五味、五经之间的对应关系进行通盘考虑。

茶与五行、五脏、五色、五味、五经之间的对应关系具体表现在以下几个方面：

1. 火→心→苦→红色→心经

火对应心。心对应的味道是苦，颜色是红色。一旦出现心火过旺或过衰，或者是小肠能量失衡的情况，我们就可以选择茶性温和的红茶来帮助自己防治疾病。

2. 木→肝→酸→绿色→肝经

木对应肝。肝对应的味道是酸，颜色是绿色。而常饮绿茶等五行中归木的茶，我们会感到神清目明，肝火下降，就连患上血栓病的几率都大大降低了。

3. 土→脾→甜→黄色→脾经/胃经

土对应脾。脾对应的味道是甜，颜色是黄色。时常饮用五行中属土的黄茶可以使自己的脾胃得到调理，治疗慢性肠胃疾病，并能开胃助消化。

4. 水→肾→咸→黑色→肾经

水对应肾。肾对应的味道是咸味，颜色是黑色。像黑茶等五行归水的一类茶，能够深入肾经，并影响膀胱经。常饮这些茶有利于延年益寿，减肥降脂。

5. 金→肺→辣→白色→肺经

金对应肺。肺对应的味道是辣味，颜色是白色。常饮五行属金的白茶等，可以生津润肺、止咳化痰，调养呼吸道。

忌饮烫茶

很多人都知道热茶其实比冷茶更解渴。那么热茶的温度到底是多少才合适呢？恐怕知

道这个问题答案的人就很少了。生活中，常有人在茶刚刚沏好之后就迫不及待地将其倒入口中，以求达到解渴的功效。其实，这种做法是相当不科学的。因为热茶和烫茶并不是同一个概念。

据一项权威研究发现，能令人们饮后产生解渴感的热茶通常情况下都在56℃以下。只要不超过56℃，茶汤就不会将咽喉、食道等处烫伤，也不会对胃产生直接而强烈的刺激。而当温度达到了62℃以上，茶水就是一杯烫茶了。这样的茶进入口中，不仅有可能将咽喉、食道等部位烫伤，还会刺激胃，并使其消化吸收功能受损。如果饮用烫茶的时间较长，咽喉、食道、胃等部位还可能出现病变。

茶本身是一种对人体有益的饮品。而茶对人体的损害同其过烫有着直接的关系。一种好的饮品，还得有好的加工与饮用方法。因此，人们在饮茶时一定要注意控制茶的温度，并适量饮用。如此才能使人们的身体健康得到保障。

忌饮冷茶

茶本性温凉，若是喝冷茶就会加重这种寒气，所以饮茶时还要注意“忌冷饮”。盛夏时节，天气炎热，骄阳似火，人们时常会感觉口渴。这时，很多人都会选择用一杯冷茶来防暑降温。实际上，这是一个误区。有医学实验证明，在盛夏时节，一杯冷茶的解暑效果远远不及热茶。喝下冷茶的人们仅仅会感到口腔和腹部有点凉，而饮用热茶的人们却可以在10分钟后体表的温度降低1℃～2℃。

热茶之所以比冷茶更解暑，主要有以下几个方面的原因：第一，茶品中含有的茶多酚、糖类、果胶、氨基酸等成分会在热茶的刺激下与唾液更好地发生反应。这样，我们的口腔就会得到充分的滋润，心中就会产生清凉的感觉。第二，热茶拥有很出色的利尿功能。这样，我们身体中堆积的大量热量和废物就会借助热茶排出体外，体温也会随之下降。第三，热茶中的咖啡碱对控制体温的神经中枢起着重要的调节作用，热茶中芳香物质的挥发也加剧了散热的过程。

另外，冷茶还不适合于在吃饱饭之后饮用。若是在吃饱饭之后饮用冷茶，就会造成食物消化的困难，会对脾胃器官的运转产生极大的影响。拥有虚寒体质的人也不适宜饮用冷茶，否则会使他们本来就阳气不足的身体变得更加虚弱，并且容易出现感冒、气管炎等症状。气管炎患者如果再饮用冷茶就会使体内的炎痰积聚，减缓肌体的恢复。

忌饭后立即饮茶

很多人尤其是老年人喜欢在饭后喝一杯茶，其目的有二：第一，为了补充水分；第二，为了用茶水来帮助去除腹中残留的油脂。其实，这种做法并不科学。究其原因，同人们对于消化过程的认识并不清晰有着非常密切的关系。

吃过饭后，虽然口中不再有食物，但肠胃仍在不停地蠕动，以便使食物尽快地消化成为人体吸收的营养。此时，如果马上喝茶，就会进一步加重正在消化的肠胃的负担，影响消化的进程。此外，茶汤从口中进入肠胃之后，茶中的鞣酸还会同人体内的蛋白质、铁等发生反应生成沉淀，阻止人体对于铁和蛋白质的吸收。

由此可知，饭后立即饮茶不仅对于人体的消化吸收没有丝毫帮助，反而还会在无意中增加肠胃的负担，影响消化的进程及人体对于营养物质的正常吸收。所以，对于选择喝茶养生的人们而言，饭后马上喝茶的习惯并非科学养生之举。

忌饮冲泡次数过多

日常生活中，我们经常会看到不少人到了办公室之后，第一件事就是拿出自己的保温杯，然后放上一大把茶叶，倒满沸水焖泡。待五六分钟之后开盖饮用，随后再续水，再饮用……如此循环，一天下来，茶叶早已变得面目全非。那么一杯茶究竟冲泡多少次才比较适宜呢？这需要根据不同的茶叶和不同的饮用方式来决定。

绿茶是我国的传统茶类，而红茶是全世界销量最大的茶类。以下，我们就以红茶与绿茶为例来说明茶叶冲泡次数过多的危害。单就红茶而言，比较流行的茶品是易于快速冲泡的红碎茶和袋泡茶。它们制作的工艺同传统红茶不同，通常在制作过程中，茶叶细胞已经遭到了破坏。因此，上述两种

红茶进行冲泡的时候只能冲泡1次，喜欢的话再加入糖或牛奶调味就可以了。再多次进行冲泡，茶中的营养成分早已消失殆尽，余下浸出的物质十有八九都是有害物质。

而对于普通的龙井等绿茶和祁红等红茶而言，冲泡次数也不宜超过三次。因为，从营养角度来说，茶叶中的营养成分第一次冲泡时会浸出50%左右，第二次会浸出30%左右，第三次浸出的比例是10%，第四次就几乎只有1%～3%。不仅如此，如果冲泡次数过多，最后浸出的物质都是一些难以溶解的有毒物质。这样的话，喝茶养生的初衷就改变了。所以，对于选择喝茶养生的人们来说，冲泡茶叶以2～3次为宜，不宜饮用冲泡次数过多的茶。

附录

附录Ⅰ 陆羽《茶经》精要解读

我国是茶叶的故乡，茶文化源远流长。《茶经》是中国乃至世界现存最早、最完整、最全面介绍茶的第一部专著，被誉为“茶叶百科全书”，由中国茶道的奠基人陆羽所著。他将普通茶事升格为一种美妙的文化艺能，推动了中国茶文化的发展。以下是《茶经》原文。

一之源

茶者，南方之嘉木也。一尺、二尺乃至数十尺。其巴山峡川，有两人合抱者，伐而掇之。

其树如瓜芦，叶如栀子，花如白蔷薇，实如木并榈，茎如丁香，根如胡桃。

其字，或从草，或从木，或草木并。

其名，一曰茶，二曰槚，三曰蔎，四曰茗，五曰荈。

其地，上者生烂石，中者生栎壤，下者生黄土。

凡移而不实，植而罕茂，法如种瓜。三岁可采。野者上，园者次；阳崖阴林，紫者上，绿者次：笋者上，牙者次；叶卷上，叶舒次。阴山坡谷者不堪采掇，性凝滞，结瘕疾。

茶之为用，味至寒，为饮最宜精行俭德之人，若热渴、凝闷、脑疼、目涩、四肢烦、百节不舒，聊四五啜，与醍醐、甘露抗衡也。采不时，造不精，杂以卉莽，饮之成疾。

茶为累也，亦犹人参，上者生上党，中者生百济、新罗，下者生高丽。有生泽州、易州、幽州、檀州者，为药无效，况非此者！设服荠苨，使六疾不瘳。知人参为累，则茶累尽矣。

【精要解读】

本章主要介绍了茶叶的源流以及各种特点，解读如下：

中国南方，有一种优良的树种，当地人称其为茶。这种树高约一二尺，有的更高，可达数十尺。这种茶树不仅高，且有的树干需要两人合抱才能抱得过来，如果要采摘上面的茶叶，必须砍下树枝才可。

茶树长得很像瓜芦木，叶片像栀子，茶花像白蔷薇，果实像棕榈的种子，蕾蒂像丁香，根像核桃树根。

“茶”这个字有的属于草本植物，有的属于木本植物，有的合属于两者。茶的名称，一叫作茶，二叫作槚，三叫作蔎，四叫作茗，五叫作荈。

种茶的土地，最好是有烂石的地方，一般的地方有砂质土壤也可，最差的则是黄土地。

用移栽的方法种茶不如用种子直接播种，后者茶树长得茂盛，且三年就可以采摘，这种方法如同种瓜一样。在向阳的山崖上，并且有树木遮挡的地方，茶树生长得最好。而且芽叶呈紫色状的最好，绿色的次些。茶叶的形状像笋的最好，短小像牙的次些。叶片卷着未展开的最好，已经舒展的次些。并且，那些生长在阴坡山谷里的茶树不宜采摘叶片，因为由这种茶树制成的茶很容易在人体内凝结硬块。

茶作为寒凉的饮品，很适宜那些品行端正、生活节俭的人。如果人们感觉到又热又渴，闷燥，头疼，眼睛干涩，四肢无力，全身关节不舒服，可以喝上四五口茶水，其功能可以和醍醐、甘露等相媲美。如果不根据时令采摘，制茶时不够精细，茶中又混合许多杂物，这种茶喝过之后往往会使人生病。

饮茶不当也会对人体造成伤害，就像服用人参不当也会受到伤害一样。

二之具

籯，一曰篮，一曰笼，一曰筥。以竹织之，受五升，或一斗、二斗、三斗者，茶人负以采茶也。

灶无用突者，釜用唇口者。

甑，或木或瓦，匪腰而泥，篮以箄之，篾以系之。始其蒸也，入乎箄，既其熟也，出乎箄。釜涸注于甑中，又以谷木枝三亚者制之，散所蒸牙笋并叶，畏流其膏。

杵臼，一曰碓，惟恒用者佳。

规，一曰模，一曰棬。以铁制之，或圆或方或花。

承，一曰台，一曰砧。以石为之，不然以槐、桑木半埋地中，遣无所摇动。

檐，一曰衣。以油绢或雨衫单服败者为之，以檐置承上，又以规置檐上，以造茶也。茶成，举而易之。

芘莉，一曰嬴子，一曰篣筤。以二小竹长三赤，躯二赤五寸，柄五寸，以篾织，方眼如圃，人土罗阔二赤，以列茶也。

棨，一曰锥刀，柄以坚木为之，用穿茶也。

扑，一曰鞭。以竹为之，穿茶以解茶也。

焙，凿地深二尺，阔二尺五寸，长一丈，上作短墙，高二尺，泥之。

贯，削竹为之，长二尺五寸，以贯茶焙之。

棚，一曰栈，以木构于焙上，编木两层，高一尺，以焙茶也。茶之半干升下棚，全干升上棚。

穿，江东淮南剖竹为之，巴川峡山纫谷皮为之。江东以一斤为上穿，半斤为中穿，四两五两为小穿。峡中以一百二十斤为上，八十斤为中穿，五十斤为小穿。字旧作钗钏之"钏"，字或作贯串，今则不然。如磨、扇、弹、钻、缝五字，文以平声书之，义以去声呼之，其字以穿名之。

育，以木制之，以竹编之，以纸糊之，中有隔，上有覆，下有床，傍有门，掩一扇，中置一器，贮煻煨火，令煴煴然，江南梅雨时焚之以火。

【精要解读】

本章主要介绍了饮茶的器具等物品。

籯，主要是采茶人背在背上采茶用的。

灶，要使用没有烟囱的；釜，要使用边缘外翻如唇形的。

甑，原料要用木质或瓦制的。

杵臼，经常使用的被称为最好的。

规，以铁的原料制成圆形、方形或者花形的。

承，用石为原料制成，或是用槐木、桑木半埋在地里。

檐，用旧的油绢、雨衫，单衣制成。

芘莉，用来放茶的竹篮和竹笼。

棨，柄为坚木所做的锥刀，用来穿茶饼的孔眼。

扑，以竹子做成，用来串茶饼，可以将茶送到灶上。

焙，凿深二尺，宽二尺五寸，长一丈的坑，在坑上作高二尺的短墙，用泥抹墙面。

贯，用竹子削成，长二尺五寸，用来搭着茶叶烘焙。

棚，用于焙茶叶饼。茶叶烘焙到半干的时候，可以放在下棚上，全干时放在上棚。

穿，扎穿茶叶的东西。

育，以木制成架子，用竹子编成壁，再用纸糊壁，中间用架子隔开，上面有盖板，下面有床架，旁边有开门，平时关一扇，“育”中间放置一个炉子，能将其烤得暖烘烘的。

三之造

凡采茶，在二月三月四月之间。茶之笋者生烂石沃土，长四五寸，若薇蕨始抽，凌露采焉。茶之牙者，发于丛薄之上，有三枝四枝五枝者，选其中枝颖拔者采焉，其日有雨不采，晴有云不采。晴采之，蒸之，捣之，拍之，焙之，穿之，封之，茶之干矣。

茶有千万状，卤莽而言，如胡人靴者蹙缩然，犎牛臆者廉檐然，浮云出山者轮菌然，轻飚拂水者涵澹然。有如陶家之子罗，膏土以水澄泚之。又如新治地者，遇暴雨流潦之所经，此皆茶之精腴。有如竹箨者，枝干坚实，艰于蒸捣，故其形籭簁然；有如霜荷者，至叶凋，沮易其状貌，故厥状委萃然，此皆茶之瘠老者也。

自采至于封七经目，自胡靴至于霜荷八等，或以光黑平正，言嘉者，斯鉴之下也；以皱黄坳垤言佳者；鉴之次也。若皆言嘉及皆言不嘉者，鉴之上也。何者？出膏者光，含膏者皱，宿制者则黑，日成者则黄，蒸压则平正，纵之则坳垤，此茶与草木叶一也，茶之否臧，存于口诀。

【精要解读】

本章主要介绍了茶的制作方法以及注意事项。

采茶应该在二、三、四月之间。茶一般生长在烂石沃土之中，长度约四、五寸，外观很像刚抽芽的野蕨菜，趁着清晨有露水的时候采摘最好。短小的茶芽生在在草木丛中，有三枝、四枝、五枝的，应该选择其中长势最好的采摘。采摘的时间也有讲究，雨天不要采摘，晴天有云不要采摘。要选择晴朗的天气采摘，制茶的工序为，将采下来的茶蒸熟、捣碎、拍打、烘焙，再穿起来，最后封装保存。

茶叶的形状有许多种，可谓千奇百怪。有的像浮云出山，有的像微风拂过水面的波纹，不过这些都是茶中的精品。有的茶却很劣质，很难蒸捣，样貌看起来也衰败萎缩，较为粗老。

从采茶到加工成茶需要经过七道工序，其质量也可分为八个等级。鉴茶水平比较低的人，会把块状光滑，黑色平整的茶称为好茶或是将皱缩、黄色、表面凹凸不平的茶说成好茶。其实这两种说法大体都不是正确的。制茶的过程中，被压出茶汁来的就光滑，茶汁没有被压出来的就有皱缩；夜间制作的茶为黑色，采茶当日制成的茶为黄色；表面平整的茶是蒸压时故意为之的，而凹凸不平则是制作过程中任期自由处之的结果。

四之器

风炉：风炉以铜铁铸之，如古鼎形，厚三分，缘阔九分，令六分虚中，致其圬墁，凡三足。古文书二十一字，一足云“坎上巽下离于中”，一足云“体均五行去百疾”，一足云“圣唐灭胡明年铸”。其三足之间设三窗，底一窗，以为通飚漏烬之所，上并古文书六字：一窗之上书“伊公”二字，一窗之上书“羹陆”二字，一窗之上书“氏茶”二字，所谓“伊公羹陆氏茶”也。置嵽嵲于其内，设三格：其一格有翟焉，翟者，火禽也，画一卦曰离；其一格有彪焉，彪者，风兽也，画一卦曰巽；其一格有鱼焉，鱼者，水虫也，画一卦曰坎。巽主风，离主火，坎主水。风能兴火，火能熟水，故备其三卦焉。其饰以连葩、垂蔓、曲水、方文之类。其炉或锻铁为之，或运泥为之，其灰承作三足，铁柈台之。

筥：筥以竹织之，高一尺二寸，径阔七寸，或用藤作，木楦，如筥形，织之六出，固眼其底，盖若利篋口铄之。

炭挝：炭挝以铁六棱制之，长一尺，锐一丰，中执细头，系一小钅展，以饰挝也。若今之河陇军人木吾也，或作锤，或作斧，随其便也。

火筴：火筴一名箸，若常用者圆直一尺三寸，顶平截，无葱台勾锁之属，以铁或熟铜制之。

鍑：鍑以生铁为之，今人有业冶者所谓急铁。其铁以耕刀之趄炼而铸之，内摸土而外摸沙土。滑于内，易其摩涤；沙涩于外，吸其炎焰。方其耳，以正令也；广其缘，以务远也；长其脐，以守中也。脐长则沸中，沸中则末易扬，末易扬则其味淳也。洪州以瓷为之，莱州以石为之，瓷与石皆雅器也，性非坚实，难可持久。用银为之，至洁，但涉于侈丽。雅则雅矣，洁亦洁矣，若用之恒而卒归于银也。

交床：交床以十字交之，剜中令虚，以支鍑也。

夹：夹以小青竹为之，长一尺二寸，令一寸有节，节已上剖之，以炙茶也。彼竹之筱津润于火，假其香洁以益茶味，恐非林谷间莫之致。或用精铁熟铜之类，取其久也。

纸囊：纸囊以剡藤纸白厚者夹缝之，以贮所炙茶，使不泄其香也。

碾：碾以橘木为之，次以梨、桑、桐柘为臼，内圆而外方。内圆备于运行也，外方制其倾危也。内容堕而外无余木，堕形如车轮，不辐而轴焉，长九寸，阔一寸七分，堕径三寸八分，中厚一寸，边厚半寸，轴中方而执圆，其拂末以鸟羽制之。

罗合：罗末以合盖贮之，以则置合中，用巨竹剖而屈之，以纱绢衣之，其合以竹节为之，或屈杉以漆之。高三寸，盖一寸，底二寸，口径四寸。

则：则以海贝蛎蛤之属，或以铜铁竹匕策之类。则者，量也，准也，度也。凡煮水一升，用末方寸匕。若好薄者减之，嗜浓者增之，故云则也。

水方：水方以椆木、槐、楸、梓等合之，其里并外缝漆之，受一斗。

漉水囊：漉水囊若常用者，其格以生铜铸之，以备水湿，无有苔秽腥涩。意以熟铜苔秽、铁腥涩也。林栖谷隐者或用之竹木，木与竹非持久涉远之具，故用之生铜。其囊织青竹以卷之，裁碧缣以缝之，纽翠钿以缀之，又作绿油囊以贮之，圆径五寸，柄一寸五分。

瓢：瓢一曰牺杓，剖瓠为之，或刊木为之。晋舍人杜毓《荈赋》云："酌之以匏。"匏，瓢也，口阔胫薄柄短。永嘉中，馀姚人虞洪入瀑布山采茗，遇一道士云："吾丹丘子，祈子他日瓯牺之余乞相遗也。"牺，木杓也，今常用以梨木为之。

竹筴：竹筴或以桃、柳、蒲、葵木为之，或以柿心木为之，长一尺，银裹两头。

鹾簋：鹾簋以瓷为之，圆径四寸。若合形，或瓶或罍，贮盐花也。其揭竹制，长四寸一分，阔九分。揭，策也。

熟盂：熟盂以贮熟水，或瓷或沙，受二升。

碗：碗，越州上，鼎州次，婺州次，岳州次，寿州、洪州次。或者以邢州处越州上，殊为不然。若邢瓷类银，越瓷类玉，邢不如越一也；若邢瓷类雪，则越瓷类冰，邢不如越二也；邢瓷白而茶色丹，越瓷青而茶色绿，邢不如越三也。晋·杜毓《荈赋》所谓器择陶拣，出自东瓯。瓯，越也。瓯，越州上口唇不卷，底卷而浅，受半升已下。越州瓷、岳瓷皆青，青则益茶，茶作白红之色。邢州瓷白，茶色红；寿州瓷黄，茶色紫；洪州瓷褐，茶色黑：悉不宜茶。

畚：畚以白蒲卷而编之，可贮碗十枚。或用筥，其纸帕，以剡纸夹缝令方，亦十之也。

札：札缉栟榈皮以茱萸木夹而缚之。或截竹束而管之，若巨笔形。

涤方：涤方以贮涤洗之余，用楸木合之，制如水方，受八升。

滓方：滓方以集诸滓，制如涤方，处五升。

巾：巾以绝为之，长二尺，作二枚，玄用之以洁诸器。

具列：具列或作床，或作架，或纯木纯竹而制之，或木法竹黄黑可扃而漆者，长三尺，阔二尺，高六寸，其到者悉敛诸器物，悉以陈列也。

都篮：都篮以悉设诸器而名之。以竹篾内作三角方眼，外以双篾阔者经之，以单篾纤者缚之，递压双经作方眼，使玲珑。高一尺五寸，底阔一尺，高二寸，长二尺四寸，阔二尺。

【精要解读】

本章主要介绍的是制茶的器具，详细用途如下分析：

风炉，用铜或铁制成，形状很像古鼎。

筥，装炭的篓。用竹子编制而成。

炭挝，用六棱形的铁棒制成。长一尺，头部尖，中间粗，握处细，握的一头套一个小环作装饰。

火夹，又叫火筷子，也就是常用的火钳。

锼，类似小口锅的器具，用生铁制成。

交床，锅座，是个十字交叉形的器物。把中间挖凹些，用来坐锅的器具。

夹子，用小青竹制成，长一尺二寸，经久耐用。

纸袋，用双层白而厚的剡溪藤纸缝制而成。用来暂时存放烤好的饼茶，使香气不散失。

碾槽，多用橘木制作，梨木、桑木、桐木、柘木次之。

罗，筛茶末的筛子。盒，贮存茶末的盒子，用罗筛出的茶末放在盒中盖紧存放。

则，用海贝、蛎蛤的贝壳之类制成的茶匙，或用铜、铁、竹做的茶匙。

盛水盆，用稠木、槐木、楸木、梓木等制作而成。里面和外面的缝都用油漆密封，盛水量一斗。

滤水囊，圈骨用生铜铸造，这是为了防止浸湿后附着铜绿和污垢，使水有腥涩味。

瓢，又叫杓。把葫芦剖开制成，或是用树木挖成。

竹策，有的用桃木制作，也有的用柳木、蒲葵木或柿心木等制作。

鹾簋，用瓷做成，用于装盐。圆形，直径四寸，像个盒子，也有象瓶和小口坛子的。揭，用竹制成，长四寸一分，宽九分。揭就是策，是取盐花的勺子。

开水瓶，用来贮存开水；用瓷或砂石制成；可存二升水。

茶碗，以越州，（今浙江绍兴）产的最好，鼎州（今陕西泾阳）、婺州（今浙江金华）产的差些。

畚，用白蒲草卷成绳索而编成的盛具，可放十只碗。也有的用竹篮来装碗，用双层剡纸缝制成方形衬垫，也可以存放十个碗。

札，刷子，用茱萸木夹上棕榈皮纤维，捆扎紧制成。或将棕榈皮纤维一头扎紧套入一段竹管中，形状很像一只毛笔。

洗涤盆，用来存放剩水的器具。用楸木拼合制成，可装水八升。

茶渣盆，用来盛放各种茶渣。

巾，抹布，用粗绸绝布制作，用以清洁茶具。

具列，意为可贮放全部器物之意。有的全用木或全用竹制作。无论木制还是竹制的，均漆成黄黑色，柜门可关。

都篮，装得下全部茶具而得此名，用途即为盛装茶具。

五之煮

凡炙茶，慎勿于风烬间炙，熛焰如钻，使炎凉不均。持以逼火，屡其翻正，候炮出培塿状，虾蟆背，然后去火五寸，卷而舒则本其始，又炙之。若火干者，以气熟止；日干者，以柔止。

其始若茶之至嫩者，茶罢热捣叶烂而牙笋存焉。假以力者，持千钧杵亦不之烂，如漆科珠，壮士接之不能驻其指，及就则似无禳骨也。炙之，则其节若倪，倪如婴儿之臂耳。既而承热用纸囊贮之，精华之气无所散越。候寒末之其火用炭，次用劲薪。其炭曾经燔炙，为膻腻所及，及膏木败器不用之。古人有劳薪之味，信哉！

其水，用山水上，江水中，井水下。其山水，拣乳泉石地慢流者上，其瀑涌湍漱勿食之，久食令人有颈疾。又多别流于山谷者，澄浸不泄，自火天至霜郊以前，或潜龙畜毒于其间，饮者可决之以流其恶，使新泉涓涓然酌之。其江水，取去人远者。井取汲多者。

其沸如鱼目，微有声为一沸，缘边如涌泉连珠为二沸，腾波鼓浪为三沸，已上水老不可食也。初沸则水合量，调之以盐味，谓弃其啜余，无乃而钟其一味乎？第二沸出水一瓢，以竹筴环激汤心，则量末当中心，而下有顷势若奔涛，溅沫以所出水止之，而育其华也。

凡酌置诸碗，令沫饽均。沫饽，汤之华也。华之薄者曰沫，厚者曰饽，细轻者曰花，如枣花漂漂然于环池之上。又如回潭曲渚，青萍之始生；又如晴天爽朗，有浮云鳞然。其沫者，若绿钱浮于水渭，又如菊英堕于镈俎之中。饽者以滓煮之。及沸则重华累沫，皤皤然若积雪耳。《荈赋》所谓“焕如积雪，烨若春花”，有之。

第一煮水沸，而弃其沫之上，有水膜如黑云母，饮之则其味不正。其第一者为隽永，或留熟以贮之，以备育华救沸之用。诸第一与第二第三碗，次之第四第五碗，外非渴甚莫之饮。凡煮水一升，酌分五碗，乘热连饮之，以重浊凝其下，精英浮其上。如冷则精英随气而竭，饮啜不消亦然矣。

茶性俭，不宜广，则其味黯澹，且如一满碗，啜半而味寡，况其广乎！其色缃也，其馨也。其味甘槚也；不甘而苦，荈也；啜苦咽甘，茶也。

【精要解读】

本章详细介绍了煮茶的过程，技巧以及选择的原料，等等，具体步骤以及分析如下：

炙茶的时候，不要在大风和余火中进行，因为会导致茶叶各部分受热不均。炙茶时，要用竹筴夹住茶饼靠近火焰，不断翻转，等到茶饼烤得像小火堆，形状像蛤蟆背一样的时候，离开火焰大约五寸，再继续开始新一轮的翻烤，如此反复多次，直到茶饼完全变软了为止。

如果一开始采摘的是嫩茶叶，需要进行蒸青，并且趁热捣烂。炙热的茶饼需要趁热用纸袋包好，这样可以让茶叶的香气不至于很快散发掉。等茶叶凉了的时候再将它碾成粉末。

煮茶的燃料最好选用木炭，其他的例如桑树、槐树、桐树等杂木也可，只是比木炭差些。煮茶的水以山水为最好，其次为江河水，其中最差的水为井水。

煮水也需要掌握分寸，当水煮到表面出现鱼眼睛大小的气泡，并产生轻微的沸声时，被称为“第一沸”。水初次沸时，可以适当地加入一些盐来调味。当水边缘的气泡连续向上涌出时，被称为“第二沸”。当水面波浪翻腾时，被称为“第三沸”。三沸之后的水会变老，不宜饮用。

在水第一次煮时，应当舍弃茶沫上的一层水膜，否则它会让茶的味道有失偏颇，味道不正。煮茶一般用一升水，再分作五碗，并趁热喝完。因为水热的时候，茶中的精华部分都会浮在上层；而茶水冷了的时候，这些精华之物就会随着热气散发掉，不能被人体吸收。品茶的时候，把味道甘甜的称作“槚”；把不甜而有苦味的叫作“荈”；把有甜味的叫作“茶”。

六之饮

翼而飞，毛而走，去而言，此三者俱生于天地间。饮啄以活，饮之时，义远矣哉。至若救渴，饮之以浆；蠲忧忿，饮之以酒；荡昏寐，饮之以茶。

茶之为饮，发乎神农氏，闻于鲁周公，齐有晏婴，汉有扬雄、司马相如，吴有韦曜，晋有刘琨、张载、远祖纳、谢安、左思之徒，皆饮焉。滂时浸俗，盛于国朝，两都并荆俞间，以为比屋之饮。

饮有粗茶、散茶、末茶、饼茶者，乃斫，乃熬，乃炀，乃舂，贮于瓶缶之中，以汤沃焉，谓之茶。或用葱、姜、枣、橘皮、茱萸、薄荷之等，煮之百沸，或扬令滑，或煮去沫，斯沟渠间弃水耳，而习俗不已。

於戏！天育万物皆有至妙，人之所工，但猎浅易。所庇者屋屋精极，所着者衣衣精极，所饱者饮食，食与酒皆精极之。茶有九难：一曰造，二曰别，三曰器，四曰火，五曰水，六曰炙，七曰末，八曰煮，九曰饮。阴采夜焙非造也，嚼味嗅香非别也，膻鼎腥瓯非器也，膏薪庖炭非火也，飞湍壅潦非水也，外熟内生非炙也，碧粉缥尘非末也，操艰搅遽非煮也，夏兴冬废非饮也。

夫珍鲜馥烈者，其碗数三；次之者，碗数五。若坐客数至，五行三碗，至七行五碗。若六人已下，不约碗数，但阙一人而已，其隽永补所阙人。

【精要解读】

本章介绍的主要是饮茶对于人得意义以及制茶的关键。

禽鸟因为有翅而飞，兽类因为有毛而跑，人类开口能说话。这三者都靠吃食和饮水维持生命，生长于天地之间。可见喝水的意义有多深远。为了解渴可以喝水；为了消除忧虑和烦脑可以喝酒；而为了去除昏沉欲睡，则可以喝茶。

茶成为饮料，开始于神农氏，到鲁周公正式对茶作了文字记载后才传闻于世。后来到处流行饮茶，成为风俗，最盛行于本唐朝。在西安和洛阳两都城及荆州、巴渝等地，几乎家家户户都要饮茶。

人们长饮用的茶有粗茶、散茶、末茶、饼茶几种。或砍、或熬、或烤、或舂，最后经过煮熬，才可以饮用。

茶有着几个难以掌握的关键：一是采制，二是鉴别，三是器具，四是用火，五是选水，六是炙烤，七是碾末，八是烹煮，九是品饮。阴天采摘、夜间焙制都是不正确的采制法；仅凭嚼茶尝味、靠嗅觉辨别香味也不算是会鉴别；使用沾有腥味的炉、锅和带有腥气的盆，也算是选器不当；也不能用急流和似水泡茶，这是用水不当；把饼茶烤得外熟里生，是烤茶不当；把茶叶碾得过细像粉尘一样，是碾茶不当；煮茶时操作不熟练、搅动茶汤太急促，也不算是回煮茶；夏天喝茶而冬天不喝，这也是不懂得饮茶。

一锅煮出的前三碗茶味道是极其鲜美浓郁的，这种美好的味道最多持续到第五碗。

七之事

三皇炎帝。神农氏。周鲁周公旦。齐相晏婴。汉仙人丹丘子。黄山君司马文。园令相如。杨执戟雄。吴归命侯。韦太傅弘嗣。晋惠帝。刘司空琨。琨兄子兖州刺史演。张黄门孟阳。傅司隶咸。江洗马充。孙参军楚。左记室太冲。陆吴兴纳。纳兄子会稽内史俶。谢冠军安石。郭弘农璞。桓扬州温。杜舍人毓。武康小山寺释法瑶。沛国夏侯恺。馀姚虞洪。北地傅巽。丹阳弘君举。安任育。宣城秦精。敦煌单道开。剡县陈务妻。广陵老姥。河内山谦之。后魏琅琊王肃。宋新安王子鸾。鸾弟豫章王子尚。鲍昭妹令晖。八公山沙门谭济。齐世祖武帝。梁·刘廷尉。陶先生弘景。皇朝徐英公绩。

《神农·食经》："茶茗久服，令人有力、悦志"。

周公《尔雅》："槚，苦荼。"

《广雅》云：“荆巴间采叶作饼，叶老者饼成，以米膏出之，欲煮茗饮，先炙，令赤色，捣末置瓷器中，以汤浇覆之，用葱、姜、橘子芼之，其饮醒酒，令人不眠。”

《晏子春秋》：“婴相齐景公时，食脱粟之饭，炙三弋五卵茗莱而已。”

司马相如《凡将篇》：“乌啄桔梗芫华，款冬贝母木蘖蒌，芩草芍药桂漏芦，蜚廉雚菌荈诧，白敛白芷菖蒲，芒消莞椒茱萸。”

《方言》：“蜀西南人谓茶曰蔎。”

《吴志·韦曜传》：“孙皓每飨宴坐席，无不率以七胜为限。虽不尽入口，皆浇灌取尽，曜饮酒不过二升，皓初礼异，密赐茶荈以代酒。”

《晋中兴书》：“陆纳为吴兴太守，时卫将军谢安常欲诣纳，纳兄子俶怪纳，无所备，不敢问之，乃私蓄十数人馔。安既至，所设唯茶果而已。俶遂陈盛馔珍羞必具，及安去，纳杖俶四十，云：‘汝既不能光益叔父，柰何秽吾素业？’”

《晋书》：“桓温为扬州牧，性俭，每燕饮，唯下七奠，拌茶果而已。”

《搜神记》：“夏侯恺因疾死，宗人字苟奴，察见鬼神，见恺来收马，并病其妻，着平上帻单衣入，坐生时西壁大床，就人觅茶饮。”

刘琨《与兄子南兖州刺史演书》云：“前得安州干姜一斤、桂一斤、黄芩一斤，皆所须也，吾体中溃闷，常仰真茶，汝可置之。”

傅咸《司隶教》曰：“闻南方有以困蜀妪作茶粥卖，为帘事打破其器具。又卖饼于市，而禁茶粥以蜀姥何哉！”

《神异记》：“馀姚人虞洪入山采茗，遇一道士牵三青牛，引洪至瀑布山曰：‘予丹丘子也。闻子善具饮，常思见惠。山中有大茗可以相给，祈子他日有瓯牺之余，乞相遗也。’因立奠祀。后常令家人入山，获大茗焉。”

左思《娇女诗》：“吾家有娇女，皎皎颇白皙。小字为纨素，口齿自清历。有姊字惠芳，眉目粲如画。驰骛翔园林，果下皆生摘。贪华风雨中，倏忽数百适。心为茶荈剧，吹嘘对鼎铴。”

张孟阳《登成都楼诗》云：“借问杨子舍，想见长卿庐。程卓累千金，骄侈拟五侯。门有连骑客，翠带腰吴钩。鼎食随时进，百和妙且殊。披林采秋橘，临江钓春鱼。黑子过龙醢，果馔逾蟹蝑。芳茶冠六情，溢味播九区。人生苟安乐，兹土聊可娱。”

《传巽七诲》：“蒲桃、宛柰、齐柿、燕栗、峘阳黄梨、巫山朱橘、南中茶子、西极石蜜。”

弘君举食檄：寒温既毕，应下霜华之茗，三爵而终，应下诸蔗、木瓜、元李、杨梅、五味橄榄、悬豹、葵羹各一杯。孙楚歌：‘茱萸出芳树颠，鲤鱼出洛水泉，白盐出河东，美豉出鲁渊。姜桂茶荈出巴蜀，椒橘、木兰出高山，蓼苏出沟渠，精稗出中田。’”

华佗《食论》：“苦茶久食益意思。”

壶居士《食忌》：“苦茶久食羽化。与韭同食，令人体重。”郭璞《尔雅注》云：“树小似栀子，冬生叶，可煮羹饮，今呼早取为茶，晚取为茗，或一曰荈，蜀人名之苦茶。”

《世说》：“任瞻字育长，少时有令名。自过江失志，既下饮，问人云：‘此为茶为茗？’觉人有怪色，乃自分明云：‘向问饮为热为冷？’”

《续搜神记·晋武帝》："宣城人秦精，常入武昌山采茗，遇一毛人长丈余，引精至山下，示以丛茗而去。俄而复还，乃探怀中橘以遗精，精怖，负茗而归。"

晋四王起事，惠帝蒙尘，还洛阳，黄门以瓦盂盛茶上至尊。

《异苑》："剡县陈务妻少，与二子寡居，好饮茶茗。以宅中有古冢，每饮，辄先祀之。二子患之曰：'古冢何知？徒以劳。'意欲掘去之，母苦禁而止。其夜梦一人云：吾止此冢三百余年，卿二子恒欲见毁，赖相保护，又享吾佳茗，虽潜壤朽骨，岂忘翳桑之报。及晓，于庭中获钱十万，似久埋者，但贯新耳。母告，二子惭之，从是祷馈愈甚。"

《广陵耆老传》："晋元帝时有老姥，每旦独提一器茗，往市鬻之，市人竞买，自旦至夕，其器不减，所得钱散路傍孤贫乞人。人或异之，州法曹絷之狱中，至夜，老姥执所鬻茗器，从狱牖中飞出。"

《艺术传》："敦煌人单道开不畏寒暑，常服小石子。所服药有松桂蜜之气，所余茶苏而已。"释道该说《续名僧传》："宋释法瑶姓杨氏，河东人，永嘉中过江遇沈台真，请真君武康小山寺，年垂悬车，饭所饮茶，永明中敕吴兴礼致上京，年七十九。"

《宋江氏家传》："江统字应迁，愍怀太子洗马，常上疏谏云：'今西园卖醯面蓝子菜茶之属，亏败国体。'"

《宋录》："新安王子鸾、豫章王子尚，诣昙济道人于八公山，道人设茶茗，子尚味之曰：此甘露也，何言茶茗。"

王微《杂诗》："寂寂掩高阁，寥寥空广厦。待君竟不归，收领今就槚。

鲍昭妹令晖着《香茗赋》。

南齐世祖武皇帝遗诏："我灵座上，慎勿以牲为祭，但设饼果、茶饮、干饭、酒脯而已。"

梁刘孝绰、谢晋安王饷米等，启传诏：李孟孙宣教旨，垂赐米、酒、瓜、笋、菹、脯、酢、茗八种，气苾新城，味芳云松。江潭抽节，迈昌荇之珍；疆场擢翘，越葺精之美。羞非纯束野麐，裛似雪之驴；鲊异陶瓶河鲤，操如琼之粲。茗同食粲酢，颜望楫免，千里宿舂，省三月种聚。小人怀惠，大懿难忘。陶弘景《杂录》："苦茶轻换膏，昔丹丘子青山君服之。"

《后魏录》："琅琊王肃仕南朝，好茗饮莼羹。及还北地，又好羊肉酪浆，人或问之：茗何如酪？肃曰：茗不堪与酪为奴。"

《桐君录》："西阳武昌庐江昔陵好茗，皆东人作清茗。茗有饽，饮之宜人。凡可饮之物，皆多取其叶，天门冬、拔揳取根，皆益人。又巴东别有真茗茶，煎饮令人不眠。俗中多煮檀叶，并大皂李作茶，并冷。又南方有瓜芦木，亦似茗，至苦涩，取为屑茶，饮亦可通夜不眠。煮盐人但资此饮，而交广最重，客来先设，乃加以香芼辈。《坤元录》："辰州溆浦县西北三百五十里无射山，云蛮俗当吉庆之时，亲族集会，歌舞于山上，山多茶树。"

《括地图》："临遂县东一百四十里有茶溪。"

山谦之《吴兴记》："乌程县西二十里有温山，出御荈。《夷陵图经》："黄牛、荆门、女观望州等山，茶茗出焉。"

《永嘉图经》："永嘉县东三百里有白茶山。"

《淮阴图经》："山阳县南二十里有茶坡。"

《茶陵图经》云："茶陵者，所谓陵谷，生茶茗焉。"《本草·木部》："茗，苦茶，味甘苦，微寒，无毒，主瘘疮，利小便，去痰渴热，令人少睡。秋采之苦，主下气消食。注云：春采之。"

《本草·菜部》："苦茶，一名荼，一名选，一名游冬。生益州川谷山陵道傍，凌冬不死。三月三日采干。注云：疑此即是今茶，一名荼，令人不眠。本草注。"按《诗》云"谁谓荼苦"，又云"堇荼如饴"，皆苦菜也。陶谓之苦茶，木类，非菜流。茗，春采谓之苦？茶。

《枕中方》："疗积年瘘，苦茶、蜈蚣并炙，令香熟，等分捣筛，煮甘草汤洗，以末傅之。"

《孺子方》："疗小儿无故惊蹶，以葱须煮服之。"

【精要解读】

本章主要讲解了一些提到茶或与茶有关的著作，也摘录了许多年前的茶事典故，详细介绍如下：

《神农食经》中说："长期饮茶，可使人有力气，精神好。"

《尔雅》中记载："槚，就是苦茶。"

《广雅》中记载："荆州、巴州一带，采茶叶做成茶饼，叶子老的，就用米汤拌和处理使能成饼。想煮茶时，先烤茶饼，烤到发红为止，然后捣碎成细末放到瓷器中，冲入沸水冲泡。或放些葱、姜、橘子，搅和后饮用。喝了这种茶可以醒酒，使人兴奋不想睡觉。"

《晏子春秋》中记载："晏婴作齐景公宰相时，吃的是粗粮，和一些烧烤的禽鸟和蛋品，除此之外，只饮茶罢了。"

《凡将篇》在药物类中记载："乌头、桔梗、芫华、款冬花、贝母、木香、黄柏、瓜蒌、黄岑、甘草、芍药、肉桂、漏芦、蜚廉、藿菌、荈茶、白蔹、白芷、菖蒲、芒硝、茵芋、花椒、茱萸。"

《方言》中记载："蜀西南的人把茶叫作蔎。"

《吴志·韦曜传》中记载："孙皓每次宴请臣下，要大家都喝空七升酒。虽有人喝不完，也都要浇灌喝尽。韦曜的酒量不过二升，孙皓起初给予特别的礼节性照顾，暗地里让他用茶来代替酒。"

《晋中兴书》中记载："陆纳任吴兴太守时，卫将军谢安常想去拜访他。陆纳的侄子陆俶埋怨陆纳没有准备什么东西，但又不敢问他，就私下准备了十多个人的酒食菜肴。谢安到了陆家后，陆纳招待他的仅仅是茶和果品而已。陆俶便当即摆上丰盛的肴馔，各种珍奇的菜肴全都有。等到谢安辞去，陆纳却打了陆俶四十大板，并训斥道：你既然不能给叔父增光，为什么要玷污我一向清廉的名声呢？"

《晋书》中记载："桓温任扬州地方官时，性好俭朴，每次宴会时，仅用七盘茶果来招待客人。"

…………

这些著作都可称得上是有关茶的精粹，它们直接或间接地表达了我们祖先对茶的欣赏及喜爱之情，也将茶的发展历程记录得极为详细。

八之出

山南以峡州上，襄州、荆州次，衡州下，金州、梁州又下。

淮南以光州上，义阳郡、舒州次，寿州下，蕲州、黄州又下。

浙西以湖州上，常州次，宣州、杭州、睦州、歙州下，润州、苏州又下。

剑南以彭州上，绵州、蜀州次，邛州次，雅州、泸州下，眉州、汉州又下。

浙东以越州上，明州、婺州次，台州下。

黔中生恩州、播州、费州、夷州，江南生鄂州、袁州、吉州，岭南生福州、建州、韶州、象州。其恩、播、费、夷、鄂、袁、吉、福、建、泉、韶、象十一州未详。往往得之，其味极佳。

【精要解读】

本章讲解的主要是茶叶的分布地带以及不同地方茶叶的好坏区别。总体说来，湖北宜昌、河南光山、湖州、彭州、越州等地产的茶叶最好；其次是湖北江陵、湖南衡阳、河南信阳、安徽怀宁、常州、绵州、蜀州、明州、婺州；而陕西汉中、蕲州、黄州、润州、苏州、眉州、汉州产的茶又次之。只有了解了茶的产地，我们才可以更精准地挑选到好茶。

九之略

其造具，若方春禁火之时，于野寺山园丛手而掇，乃蒸，乃舂，乃以火干之，则又棨、朴、焙、贯、相、穿、育等七事皆废。其煮器，若松间石上可坐，则具列，废用槁薪鼎枥之属，则风炉、灰承、炭挝、火筴、交床等废；若瞰泉临涧，则水方、涤方、漉水囊废。若五人已下，茶可末而精者，则罗废；若援藟跻喦，引絙入洞，于山口灸而末之，或纸包合贮，则碾、拂末等废；既瓢碗、筴、札、熟盂、醝簋悉以一筥盛之，则都篮废。但城邑之中，王公之门，二十四器阙一则茶废矣！

【精要解读】

本章讲解的是可以省略的步骤以及器具等。制茶、饮茶因不同的地点所需要的条件与器具也各有不同，详细解读如下：

如果正值寒食节、民间禁火的时候，人们在荒野的寺庙或在山间茶园采摘茶叶，那么棨、朴、焙、贯、棚、穿、育等七种造茶工具可以省掉。

如果在松林之下，有青石可放置，那么具列这个煮茶工具也可以省掉。

如果用干柴草烧水，用与鼎相似的炉子煮茶，那么风炉、灰承、炭檛、火夹、交床等煮茶工具可以省掉。

如果是在泉上溪边煮茶，用水方便，那么水方，涤方，漉水囊等这些煮茶工具都可以省掉。

如果喝茶的人在五人以下，茶又很容易被弄碎，那么罗可以省掉。

如果人们要牵着山藤拉着粗绳到岩穴中去，那么在山口就先要将茶用火烤好当即压成末，用纸包或盒装好，那么碾、拂末等可以省掉。

如果瓢、碗、夹、札、熟盂、鹾簋能用一个竹筥全部装起来带出去，那么都篮可以省掉。

但在城市中，尤其是王公显贵之门，二十四件煮茶、饮茶的器具如果少了一件，也就谈不上饮茶了。

十之图

以绢素或四幅或六幅，分布写之，陈诸座隅，则茶之源、之具、之造、之器、之煮、之饮、之事、之出、之略，目击而存，于是《茶经》之始终备焉。

【精要解读】

用素色绢绸，分成四幅或六幅，分别把《茶经》各章节的文字都抄写出来。将它们张挂在座位旁边，这样茶之源、茶之具、茶之造、茶之器、茶之煮、茶之饮、茶之事、茶之出、茶之略等就能被大家随时看到，于是《茶经》从头到尾的内容就记完备了。

附录II 茶品质与品评因素评分表

茶类	名称	图片	品评因素	品质特征	分数
红茶	滇红		干茶	条索紧结，芽壮叶肥，苗锋完整；滇红碎茶则颗粒重实、紧直匀齐，色泽乌黑亮丽。	90分以上
			茶汤	汤色鲜红明亮，金圈突显，香味浓郁。滇红工夫茶滋味醇和；滇红碎茶滋味浓郁，富有刺激性。	
			叶底	色泽鲜亮色润，鲜嫩均匀。滇红工夫茶的特色为茸毫显露，毫色有淡黄、菊黄、金黄之分。	
	金骏眉		干茶	芽身骨较小，条索尖细紧结，卷曲且弧度大，色泽以金黄、银、褐、黑四色相间，正宗金骏眉则乌润光泽。	90分以上
			茶汤	茶汤有金圈，汤色金黄，明亮清澈，且有集果香、花香、甜香为一体的综合性香味，滋味醇厚，鲜活甘爽，余味持久。	
			叶底	叶底均匀完整，呈金针状，色泽呈现鲜活的古铜色。	
	九曲红梅		干茶	条索紧细，弯曲匀齐，表面金色绒毛披伏，乌黑油润。	90分以上
			茶汤	汤色鲜亮红艳，金黄圈突显，香气馥郁，且带有一定的刺激性，滋味鲜爽可口，喉口回甘，韵味悠久。	
			叶底	叶底色泽红亮油润，柔软均匀。	
	祁门红茶		干茶	条索紧结纤秀，乌黑润泽，金毫显露，均匀整齐。	90分以上
			茶汤	汤色明红油润，金圈突显，浓醇酬和，香气纯正，醇厚持久，鲜活回甘。	
			叶底	叶底薄厚均匀，色泽棕红明亮，叶脉清晰紧密，叶质柔软。	

茶类	名称	图片	品评因素	品质特征	分数
红茶	政和工夫		干茶	条索肥壮圆实，均匀整齐，色泽乌润，毫芽金黄突显。	90分以上
			茶汤	茶汤色泽红润，香气浓郁鲜爽，似罗兰香，滋味醇厚	
			叶底	大茶叶底肥硕尚红，小茶叶底红润整齐，大小均匀。	
黄茶	君山银针		干茶	芽头圆实，条索紧结挺直，芽身金黄，满披银毫。	90分以上
			茶汤	汤色橙黄鲜亮，香气清鲜，滋味醇和，甘甜爽滑。	
			叶底	叶底明亮嫩黄，叶底均匀，冲泡时银针竖起。	
	蒙顶黄芽		干茶	条索匀齐，芽条匀整，芽叶细嫩，芽毫显露，扁平挺直，色泽嫩黄油润。	90分以上
			茶汤	汤色嫩黄透彻，润泽明亮，且有一种独特的甜香，芬芳浓郁，鲜味十足，口感爽滑，滋味醇和。	
			叶底	叶底全芽，色泽明黄鲜活，芽叶均匀整齐，直挺扁平。	
	霍山黄芽		干茶	条索较直微展，形似雀舌，均匀整齐而成朵，芽叶细嫩，毫毛披伏。	90分以上
			茶汤	汤色黄绿，清澈明亮，香气清新持久，一般有花香、清香和熟板栗香三种香味，滋味醇和浓厚，入口爽滑。	
			叶底	叶底呈黄色，鲜嫩明亮，叶质柔软，均匀完整。	
	广东大叶青		干茶	条索肥壮，紧结重实，均匀鲜嫩，毫毛显露披伏，色泽青润显黄。	90分以上
			茶汤	汤色橙黄，明亮油润，香气纯正，清新持久，滋味浓厚酬和，润滑爽口，喉口回甘。	
			叶底	叶张完整，叶底均匀，呈淡黄色，肥厚柔软。	

茶类	名称	图片	品评因素	品质特征	分数
绿茶	安吉白茶		干茶	有“龙形”和“凤形”之分，“凤形”条直显芽，圆实匀整；“龙形”扁平滑润，纤直尖削，色泽翠绿，白毫显露，叶芽鲜活泛金边。	90分以上
			茶汤	汤色嫩绿润泽，鲜嫩高扬，滋味鲜爽持久，清润甘爽，香味独特，回味生津。	
			叶底	叶底嫩绿明亮，芽叶明显可辨，脉络突显，叶张透明，茎脉清晰，色泽翠绿。	
	洞庭碧螺春		干茶	一芽一叶，银绿隐翠，条索纤细，卷曲成螺状，表面绒毛披伏，白毫毕露。	90分以上
			茶汤	汤色微黄，清香醇和，兼有花朵和水果的清香，鲜爽凉甜。	
			叶底	叶底柔软，嫩而纤细，叶质整齐且均匀。	
	黄山毛尖		干茶	嫩绿起霜，条索紧结挺直，且圆实有峰。	90分以上
			茶汤	汤色黄绿澄明，清香浓郁，经久不衰，醇厚回甘，鲜爽润滑。	
			叶底	叶底细嫩柔软，肥厚明亮。	
	六安瓜片		干茶	呈条形，条索紧结，色泽嫩绿，叶披白霜，明亮油润，大小均匀。	90分以上
			茶汤	雨前茶色泽淡青，不均匀，有清香味；雨后茶色泽深青，均匀。中期茶有栗香，后期差有高火香。	
			叶底	叶底嫩黄均匀，叶边背卷，叶质均匀整齐，直挺顺滑。	
	蒙顶甘露		干茶	纤细嫩绿，油润光泽，紧卷多毫，身披银毫，叶嫩芽壮。	90分以上
			茶汤	汤色碧清微黄，清澈明亮，香气馥郁，滋味醇和甘甜，滑润鲜爽。	
			叶底	叶底的茶芽嫩绿，柔软秀丽，叶质均匀整齐。	

茶类	名称	图片	品评因素	品质特征	分数
绿茶	西湖龙井		干茶	条形整齐，扁平光滑挺直，苗峰尖削，芽长于叶，色泽嫩绿光润。	90分以上
			茶汤	春茶汤色碧绿黄莹，有清香或嫩栗香，滋味鲜爽浓郁，醇和甘甜；夏秋茶汤色黄亮润泽，有清香但较为粗糙，滋味浓郁，但略微苦涩。	
			叶底	叶底纤细柔嫩，整齐均匀，冲泡之后，芽叶肥硕成朵。	
青茶	安溪铁观音		干茶	茶条卷曲，条索肥壮，圆实紧结，均匀整齐，整体形状似蜻蜓头、螺旋体、青蛙腿，色泽鲜润，砂绿显著，叶表带白霜。	90分以上
			茶汤	汤色金黄，香韵显著，带有兰花香或者生花生仁味。椰香等各种清香味，鲜爽回甘。	
			叶底	叶梗红润光泽，叶片肥厚柔软，叶面呈波纹状。	
	凤凰水仙		干茶	叶型较大，呈椭圆形，条索紧结，挺直肥大，叶面平展，前端多突尖，叶尖下垂似鸟嘴。	90分以上
			茶汤	汤色澄黄，清澈明亮，茶碗内显露金圈，味道浓醇甘甜，香气馥郁浓烈。	
			叶底	叶底均匀整齐，肥厚柔软，带有红色边缘，叶腹黄亮，叶齿钝浅。	
	水金龟		干茶	条索肥硕，弯曲均匀，自然松散，色泽墨绿，油润光亮。	90分以上
			茶汤	汤色金黄，润泽澄澈，有淡雅的花果香，清细悠远，滋味醇和甘甜，润滑爽口，岩韵显露，浓饮也不见苦涩。	
			叶底	叶底柔软光泽，肥厚均匀，整齐红边带有朱砂色。	
	武夷大红袍		干茶	条索紧结，肥壮匀整，略带扭曲条形，色泽绿褐鲜润。	90分以上
			茶汤	汤色橙黄，艳丽澄澈，有独特的兰花香，香气馥郁持久，岩韵明显，滋味醇和清爽，喉口回甘。	
			叶底	叶底均匀光亮，茶叶边缘有朱红或者红点，中央叶肉呈黄绿色，叶脉为浅黄色。	

茶类	名称	图片	品评因素	品质特征	分数
青茶	高山乌龙		干茶	形如半球或球状，条索肥壮，紧结有致，有一芯二叶。	90分以上
			茶汤	汤色橙黄中略泛青色，清澈剔透，口感爽滑，有青甜味或青果味，回甘明显，清香持久。	
			叶底	叶芽柔软肥厚，色泽黄中带绿，叶片边缘整齐均匀。	
	铁罗汉		干茶	条索紧结。色泽绿褐鲜润，均匀整齐，叶尖钝，芽叶紫绿色，绒毛较少。	90分以上
			茶汤	汤色橙黄明亮，润泽浓艳，澄澈剔透，有铁罗汉独特香气，冷调的花香，香久益清，滋味浓醇细腻，浓饮而不苦涩，爽口回甘。	
			叶底	叶缘微波，叶质肥厚但脆，叶心淡绿带黄。	
白茶	白毫银针		干茶	有南路银针和北路银针之分，芽心肥壮、色泽银白闪亮。	90分以上
			茶汤	茶汤略成杏黄色，其中北路银针味道清鲜爽口，而南路银针则滋味浓厚，香气清鲜。	
			叶底	叶底主要呈黄绿色，存放一段时间之后会稍成红褐色，且均匀整齐。	
	白牡丹		干茶	芽叶相连，成“抱心形”，毫心肥壮，成银白色，叶态自然伸展，叶子背面布满了洁白的茸毛。	90分以上
			茶汤	茶汤清澈明净，呈现橙黄或是杏黄的颜色。滋味鲜醇爽口有回甘，特别是还弥散着鲜嫩持久的毫香。	
			叶底	叶底主要呈现浅灰色。它不仅肥嫩，而且均匀完整，叶脉也微微现出红色。	
	寿眉		干茶	色泽翠绿，形状好像眉毛，芽叶之间有白毫，而且毫心明显，数量较多。	90分以上
			茶汤	茶汤会呈现深黄或是橙黄色，滋味醇厚爽口，且鲜纯的香气弥漫周围。	
			叶底	叶底鲜亮均匀，柔软整齐，叶脉在阳光下呈现红色。	

茶类	名称	图片	品评因素	品质特征	分数
黑茶	安化黑茶		干茶	条索紧接，呈泥鳅状，砖面端正完整，色泽发黑有光泽。	90分以上
			茶汤	茶汤有纯正的松烟香气，颜色为黑中带亮。	
			叶底	天尖叶底呈黄褐色，老嫩匀称，而特质砖茶叶底黑汤尚均，普通砖茶则叶底黑褐粗老。	
	茯砖茶		干茶	砖面平整，棱角分明，厚薄均匀，菌花茂盛。特茯砖面为黑褐色，普茯砖面为黄褐色。	90分以上
			茶汤	汤色红浓而不浊，特有的菌花香气浓馥郁，甘甜醇和，口感滑润，耐冲泡。	
			叶底	特制茯砖叶底黑汤尚匀，普通茯砖叶底黑褐粗老。	
	宫廷普洱		干茶	条索肥壮匀称，断碎茶少。	90分以上
			茶汤	茶汤红浓明亮，汤面上有油珠膜。滋味纯正浓郁、顺滑润喉。热嗅时，陈香饱满；冷嗅时，余味悠长。	
			叶底	叶底色泽棕褐或褐红，油润光泽，叶质不易腐败、硬化。	
	生沱茶		干茶	外形端正，碗臼形的表面光滑、紧结，内窝深而圆。	90分以上
			茶汤	汤色橙黄明亮，香气馥郁，喉味回甘。	
			叶底	叶底肥壮鲜嫩，呈绿色至栗色，充满新鲜感。	
	熟沱茶		干茶	沱型周正，质地紧结端正，一般规格为外径8厘米，高4.5厘米。	90分以上
			茶汤	汤色红浓油润，经久耐泡，滋味醇厚，爽滑溢润，喉味回甘。	
			叶底	叶底褐红，重度发酵则会有些发黑，叶质肥厚完整。	
花茶	茉莉花茶		干茶	呈条形，肥硕饱满，条索紧细匀整，芽嫩，白毫披伏。	90分以上
			茶汤	汤色黄绿明亮，澄澈透明，清香扑鼻，韵味持久，有独特茉莉花香，滋味醇和，口感柔和。	
			叶底	叶底鲜嫩，均匀柔软，肥硕，芽叶花朵卷紧。	

茶类	名称	图片	品评因素	品质特征	分数
花茶	玫瑰花茶		干茶	外形肥硕饱满，色泽均匀，花朵大且杂质少，花瓣完整，重实。	90分以上
			茶汤	汤色偏淡红或者土黄，香气冲鼻，无异味。	
			叶底	玫瑰入水后，花瓣颜色逐渐变淡，慢慢蜕变为枯黄色。	
	黄山贡菊		干茶	花形完好整齐，均匀不散朵，此外，它在经过杀青等多道制作工序后色泽由黄变为浅黄，甚至白色，花蒂青绿，润滑光泽。	90分以上
			茶汤	茶汤澄明晶亮，淡黄油润，毫无杂质为优品；以茶汤浑浊，沉淀物比较多为次品。此外，黄山贡菊馥郁芬芳，滋味甘醇微苦，软绵爽口。	
			叶底	叶底清白，晶莹剔透，色泽均匀，柔嫩多汁，在经过多次冲泡之后，渐呈淡褐色，体现原茶不耐高温的幼嫩茶质。	
	杭白菊		干茶	花型完整，花瓣厚实，花朵大小均匀，无霜打花、霉花、生花、汤花。	90分以上
			茶汤	茶汤均甘而微苦，特级杭白菊汤色澄清，浅黄鲜亮清香；一级杭白菊汤色澄清，浅黄清香。	
			叶底	花瓣玉白，花蕊深黄，色泽均匀。	
	千日红		干茶	呈现长圆形，个别为椭圆形，顶端略钝或近短尖，基部渐狭长，叶对生，苞片多为紫红色，叶柄短或上部叶近无柄，全株白色硬毛披伏。	90分以上
			茶汤	汤色呈紫红色，油润光泽，香气凛然，清香扑鼻，滋味淡雅，鲜爽滑口，喉口回甘。	
			叶底	入水后，花瓣紫红色逐渐变淡。	
	女儿环		干茶	外形呈耳环形状，毫毛披伏，银白中隐约透着翠绿色。	90分以上
			茶汤	汤色呈现黄绿色或者浅黄色，清澈明亮，油润光泽，花香浓郁，滋味醇厚，润滑回甘。	
			叶底	叶底呈黄绿色，均匀完整，嫩芽连茎，柔软鲜嫩，多次冲泡后少有破损现象出现。	

附录 III 历代茶人佳话

茶经历了几千年的历史变换，见证了无数朝代的兴衰荣辱。它从中国漂洋过海，在许多国家都广为流传。在国内外各种史籍、典故中，都有关于茶人的故事、传说、趣事等，可谓举不胜举，美不胜收。这些历朝历代的茶人佳话一同构成了茶文化宝库重要组成部分，也成为人们茶余饭后的谈资。

茶艺师与茶

日本佛教学者铃木大师曾写过一个关于茶艺师的故事：

日本江户时期有一位茶艺师，他被一个贵族雇佣，整日为他泡茶。这位茶艺师泡茶技艺高超，贵族每天都离不开他泡的茶。

有一天，贵族要去京都办事，想带茶艺师一起去。

茶艺师说："京都那么多浪人，我又没有武功，遇到危险该怎么办呢？"

贵族说："没关系，你找一套武士服穿上，这样人们以为你是武士，也就没人敢招惹你了。"

于是，茶艺师穿上武士的服装，腰间还挎了一把长长的佩剑，跟着贵族去京都了。到了京都，主人出去办事。茶艺师闲来无事，就独自一人出去散步。刚走了一会儿，迎面就撞见一个浪人。

这个浪人很狂妄，见茶艺师身穿武士服，就立刻拔出剑，挑衅地说："我们来比武！"

茶艺师没有办法，只能实话实说："我不会武功，只是个泡茶的人。"

浪人听完之后，越来越嚣张，又说："你既然不会武功，为什么还穿着武士服呢？岂不是辱没了武士的名节？那我就更应该杀你了！"

茶艺师想了一会儿，说："你能不能给我一点时间，让我先将主人的事情料理好？4个小时后，我一定回到这里跟你比武。"

浪人见他如此忠心耿耿，就放了他。茶艺师直接跑到京都最大的武馆，见到里面的大武师，恳切地说："求您教我一种武士最体面的死法吧！"

大武师既吃惊又疑惑，回答说："来我这里学武的人都为了求生，还是第一次看到有人求死。你为什么这样做？"

茶艺师便把刚刚经历的遭遇如实讲述了一遍。

大武师恍然大悟："原来你是一名茶艺师啊！那么，你能不能先给我泡一杯茶呢？"

茶艺师听完忽然有些感伤，点了点头，心想着这也许是自己这辈子最后一次泡茶了，如此一想，反倒变得豁达从容了，心也跟着平静下来。他让人取来最好的山泉水，用文火一点点煮开，取茶，洗茶，泡茶，全部过程一丝不苟。茶泡好后，他又双手端起茶杯，恭

敬地捧给大武师。

大武师喝了一口说："这是我一生中喝到的最好的茶了。我可以告诉你，你不必死了。"

"你要教给我什么绝招吗？"

"我什么都不教你，只送你一句话：用你刚才泡茶的心，去面对你的对手。"

茶艺师听不明白大武师的意思，一边往回走一边琢磨。走到和那个浪人约定的地方，见那人还在等他。

浪人见他回来，再次拔出剑，说："既然你已经回来了，我们就开始比武吧。"

茶艺师想着大武师的话，又回想了一遍自己泡茶的过程，然后淡淡地笑看着浪人，说："不着急。"

他双手取下帽子，端端正正放在一旁；又脱下外套，拎起领口袖口，一折一折叠好，压在帽子下面；接着，从容不迫地拿出绑带，将袖口裤脚一一扎好系紧；最后紧了紧腰带，准备结束。

整个过程，茶艺师心中一直想着自己泡茶时的那份从容，于是做得一丝不苟，有条不紊，而且还一直带着微笑看着对方。而那个早早拔剑的浪人，被对方这样看着，越来越慌，心里也越来越没底。

茶艺师做完最后一个动作，于是拔出剑来，双手举过头顶，棒喝一声，停在半空中，准备从容赴死。可就在此时，浪人扑通一声跪下了，说："您是我这辈子见过的武艺最高强的武士，求您饶命！"

整个故事言短意赅，却意味深长。茶艺师以一颗从容平和的心面对生死，这种心境竟然连懂得武术的浪人都甘拜下风。由此看来，以泡茶、品茶的心境去面对世事，一定能获得一份比匹夫之勇更为博大的力量。

诗僧与茶僧

提到诗僧与茶僧，茶人们一定会联想起那个丰神如玉、一尘不染的人来，他就是皎然，茶圣陆羽的忘年之交。皎然心系茶禅，爱系众生，以至于面对才女李季兰仍尘心不起，他们的故事使人读罢觉得叹息。

每逢三四月，江南就是落雨天气。清晨，月还未落，皎然踏上木屐便出门出照看那些茶树，穿梭在细雨之间，嘴里念着茶树的情况："三月十三日，雨，一芽一叶初展，叶方开面……"当他记录完这日清晨茶树的生长情况之后，雨下得也大了起来。他从茶山慢慢地往下走。回到居处，却见门半开着。

"鸿渐，你来了吗？"皎然在门外喊了一声，以为是好友陆羽来了。可进门看时，却发现正是当时很出名的女道士李季兰。她背对着皎然，正往紫铜的薰笼里储进一片檀香。

皎然笑着说："是你啊，我当是鸿渐来了呢。"

李季兰回身向他一笑，人淡如菊："他一会儿也要来的，我想先弹一首新学的曲子给你听。"说完在琴凳上轻盈地坐下来，试了试音调之后笑道："我就要弹了，这次要考一考你，看我弹的是什么曲子？"

一曲终了，李季兰低头不语，半晌方抬起头来莞尔一笑，对皎然笑道："连我自己都到琴曲里面去了。"

皎然猜到了这曲子的名字，李季兰顿时觉得心生愉悦。随后皎然也为她弹了曲子，直听得李季兰泪眼婆娑，说道："人生倏忽兮如白驹过隙，唉，年华流去，连我也不知明日身在何处，同谁在一起……"

皎然笑着回答说："随它去。"

正说笑间，陆羽到了。吃罢早饭之后，几人在茶室闲话消食。陆羽自怀中掏出一个荷包，从中抽出几枚叶片递给皎然："此叶是清晨我同一位茶农在山顶烂石间的一棵大树上摘的，你瞧瞧。"

皎然接过叶片，仔细看了会儿，又闻了闻味道，回答说："这叶片应是茶种，却同咱们以前发现的那些略有不同。"

"是，我也觉得有些不一样，不过不太确定，这才拿来给你再看看。"陆羽点头答道。

皎然将叶片放进口中细细嚼着，陆羽急忙阻止说："这才发现的茶种，也不知有毒没毒，你怎么就吃了！"

皎然无所谓地笑笑，回答说："无妨，此茶味清甜芬芳，应是好的茶种。鸿渐，这茶树共有几棵，树旁是否有别的果木间生？"陆羽道："树倒是只有一棵，却是野生无疑，旁有果树，只不知是什么果子。"

皎然在本子上边记录边道："待天放晴后，上山去采一些鲜叶回来制茶试试，此茶应为茶中珍品。"

陆羽眼中顿时现出了光芒："正好用它来试试咱们前几日想出的隔蒸法！"皎然笑而点头曰："对，此茶虽然娇嫩，但极有内质，正好用隔蒸法激发茶性。"

皎然又问道："上回你说煮茶时可不加咸鹾，可曾试过？"

陆羽回答说："不知不加咸鹾是否会有青气，所以还未曾试，手边皆是好茶，都不舍得。再说前人煮茶一向加咸鹾，想来是有些道理的。"

皎然道："咸鹾因为官贩，贵重难得，这才将其加入茶中，茶味鲜否倒在其次了。我倒觉得，不加咸鹾方可品评茶之本味。"

陆羽说道："只是今人吃惯了加鹾之茶，不知又有几人能尝无鹾之茶。"

皎然道："茶也好，禅也好，原应归在一处的，与人何干。茶便是茶了，为什么依人的喜好呢？原本茶之事，最重为德，最宜精行俭德之人，德清自然茶纯，岂又是在鹾中的。茶本难得，加之咸鹾价贵，别说是贫民，就连一般人家也吃不起。何日农家商贾户户饮茶，那才是茶之归处。"

陆羽道："只是茶清高珍贵，皇室大夫中还有人不谙其性，百姓家又怎知其味？"

皎然道："胸怀中有茶，松针落叶莫不是茶了。"陆羽笑道："至难。"皎然笑而不答。

三人吃茶清谈，至晚方散。

李季兰说琴谱忘了带回，让陆羽在前方等她，转身回去。远远地就见到皎然那飘然若仙的背影，她忽然觉得听到了自己的心跳声。李季兰站在了皎然的身后，见他正立于画案前挥毫书字。

她正要出声唤他的名字，他却已转身，向她笑说道："季兰，来瞧瞧我新写的诗。"

李季兰怔在那里，半晌方回过神来，走到他的身旁，只见纸上墨痕未干的一首诗："天女来相试，将花欲染衣。禅心竟不起，还捧旧花归。"字是连绵洒脱，人亦然。

李季兰再三读着，含着泪苦笑。她拿起搁在砚旁墨犹未干的笔来，另铺了一张纸，写道："禅心已如沾泥絮，不随东风任意飞。"一滴未忍住的泪滴在"飞"字上，将墨洇化了开来。

李季兰将笔搁回原处，轻声道："我已经放下了。"皎然点了点头。

皎然送李季兰到门口，挥手向她道别。李季兰黯然地走出一段，终还是回头望了一眼。可皎然已不在那里……

整个故事读罢不由得使人叹息一声：多情的李季兰，心如止水的皎然，两人在琴声与茶香里视彼此为知己，却无法在感情世界中比翼双飞。皎然爱茶，也爱同道中人，可面对这样一个才貌俱佳的女子，却仍是一心不起，虽然令人感到遗憾，却能看出他宁静淡然的心境，与茶何其相似。

唐伯虎与祝枝山猜茶谜

唐伯虎与祝枝山不仅同为"江南四大才子"，私下里也是特别好的朋友，两人经常互相切磋画技，有时也互相猜谜。

一天，祝枝山刚走进唐伯虎的书斋，就被邀品茶猜谜。

唐伯虎笑着说："我正巧作了一条四字谜，如果你猜不出，恕不接待！"说完，唐伯虎吟出谜面："说话已到十二月，两人土上东西分。三人牵牛少只角，草木之中有一人。"

祝枝山想了一会儿，立刻得意地敲了敲茶几，说："倒茶来！"唐伯虎见祝枝山猜中了，顿时哈哈大笑，把他让到椅子上，并示意仆人上茶。原来，这个字谜的谜底正是"请坐奉茶"。

两人边喝茶边聊天，过了一会儿，祝枝山也出了一条谜语，让唐伯虎猜。谜面是："虽是草木中人，乐为百姓献身。不惜赴汤蹈火，要振吾民精神。"听罢，唐伯虎随即也说了一个谜面："深山坞里一蓬青，玉龙十爪摘我心。带到潼关火烧死，投进汤泉又还魂。"

祝枝山听后不解其意，唐伯虎笑着说："祝兄，我的谜即是你的谜，谜

底都是‘茶’字呀！”祝枝山听完恍然大悟，摇头一笑。

不知不觉间已经到了中午，祝枝山要告辞回去，临走前对唐伯虎说：“伯虎兄，我还有个字谜要请你猜，夕上又加夕，言身寸旁立。王字出点头，大字去了一。”唐伯虎略一沉思，随即答道：“祝兄何必客气，不必‘多谢主人’，欢迎你再来寒舍。”

这个小故事，两人以茶为谜题，互相猜来猜去，别有一番趣味。由此我们也能看出，古代的文人雅士往往都喜茶爱茶，茶俨然成为他们生活中的一部分了。

白居易与茶

白居易不仅是唐朝极负盛名的大诗人，同时也是一个很有品位的茶客。他酷爱茶事，自称是一个“别茶人”。

由于白居易喜好饮茶，因此，他的朋友们就经常给他寄茶叶来，包括忠州刺史李宣，常州刺史杨虞卿，工部侍郎杨慕巢。朋友们将茶寄来，白居易睹物思人，常常有些伤感：“不见杨慕巢，谁知其中味？”

一天，白居易收到了李宣给他寄来的一包新茶。品饮之后，正在病中的白居易，顿时感到欣喜，病情也随之好了许多，于是立刻提笔赋诗一首：“故情周匝向交亲，新茗分张及病身。红纸一封书后信，绿芽十片火前春。汤添勺水先寄人，末下刀圭搅曲尘。不寄他人先寄我，应缘我是别茶人。”从这首诗中我们完全可以看出，白居易在收到新茶时的心情应该是极其喜悦的，同时也表达了他对朋友赠茶的深深感激之情。

白居易在诗中写道：“琴里知闻唯渌水，茶中故旧是蒙山。穷通行止长相伴，谁道吾今无往还？”在此诗里，白居易认为能够与自己相依相伴的，唯有琴和茶了。由此我们也能看出，饮茶算是他的嗜好之一。在他的日常生活中，尤其是在写作中，白居易几乎是离不开茶的，我们可以从他的诗中感觉到：“闲吟工部新来句，渴饮毗陵远到茶。”

白居易不仅喜好饮茶，同时对与茶有关的事物都有特别的讲究，例如茶叶、水源、茶具和火候等，我们从其诗中可以看出，例如“坐酌泠泠水，看煎瑟瑟尘。无由持一碗，寄于爱茶人。”“吟咏霜毛句，闲尝雪水茶。”这句诗同时表明白居易喜欢用雪水泡茶。另外，他在九江期间还开垦荒地，自己种植茶树，其茶园就在香炉峰遗爱寺旁的茅屋后。由此来看，白居易吟诗，品茶，听飞泉，看白莲，把一段漂泊与流落的时光倒也过得悠游自在，这也使他被贬之后的人生有了许多乐趣。

后来，白居易到杭州担任刺史，他更是迷恋其西湖的香茗美景来。他时常邀请几位友人吟诗饮茶，还经常与灵隐寺的韬光禅师一道汲泉煮茶，笑谈古今，并为后人留下一段佳话与大量诗词。

一天，白居易请韬光禅师来城里，信上以诗作为内容，是这样写的：“命师相伴食，斋罢一瓯茶。”但韬光禅师看完之后，却不肯前往，于是也以诗回应：“山僧野性好林泉，每向岩阿倚石眠。城市不堪飞锡去，恐妨莺啭翠楼前。”白居易看过信之后，实在无奈，最终只得亲自去灵隐寺与韬光禅师会面，二人在灵隐寺的烹茗井旁，品起茶来。这段佳话一直被后人广为流传，其二人对茶的喜爱之情溢于言表。

白居易一生爱茶，癖茶，直到晚年时候，仍然离不得茶。他在诗中写道：“老来齿衰嫌桔酸，病来肺渴觉茶香。”看来白居易这一生都未离开过茶，其与茶的关系也自然是难解难分。

杨维桢与茶

元代杨维桢的《煮茶梦记》是一篇优美的古代茶事散文，写得优美绝伦。

杨维桢是元代著名的文学家、书法家，平时嗜茶如命，对茶饮情有独钟。有一年冬天，杨维桢读书读到半夜三更，忽然向窗外望去，见窗前月光明亮，一枝梅影摇曳不息。顿时，他茶兴大发，唤来书童，从山后取来泉水，燃起竹炉，并从茶囊中取出一种名为凌霄芽的茶叶，让书童烹茶，他则在一旁观赏，借以放松身心，缓解读书的疲惫。

随着竹炉的火温升高和渐渐响起的水沸声，杨维桢不知不觉竟然睡着了。他感觉到全身轻飘飘的，像是漂浮在云中一样，似乎有一股仙气，把他送到一个“清真银辉”的堂上。

这里有制作精美的紫桂榻，垂地的香云帘，随着微风浮动，流光溢彩，烟霞缭绕。杨维桢见此美景，竟作出一首《太虚吟》，唱到：“道无形兮兆无声，妙无心兮一以贞……”这时，他看到许多仙子翩翩而至，其中一位穿着绿衣服的仙子来到他面前，说自己名叫淡香，小字绿花。淡香捧着太元杯，杯中盛着“太清神明之醴”，双手奉给杨维桢，称此汤能延年益寿。

杨维桢接过并饮之，作了一首词赠给淡香，词中这样写道：“心不行，神不行，无而为，万化清。”淡香立刻取来纸笔，也作了一首歌回赠于他，歌中唱到：“道可受兮不可传，天无形兮四时以言。妙乎天兮天天之先。天天之先复何仙。”

歌罢，祥云渐渐消退，淡香与众位仙子一同化作一阵白烟，飘然远去。

杨维桢忽然醒了过来，这才发觉原来是一场梦。此时月光仍然皎洁明亮，隐于梅花之间。一切还与先前相同，但梦中所遇的仙景却留在杨维桢的脑海中了。

后来，杨维桢为了记录这段神奇的经历，便写了《煮茶梦记》这篇优美绝伦的散文。人们在读过这篇散文之后，一定会觉得其中包含着美妙的韵味，这正是他在梦中所见到的图景啊！

“吃茶去”

河北赵县有一座柏林禅寺，在唐代，这里叫作观音院，曾有一位被后人称为赵州从谂古佛的禅师在这里驻留过。事实上，这位赵州老和尚正是以“吃茶去”这一公案而闻名天下。

一年秋天，一位形容枯瘦的行脚僧人来到“观音院”，想要问禅。这位僧人来到后院的方丈寮，忽听身后有人喊："院主，院主！"抬头一看，一位小僧人正叫住一位中年僧人说："寺里又没米了，明日可就断炊了，连早斋的粥也不能做了，只好将就做米汤罢。老这么着，我这个典座可当不下去啦。"

中年僧人摇了摇头说："唉，别说你这典座，连我这院主也快当不下去了。你看，这一个月来问法的人，不管是谁，和尚都教人家'吃茶去'，不光买茶费钱，后院的笋都快拔完了。咱们又没有什么大施主，中秋节怎么过还不知道呢……"

典座也叹了口气，摆了摆手道："那您快去说吧，我这里还等米下锅哩。"

院主转过身正准备往里走，却看到了站在门口的僧人，奇怪地问到："咦？怎么站在门口？"

僧人道："小僧知尘是来拜谒方丈的，不知这样进去是否冒昧。"

院主说："随我来吧。"

知尘跟在院主身后进了方丈寮。只见里面座上坐着一位身材矮小、枯瘦面黑的老和尚，短褂又破又旧，想必这就是赵州从谂禅师了。

知尘见旁座还坐着一位高瘦的僧人，椅子旁边立着香袋等物，想必也是来参拜方丈的。

院主示意知尘坐下，轻唤一声："和尚。"座上的从谂禅师缓缓抬了抬眼皮，扫了二人一眼，指着那个高瘦的僧人问："曾来过我们观音院吗？"

那僧人站起身来，恭敬地答道："不曾来过。"

从谂禅师说道："噢……吃茶去。"

高瘦僧人有些摸不着头脑，但没办法，只能站起来出门去了。

从谂禅师又转向知尘，问道："曾来过我们观音院吗？"

知尘一愣，随即站起来恭敬地答道："小僧幼时曾随家师来此拜谒，此是再拜，还请老法师警示……"

老和尚点了点头，又说："噢……吃茶去。"

知尘当下就懵了，怎么又说了和刚才相同的话？

院主也感觉到不解，问到："和尚，刚才那个没来过的让他去吃茶也罢了，怎么这个来过的也教吃茶？"

从谂禅师唤道："院主！你也吃茶去！"

院主怔了怔，随即像是放下了什么似的，笑了起来。接着，他领着知尘出了方丈室，去往茶寮。

走时，知尘又忍不住看了老和尚一眼，那老和尚仍是同先前一般，枯瘦邋遢，可即便这样，知尘仿佛能觉得谂禅师身上有一种直指人心的力量。从谂禅师猛然抬眼看了知尘一眼，知尘竟然吓得低下了头，不敢与他的目光接触。

知尘在茶寮看见了刚刚的那个高瘦和尚，与他们一同吃茶。由于长途劳顿，既渴且饿，知尘也顾不得太多，急忙捧起面前的茶喝起来。茶是加了笋干、豆子、姜片、青盐等物合煮而成，味道甘美，只是茶碗多是破了口的，看起来年头久远。

几个人吃过茶之后就住在了寺院中。知尘后来得知，那高瘦僧人法名一德，两人被安排同住一间寮室。寮室内很破旧，还有一种怪味，两人睡不着就闲聊起来。知尘听完

一德的抱怨，叹了口气道："且凑合着睡一宿，明天再做打算吧。"

"明天？明天你还要在这儿啊，我可是要走的。"

知尘说："我从小跟着我师父，他最尊敬的人就是赵州从谂禅师，他说从谂禅师是最能接引人开悟的禅师了。我出来之前跟师父说了，不开悟我绝不回去！"

一德道："开悟开悟，开悟哪有那么容易啊！再说即便开悟又怎么样？从谂禅师还不是穷得丁当响——不过就他这见了谁都让吃茶去，我看他开没开悟还不好说呢。"

知尘道："我倒觉得，'吃茶去'这句话虽是极简单平实，却很厉害呢。虽然像是什么都没说，却'无一物中无尽藏'，在家时师父常教参'万法归一,一归何处'，我看，这'一'就在那'吃茶去'一句中呢。"

一德道："管他有一物无一物的，我是从京上来的，哪儿吃过这种苦，我是忍不下去了，明天定要回去。"知尘叹了口气，也不强劝。

第二天，一德果然收拾好行装，离开了寺院。从那以后，知尘就留在了寺院中，他是个最踏实勤奋的人，在观音院每日除了诵经、早晚课和出坡，其余时间便都在茶室帮茶头师父洗涤茶具，清扫屋尘。

几年下来，知尘竟积攒着听了不少公案了。因每日留意茶头师父煮茶分茶，佛前供茶，也渐渐学会了煎点之法和司茶之礼。

由于寺院里经常缺粮，有时常要大家同去百姓家化缘。逢及此时，知尘心里其实很懊丧，但看其他人始终平静从容，化来了剩饭拌着酱还吃得津津有味，吃什么都像是吃茶那般香甜。

一日，知尘正碰上从谂禅师。从谂禅师看到知尘，问道："来做什么？"

知尘回答说："问禅。"

从谂禅师又问："你自哪来？"

知尘回答："茶室。"

从谂禅师又说："吃茶去。"

知尘思来想去，最终豁然开朗。

这故事初读之时，一定会觉得有些迷茫，实际上，一句"吃茶去"，隐藏了无数禅意。禅是什么？并不是能够说出来的，而需要我们去体验。吃茶去，你要直接去喝；生命也是一样，你要直接去经历。你直接去爱一件事，你去为它付出，为它受苦，也就能认识它了。